普通高等教育“十二五”规划教材

建筑电气

主　编　陈松柏　褚晓锐
副主编　吴光平　郝小江　唐　韬

中国水利水电出版社
www.waterpub.com.cn

内 容 提 要

本书共11章，分为上下两篇，上篇电工技术基础涵盖了直流电路、正弦交流电路、变压器和异步电动机等，下篇建筑电气基础包含了建筑工程供配电、常用低压电气设备及低压配电线路、室内供配电、建筑电气照明、建筑防雷与安全用电、建筑智能化系统和建筑电气施工图等。

本书既可作为高等院校的土建类工程专业的本科教材，也可兼作高等职业技术类院校的相关专业的师生的参考用书。

图书在版编目（CIP）数据

建筑电气 / 陈松柏，褚晓锐主编. -- 北京 : 中国水利水电出版社，2012.10(2021.12重印)
普通高等教育“十二五”规划教材
ISBN 978-7-5170-0312-0

Ⅰ. ①建… Ⅱ. ①陈… ②褚… Ⅲ. ①房屋建筑设备－电气设备－高等学校－教材 Ⅳ. ①TU85

中国版本图书馆CIP数据核字(2012)第253511号

书　　名	普通高等教育“十二五”规划教材 **建筑电气**
作　　者	主编　陈松柏 褚晓锐　　副主编　吴光平 郝小江 唐韬
出版发行	中国水利水电出版社 （北京市海淀区玉渊潭南路1号D座　100038） 网址：www.waterpub.com.cn E-mail：sales@waterpub.com.cn 电话：(010) 68367658（营销中心）
经　　售	北京科水图书销售中心（零售） 电话：(010) 88383994、63202643、68545874 全国各地新华书店和相关出版物销售网点
排　　版	中国水利水电出版社微机排版中心
印　　刷	清淞永业（天津）印刷有限公司
规　　格	184mm×260mm　16开本　20印张　474千字
版　　次	2012年10月第1版　2021年12月第3次印刷
印　　数	4501—5100册
定　　价	**55.00**元

前言

本书是普通高等教育“十二五”规划教材，多所高等院校共同起草了本书的编写大纲。本书是为高等院校的土建类工程专业的本科学生编写的，也可兼作高等教育工科院校土建类工程专业专科学生的自学参考用书。

《建筑电气》是属于技术基础课与专业课之间的交叉课程。内容涵盖了建筑电工基础以及建筑电气方面的知识，既有强电，又涵盖弱电，知识面广，理论与实践有机统一，实践性较强。通过本书学习，将使土建类专业的学生不仅具有一定的电工技术基础知识，而且能了解建筑电气的设计、能识别建筑电气施工图并掌握一定的施工管理等方面的知识，为今后从事相关的工作打下一个良好的基础。

为适应当今时代发展不断提出节能环保等新的需求，本书力争做到深入浅出，突出工程应用，在介绍了传统的电工技术基础知识后，根据土建类工程等专业的要求，结合工程实例比较系统地介绍了建筑电气方面的知识，例如：供配电、照明、防雷和接地、建筑弱电系统等方面的知识，并适当地增加了对新型照明光源 LED 技术的介绍。

全书共分为上、下两篇，上篇电工技术基础（第 1～第 4 章）、下篇建筑电气基础（第 5～第 11 章），全书共 11 章，每一章后面都附有习题。各学校可根据本校各专业对课程设置的具体需要对教学内容进行选择。建议单独开设了电工学课程的专业选择从下篇开始教学，适用学时 48 学时；没有开设过电工学课程的专业要上完全部内容需要 72 学时。

本书由四川农业大学陈松柏任本书第一主编，西昌学院褚晓锐任本书第二主编，陈松柏负责全书的统稿和定稿工作。副主编有云南农业大学吴光平、攀枝花学院郝小江、西昌学院唐韬，参加编写工作的还有四川农业大学庞涛和李逊。各章节具体编写分工：四川农业大学陈松柏编写第 1、第 2 章和统稿定稿等、西昌学院褚晓锐（第 6、第 9 章和附录等）、云南农业大学吴光平（第 5、第 7、第 11 章和附录等）、四川农业大学庞涛（第 3 章）、四川农业大学李逊（第 4 章）、西昌学院唐韬（第 8 章）、攀枝花学院郝小江（第 10 章）。

在本书的编写过程中，得到了四川农业大学工程技术学院各位同仁的大力支持和帮助。在此，表示衷心的感谢！

由于笔者水平有限，难免在本书中出现缺点和错误，恳请读者和朋友们批评指正，以便今后修改提高。

编　者

2012年3月

目 录

附　录

绪　论

0.1　建筑电气的任务与组成

0.1.1　建筑电气的任务

建筑电气是属于技术基础课与专业课之间的交叉课程。它是以电能、电气设备、计算机技术和通信技术为手段，创造、维持和改善室内空间的电、光、热、声以及通信和管理环境的一门科学，使建筑物更充分地发挥其特点，实现其功能。

本课程的任务，主要是讲述电工基本知识以及电气设备的结构、安装、运行、维护等知识，并讲述电气照明以及现代建筑内部的电能供应和分配问题。最后，介绍了建筑的智能化及建筑电气的设计与施工。通过本课程的学习，将使土建类专业的学生不仅具有电工技术基础知识，而且能了解建筑电气的设计、识图、施工管理等方面的知识，为今后的工作打下一个良好的基础。

0.1.2　研究建筑电气的意义

随着建筑技术的迅速发展和现代化建筑的出现，建筑电气所涉及的范围已由原来单一的供配电、照明、防雷和接地，发展成为近代物理学、电磁学、无线电电子学、机械电子学、光学、声学等理论为基础的应用于建筑工程领域内的一门新兴学科。而且还在逐步应用新的数学和物理知识结合电子计算机技术向综合应用的方向发展。这不仅使建筑物的供配电系统、保安监视系统实现自动化，而且对建筑物内的给水排水系统、空调制冷系统、自动消防系统、保安监视系统、通信及闭路电视系统、经营管理系统等实行最佳控制和最佳管理。因此，现代建筑电气已成为现代化建筑的一个重要标志；而作为一门综合性的技术科学，建筑电气则应建立相应的理论和技术体系，以适应现代建筑设计的需要。

0.1.3　建筑电气系统的组成

利用电气技术、电子技术及近代先进技术与理论，在建筑物内外人为创造并合理保护理想的环境，充分发挥建筑物功能的一切电工、电子设备的系统，统称为建筑电气。

各类建筑电气系统虽然作用各不相同，但它们一般都是由用电设备、配电线路、控制和保护设备三大基本部分所组成。

（1）用电设备：照明灯具、家用电器、电动机、电视机、电话、音响等，种类繁多，作用各异，分别体现出各类系统的功能特点。

（2）配电线路：用于传输电能和信号。各类系统的线路均为各种型号的导线或电缆，其安装和敷设方式也都大致相同。

(3) 控制、保护等设备：是对相应系统实现控制保护等作用的设备。这些设备常集中安装在一起，组成如配电盘、柜等。

将若干盘、柜常集中安装在同一房间中，即形成各种建筑电气专用房间，这些房间均需结合具体功能，在建筑平面设计中统一安排布置。

0.2　建筑电气设备的类型

建筑电气设备的类型繁多，根据其性质和功能来分也各不相同。以下仅从建筑电气设备在建筑中的作用和专业属性来分类。

0.2.1　按照在建筑中所起的作用不同来分类

(1) 创造环境的设备：为人们创造良好的光、温湿度、空气和声音环境的设备，如照明设备、空调设备、通风换气设备、广播设备等。

(2) 追求方便的设备：为人们提供生活工作的方便以及缩短信息传递时间的设备，如电梯、通信设备等。

(3) 增强安全性的设备：主要包括保护人身与财产安全和提高设备与系统本身可靠性的设备，如报警、防火、防盗和保安设备等。

(4) 提高控制性及经济性的设备：主要包括延长建筑物使用寿命、增强控制性能的设备，以及降低建筑物维修、管理等费用的管理性能的设备，如自动控制设备和电脑管理。

0.2.2　按照建筑电气设备的专业属性来分类

(1) 供配电设备：如变电系统的变压器、高压配电系统的开关柜、低压配电系统的配电屏与配电箱、二次回路设备、发电设备等。

(2) 照明设备：如各种电光源及灯具。

(3) 动力设备：各种靠电动机拖动的机械设备，如吊车、搅拌机、水泵、风机、电梯等。

(4) 弱电设备：如电话、通信设备、电视及CATV、音响、计算机与网络、报警设备等。

(5) 空调与通风设备：如制冷机泵、防排烟设备、温湿度自动控制装置等。

(6) 洗衣设备：如湿洗及脱水机、干洗机等。

(7) 厨房设备：如冷冻冷藏柜、加热器、自动洗刷机、清毒机、排油烟机等。

(8) 运输设备：如电梯、运输机、文件及票单自动传输设备等。

0.3　建筑电气系统的分类

建筑电气系统一般由用电设备、供配电线路、控制和保护装置三大基本部分组成，根据上述三大基本部分的性质不同，可以构成种类繁多的各种建筑电气系统。

从电能的供入、分配、输运和消耗使用来看，全部建筑电气系统可分为建筑供配电系统和建筑用电系统两大类。而根据用电设备的特点和系统中所传递能量的类型，又可将用电系统分为建筑照明系统、建筑动力系统和建筑弱电系统三种。

0.3.1 建筑供配电系统

接受发电厂电源输入的电能，并进行检测、计算、变压等，然后向用户和用电设备配电能的系统，称为供配电系统，一般供配电系统包括一次接线和二次接线。

（1）一次接线。直接参与电能的输送与分配，由母线、开关、配电线路、变压器等组成的线路，这个线路就是供配电系统的一次接线，即主接线。它表示着电能的输送路径。一次接线上的设备称为一次设备。

（2）二次接线。为了保证供配电系统的安全、经济运行以及操作管理上的方便，常在配电系统中，装设各种辅助电气设备（二次设备），例如控制、信号、测量仪表、继电保护装置、自动装置等，从而对一次设备进行监视、测量、保护和控制。通常把完成上述功能的二次设备之间互相连接的线路就称为二次接线（二次回路）。

0.3.2 建筑用电系统

根据用电设备的特点和系统中所传递能量的类型，又可将用电系统分为三种：建筑照明系统、建筑动力系统、建筑弱电系统。

（1）建筑电气照明系统。将电能转换为光能的电光源进行采光，以保证人们在建筑物内外正常从事生产和生活活动，以及满足其他特殊需要的照明设施，称为建筑电气照明系统。它由电气系统和照明系统组成。

1）电气系统：它是指电能的生产、输送、分配、控制和消耗使用的系统。它是由电源（市供交流电源、自备发电机或蓄电池组）、导线、控制和保护设备和用电设备（各种照明灯具等）组成。

2）照明系统：它是指光能的产生、传播、分配（反射、折射和透射）和消耗吸收的系统。它是由光源、控照器、室内空间、建筑内表面，建筑形状和工作面等组成。

3）电气和照明系统的关系：电气和照明两套系统，既相互独立，又紧密联系。因此，在实际的电气照明设计中，一般程序是根据建筑设计的要求进行照明设计，再根据照明设计的成果进行电气设计，最后完成统一的电气照明设计。

（2）建筑动力系统。将电能转换为机械能的电动机，拖动水泵、风机等机械设备运转，为整个建筑提供舒适、方便的生产与生活条件而设置的各种系统，统称为建筑动力系统。

建筑动力系统实质就是向电动机配电，以及对电动机进行控制的系统。主要包括电动机的种类及在建筑中的应用、电动机的控制等。

（3）建筑弱电系统。处理各种建筑弱电信号的电子设备，一般具有信号准确接收、传输和显示（功能），并以此满足人们获取各种信息的需要和保持相互联系的各种系统，统称为建筑弱电系统，如共用电视天线系统、广播系统、通信系统、火灾报警系统、智能保安系统、综合布线系统、办公自动化等。

随着现代建筑与建筑弱电系统的进一步融合，智能建筑也随之出现。因此，建筑物的智能化的高低取决于它是否具有完备的建筑弱电系统。

0.4　建筑电气与其他专业之间的关系

0.4.1　建筑电气与建筑专业的关系

建筑电气与建筑专业的关系，视建筑物的功能不同而不同。在工业建筑设计过程中，生产工艺设计是起主导作用的，土建设计是以满足工艺设计要求为前提，处于配角的地位。

民用建筑设计过程中，建筑专业始终是主导专业，电气专业和其他专业则处于配角的地位，即围绕着建筑专业的构思而开展设计，力求表现和实现建筑设计的意图，并且在工程设计的全过程中服从建筑专业的调度。

由于各专业都有各自的特点和要求，有各自的设计规范和标准，所以在设计中不能片面地强调某个专业的重要而置其他专业的规范于不顾，影响其他专业的技术合理性和使用的安全性。如电气专业在设计中应当在总体功能和效果方面努力实现建筑专业的设计意图，但建筑专业也要充分尊重和理解电气专业的特点，注意为电气专业设计创造条件，并认真解决电气专业所提出的技术要求。

0.4.2　建筑电气与建筑设备专业的协调

建筑电气与建筑设备（采暖、通风、上下水、煤气）争夺地盘的矛盾特别多。因此，在设计中应很好地协调，与设备专业合理划分地盘，建筑电气应主动与土建、暖通、上下水、煤气、热力等专业在设计中协调好，而且要认真进行专业间的校对，否则容易造成工程返工和建筑功能上的损失。

总之，只有各专业之间相互理解，相互配合才能设计出既符合建筑设计的意图，又在技术和安全上符合规范、功能满足使用要求的建筑物。

0.5　建筑电气课程性质、要求和学习方法

0.5.1　课程性质

建筑电气课程内容涵盖了建筑电工基础、建筑电工技术基础以及建筑电气方面的知识，既有强电，又有弱电，知识面广，理论与实践有机统一，实践性较强。建筑电气是现代建筑的重要组成部分，现在经常提到的智能建筑，从某种角度讲，它在很大程度上要依赖于建筑电气。建筑电气是现代电气技术与现代建筑的巧妙集成。它是一个国家建筑产业状况的具体表征。

0.5.2　课程要求

本课程的具体要求是：了解建筑电气的任务、组成以及建筑电气设备和系统的种类；熟悉建筑电气设计施工的原则与程序，能够看懂建筑电气施工图；掌握建筑电气的电工基本理论与知识；掌握建筑电气配电系统的布置，能进行简单的计算；熟悉建筑电气照明，能进行灯具的选择、布置和照度的计算；了解现代建筑的智能化技术。

0.5.3　学习方法

学习本课程中应注意的问题：正确处理理论学习与技能训练的关系，在认真学习理论知识的基础上，注意加强技能训练，密切联系生产实际，在教师指导下，深入实际，勤学苦练，注意积累经验，总结规律，逐步培养独立分析解决实际问题的能力。本课程宜安排一次电工工艺实训和建筑电气识图课程设计，时间各为一周。在技能训练过程中，要注意爱护工具和设备，节约材料，严格执行电工安全操作规程，做到安全、文明生产，在识图或设计中熟悉国家规范并按章执行。

上篇　电工技术基础

本篇主要介绍电路的基本概念和基本定律，然后着重介绍直流电路和交流电路的基本分析、计算方法，最后介绍常用电气设备变压器、电动机的结构、原理及选择。

第1章　直流电路基础

随着当今科学技术的发展，电工技术和电子技术在各个生产领域的应用越来越广泛，特别是在建筑领域中，各种电气设备的种类越来越多，虽然它们的功能各不相同，但大多数电气设备都是各种基本电路组成的，因此掌握电路的分析与计算方法就显得十分重要。

本章主要介绍电路的基础知识，讨论电路中电压和电流的参考方向、电路中电位的概念以及电路中的基本定理和直流电路的基本分析方法等，这些内容都是分析与计算电路的基础，也是为后面的深入学习打基础。

1.1　电路的作用与组成

电路就是电流流过的路径，它一般是为了某种需要把某些电工设备或元件按一定方式相互连接和组合起来，构成的电流通路。电路的主要作用是能实现电能的传输、分配和转换，以及信号的传递和处理等。

电路的结构形式和所能完成的任务是多种多样的，有很简单的手电筒电路，其电路示意图如图 1.1.1 所示，它的作用是利用电灯把电池中的电能转换为光能，起到照明的作用；也有比较复杂的电力系统电路，其电路示意图如图 1.1.2 所示，它包括发电厂、输配电网、变电所及电力用户等组成部分，其作用是实现电能的传输和转换。尽管这些电路的作用各不相同，但它们都由三个主要的部分组成，即电源、负载和中间环节。

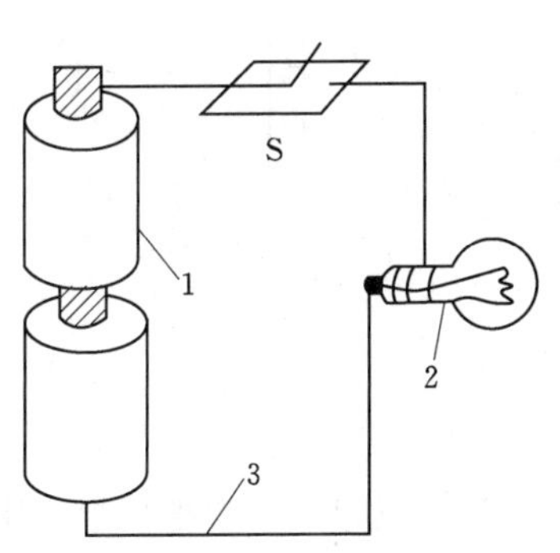

图 1.1.1　手电筒电路
1—电源；2—元件；3—线路

电源是产生和提供电能的设备。它可以将非电能转换为电能或者把一种形式的电能转换为另一种形式的电

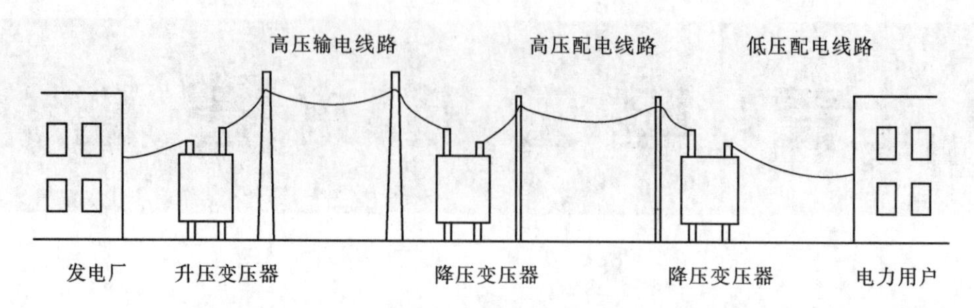

图 1.1.2　电力系统电路

能，例如：发电机是将机械能转换为电能；蓄电池是将化学能转换为电能；各种信号发生器就是将一种波形的信号变换成另一种波形信号，所以又称其为信号源。

负载是利用电能或接收电信号的设备。它将电能转换为其他形式的能量，例如：电动机将电能转换为机械能；电灯将电能转换为光能；电炉将电能转换为热能；扬声器是将电信号转换为声音等。

中间环节是连接电源和负载的部分。主要作用是传输电能和信号，以传输电能的传输线为主，也包括开关、熔断器和断路器等设备。

1.2　电路元件与电路模型

实际电路都是由一些具体的电气元件和电气设备组成，把这些具体的电气元件和电气设备统称为实际的电路元件。由于实际电路元件的种类繁多，而且它们的电磁性质也比较复杂，为了简化问题的分析，把实际电路元件分为无源元件和有源元件，并把它们的电磁性质进行科学的抽象和概括。

当电路在工作中，在电磁波的波长远大于实际电路尺寸的情况下，用表征主要物理性质而忽略其次要性质的理想电路元件来代替。例如，理想电阻元件可以看成只具有消耗电能的性能；理想电容元件只具有储存电场能量的性能；理想电感元件只具有储存磁场能量的性能。这些理想电路元件只集中体现一种物理性能，如图 1.2.1 所示。

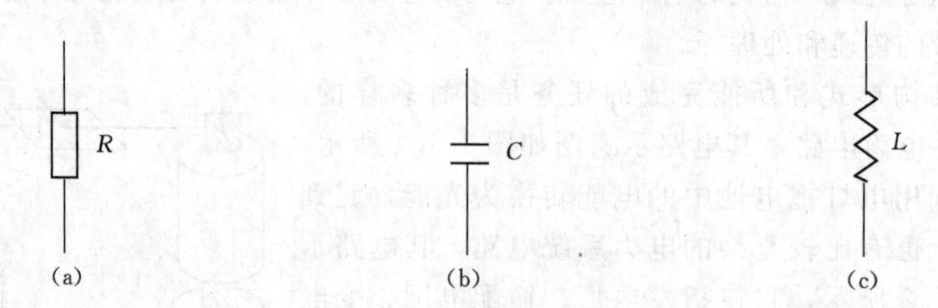

图 1.2.1　理想元件模型

(a) 电阻元件；(b) 电容元件；(c) 电感元件

为简便起见，常把理想电阻元件简称为电阻；理想电容元件简称为电容；理想电感元件简称为电感。电阻又称耗能元件，电容和电感又称储能元件。

实际电源的理想化模型有理想电压源元件和理想电流源元件，其图形符号如图 1.2.2

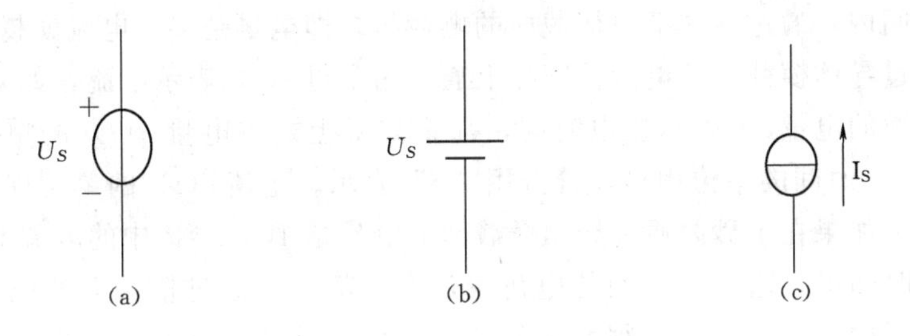

图 1.2.2　理想的电源模型

(a) 理想电压源；(b) 干电池；(c) 理想电流源

所示。在实际电路中，理想电压源元件有时也用电动势 E（直流）和 e（交流）表示。

由理想电路元件组成的电路称为实际电路的电路模型。以下章节所讨论的电路都是指电路模型，如前面图 1.1.1 所示的手电筒照明电路的电路模型如图 1.2.3 所示。灯泡的模型可以用电阻 R 表示，电池的模型可以用一个端电压为 U_S 的理想电压源和一个电阻元件 R_0 相串联来表示。

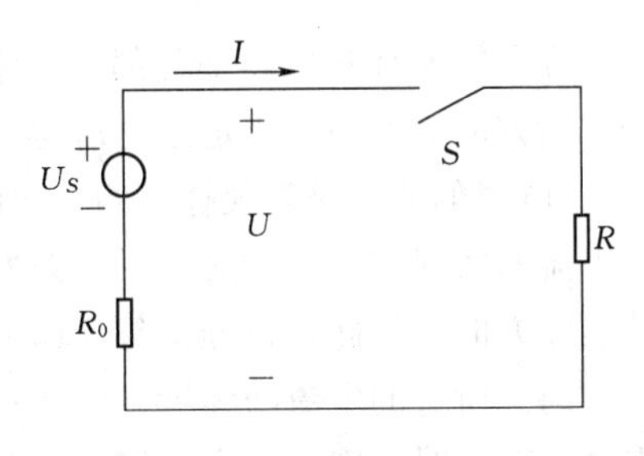

图 1.2.3　手电筒照明电路的电路模型

1.3　电路中的基本物理量

1.3.1　电流及其参考方向

什么是电流？电路中的电荷在外加电场的作用下沿着一定方向移动就形成了电流。电流通常是由电源提供的，电源有两个极，一个正极，一个负极。电源的作用是在电源内部不断地使正极聚集正电荷，负极聚集负电荷，以持续对外供电。从能量转化的观点来看，电源是把其他形式的能量转化为电能的装置。

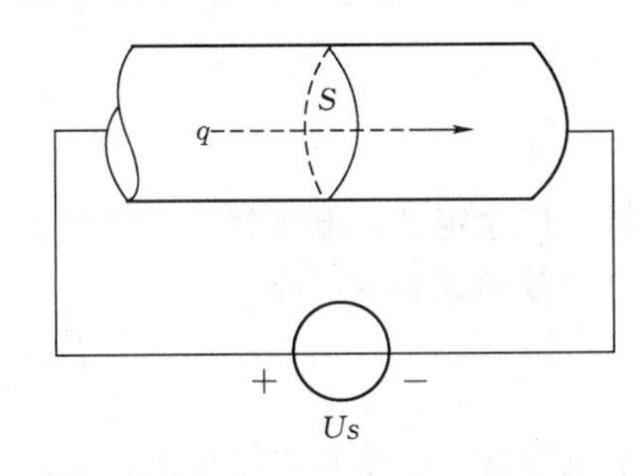

图 1.3.1　电流强度定义示意图

怎样衡量电流的大小？众所周知，水管中的水流有大有小，在相同的时间内，从水管中流出的水越多，水流就越大。导体中的电流也有大小，虽然人们看不见摸不着电流，但可通过电流的各种效应（譬如磁效应、热效应）来感觉它的客观存在，这是人们所熟悉的常识。所以，毫无疑问，电流是客观存在的物理现象。为了从量的方面量度电流的大小，同样可以定义一个量来表示电流的大小，就是电流强度 I，把单位时间内通过导体横截面的电荷量定义为电流强度，如图 1.3.1 所示。电流强度用 $i(t)$ 表示，即

$$i(t)=\frac{\mathrm{d}q(t)}{\mathrm{d}t} \tag{1.3.1}$$

在一定时间内，通过导体某一横截面的电荷越多即电量越多，电流就越大。电流强度等于 1 秒内通过导体横截面的电量。国际上通常用字母 $i(t)$ 表示电流，如果用 $q(t)$ 表示通过导体横截面的电量，t 表示通电时间，那么如果上式中电量 $q(t)$ 的单位用库仑，符号用“C”表示，时间的单位用秒，符号用“S”表示，电流 $i(t)$ 的单位就是安培，简称安，符号是 A。如果在 1 秒内通过导体横截面的电量是 1C，导体中的电流就是 1A。

在相同的时间里，通过横截面的电荷少，电流就小。通过横截面的电荷多，电流就大。在实际生活中，安培是一个很大的单位，常用的单位还有毫安（即 10^{-3}A，表示为 mA）、微安（即 10^{-6}A，表示为 μA）。换算公式是

$$1\text{A}=10^3\text{mA}=10^6\mu\text{A}$$

在分析和计算电路中各部分电路的电流时，不仅需要确定电流的大小，还需要确定电流的实际方向。习惯上规定正电荷运动的方向或负电荷运动的相反方向为电流的方向（实际方向）。电流的方向是客观存在的，但除了一些简单的直流电路外，往往难于事先判断某支路中电流的实际方向；对交流讲，其方向随时间而变，在电路图上也无法用一个箭标来表示它的实际方向。为此，在分析与计算电路时，常可任意选定某一方向作为电流的参考方向或者正方向。所选的电流的参考方向并不一定与电流的实际方向一致。当电流的实际方向与其参考方向一致时，则电流为正值，反之，当电流的实际方向与其参考方向相反时，则电流为负值，如图 1.3.2 所示；因此，在参考方向选定之后，电流之值才有正负之分。

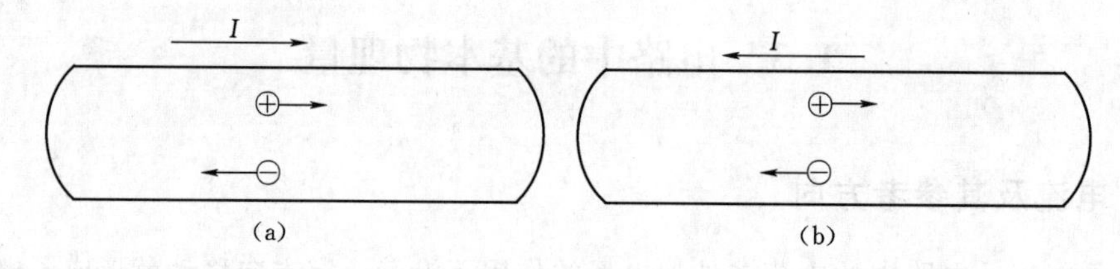

图 1.3.2 电流的方向

(a) 正值；(b) 负值

1.3.2 电压及其参考极性

两点之间的电位之差即是两点间的电压。从电场力做功概念定义，电压就是将单位正电荷从电路中一点移至电路中另一点电场力做功的大小。用数学式表示，即为

$$u(t)=\frac{\mathrm{d}w(t)}{\mathrm{d}q(t)} \tag{1.3.2}$$

一般情况，水压越大，水流越急，反之水压越小，水流越缓。电压与水压相似，在照明电路中，电压越高灯泡就越亮，电压越低灯泡越暗。

电压的物理意义是电场力对电荷所做的功。在国际单位制中，电压的单位为伏特，简称伏，用符号“V”表示。其他常用的单位有千伏（kV）、毫伏（mV）、微伏（μV）。高电压可以用千伏（kV）表示，低电压可以用毫伏（mV）表示。

它们之间的换算关系为

$$1\text{V}=1000\text{mV}$$

$$1\text{kV}=1000\text{V}$$

电压的性质：两点间的电压具有唯一确定的数值，两点间的电压只与这两点的位置有关，与电荷移动的路径无关；两点间的电压表示方法是：$U_{ab}=-U_{ba}$，沿电路中任一闭合回路行走一周，各段电压的和恒为零。

电压的参考极性也可以任意指定，分析时，若电压的参考极性与实际极性一致，则 $U>0$，反之 $U<0$。

为了分析电路方便，常把同一元件的电流的方向和电压降的方向选得一致，称为关联的参考方向，如图 1.3.3（a）所示。若电流的参考方向与电压降的方向相反，称为非关联的参考方向，如图 1.3.3（b）所示。

图 1.3.3　电压电流参考方向示意图
（a）关联的参考方向；（b）非关联的参考方向

1.3.3　电路中电位

在分析电子电路时，通常要应用电位这个概念。例如对二极管来讲，只有当它的阳极电位高于阴极电位时，二极管才能导通，否则就截止。在讨论晶体管的工作状态时，也要分析各个极的电位高低。前面只引出电压这个概念。两点间的电压就是两点的电位差。它只能说明一点的电位高，另一点的电位低，以及两点的电位相差多少的问题。至于电路中某点的电位究竟是多少伏特，将在本节中讨论。

现以图 1.3.4 的电路为例，来讨论该电路中各点的电位。根据图 1.3.4 可得

$$U_{ab}=U_a-U_b=6\times10=60\text{V}$$

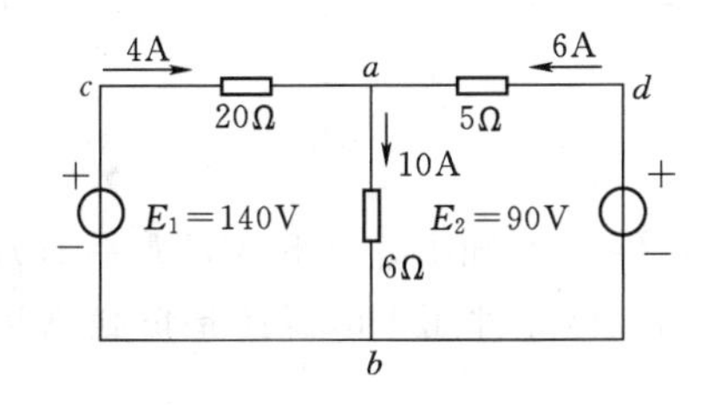

图 1.3.4　电路举例示意图

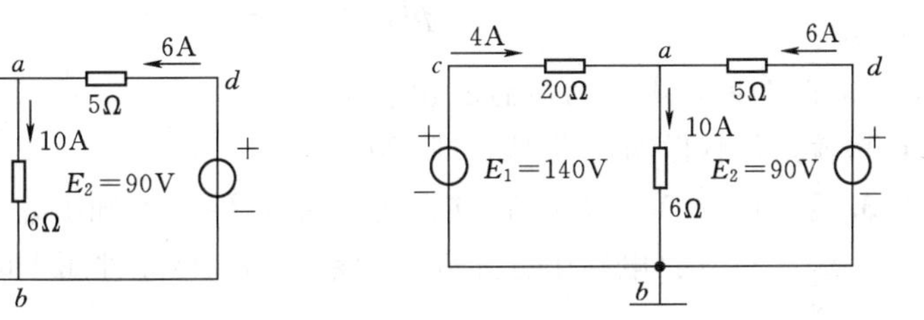

图 1.3.5　$V_b=0$

这个 60V 是 a，b 两点间的电压值或两点的电位差，但不能算出 U_a 和 U_b 各为多少伏特。因此，计算电位时，必须选定电路中某一点作为参考点，它的电位称为参考电位，通常设参考电位为零而其他各点的电位都同它比较，比它高的电位为正值，反之则为负值。参考点在电路图中标上“接地”符号。所谓“接地”，并非真与大地相接。

如图 1.3.5 所示选好参考点 b 后，b 点电位为零，电路中 a、c、d 点的电位分别为

$$U_a=U_a-U_b=60\text{V}$$

$$U_c=140\text{V}$$

$$U_d=90\text{V}$$

【例 1.3.1】　电路如图 1.3.6 所示，试求 B 点电位。

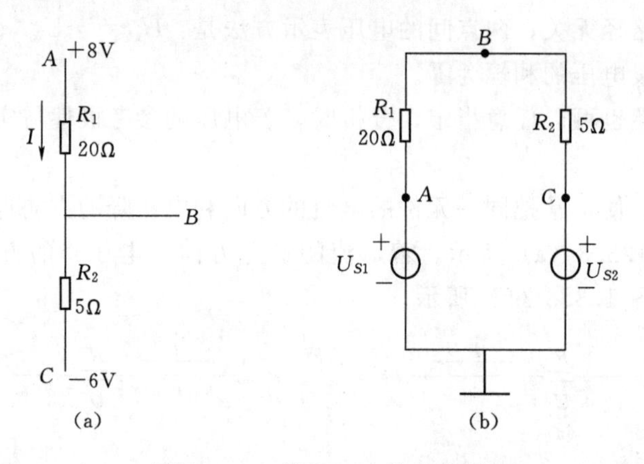

图 1.3.6　［例 1.3.1］电路图

【解】　图 1.3.4（a）与（b）是一个电路的两种不同画法，根据如图 1.3.4（a）所示电流参考方向可知

$$I=\frac{V_A-V_C}{R_1+R_2}=\frac{8+6}{20+5}=0.65\text{A}$$

$$V_B=IR_2+V_C=0.56\times5+(-6)=-3.2\text{V}$$

或

$$V_B=V_A-IR_1=8-0.56\times20=-3.2\text{V}$$

1.3.4　电功率

单位时间做功大小称作功率，或者说做功的速率称为功率。在电路问题中涉及的电功率即是电场力做功的速率，以符号 $p(t)$ 表示。功率的数学定义式可写为

$$p(t)=\frac{\mathrm{d}w(t)}{\mathrm{d}t} \tag{1.3.3}$$

式中　$\mathrm{d}w$——$\mathrm{d}t$ 时间内电场力所做的功，W。

1 瓦功率就是每秒做功 1 焦耳，即 1W＝1J/s。

【例 1.3.2】　图 1.3.7 所示的方框为电路元件，已知 $U_{AB}=50\text{V}$，$I_1=15\text{A}$，$I_2=10\text{A}$、$I_3=-5\text{A}$，试求：电路中各元件的功率，判别该元件属于电源还是负载，并校验功率是否平衡。

【解】　已知 $U_{AB}=50\text{V}$，则 A 点电位高于 B 点电位，A 点为“＋”，B 点为“－”。

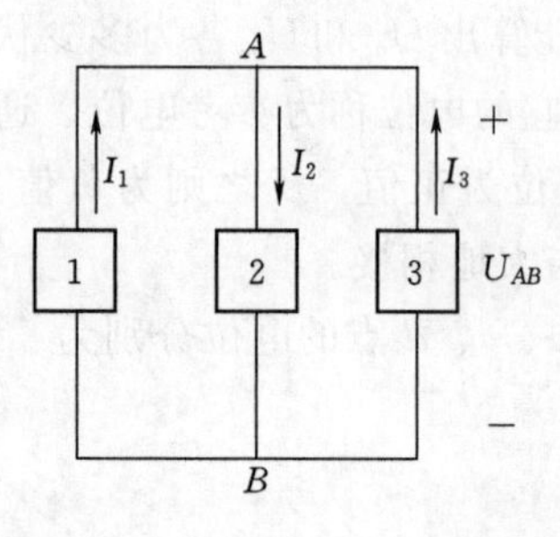

图 1.3.7　［例 1.3.2］电路图

元件 1：$I_1=15\text{A}$（其图中标示电流的方向与端电压的方向为非关联参考方向），电流的实际方向从实际的“＋”端流出，该元件为电源。元件 1 的功率为

$$P_1=-I_1U_{AB}=-15\times50=-750\text{W}$$

元件 2：$I_1=10\text{A}$（其图中标示电流的方向与端电压的方向为关联参考方向），电流的实际方向从实际的“＋”端流入，该元件为负载。元件 2 的功率为

$$P_2=I_2U_{AB}=10\times50=500\text{W}$$

元件 3：$I_1=-5\text{A}$（其图中标示电流的方向与端电压的方向为非关联参考方向），电流的实际方向从实际的"＋"端流入，该元件为负载。元件 3 的功率为

$$P_3=-I_3U_{AB}=-(-5)\times50=250\text{W}$$

负载吸收的功率

$$P_L=P_2+P_3=500+250=750\text{W}$$

可见，负载吸收的功率和电源输出的功率平衡。

1.3.5　电阻

世间的物质按照其导电性能的好坏分为导体、绝缘体和半导体等。

各种金属材料，如金、银、铜、铝等，对电流的阻力很小，电流很容易通过，这类材料就是导体。导体之所以导电，就是因为这种材料中每一个原子外层都有一两个电子能够脱离原子核的束缚，成为自由电子。在一般状态下，导体内的大量自由电子总是杂乱无章地运动着，但是在外加电压的驱使下，导体内的自由电子就会顺着一个方向移动而形成电流，所以说导体可以导电。

各种非金属材料，例如玻璃、橡胶、陶瓷和云母等，对电流的阻力很大，电流是不能轻易通过它们的，这类材料叫做绝缘体。绝缘体之所以能绝缘，就是因为这种材料中全部电子几乎都被原子核紧紧地束缚着，不用极强的电场是不能使核外电子脱离原子核的束缚。正是因为这种材料中缺少电荷的运载者，所以绝缘体不导电。

半导体是一种具有特殊性质的物质，它的导电性能不如导体好，又不能如同绝缘体，而是介于两者之间，所以称为半导体。半导体材料中最常见的两种元素是硅和锗。

知道金属容易导电但是自由电子在金属中流动时会受到阻碍作用，导体对电流有阻碍作用。把具有一定几何形状、在电路中起阻碍作用的元器件称为电阻器，简称电阻。电阻器大体可分为固定电阻和可调电阻。按材料分又可分为绕线电阻、模式电阻、实芯敏感电阻等。常用的电阻如图 1.3.8 所示。

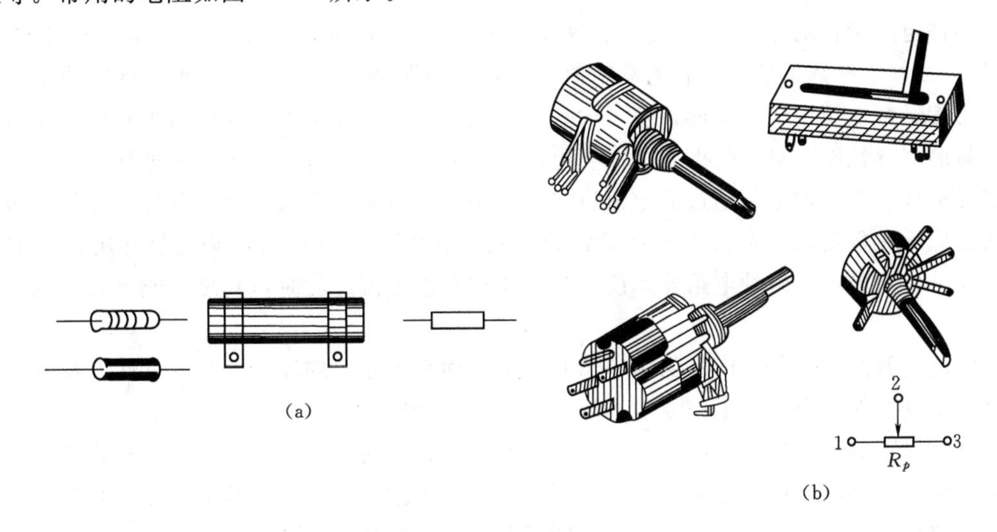

图 1.3.8　常用电阻

导体对电流的阻碍程度与导体的长度、导体的材料、导体的截面积有关。导体截面积越大，导体电阻越小；截面积越小，导体电阻越大。导体越长，电阻越大；导体越短，电阻越小。导体材料的电阻率越大，电阻越大。

在国际单位制中，电阻的单位是欧姆，简称欧，符号是Ω。如果导体两端电压是1V，通过的电流是1A，这段导体的电阻就是1Ω。其他的电阻单位还有千欧（kΩ）和兆欧（MΩ），它们的换算关系是

$$1\Omega=1V/A$$

$$1k\Omega=10^3\Omega$$

$$1M\Omega=10^6\Omega$$

描述物质导电性能好坏的一个重要参数就是电阻率。电阻率是表征物质导电性能的物理量，也称“体积电阻率”。电阻率越小，导电本领越强。电阻率ρ不仅和导体的材料有关，还和导体的温度有关。由于电阻率随温度的改变而改变，所以对某些电器的电阻，必须说明它们所处的物理状态。如220V、100W电灯的灯丝电阻，通电时是484Ω，未通电时是40Ω，电阻率的单位是欧·米，符号是Ω·m。

1.4 电气设备额定值与实际值

通常负载（例如电灯、电动机等）都是并联运行的。因为电源的端电压一般情况是不变的，所以负载两端的电压也是差不多不变的。因此当负载增加（例如并联的负载数目增加）时，负载所取的功率和电流都相应增加。即电源输出的功率和电流都应相加。就是说，电源输出的功率和电流决定于负载的大小。

既然电源输出的功率和电流决定于负载的大小，是可大可小的，那么，有没有一个最合适的数值呢？对负载讲，它的电压、电流和功率又是怎样确定的呢？要回答这个问题，就要引出额定值这个术语。

各种电气设备的电压、电流及功率等都有一个额定值。例如，一盏电灯的电压是220V，功率是60W，这就是它的额定值。额定值是制造厂为了使产品能在给定的工作条件下正常运行而规定的正常容许值。大多数电气设备（例如电机、变压器等）的寿命与绝缘材料的耐热性能及绝缘强度有关。当电流超过额定值过多时，由于发热过甚，绝缘材料将遭受损坏；当所加电压超过额定值过多时，绝缘材料也可能被击穿。反之，如果电压和电流远低于其额定值，不仅得不到正常合理的工作情况，而且也不能充分利用设备的能力。此外，对电灯及各种电阻器来说，当电压过高或电流过大时，其灯丝或电阻丝也将被烧毁。

因此，制造厂在制定产品的额定值时，要全面考虑使用的经济性、可靠性以及寿命等因素，特别要保证设备的工作温度不超过规定的容许值。

电气设备或元件的额定值常标在铭牌上或写在其他说明中，在使用时应充分考虑额定数据。例如一把电烙铁，标有220V、45W，这是额定值，使用时不能接到380V的电源上。额定电压、额定电流和额定功率分别用U_N，I_N和P_N表示。

使用时，电压、电流和功率的实际值不一定等于它们的额定值。

究其原因，主要是受到外界的影响。例如，电源电压经常波动，常常会出现稍低于或稍高于 220V。这样，在负载上所加的电压不一定是 220V，实际功率也就不一定是 45W。

另一原因如上所述，在一定电压下电源输出的功率和电流决定于负载的大少，负载需要多少功率和电流，电源就给多少，所以电源通常不一定处于额定工作状态，但是一般不应超过额定值。对于电动机也是这样，它的实际功率和电流也决定于它轴上所带的机械负载的大小，通常也不一定处于额定工作状态。

【例 1.4.1】 有一个 220V、60W 的电灯，接在 220V 的电源上，试求通过的电灯的电流和电灯在 220V 电压下工作的电阻。如果每天用 3h（小时），问一月消耗电能多少？

【解】

$$I=\frac{P}{U}=\frac{60}{220}=0.273\text{A}$$

$$R=\frac{U}{I}=\frac{220}{0.273}=806\Omega$$

也可用 $R=\frac{P}{I^2}$ 或 $R=\frac{U^2}{P}$ 计算。

一个月用电

$$W=Pt=60\text{W}\times(3\times30)\text{h}=0.06\text{kW}\times90\text{h}=5.4\text{kW}\cdot\text{h}$$

【例 1.4.2】 有一额定值为 5W、500Ω 的线绕电阻，其额定电流为多少？在使用时电压不得超过多大的数值？

【解】 根据瓦数和欧姆数可以求出额定电流，即

$$I=\sqrt{\frac{P}{R}}=\sqrt{\frac{5}{500}}=0.1\text{A}$$

在使用时电压不得超过

$$U=RI=500\times0.1=50\text{V}$$

因此，在选用时不能只提出欧姆数，还要考虑电流有多大，而后提出瓦数。

1.5 欧 姆 定 理

通常流过电阻的电流与电阻两端的电压成正比，这就是欧姆定理。它是分析电路的基本定律之一。对图 1.5.1 (a) 的电路，欧姆定律可用下式表示

$$U/I=R \tag{1.5.1}$$

式中　R——该段电路的电阻。

由式（1.5.1）可见，当所加电压 U 一定时，电阻具有对电流起阻碍作用的物理性质。在国际单位制中，电阻的单位是欧姆（Ω）。当电路两端的电压为 1V，通过的电流为 1A 时，则该段电路的电阻为 1Ω。计量高电阻时，则以千欧（kΩ）或兆欧（MΩ）为单位。

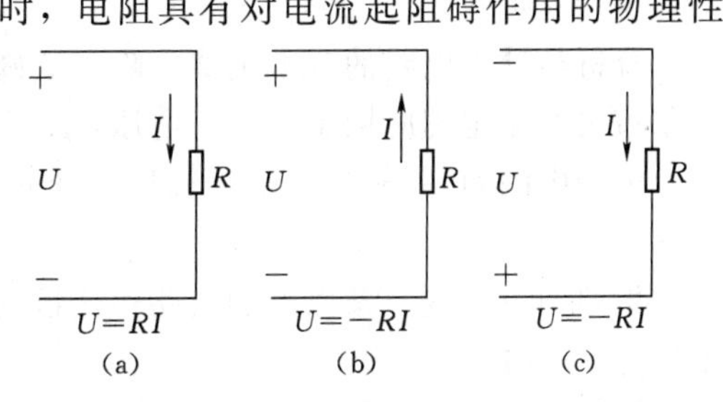

图 1.5.1　欧姆定理

根据在电路图上所选电压和电流的参考方向的不同，在欧姆定律的表示式中可带有正号

或负号。当电压和电流的参考方向一致时，如图 1.5.1（a）所示，则得

$$U=RI \tag{1.5.2}$$

当两者的参考方向选的相反时，如图 1.5.1（b）和图 1.5.1（c）所示，则得

$$U=-RI \tag{1.5.3}$$

应注意，一个式子中有两套正负号，上两式中的正负号是根据电压和电流的参考方向得出的。此外，电压和电流本身还有正值和负值之分。

【例 1.5.1】 应用欧姆定律对图 1.5.2 的电路列出式子，并求电阻 R。

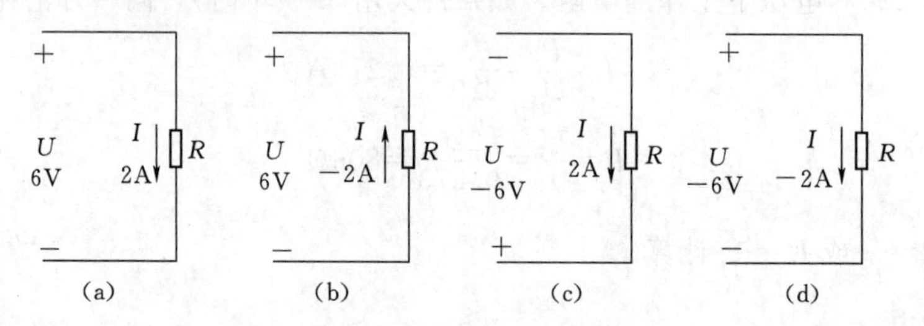

图 1.5.2　例 1.5.1 的电路

【解】

图 1.5.2（a）：　$R=\dfrac{U}{I}=\dfrac{6}{2}=3\Omega$

图 1.5.2（b）：　$R=-\dfrac{U}{I}=-\dfrac{6}{-2}=3\Omega$

图 1.5.2（c）：　$R=-\dfrac{U}{I}=-\dfrac{-6}{2}=3\Omega$

图 1.5.2（d）：　$R=\dfrac{U}{I}=\dfrac{-6}{-2}=3\Omega$

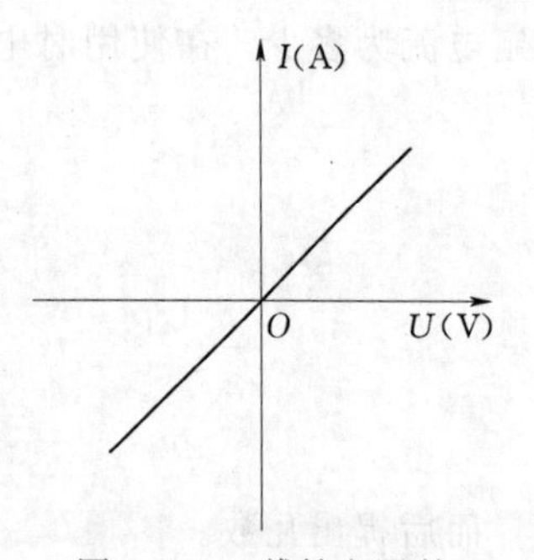

图 1.5.3　线性电阻的伏安特性

式（1.5.1）表示的电流与电压的正比关系，是通过实验得出的。可测量电阻两端的电压值和流过电阻的电流值，绘出的是一根通过坐标原点的直线，如图 1.5.3 所示。因此，遵循欧姆定律的电阻称为线性电阻，它是一个表示该段电路特性而与电压和电流无关的常数。图 1.5.3 的直线常称为线性电阻的伏安特性曲线。

1.6　基 尔 霍 夫 定 理

分析与计算电路的基本定律，除了欧姆定理外，还有基尔霍夫电流定理和电压定理。基尔霍夫电流定理应用于结点，电压定律应用于回路。

电路中的每一分为支路，流过一个电流，称为支路电流。在图 1.6.1 中共有三条支路。

电路中三条或三条以上的支路相连接的点称为结点。在图 1.6.1 所示的电路中共有两个结点：a 和 b。

回路是由一条或多条支路所组成的闭合电路。图 1.6.1 中共有三个回路：$adbca$，

*abca*和 *abda*。

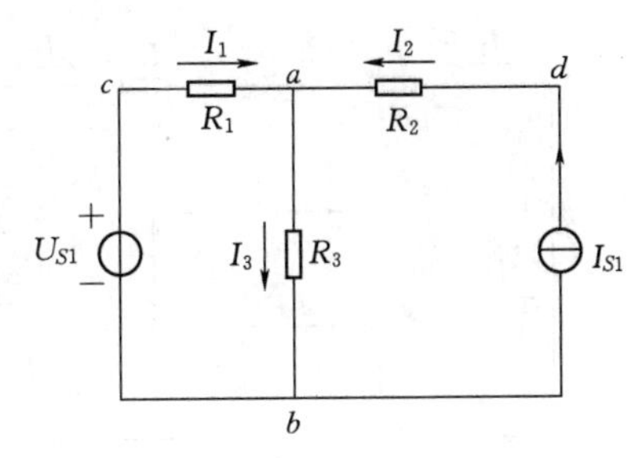

图 1.6.1　电路的支路和回路

1.6.1　基尔霍夫电流定理（KCL）

基尔霍夫电流定理也称结点定律，是用来确定连接在同一结点上的各支路电流间关系的。定理指出：由于电流的连续性，电路中任何一点（包括结点在内）均不能堆积电荷。因此，在任一瞬间，流向某一结点的电流之和应该等于由该节点流出的电流之和，或者说在任一瞬间，任意结点上电流的代数和恒等于零，即

$$\sum i=0 \tag{1.6.1}$$

在直流电路中为

$$\sum I=0 \tag{1.6.2}$$

在如图 1.6.1 所示的电路中，对结点 *a* 可以写出

$$I_1+I_2=I_3 \tag{1.6.3}$$

或

$$I_1+I_2-I_3=0,\ \sum I=0 \tag{1.6.4}$$

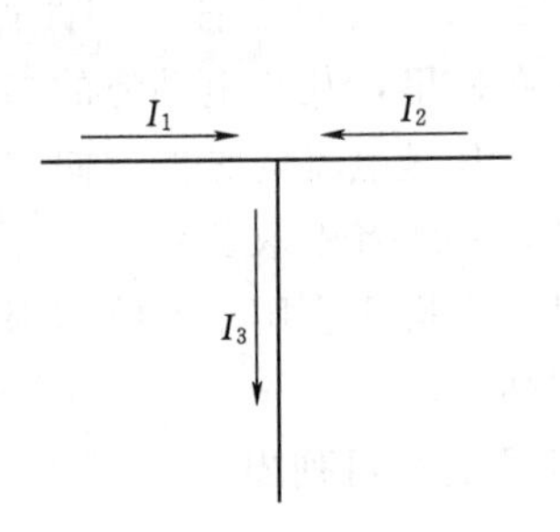

图 1.6.2　图 1.6.1 结点

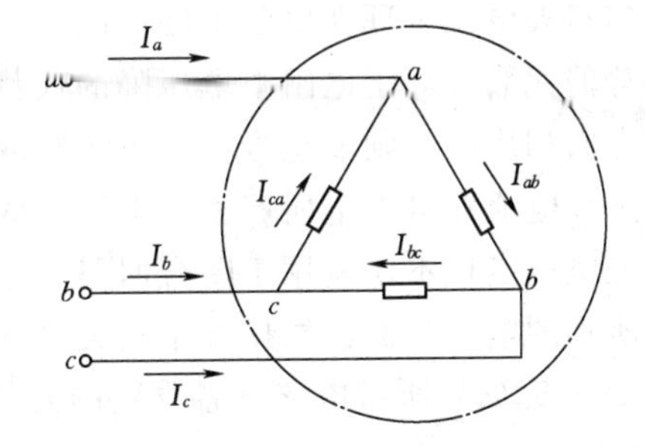

图 1.6.3　结点定律的应用

基尔霍夫电流定理不仅适用于电路中任一结点，也适用于电路中任一假定的闭合面。如图 1.6.3 所示是一个三角形电路，图中有 3 个结点的电流方程为

结点 *a*　　$I_a+I_{ca}=I_{ab}$

结点 *b*　　$I_b+I_{ab}=I_{bc}$

结点 *c*　　$I_c+I_{bc}=I_{ca}$

若将上述 3 个结点电流方程相加，即得图 1.6.3 中为点划线所示闭合面的电流方程

$$I_a+I_b+I_c=0$$

1.6.2　基尔霍夫电压定理（KVL）

基尔霍夫电压定理也称回路电压定理，是用来确定回路中各段电压间关系的。定理指出：如果从回路中任意一点出发，以顺时针方向或逆时针方向沿回路循行一周，则在这个方向上的电位降总和应该等于电位升的总和，回到原来的出发点时，该点的电位是不会发生变化的。此即电路中任意一点的瞬时电位具有单值性的结果。

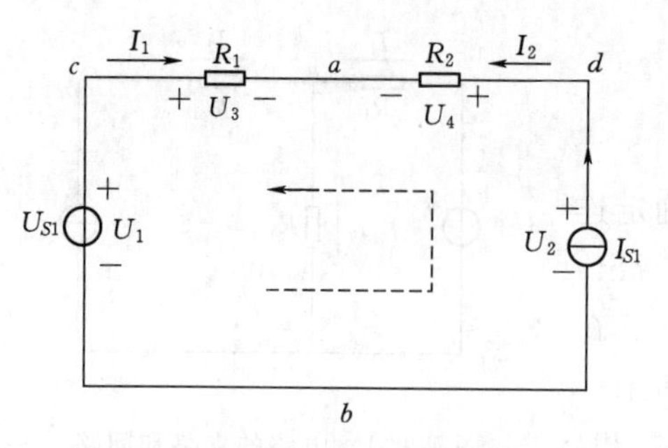

图 1.6.4　电路回路示意图

现以如图 1.6.1 中所示电路的一个回路 $adbca$ 为例来列出其回路方程，回路重画见图 1.6.4，图中电源电动势、电流和各段电压的参考方向均已标出。按照虚线所示方向循行一周，根据电压的参考方向可列出

$$U_1+U_4=U_2+U_3$$

或改写为

$$U_1+U_4-U_2-U_3=0 \text{ 即 } \sum U=0$$

就是在任一瞬间，沿任一回路循环方向（顺时针或逆时针方向），回路中各端电压的代数和恒等于零。如果规定电位降取正号，则电位升就取负号。

上式也可改写为

$$U_{S1}-U_2-R_1I_1+R_2I_2=0$$
$$U_{S1}-U_2=R_1I_1-R_2I_2$$

即

$$\sum U_S=\sum(RI) \tag{1.6.5}$$

此为基尔霍夫电压定理在电阻电路中的另一种表达式，就是在任一回路循行方向上，回路中电动势的代数和等于电阻上电压降的代数和。在这里，凡是电动势的参考方向与所选回路循行方向相反者，则取正号，一致者则取负号。凡是电流的参考方向与回路循行方向相反者，则该电流在电阻上所产生的电压降取正号，一致者则取负号。

基尔霍夫电压定理不仅应用于闭合回路，也可以把它推广应用于回路的部分电路，以如图 1.6.5 所示的电路为例，根据基尔霍夫电压定理列出。

对如图 1.6.5（a）所示电路（各支路的元件是任意的）可列出

$$\sum U=U_A-U_B-U_{AB}=0$$
$$U_{AB}=U_A-U_B$$

对图 1.6.5（b）的电路可列出

$$U=E-RI$$

这也就是一段有源（有电源）电路的欧姆定律的表示式。

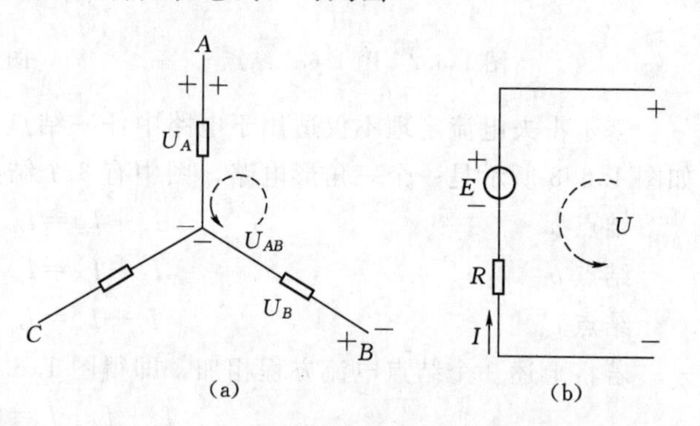

图 1.6.5　基尔霍夫电压定理的推广应用

应该指出虽然图 1.6.1 所举的是直流电阻电路，但是基尔霍夫的两个定理也适用于任一瞬时对任何变化的电流和电压。

列方程时，无论是应用基尔霍夫定理或欧姆定理，首先都要在电路图上标出电流、电压或电动势的参考方向；因为所列方程中各项前的正负号是由它们的参考方向决定的，如果参考方向选得相反，则会相差一个负号。

【例 1.6.1】　有一闭合回路如图 1.6.6 所示，各支路的元件是任意的，但已知：$U_{AB}=5\text{V}$，$U_{BC}=-4\text{V}$，$U_{DA}=-3\text{V}$。试求：(1) U_{CD}；(2) U_{CA}。

【解】 (1) 由基尔霍夫电压定律可列出

$$U_{AB}+U_{BC}+U_{CD}+U_{DA}=0$$

即

$$5+(-4)+U_{CD}+(-3)=0$$

得 $$U_{CD}=2V$$

(2) $ABCD$ 不是闭合电路，也可应用基尔霍夫电压定律列出

$$U_{AB}+U_{BC}+U_{CA}=0$$

即 $$5+(-4)+U_{CA}=0$$

得 $$U_{CA}=-1V$$

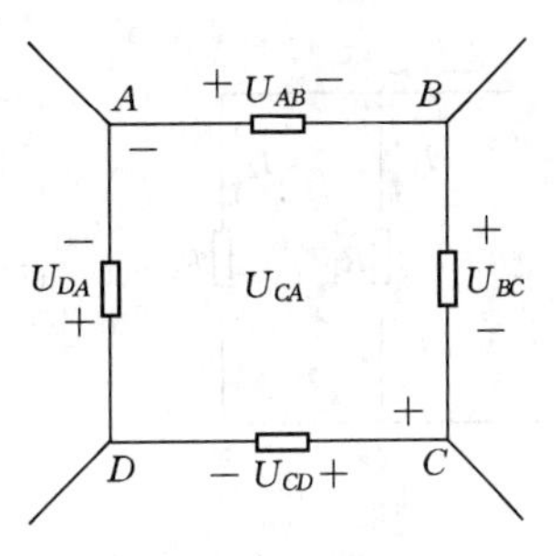

图 1.6.6 例 1.6.1 电路

1.7 电阻的串并联

在电路中，电阻的连接形式是多种多样的，其中最简单和最常用的是串联与并联。

1.7.1 电阻的串联

如果电路中有两个或更多个电阻一个接一个地顺序相连，并且在这些电阻中通过同一电流，则这样的连接法就称为电阻的串联。如图 1.7.1 (a) 所示是两个电阻串联的电路。

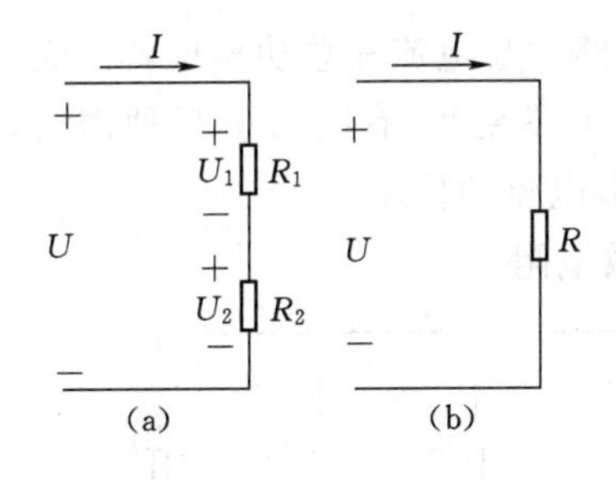

图 1.7.1 电阻的串联

两个串联电阻可用一个等效电阻 R 来代替，图 1.7.1 (b)，等效的条件是在同一电压 U 的作用下电流 I 保持不变。等效电阻等于各个串联电阻之和，即

$$R=R_1+R_2 \tag{1.7.1}$$

两个串联电阻上的电压分别为

$$\left.\begin{aligned} U_1=R_1I=\frac{R_1}{R_1+R_2}U \\ U_2=R_2I=\frac{R_2}{R_1+R_2}U \end{aligned}\right\} \tag{1.7.2}$$

可见，串联电阻上电压的分配与电阻成正比。当其中某个电阻较其他电阻小很多时，在它两端的电压也较其他电阻上的电压低很多，因此，这个电阻的分压作用常可忽略不计。

电阻串联的应用很多。例如在负载的额定电压低于电源电压的情况下，通常需要与负载串联一个电阻，以降落一部分电压。有时为了限制负载中通过过大的电流，也可以与负载串联一个限流电阻。如果需要调节电路中的电流时，一般也可以在电路中串联一个变阻器来进行调节。另外，改变串联电阻的大小以得到不同的输出电压，这也是常见的。

1.7.2 电阻的并联

如果电路中有两个或更多个电阻连接在两个公共的结点之间，则这样的连接法就称为电阻的并联。在各个并联支路（电阻）上受到同一电压。图 1.7.2 (a) 是两个电阻并联

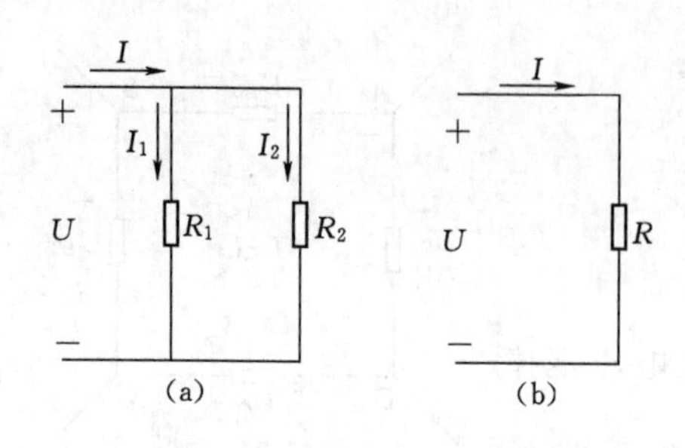

图 1.7.2　电阻的并联
(a) 电阻的并联；(b) 等效电阻

的电路。

两个并联电阻也可用一个等效电阻 R 来代替图 1.7.2 (b)。等效电阻的倒数等于各个并联电阻的倒数之和，即

$$\frac{1}{R}=\frac{1}{R_1}+\frac{1}{R_2}$$

上式也可写成

$$G=G_1+G_2 \tag{1.7.3}$$

式中 G 称为电导，是电阻的倒数。在国际单位制中，电导的单位是西门子（S）并联电阻用电导表示，在分析计算多支路并联电路时可以简便些。两个并联电阻上的电流分别为

$$\left.\begin{aligned}I_1=\frac{U}{R_1}=\frac{RI}{R_1}=\frac{R_2}{R_1+R_2}I\\I_2=\frac{U}{R_2}=\frac{RI}{R_2}=\frac{R_1}{R_1+R_2}I\end{aligned}\right\} \tag{1.7.4}$$

可见，并联电阻上电流的分配与电阻成反比。当其中某个电阻较其他电阻大很多时，通过它的电流就较其他电阻上的电流小很多，因此，这个电阻的分流作用常可忽略不计。

一般负载都是并联运用的。负载并联运用时，它们处于同一电压之下，任何一个负载的工作情况基本上不受其他负载的影响。

并联的负载电阻愈多（负载增加），则总电阻愈小，电路中总电流和总功率也就愈大。但是每个负载的电流和功率却没有变动（严格地讲，基本上不变）。有时为了某种需要，可将电路中的某一段与电阻或变阻器并联，以起分流或调节电流的作用。

【例 1.7.1】 计算如图 1.7.3 所示电阻并联电路的等效电阻。

【解】 等效电阻为 R，即

$$\frac{1}{R}=\frac{1}{R_1}+\frac{1}{R_2}+\frac{1}{R_3}=\frac{1}{30}+\frac{1}{15}+\frac{1}{0.8}=1.35$$

$$R=\frac{1}{1.35}\approx 0.8\text{k}\Omega$$

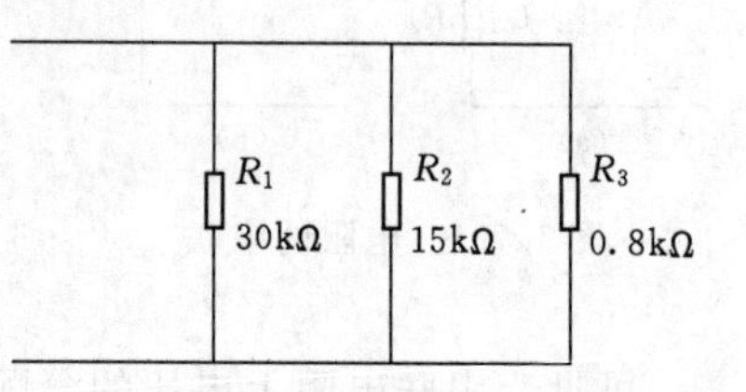

图 1.7.3　例 1.7.1 电路

有时不需要精确计算，可以很快的估算出其等效电阻的大致值。如图 1.7.3 所示中的并联的电阻值相差很大时，则大电阻的分流作用常可忽略不计。在本例中，因 $R_1 \gg R_2 \gg R_3$，所以 R_1 和 R_2 的分流作用可忽略不计。可将等效电阻估算为 0.8kΩ。

1.8　支路电流法

凡不能用电阻串并联等效变换化简的电路，一般称为复杂电路。在计算复杂电路的各种方法中，支路电流法是最基本的。它是应用基尔霍夫电流定律和电压定律分别对结点和回路列出所需要的方程组，而后解出各未知支路电流。

列方程时，必须先在电路图上选定好未知支路电流以及电压或电动势的参考方向。

以如图 1.8.1 所示的电路为例，来说明支路电流法的应用。在本电路中，支路数 $b=3$，结点数 $n=2$，共要列出三个独立方程。电动势和电流的参考方向如图 1.8.1 所示。

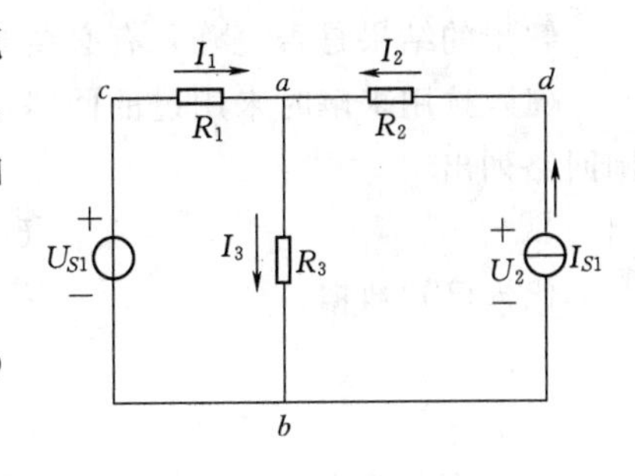

图 1.8.1　支路法电路举例

首先，应用基尔霍夫电流定律对结点 a 列出

$$I_1+I_2-I_3=0 \tag{1.8.1}$$

对结点 b 列出

$$I_3-I_1-I_2=0 \tag{1.8.2}$$

可见式（1.8.2）与式（1.8.1）是完全等效的，它是非独立的方程。因此，对具有两个结点的电路，应用电流定律只能列出 2－1＝1 个独立方程。

一般地说，对具有 n 个结点的电路应用基尔霍夫电流定律只能得到（$n-1$）个独立方程。

其次，应用基尔霍夫电压定律列出其余 $b-(n-1)$ 个方程，通常可取单孔回路（或称网孔）列出。在图 1.8.1 中有两个单孔回路。对左面的单孔回路可列出

$$U_{S1}=R_1I_1+R_3I_3 \tag{1.8.3}$$

对右面的单孔回路可列出

$$U_2=R_2I_2+R_3I_3 \tag{1.8.4}$$

单孔回路的数目恰好等于 $b-(n-1)$。应用基尔霍夫电流定律和电压定律一共可列出 $(n-1)+b-(n-1)$ 个独立方程，所以能解出 b 个支路电流。

【例 1.8.1】 在如图 1.8.2 所示的电路中有几个结点？几条支路？几个回路？几个单网孔？

【解】 此电路一共有 5 个结点，7 条支路，7 个回路，4 个单网孔。

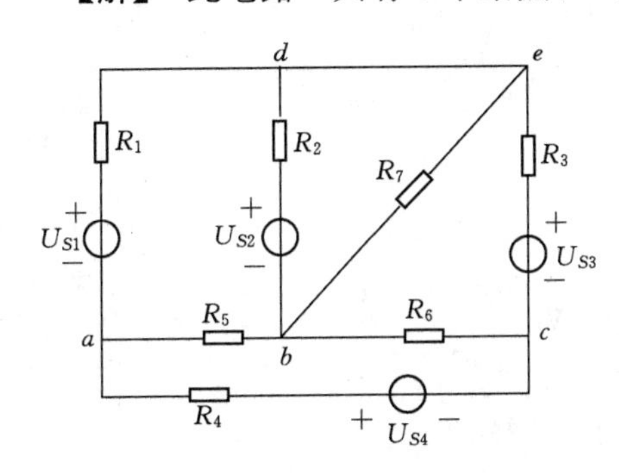

图 1.8.2 ［例 1.8.1］的电路

【例 1.8.2】 在如图 1.8.1 所示的电路中，设 $U_{S1}=140\text{V}$，$I_{S1}=6\text{A}$，$R_1=20\Omega$，$R_2=5\Omega$，$R_3=6\Omega$，试求各支路电流。

【解】 应用基尔霍夫电流定律和电压定律列出式（1.8.1）和式（1.8.3）并将已知数据代入，即得

$$\begin{cases} I_1+I_2-I_3=0 \\ 140=20I_1+6I_3 \\ I_2=I_{s1}=6\text{A} \end{cases}$$

解得

$$I_1=4\text{A}$$
$$I_2=6\text{A}$$
$$I_3=10\text{A}$$

且有

$$U_2=I_2R_2+I_3R_3=90\text{V}$$

解出的结果是否正确，有必要时可以验算。一般验算方法有下列两种：

(1) 选用求解时未用过的回路，应用基尔霍夫电压定律进行验算。在本例中，可对外围回路列出

$$U_{S1}-U_2=R_1I_1-I_2R_2$$

代入已知数据，得

$$140-90=20\times4-5\times6$$
$$50V=50V$$

(2) 用电路中功率平衡关系进行验算，即

$$U_{S1}I_1+U_2I_{S1}=R_1I_1^2+R_2I_2^2+R_3I_3^2$$
$$140\times4+90\times6=20\times4^2+5\times6^2+6\times10^2$$
$$560+540=320+180+600$$
$$1100W=1100W$$

即两个电源产生的功率等于各个电阻上损耗的功率。

【例 1.8.3】 电路如图 1.8.3 所示，已知 $I_S=4A$，$U_S=120V$，$R_1=5\Omega$，$R_2=20\Omega$，求各支路电流，并验证功率平衡。

【解】 图 1.8.3 电路中虽有 3 条支路，但只有 2 个未知量，故只需列写 2 个方程即可。

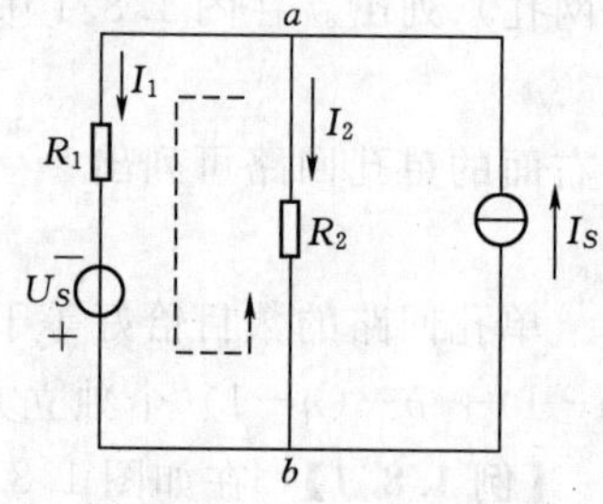

图 1.8.3 ［例 1.8.3］电路图

(1) 各支路电流

节点 a　　　$I_S=I_1+I_2$

左边回路　　　$U_S=I_1R-I_2R_2$

代入数据

$$4=I_1+I_2$$
$$120=5I_1-20I_2$$

解得

$$I_1=8A$$
$$I_2=-4A$$

(2) 各元件的功率

理想电压源输出的功率

$$P_S=-I_1U_S=-960W$$

理想电流源吸收的功率

$$P_{IS}=-I_SU_{AB}=-4(I_2\times20)=320W$$

电阻 R_1 消耗的功率

$$P_{R_1}=-I_1^2R_1=320W$$

电阻 R_2 消耗的功率

$$P_{R_2}=-I_2^2R_2=320W$$

电路中消耗的总功率

$$P_L=P_{R_1}+P_{R_2}+P_{IS}=I_1^2R_1+I_2^2R_2-I_SU_{ab}=960W$$

显然，与电源输出的总功率 P_S 相平衡。

1.9 叠加定理

叠加定理是线性电路中普遍适用的基本定理。叠加定理指出：对于线性电路，任何一条支路中的电流，都可以看成是由电路中各个电源（电压源或电流源）分别独立作用时，在此支路中所产生的电流的代数和。

以如图1.9.1（a）所示电路为例，说明叠加定理的应用。电路1.9.1（a）中有两个电源，各支路中的电流是由这两个电源共同作用产生的，以求 I_2 为例则

$$I_2 = I_2' + I_2'' \tag{1.9.1}$$

式中的 I_2' 是当电路中有 U_S 单独作用时（$I_S=0$），在 ab 支路上产生的电流，如图1.9.1（b）所示；而 I_2'' 是当电路中有 I_S 单独作用时（$U_S=0$），在 ab 支路上产生的电流，如图1.9.1（c）所示。

同理可求出其他支路的电流为

$$I_1 = I_1' - I_1''$$

$$I_3 = -I_3''$$

【例1.9.1】 在如图1.9.1所示电路中，已知 $U_S=120\text{V}$，$I_S=5\text{A}$，$R_1=R_3=3\Omega$，$R_2=12\Omega$，用叠加定理求各支路电流。

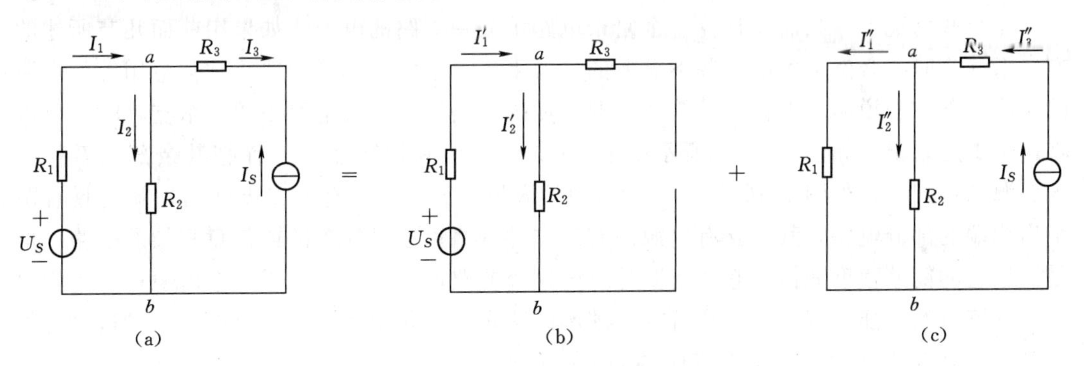

图1.9.1　叠加定理应用电路举例

【解】 将原电路分解为如图1.9.1（b）、（c）所示的电路，参考方向示于图中。

（1）当 U_S 单独作用，见图1.9.1（b）为

$$I_1' = I_2' = \frac{U_S}{R_1+R_2} = \frac{120}{3+12} = 8\text{A}$$

（2）当 I_S 单独作用，见图1.9.2（c）为

$$I_1'' = \frac{R_2}{R_1+R_2} I_S = \frac{12}{12+3} \times 5\text{A} = 4\text{A}$$

$$I_2'' = I_S - I_1'' = 5-4 = 1\text{A}$$

$$I_3'' = I_S = 5\text{A}$$

（3）叠加

$$I_1 = I_1' - I_1'' = 8-4 = 4\text{A}$$

$$I_2 = I_2' + I_2'' = 8 + 1 = 9\text{A}$$
$$I_3 = -I_3'' = -5\text{A}$$

所谓电路中只有一个电源单独作用，就是假设将其余的电源均除去（将各个理想电压源短接，及其电动势为零；将各个理想电流源开路，即其电流为零），但是它们内阻（如果给出的话）仍未计及。

用叠加定理计算复杂电路，就是把一个多电源的复杂电路化为几个单电源电路来进行计算。

从数学上看，叠加定理就是线性方程的可加性。由前面支路电流法和结点电压法得出的都是线性方程，所以支路电流或电压都可以用叠加定理来求解。但是功率的计算就不能用叠加定理。如图 1.9.1 所示中电阻 R_3 上的功率为例，显然

$$P_3 = R_3 I_3^2 = R_3 (I_3' + I_3'')^2 \neq R_3 I_3' + R_3 I_3''$$

这是因为电流与功率不成比例，它们不是线性关系。

叠加定理不仅可以用来计算复杂电路，而且也是分析与计算线性问题的普遍原理，在以后还常用到。

1.10 戴维南定理

在有些情况下，只需要计算一个复杂电路中某一支路的电流，如果用前面几节所述的方法来计算时，必然会引出一些不需要的电流来。为了使计算简便些，常常应用等效电源的方法。现在来说明一下什么是等效电源。如果只需计算复杂电路中的一个支路时，可以将这个支路划出，如图 1.10.1 所示中的 ab 支路，其中电阻为 R_L，而把其余部分看作一个有源二端网络，如图 1.10.2（a）所示中的方框部分。所谓有源二端网络，就是具有两个出线端的部分电路，其中含有电源。有源二端网络可以是简单的或任意复杂的电路。但是无论它的简繁程度如何，它对所要计算的这个支路而言，仅相当于一个电源；因为它对这个支路供给电能。因此，这个有源二端网络一定可以化简为一个等效电源。经这种等效变换后，ab 支路中的电流 I 及其两端的电压 U 没有变动。

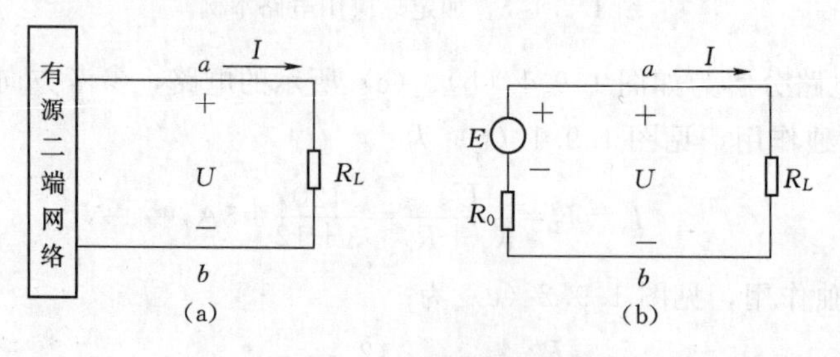

图 1.10.1　戴维南等效模型

任何一个有源二端线性网络都可以用一个电动势为 E 的理想电压源和内阻 R_0 的串联模型来等效代替，如图 1.10.1（b）所示。等效电源的电动势 E 就是有源二端网络的开路电压 U_{oc}，即将负载断开后 a、b 两端之间的电压。等效电源的内阻 R_0 等于有源二端网络中所有电源均除去（将各个理想电压源短路，即其电动势为零；将各个理想电

流源开路，即其电流为零）后所得到的无源网络 a，b 两端之间的等效电阻。这就是戴维南定理。

【例 1.10.1】 用戴维宁定理计算图中的支路电流 I_3。

【解】 图 1.10.2 的电路可化为图 1.10.4 所示的等效电路。

等效电源的电动势 E 可由图 1.10.4 求得

$$I=\frac{U_{S1}-U_{S2}}{R_1+R_2}=\frac{140-90}{20+5}=2\text{A}$$

于是

$$E=U_{oc}=U_{S1}-R_1I=140-20\times 2=100\text{V}$$

或

$$E=U_{oc}=U_{S2}+R_2I=90+5\times 2=100\text{V}$$

也可用结点电压法求。

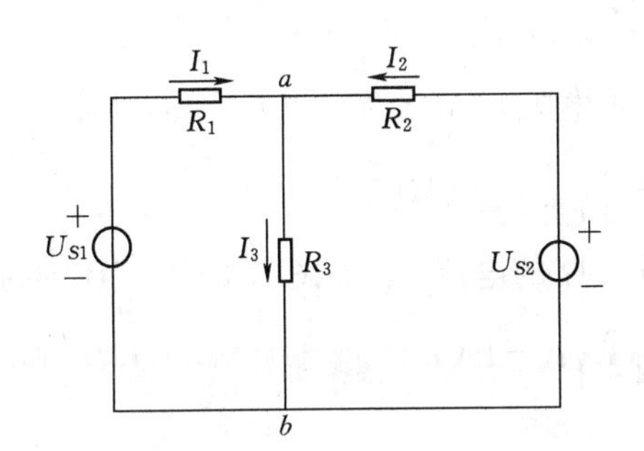

图 1.10.2 ［例 1.10.1］电路图

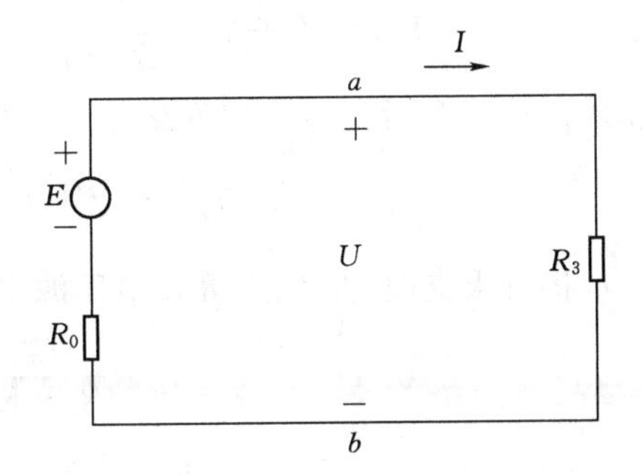

图 1.10.3 ［例 1.10.1］的等效电路

等效电源的内阻 R_0 可由图 1.10.5 求得。对 a，b 两端讲，R_1 和 R_2 是并联的，因此

$$R_0=\frac{R_1R_2}{R_1+R_2}=\frac{20\times 5}{20+5}=4\Omega$$

而后由图 1.10.3 求出 I_3，即

$$I_3=\frac{E}{R_0+R_3}=\frac{100}{4+6}=10\text{A}$$

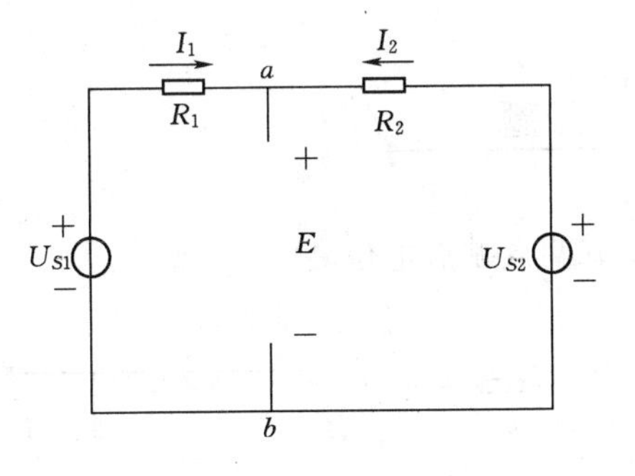

图 1.10.4 求开路电压 E

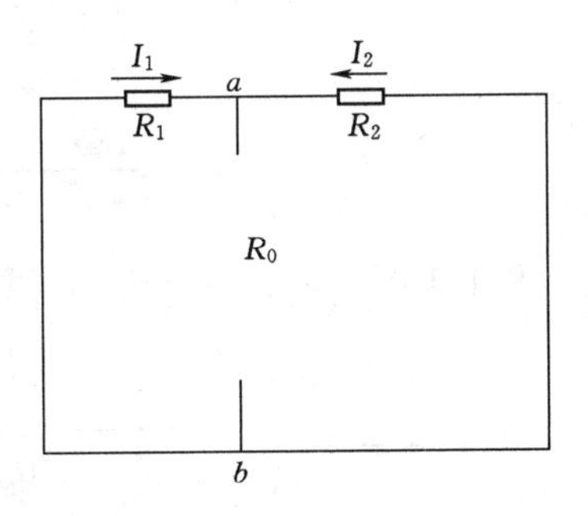

图 1.10.5 求等效电阻 R_0

【例 1.10.2】 已知：$U_S=12\text{V}$，$I_S=1.5\text{A}$，$R_1=6\Omega$，$R_3=2\Omega$，$R_L=1\Omega$，其电路图

如图 1.10.6（a）所示。用戴维宁定理计算 R_L 的支路电流 I_L。

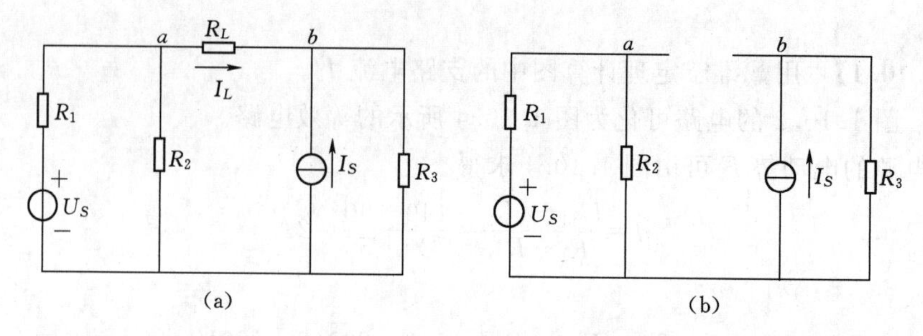

图 1.10.6 ［例 1.10.2］电路

【解】（1）去掉待求支路 R_L，画有源二端网络电路图，如图 1.10.6（b）所示。

（2）计算有源二端网络的开路电压，即

$$E_0=U_{ab}=V_a-V_b=\frac{R_2}{R_1+R_2}U_S-I_SR_3=\frac{6}{3+6}\times 12-1.5\times 2=5\text{V}$$

（3）计算消源后无源二端网络 a、b 端的等效电阻 R_0，如图 1.10.7（a）所示。

$$R_0=R_1/\!/R_2+R_3=\frac{3\times 6}{3+6}+2=4\Omega$$

（4）将待求支路 R_L 代入等效电压源中，求支路的电流 I，如图 1.10.7（b）所示。

$$I_L=\frac{E_0}{R_0+R_L}=\frac{5}{4+1}\text{A}=1\text{A}$$

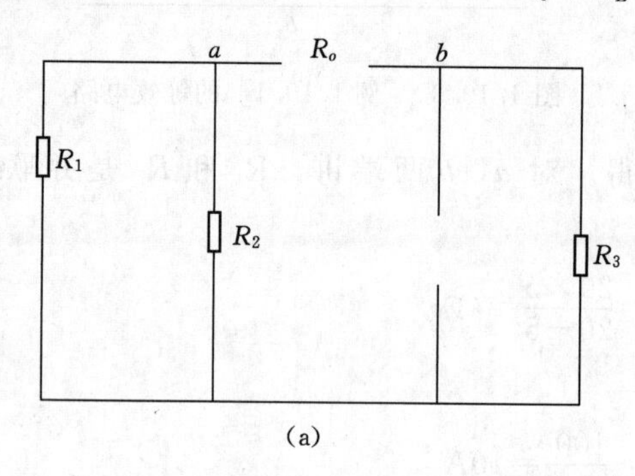

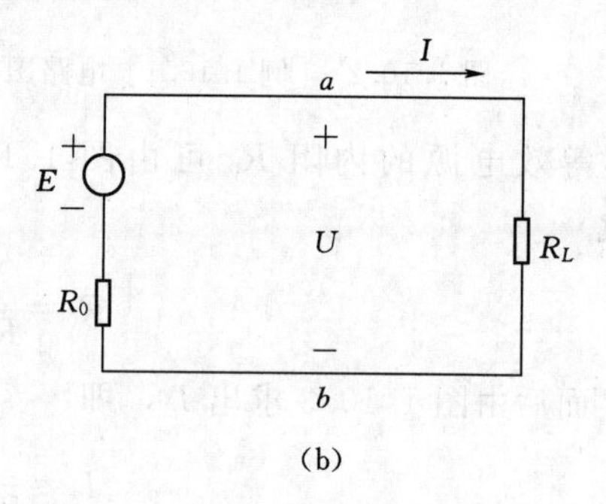

图 1.10.7

习　题

1.1　题 1.1 图中，$U_{ab}=-8\text{V}$，试问 a，b 两点哪点电位高？

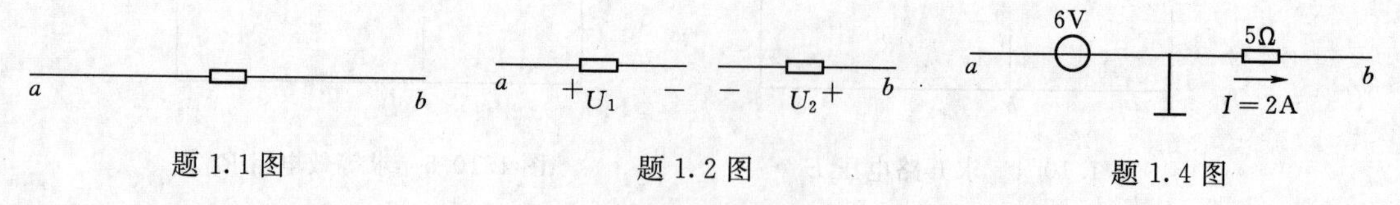

题 1.1 图　　题 1.2 图　　题 1.4 图

1.2　题 1.2 图中，$U_1=-10\text{V}$，$U_2=5\text{V}$，试问 U_{ab} 等于多少伏？

1.3　某电流表内阻为 2.5mΩ，当读数为 8A 时，求此电表两端的电压。

1.4　如题 1.4 图所示电路，求电位 V_a、V_b 和电压 U_{ab}。

1.5　如题 1.5 图所示电路中，各有多少支路和结点？U_{ab} 和 I 是否等于零？如将图中右下臂的 6 Ω 改为 3 Ω，则又如何？

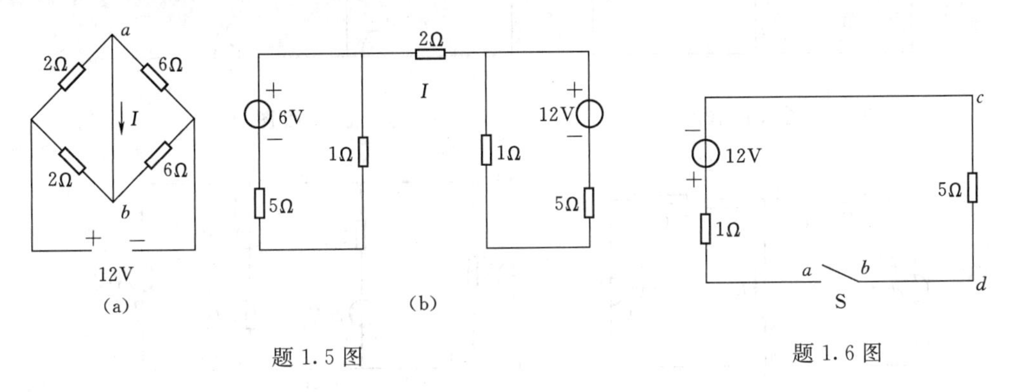

题 1.5 图　　　　题 1.6 图

1.6　如题 1.6 图所示，试计算开关 S 闭合和断开两种情况下的电压 U_{ab} 和 U_{cd}。

1.7　如题 1.7 图所示电路，试求电流 I_1、I_2、I_3。

1.8　如题 1.8 图所示电路，已知 $I_a=4\text{A}$，$I_b=1\text{A}$，$U_{ab}=2\text{V}$，试求电流 I_1、I_2、I_3 及 U_{bc}、U_{ca}。

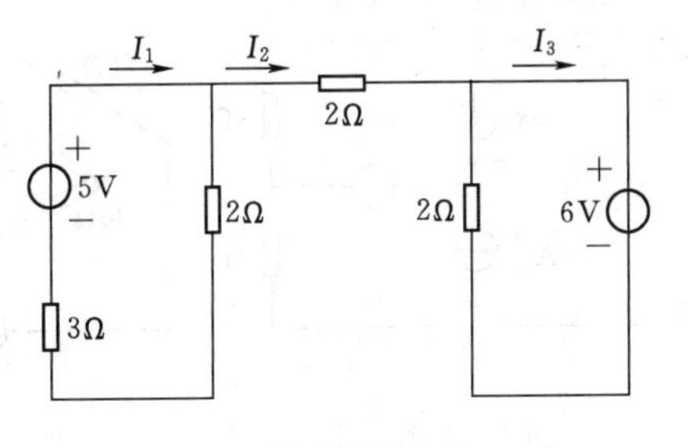

题 1.7 图

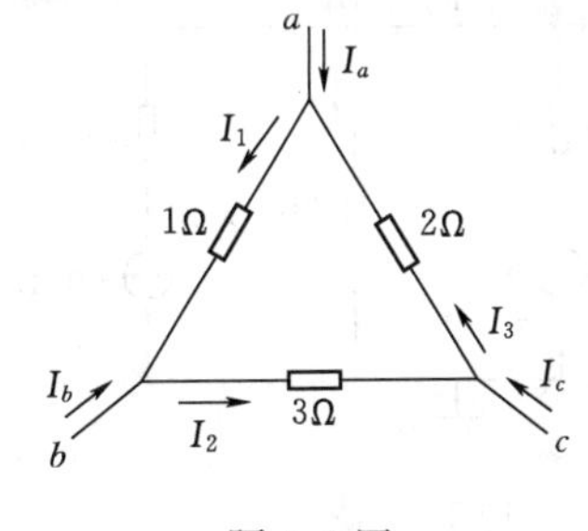

题 1.8 图

1.9　如题图 1.9 所示电路，试求电压 U_{ab}。

1.10　如题 1.10 图所示电路，求 I_1、I_2 及 V。

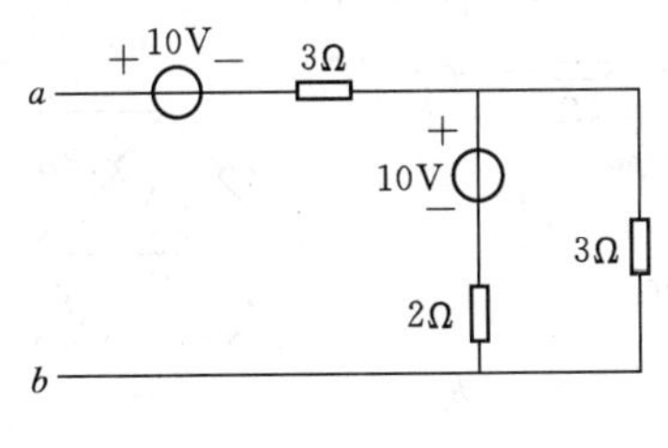

题 1.9 图

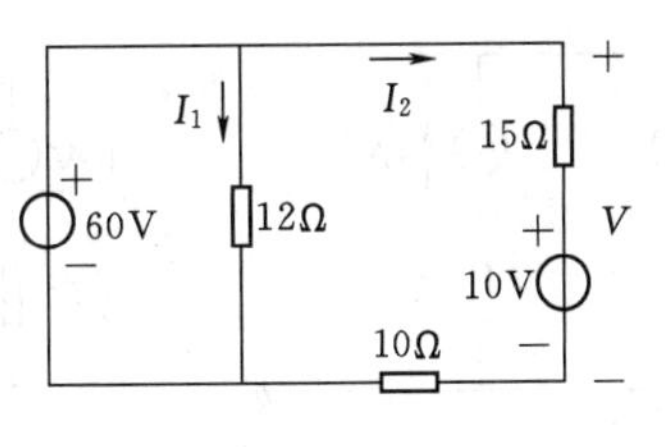

题 1.10 图

1.11　如题 1.11 图所示电路，试求短路电流 I_3。

1.12　如题 1.12 图所示电路，试求开路电压 V_{ab}。

1.13　如题 1.13 图所示电路，试求 a 点的电位 V_3。

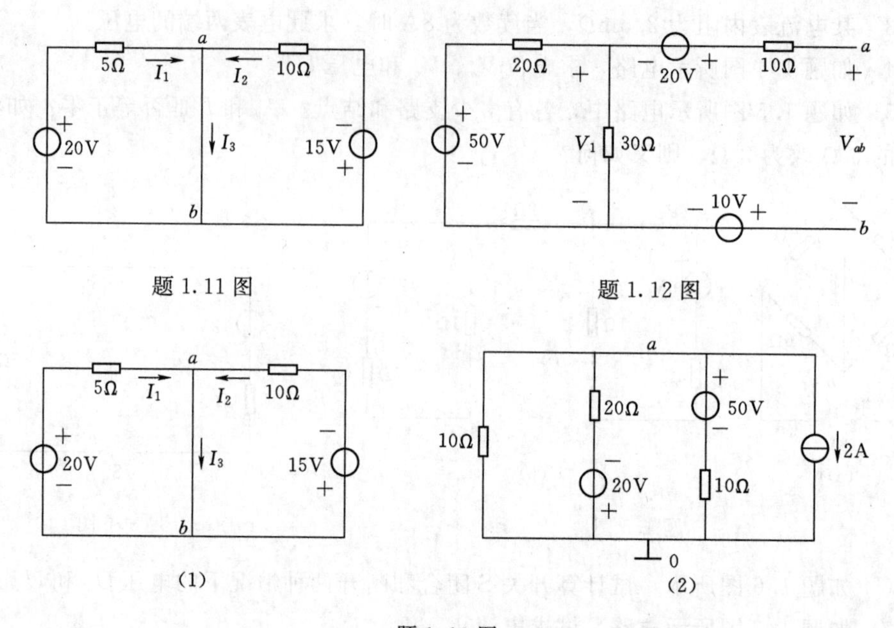

题 1.11 图　　题 1.12 图

题 1.13 图

1.14　如题 1.14 图所示电路，试用节点电位法求各支路的电流。

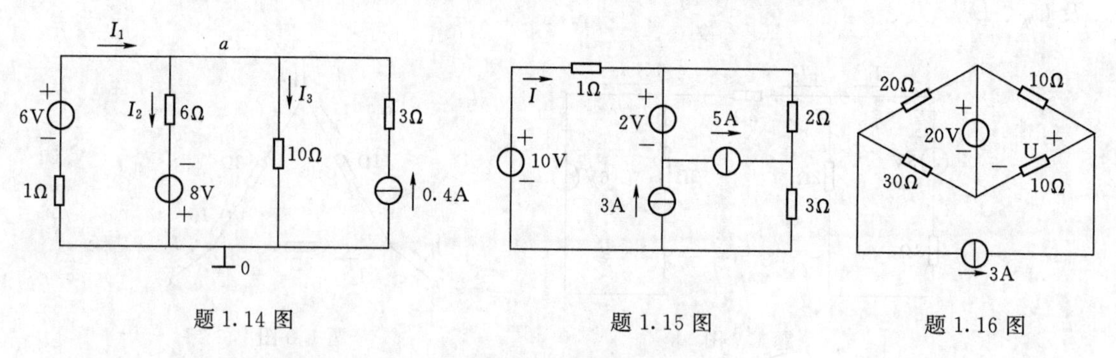

题 1.14 图　　题 1.15 图　　题 1.16 图

1.15　如题 1.15 图所示电路，试用叠加定理求电流 I。

1.16　如题 1.16 图所示电路，试用叠加定理求电压 U。

1.17　如题 1.17 图所示电路，试求它们的戴维南等效电路。

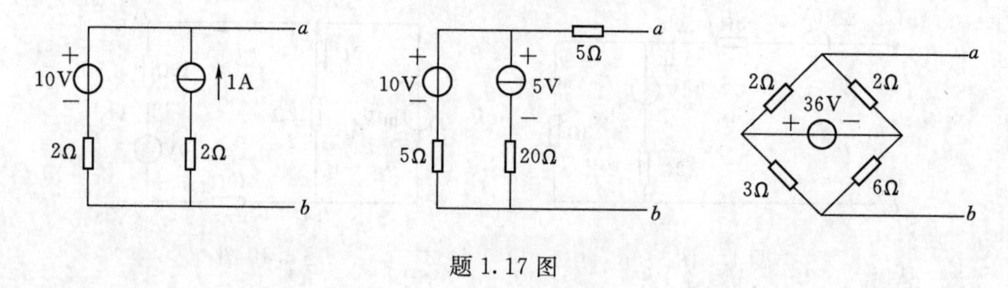

题 1.17 图

1.18　如题 1.18 图所示电路，分别用结点电位法、叠加定理和戴维南定理求电压 U_2。

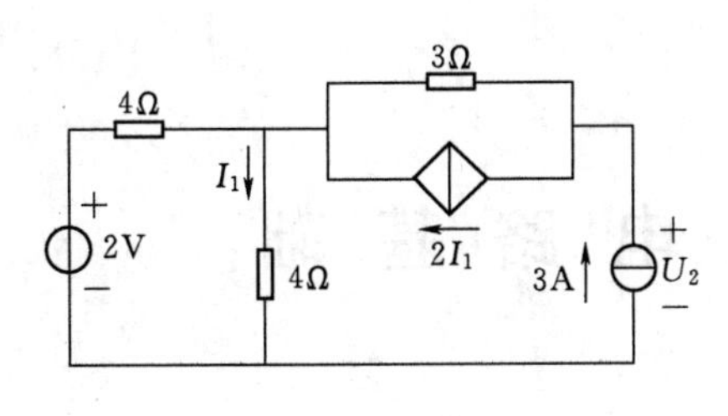

题 1.18 图

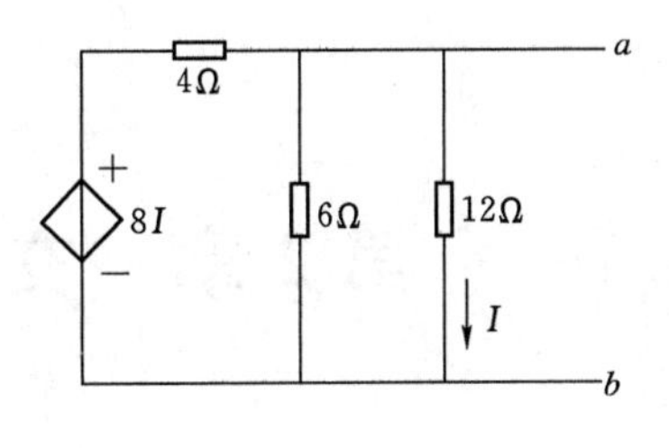

题 1.19 图

1.19　如题 1.19 图所示电路的戴维南等效电路。

1.20　如题 1.20 图所示电路，用戴维南定理计算 1 Ω 电阻中的电流 I。

1.21　如题 1.21 图所示电路，多大的电阻器接到 a、b 两端时吸收的电流为 5 A?

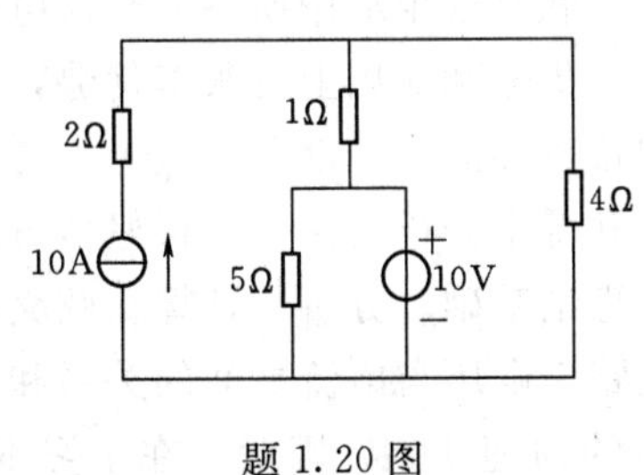

题 1.20 图

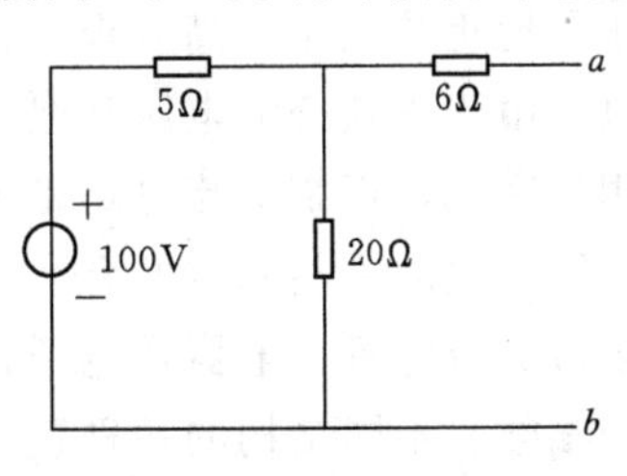

题 1.21 图

第2章　交流电路基础

所谓正弦交流电路，是指含有正弦电源（激励）而且电路各部分所产生的电压和电流（响应）均按正弦规律变化的电路。在稳定状态下，电路中的电压和电流的大小、方向都随时间按照正弦规律变化。在电力系统中，发电厂提供的几乎都是正弦交流电，可以很方便的利用变压器把正弦电压升高或降低；在生产上和日常生活中所用的交流电，一般都是指正弦交流电。由于正弦交流电压和电流在产生、传输和应用上有很多优势，从而得到极其广泛的应用。因此，正弦交流电路是电工学中很重要的一个部分。

对本章中所讨论的一些基本概念、基本理论和基本分析方法，应很好地掌握，并能运用，为后面学习交流电机、电器及电子技术打下理论基础。分析与计算正弦交流电路，主要是确定不同参数和不同结构的各种正弦交流电路中电压与电流之间的关系和功率。交流电路具有用直流电路的概念无法理解和无法分析的物理现象，因此，在学习本章的时候，必须建立交流的概念，否则容易引起错误理解。

2.1　正弦交流电的基本概念

上一章节分析的是直流电路，其中电流大小和方向（或电压的极性）除在换路瞬间是不随时间而变化的，如图 2.1.1 所示。

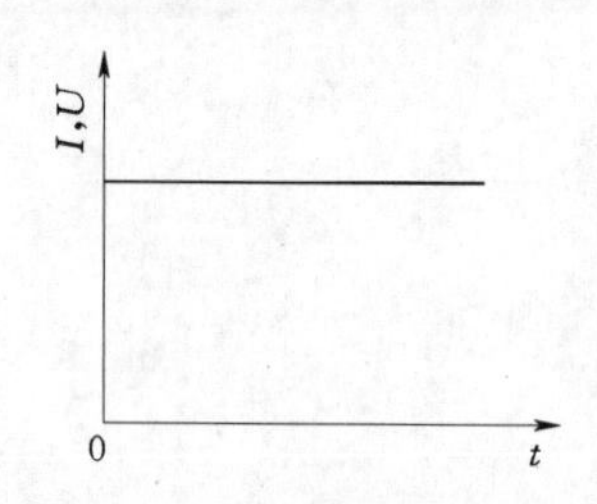

图 2.1.1　直流电流和电压

把大小和方向都随时间按正弦规律周期性变化的电压、电流或电动势等物理量，统称为正弦交流电，其波形如图 2.1.2 所示。由于正弦电流（或电压）的方向（或极性）是周期性变化的，在电路图上所标的方向是指它们的参考方向，当实际方向与所标定的参考方向一致时，其值为正；当实际方向与所标的参考方向相反时，则其值为负。图 2.1.2 中的虚线箭头代表电流的实际方向；“⊕”，“⊖”代表电压的实际极性。

任何一个正弦量的特征都可以通过被称为正弦量的三要素的频率（或者周期）、幅值（或有效值）和初相位来描述其变化的快慢、大小及初始值三个方面，下面就分别对正弦量的这三要素进行分析。

2.1.1　周期、频率和角频率

正弦量变化的快慢可用周期、频率和角频率来表示。

正弦量变化一次所需的时间（s）称为周期 T。每秒内变化的次数称为频率 f，它的单位是赫兹（Hz）。频率是周期的倒数，即

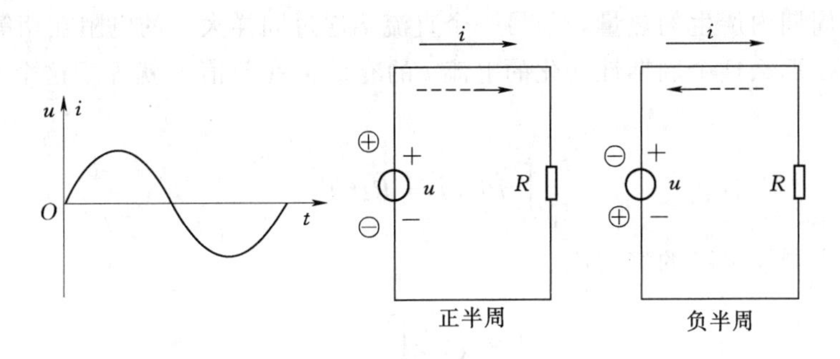

图 2.1.2　正弦电压和电流

$$f=1/T \tag{2.1.1}$$

在我国和大多数国家都采用 50Hz 作为电力标准频率，有些国家（如美国、日本等）采用 60Hz。这种频率在工业上应用广泛，习惯上也称为工频。通常的交流电动机和照明负载都用这种频率。

在其他各种不同的技术领域内使用着各种不同的频率。例如，高频炉的频率是 200～300 kHz；中频炉的频率是 500 ～ 8000Hz；高速电动机的频率是 150 ～ 2000Hz；通常收音机中波段的频率是 530～1600kHz，短波段是 2.3～23MHz；移动通信的频率是 900MHz 和 1800MHz；在无线通信中使用的频率可高达 300GHz。

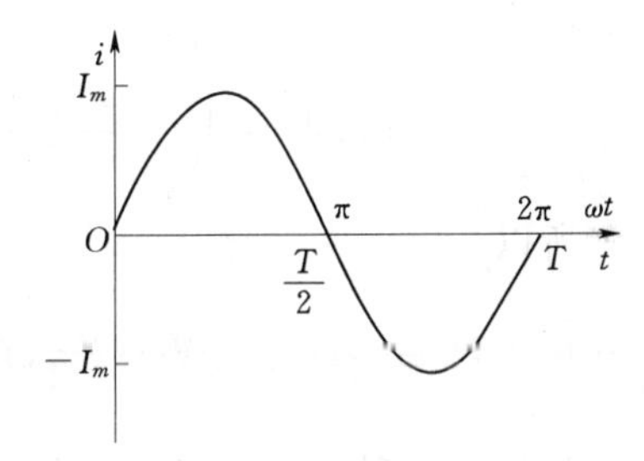

图 2.1.3　正弦波形

正弦量变化的快慢除用周期和频率表示外，还可用角频率 ω 来表示。因为一周期内经历了 2π 弧度（见图 2.1.3），所以角频率为

$$\omega=2\pi/T=2\pi f \tag{2.1.2}$$

它的单位是弧度每秒（rad/s）。

式（2.1.2）表示 T，f，ω 三者之间的关系，只要已知其中之一，则其余均可求出。

2.1.2　瞬时值、最大值和有效值

正弦量在任一瞬间的值称为瞬时值，用小写字母来表示，如 i，u 及 e。分别表示电流、电压及电动势的瞬时值。瞬时值中最大的值称为幅值或最大值，用带下标 m 的大写字母来表示，如 I_m，U_m 及 E_m。分别表示电流、电压及电动势的幅值。

图 2 .1.3 是正弦电流的波形，它的数学表达式为

$$i=I_m \sin\omega t \tag{2.1.3}$$

正弦电流、电压和电动势的大小往往不是用它们的幅值，而是常用有效值（均方根值）来计量的。

有效值是从电流的热效应来规定的，因为在电工技术中，电流常表现出其热效应。无论是周期性变化的电流还是直流，只要它们在相等的时间内通过同一电阻而两者的热效应相等，就把它们的安培值看作是相等的。也就是，某一个周期电流 i 通过电阻 R（譬如电

阻炉）在一个周期内产生的热量，与另一个直流 I 通过同样大小的电阻在相等的时间内产生的热量相等，那么这个周期性变化的电流 i 的有效值在数值上就等于这个直流 I。根据上述，可得

$$\int_0^T Ri^2 \mathrm{d}t = RI^2 T$$

由此可得出周期电流的有效值

$$I = \sqrt{\frac{1}{T}\int_0^T i^2 \mathrm{d}t} \tag{2.1.4}$$

式（2.1.4）适用于周期性变化的量，但不能用于非周期量。

当周期电流为正弦量时，即 $i=I_m\sin\omega t$，则

$$I = \sqrt{\frac{1}{T}\int_0^T I_m^2 \sin^2\omega t \,\mathrm{d}t}$$

因为

$$\int_0^T \sin^2\omega t\,\mathrm{d}t = \int_0^T \frac{1-\cos 2\omega t}{2}\mathrm{d}t = \frac{1}{2}\int_0^T \mathrm{d}t - \frac{1}{2}\int_0^T \cos 2\omega t\,\mathrm{d}t = \frac{T}{2} - 0 = \frac{T}{2}$$

所以

$$I=\sqrt{\frac{1}{T}I_m^2\frac{T}{2}}=\frac{I_m}{\sqrt{2}} \tag{2.1.5}$$

如果考虑到周期电流 i 是作用在电阻 R 两端的周期电压 u 产生的，则由式（2.1.4）就可推得周期电压的有效值。

$$U = \sqrt{\frac{1}{T}\int_0^T u^2 \mathrm{d}t}$$

当周期电压为正弦量时，即 $u=U_m\sin\omega t$，则

$$U=\frac{U_m}{\sqrt{2}} \tag{2.1.6}$$

同理

$$E=\frac{E_m}{\sqrt{2}}$$

按照规定，有效值都用大写字母表示，和表示直流的字母一样。

一般所讲的正弦电压或电流的大小，例如交流电压 380V 或 220V，都是指它的有效值。一般交流电流表和电压表的刻度也是根据有效值来定的。

2.1.3　相位、初相位和相位差

正弦量是随时间而变化的，相位反应正弦量在变化过程中瞬时值的变化进程，当相位随时间连续变化时，正弦量的瞬时值也随时间连续变化。要确定一个正弦量还须从计时起点（$t=0$）上看。所取的计时起点不同，正弦量的初始值（$t=0$ 时的值）就不同，到达幅值或某一特定值所需的时间也就不同。

正弦量可用下式表示为

$$i=I_m \sin\omega t \tag{2.1.7}$$

其波形如图 2.1.3 所示。它的初始值为零。

正弦量也可用下式表示为

$$i=I_m \sin(\omega t+\varphi) \tag{2.1.8}$$

其波形如图 2.1.4 所示。在这种情况下，初始值 $i_0=I_m \sin(\varphi)$，不等于零。

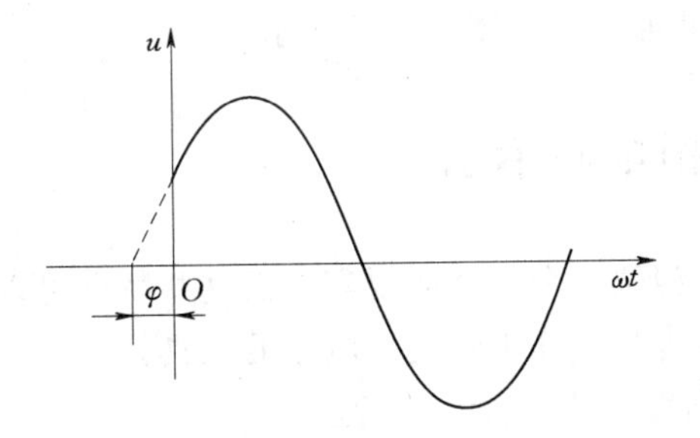

图 2.1.4　初相位不等于零的正弦波形

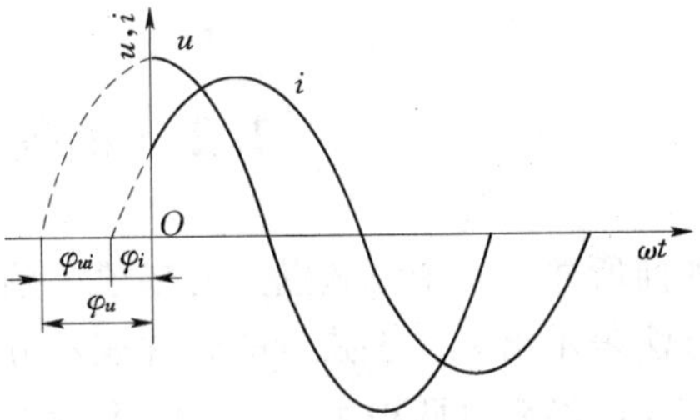

图 2.1.5　初相位不相同的正弦量

上两式中的角度 ωt 和 $(\omega t+\varphi)$ 称为正弦量的相位角或者相位，它反映出正弦量变化的进程。当相位角随时间连续变化时，正弦量的瞬时值随之作连续变化。

$t=0$ 时的相位角称为初相位角或初相位。在式 2.1.7 中初相位为零，在式 2.1.8 中初相位为 φ。因此，所取计时起点不同，正弦量的初相位不同，其初始值也就不同。

在一个正弦交流电路中，电压 u 和电流 i 的频率是相同的，但初相位不一定相同，例如图 2.1.5 所示。图中 u 和 i 的波形可用下式表示

$$\left.\begin{aligned} u&=U_m \sin(\omega t+\varphi_u) \\ i&=I_m \sin(\omega t+\varphi_i) \end{aligned}\right\} \tag{2.1.9}$$

它们的初相位分别为 φ_u 和 φ_i。

任何两个同频率正弦量的相位角之差或初相位角之差，称为相位角差，用 $\Delta\varphi$ 表示。如：在式（2.1.9）中，u 和 i 的相位差为

$$\Delta\varphi=(\omega t+\varphi_u)-(\omega t+\varphi_i)=\varphi_u-\varphi_i \tag{2.1.10}$$

可见，正弦量的相位角是随时间变化的，但两个同频率正弦量之间的相位差是不随时间而改变的，相位差就是两个同频率正弦量的初相位之差。所以，就有如图 2.1.6 所示的同相和反相的说法。

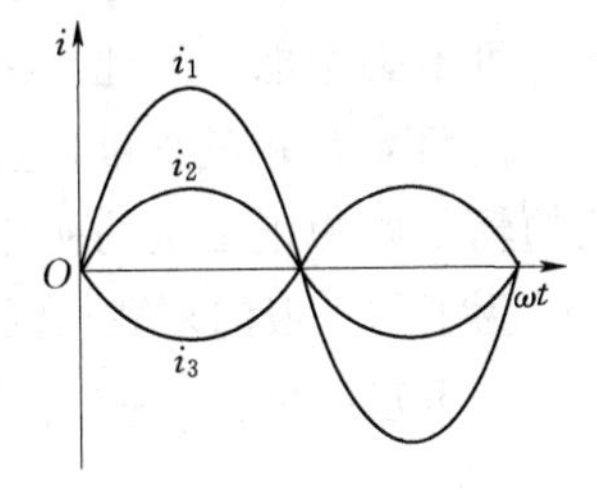

图 2.1.6　正弦量的同相和反相

由图 2.1.6 中的正弦波形可见，i_1 和 i_2 具有相同的初相位，即相位差 $\varphi=0$，则两者同相（相位相同）；而 i_1 和 i_3 的初相位相差 $\varphi=180°$，即两者反相（相位相反）。

【例 2.1.1】　已知某正弦电压的 $f=50\text{Hz}$，$U=110\text{V}$，$\varphi_u=30°$，试求：(1) T 和 ω；(2) 写出 u 的三角函数表达式；(3) 画出 u 的波形图。

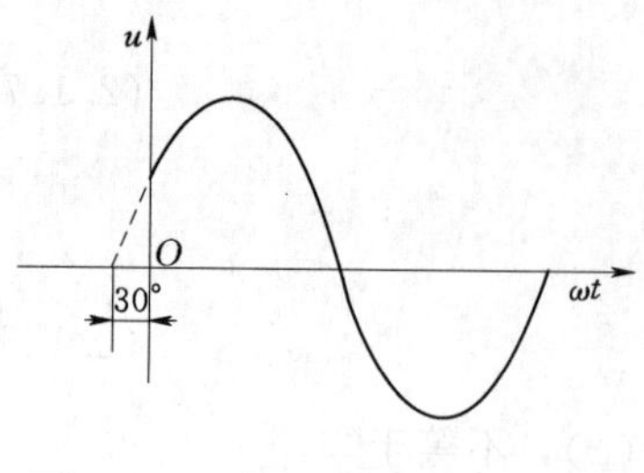

图 2.1.7　［例 2.1.1］u 的波形

【解】(1) $f=1/T$

$$T=\frac{1}{f}=\frac{1}{50\text{Hz}}=0.02\text{s}$$

$$\omega=2\pi f=314\text{rad/s}$$

(2) $u=\sqrt{2}U\sin(\omega t+\varphi_u)=110\sqrt{2}\sin(314t+30°)$

$V=156\sin(314t+30°)\text{V}$

(3) u 的波形图，如图 2.1.7 所示。

2.2　正弦量的相量表示法

如前所述，一个正弦量具有幅值、频率及初相位三个特征或要素。而这些特征可以用一些方法表示出来。正弦量的各种表示方法是分析与计算正弦交流电路的工具。

前面已经讲过两种表示法。一种是用三角函数式来表示，如 $i=I_m\sin(\omega t+\varphi)$，这是正弦量的基本表示法；另一种是用正弦波形来表示，如图 2.1.3 所示。

此外，正弦量还可以用相量来表示。相量表示法的基础是复数，就是用复数来表示正弦量。

设复平面中有一复数 A，其模为 r，辐角为 φ（图 2.2.1)，它可用下列三种式子表示

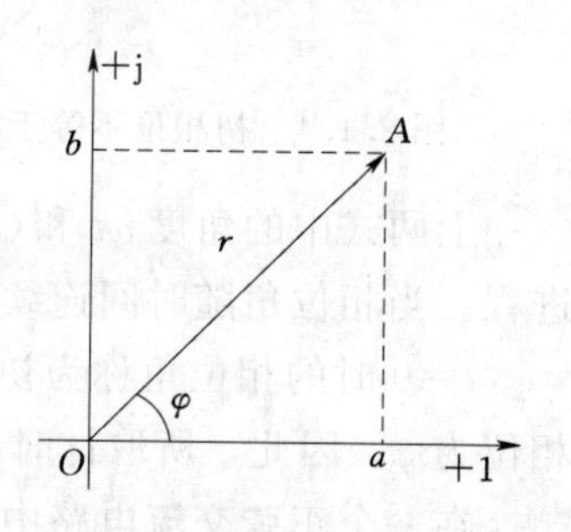

图 2.2.1　复数

$$A=a+\text{j}b=r\cos\varphi+\text{j}r\sin\varphi=r(\cos\varphi+\text{j}\sin\varphi) \tag{2.2.1}$$

$$A=r\text{e}^{\text{j}\varphi} \tag{2.2.2}$$

或简写为

$$A=r\angle\varphi \tag{2.2.3}$$

因此，一个复数可用上述几种复数式来表示。式（2.2.1）称为复数的代数式；式（2.2.2）称为指数式，式中的 j 是复数的虚数单位；式（2.2.3）则称为极坐标式。三者可以互相转换。复数的加减运算可用代数式，复数的乘除运算可用指数式或极坐标式。

由上可知，一个复数由模和辐角两个特征来确定。而正弦量由幅值、初相位和频率三个特征来确定。但在分析线性电路时，正弦激励和响应均为同频率的正弦量，频率是已知的，可不必考虑。因此，一个正弦量由幅值（或有效值）和初相位就可确定。

比照复数和正弦量，正弦量可用复数表示。复数的模即为正弦量的幅值或有效值，复数的辐角即为正弦量的初相位。

为了与一般的复数相区别，把表示正弦量的复数称为相量，并在大写字母上打“·”。于是表示正弦电压 $u=U_m\sin(\omega t+\varphi)$ 的相量式为

$$\dot{U}=U(\cos\varphi+\text{j}\sin\varphi)=U\text{e}^{\text{j}\varphi}=U\angle\varphi \tag{2.2.4}$$

按照各个正弦量的大小和相位关系画出的若干个相量的图形，称为向量图。在相量图上能形象地看出各个正弦量的大小和相互间的相位关系。例如，在图 2.1.5 中用正弦波形

表示的电压 u 和电流 i 两个正弦量，在式（2.1.9）中是用三角函数式表示的，如用相量图表示则如图 2.2.2 所示。电压相量 U 比电流相量 I 超前 φ 角，也就是正弦电压 u 比正弦电流 i 超前 φ 角。

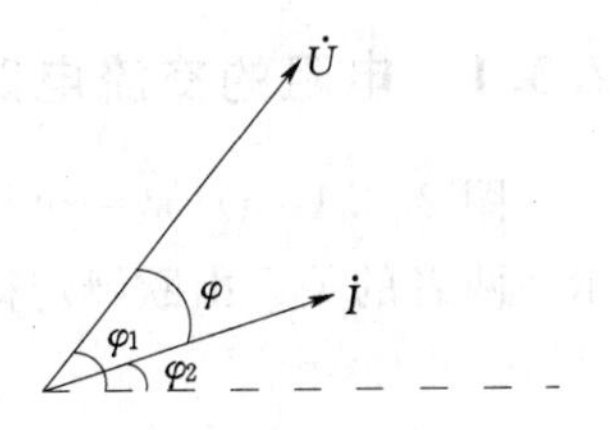

图 2.2.2　u 和 i 相量图

注意：相量只是表示正弦量，而不是等于正弦量；只有正弦周期量才能用相量表示，相量图、相量不能表示非正弦周期量；只有同频率的正弦量才能画在同一相量图上，不同频率的正弦量不能画在一个相量图上，否则就无法比较和计算。

由上可知，表示正弦量的相量有两种形式：相量图和复数式（相量式）。

【例 2.2.1】 在如图 2.2.3 所示电路中，已知 $i_1=6\sqrt{2}\sin(100t+45°)$ A，$i_2=8\sqrt{2}\sin\times(100t-60°)$ A，试用相量法求 $i=i_1+i_2$，并做出相量图。

【解】（1）相量法：$\dot{I}_1=6\angle 45°$ A，$\dot{I}_2=8\angle -60°$ A

$$\dot{I}=\dot{I}_1+\dot{I}_2=(6\angle 45°+8\angle -60°)\text{A}$$
$$=\{6(\cos45°+\text{j}\sin45°)+8[\cos(-60°)-\text{j}\sin60°]\}\text{A}$$
$$=(4.2+\text{j}4.2+4-\text{j}6.9)\text{A}=(8.2-\text{j}2.7)\text{A}=8.6\angle -18.2°\ \text{A}$$
$$i=8.6\sqrt{2}\sin(100t-18.2°)\text{A}$$

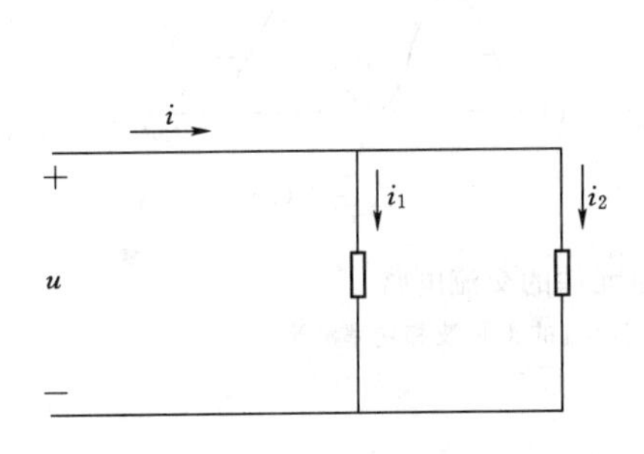

图 2.2.3 ［例 2.2.1］的电路图

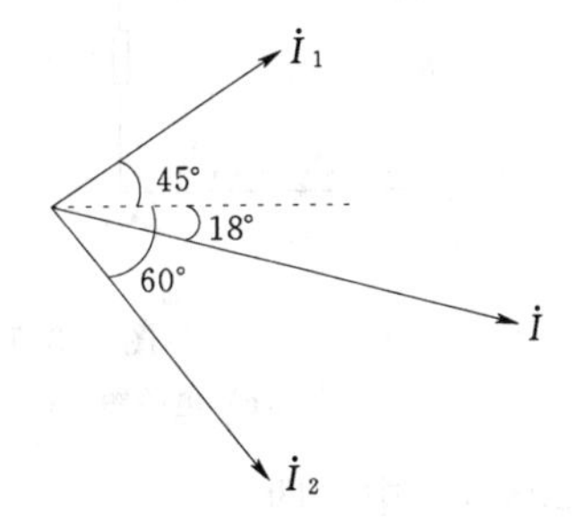

图 2.2.4 ［例 2.2.1］的相量图

（2）相量图：如图 2.2.4 所示。

2.3　单一参数的正弦交流电路

所谓单一参数电路是指在一定的条件下，某些元件（例如：电阻、电感、电容）只有一个参数器起主要作用，而其他参数的作用小到可以忽略，把由这些元件组成的电路理想化就是单一参数电路。

分析各种单一参数的正弦交流电路，都要确定电路中电压与电流之间的关系（大小和相位），并讨论电路中能量的转换和功率问题。分析各种交流电路时，必须首先掌握单一参数（电阻、电感、电容）元件电路中电压与电流之间的关系，因为其他电路也都是一些单一参数元件的组合而已。

2.3.1　电阻的交流电路

图 2.3.1(a) 是一个线性电阻元件的交流电路。电压和电流的参考方向如图 2.3.1 所示。两者的关系由欧姆定律确定，即

$$U=RI$$

为了分析方便起见，选择电流经过零值并将向正值增加的瞬间作为计时起点（$t=0$），即设

$$i=I_m \sin\omega t$$

为参考正弦量，则

$$U=RI=RI_m \sin\omega t=U_m \sin\omega t \tag{2.3.1}$$

也是一个同频率的正弦量。

比较上列两式即可看出，在电阻元件的交流电路中，电流和电压是同相的（相位差 $\varphi=0$）。表示电压和电流的正弦波形如图 2.3.1（b）所示。

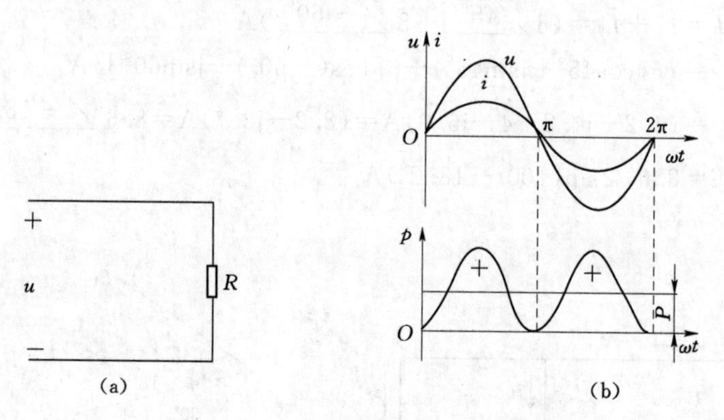

图 2.3.1　电阻元件的交流电路
(a) 电路图；(b) 电压与电流的正弦波和功率波形

在式（2.3.1）中，即

$$U_m=RI_m$$

或

$$U_m/I=R \tag{2.3.2}$$

由此可知，在电阻元件电路中，电压的幅值（或有效值）与电流的幅值（或有效值）之比值，就是电阻 R。

如用相量表示电压与电流的关系，则为

$$\dot{U}=U\mathrm{e}^{\mathrm{j}0^\circ} \quad \dot{I}=I\mathrm{e}^{\mathrm{j}0^\circ}$$

$$\frac{\dot{U}}{\dot{I}}=\frac{U}{I}\mathrm{e}^{\mathrm{j}0^\circ}=R$$

或

$$\dot{U}=R\dot{I} \tag{2.3.3}$$

式（2.3.3）即为欧姆定律的相量表示式。

求得电压与电流的变化规律和相互关系后，便可计算出电路中的功率。在任意瞬间，电压瞬时值 u 与电流瞬时值 i 的乘积，称为瞬时功率，用小写字母 p 代表，即

$$p=p_K=ui=U_mI_m\sin^2\omega t=\frac{U_mI_m}{2}(1-\cos2\omega t)$$
$$=UI(1-\cos2\omega t) \tag{2.3.4}$$

由式（2.3.4）可见，p 是由两部分组成的，第一部分是常数 UI ；第二部分是幅值 UI，并以 2ω 的角频率随时间而变化的交变量 $UI\cos2\omega t$。p 随时间变化的变化的波形如图 2.3.1（b）所示。

由于在电阻元件的交流电路中 u 与 i 同相，它们同时为正，同时为负，所以瞬时功率总是正值，即 $p\geqslant0$ 瞬时功率为正，这表示外电阻总是从电源取用能量并不断将电能转换为热能。

一个周期内电路消耗的电能的平均速度，即瞬时功率的平均值，称为平均功率，它表示了电阻实际消耗的功率，所以又称为有功功率。在电阻元件电路中，平均功率为

$$P=\frac{1}{T}\int_0^T p\mathrm{d}t=\frac{1}{T}\int_0^T UI(1-\cos2\omega t)\mathrm{d}t=UI=RI^2=\frac{U^2}{R} \tag{2.3.5}$$

【例 2.3.1】 把一个 100Ω 的电阻元件接到频率为 50Hz，电压有效值为 10V 的正弦电源上。(1) 求电流是多少？如保持电压值不变，而电源频率改变为 5000Hz，这时电流将为多少？(2) 求电阻的有功功率？(3) 电路通电 8h 电阻消耗的能量？

【解】 (1) 因为电阻与频率无关，所以电压有效值保持不变时，电流有效值相等，即

$$I=\frac{U}{R}=\frac{10}{100}\mathrm{A}=0.1\mathrm{A}=100\mathrm{mA}$$

(2)
$$P=I^2R=1\mathrm{W}$$

(3)
$$W=Pt=1\times8=8\mathrm{W\cdot h}$$

2.3.2　电感元件的交流电路

图 2.3.2（a）是一个线性电感元件的交流电路。当电感线圈中通过交流电流 i 时，其中产生自感电动势 eL。设电流 i，电动势 eL 和电压 u 的参考方向如图 2.3.2（a）所示。

根据基尔霍夫电压定律得出

$$u=-el=L\frac{\mathrm{d}i}{\mathrm{d}t}$$

设电流为参考正弦量，即

$$i=I_m\sin\omega t$$

则

$$u=L\frac{\mathrm{d}(I_m\sin\omega t)}{\mathrm{d}t}=\omega LI_m\cos\omega t$$
$$=\omega LI_m\sin(\omega t+90^\circ)=U_m\sin(\omega t+90^\circ) \tag{2.3.6}$$

也是一个同频率的正弦量。

比较上列两式可知，在电感元件电路中，在相位上的电流比电压滞后 90°（相位差

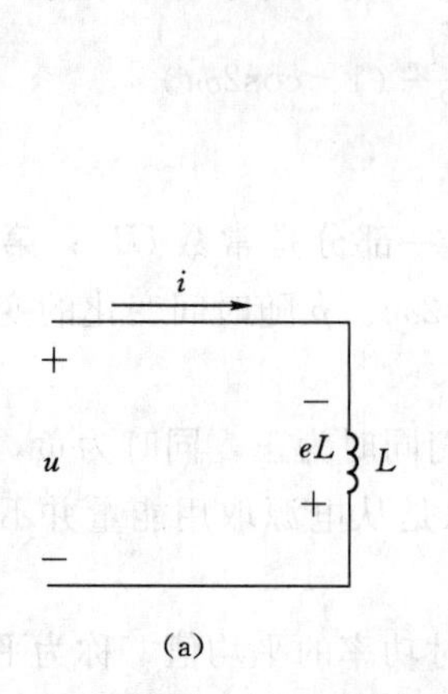

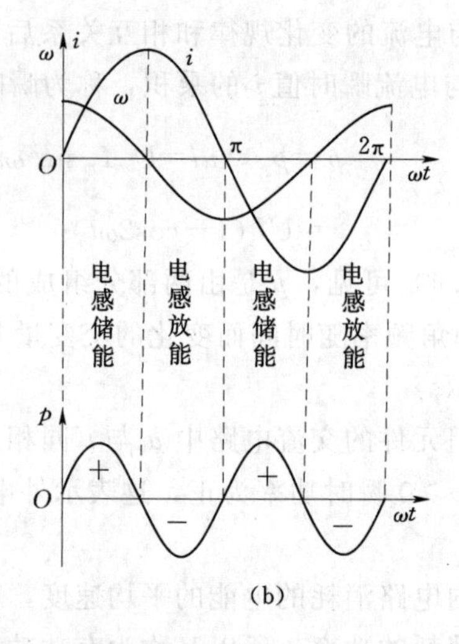

图 2.3.2　电感元件的交流电路

(a) 电路图；(b) 电压与电流的正弦波形和功率波形

$\varphi=+90°$）。

表示电压 u 和电流 i 的正弦波形如图 2.3.2 (b) 所示。

在式 (2.3.6) 中

$$U_m=\omega LI_m$$

或

$$\frac{U_m}{I_m}=\frac{U}{I}=\omega L \tag{2.3.7}$$

由此可知，在电感元件电路中，电压的幅值（或有效值）与电流的幅值（或有效值）之比值为 ωL。显然，它的单位为欧姆。当电压 U 一定时，ωL 愈大，则电流 I 愈小。可见它具有对交流电流起阻碍作用的物理性质，所以称为感抗，用 X 代表，即

$$X_L=\omega L=2\pi fL \tag{2.3.8}$$

感抗 X_L 与电感 L、频率 f 成正比。因此，电感线圈对高频电流的阻碍作用很大，而对直流则可视作短路，即对直流讲，$X_L=0$（注意，不是 $L=0$，而是 $f=0$）。

在分析与计算交流电路时，以电压或电流作为参考量都可以，它们之间的关系（大小和相位差）相同。

如用相量表示电压与电流的关系，则为

$$\dot{U}=U\mathrm{e}^{\mathrm{j}90°}\quad \dot{I}=I\mathrm{e}^{\mathrm{j}0°}$$

$$\frac{\dot{U}}{\dot{I}}=\frac{U}{I}\mathrm{e}^{\mathrm{j}90°}=\mathrm{j}X_L$$

或

$$\dot{U}=\mathrm{j}X_L\dot{I}=\mathrm{j}\omega L\dot{I} \tag{2.3.9}$$

式 (2.3.9) 表示电压的有效值等于电流的有效值与感抗的乘积，在相位上电压比电流超前。因电流相量 $\dot{I}$ 乘上算子 j 后，即向前（逆时针方向）旋转 90°。

知道了电压 u 和电流 i 的变化规律和相互关系后，便可找出瞬时功率的变化规律，即

$$\begin{aligned} p=P_L=ui&=U_mI_m\sin(\omega t+90°) \\ &=U_mI_m\sin\omega t\cos\omega t=\frac{U_mI_m}{2}\sin2\omega t=UI\sin2\omega t \end{aligned} \tag{2.3.10}$$

由式（2.3.10）可见，p 是一个幅值为 UI，并以 2ω 的角频率随时间而变化的交变量，其变化波形如图 2.3.2（d）所示。

在第一个和第三个 1/4 周期内，p 是正的（u 和 i 正负相同）；在第二个和第四个 1/4 周期内，p 是负的（u 和 i 一正一负）。瞬时功率的正负可以这样来理解：当瞬时功率为正值时，电感元件处于受电状态，它从电源取用电能；当瞬时功率为负值时，电感元件处于供电状态，它把电能归还电源。

在电感元件电路中，平均功率

$$P=\frac{1}{T}\int_0^T p\mathrm{d}t=\frac{1}{T}\int_0^T UI\sin2\omega t\,\mathrm{d}t=0$$

从图 2.3.2（b）的功率波形也容易看出，p 的平均值为零。

从上述可知，在电感元件的交流电路中，没有能量消耗，只有电源和电感元件间的能量互换。这种能量互换的规模，用无功功率 Q 来衡量，这里规定无功功率等于瞬时功率 pl 的幅值，即

$$Q=UI=X_LI^2 \tag{2.3.11}$$

它并不等于单位时间内互换了多少能量。无功功率的单位是乏（var）或千乏（kvar）。

应当指出，电感元件和后面将要讲的电容元件都是储能元件，它们与电源间进行能量互换是工作所需。这对电源来说，也是一种负担。但对于储能元件本身，没有消耗能量，故将往返于电源与储能元件之间的功率命名为无功功率。因此，平均功率也可称为有功功率。

【例 2.3.2】 把一个 0.2H 的电感元件接到频率为 100Hz，电压有效值为 10V 的正弦电源上，求电流是多少？如保持电压值不变，而电源频率改变为 2000Hz，这时电流将为多少？电感的感抗是多少？

【解】 当 $f=100\text{Hz}$ 时

$$X_L=2\pi fL=2\times3.14\times100\times0.2\Omega=125.6\Omega$$

$$I=\frac{U}{X_L}=\frac{10}{125.6}\text{A}=0.0795\text{A}=79.5\text{mA}$$

当 $f=2000\text{Hz}$ 时

$$X_L=2\times3.14\times2000\times0.2\Omega=2512\Omega$$

$$I=\frac{10}{2512}\text{A}=0.00398\text{A}=3.98\text{mA}$$

可见，在电压有效值一定时，频率越高，电感的感抗越大，则通过的电感元件的电流有效值越小。

2.3.3　电容元件的交流电路

图 2.3.3（a）是一个线性电容元件的交流电路，电流 i 和电压 u 的参考方向如图

2.3.3 所示，两者相同。由此得出

$$i=C\frac{\mathrm{d}u}{\mathrm{d}t}$$

如果在电容器的两端加一正弦电压

$$u=U_m\sin\omega t$$

则

$$i=C\frac{\mathrm{d}(U_m\sin\omega t)}{\mathrm{d}t}=\omega CU_m\cos\omega t=\omega CU_m\sin(\omega t+90°)=I_m\sin(\omega t+90°) \qquad (2.3.12)$$

也是一个同频率的正弦量。

比较上列两式可知，在电容元件电路中，在相位上电流比电压超前 90°（$\varphi=-90°$）。这里规定：当电流比电压滞后时，其相位差 φ 为正；当电流比电压超前时，其相位差 φ 为负。这样的规定是为了便于说明电路是电感性的还是电容性的。

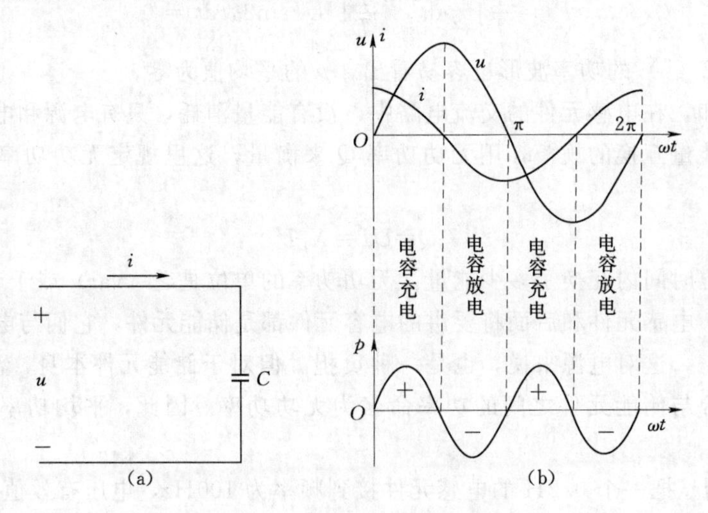

图 2.3.3 电容元件的交流电路

(a) 电路图；(b) 电压与电流的正弦波形功率波形

表示电压和电流的正弦波如图 2.3.3（b）所示。

在式（2.3.12）中

$$I_m=\omega CU_m$$

或

$$\frac{U_m}{I_m}=\frac{U}{I}=\frac{1}{\omega C} \qquad (2.3.13)$$

由此可知，在电容元件电路中，电压的幅值（或有效值）与电流的幅值（或有效值）的比值为$\frac{1}{\omega C}$。显然，它的单位是欧姆。当电压 U 一定时，$\frac{1}{\omega C}$愈大，则电流 I 愈小。可见它具有对电流起阻碍作用的物理性质，所以称为容抗，用 X_C 代表，即

$$X_C=\frac{1}{\omega C}=\frac{1}{2\pi fC} \qquad (2.3.14)$$

容抗 X_C 与电容 C，频率 f 成反比。所以电容元件对高频电流所呈现的容抗很小，是

一捷径，而对直流（$f=0$）所呈现的容抗 $X_C\rightarrow\infty$，可视作开路。因此，电容元件有隔断直流的作用。

如用相量表示电压与电流的关系，则为

$$\dot{U}=Ue^{j0^\circ}\quad \dot{I}=Ie^{j90^\circ}$$

$$\frac{\dot{U}}{\dot{I}}=\frac{U}{I}e^{-j90^\circ}=-jX_C$$

或

$$\dot{U}=-jX_C\dot{I}=-j\frac{\dot{I}}{\omega C}=\frac{\dot{I}}{j\omega C} \tag{2.3.15}$$

式（2.3.15）表示电压的有效值等于电流的有效值与容抗的乘积，而在相位上电压比电流滞后 90°。

知道了电压 u 和电流 i 的变化规律与相互关系后，便可找出瞬时功率的变化规律，即

$$P=P_C=ui=U_mI_m\sin\omega t\sin(\omega t+90^\circ)=U_mI_m\sin\omega t\cos\omega t$$

$$=\frac{U_mI_m}{2}\sin\omega t=UI\sin2\omega t \tag{2.3.16}$$

由式（2.3.16）可见，P 是一个以 2ω 的角频率随时间而变化的交变量，它的幅值为 UI。p 的波形如图 2.3.3（b）所示。

在第一个和第三个 1/4 周期内，电压值在增高，就是电容元件在充电。这时，电容元件从电源取用电能而储存在它的电场中，所以 p 是正的。在第二个和第四个 1/4 周期内，电压值在降低，就是电容元件在放电。这时，电容元件放出在充电时所储存的能量，把它归还给电源，所以 p 是负的。

在电容元件电路中，平均功率为

$$P=\frac{1}{T}\int_0^T p\,dt=\frac{1}{T}\int_0^T UI\sin2\omega t\,dt=0$$

这说明电容元件是不消耗能量的，在电源与电容元件之间只发生能量的互换。能量互换的规模，用无功功率来衡量，它等于瞬时功率的幅值。为了同电感元件电路的无功功率相比较，也设电流

$$i=I_m\sin\omega t$$

为参考正弦量，则

$$u=U_m\sin(\omega t-90^\circ)$$

于是得出瞬时功率

$$P=P_C=ui=-UI\sin2\omega t$$

由此可见，电容元件电路的无功功率

$$Q=-UI=-X_CI^2 \tag{2.3.17}$$

即电容性无功功率取负值，而电感性无功功率取正值，以资区别。

【例 2.3.3】 把一个 47μF 的电容元件接到频率为 50Hz，电压有效值为 50V 的正弦电源上，问电流是多少？如果保持电压值不变，而电源频率改为 1000Hz，这时电流将为多少？

【解】　当 $f=50\text{Hz}$ 时

$$X_{C1}=\frac{1}{2\pi fC}=\frac{1}{2\times3.14\times50\times(47\times10^{-6})}\Omega=67.8\Omega$$

$$I=\frac{U}{X_{C2}}=\frac{50}{67.8}\text{A}=73.7\text{mA}$$

当 $f=1000\text{Hz}$ 时

$$X_{C2}=\frac{1}{2\pi fC}=\frac{1}{2\times3.14\times1000\times(47\times10^{-6})}\Omega=3.39\Omega$$

$$I=\frac{U}{X_{C2}}=\frac{50}{3.39}\text{A}=14.7\text{A}$$

可见，在电压有效值一定时，频率愈高，电容的容抗越小，则通过电容元件的电流有效值愈大。

2.4　电阻、电感与电容串联的交流电路

电阻、电感与电容元件串联的交流电路如图 2.4.1 所示。电路的各元件通过同一电流。电流与各个电压的参考方向如图中所示。分析这种电路可以应用上节所得的结果。

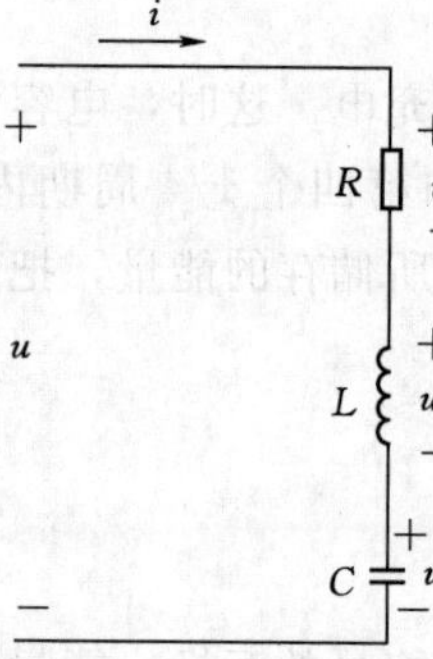

图 2.4.1　RLC 串联的交流电路

根据基尔霍夫电压定律可列出

$$u=u_R+u_L+u_C$$

$$=Ri+L\frac{\mathrm{d}i}{\mathrm{d}t}+\frac{1}{C}\int i\mathrm{d}t \tag{2.4.1}$$

如用相量表示电压与电流的关系，则为

$$\dot{U}=\dot{U}_R+\dot{U}_L+\dot{U}_C=R\dot{I}+\mathrm{j}X_L\dot{I}-\mathrm{j}X_C\dot{I}$$

$$=[R+\mathrm{j}(X_L-X_C)]\dot{I} \tag{2.4.2}$$

此即为基尔霍夫电压定律的相量表示式。

将式 (2.4.2) 写成

$$\frac{\dot{U}}{\dot{I}}=R+\mathrm{j}(X_L-X_C) \tag{2.4.3}$$

式中的 $R+\mathrm{j}(X_L-X_C)$ 称为电路的阻抗，用大写的 Z 代表，即

$$Z=R+\mathrm{j}(X_L-X_C)=\sqrt{R^2+(X_L-X_C)^2}\,\mathrm{e}^{\mathrm{j}\arctan\frac{X_L-X_C}{R}}$$

$$=|Z|\mathrm{e}^{\mathrm{j}\varphi} \tag{2.4.4}$$

在上式中

$$|Z|=\sqrt{R^2+(X_L-X_C)^2}=\sqrt{R^2+\left(\omega L-\frac{1}{\omega C}\right)^2} \tag{2.4.5}$$

是阻抗的模，称为**阻抗模**，即

$$\frac{U}{I}=\sqrt{R^2+(X_L-X_C)^2}=|Z| \tag{2.4.6}$$

阻抗的单位也是欧姆，也具有对电流起阻碍作用的性质，即

$$\varphi=\arctan\frac{X_L-X_C}{R} \tag{2.4.7}$$

是阻抗的辐角，即为电流与电压之间的相位差。

设电流

$$i=I_m\sin\omega t$$

为参考正弦量，则电压为

$$u=U_m\sin(\omega t+\varphi)$$

由式（2.4.4）可见，阻抗的实部为“阻”，虚部为“抗”，它表示了电路的电压与电流之间的关系，既表示了大小关系（反映在阻抗模 Z 的绝对值上），又表示了相位关系（反映在辐角 φ 上）。

对电感性电路（$X_1>X_C$），φ 为正；对电容性电路（$X_1<X_C$），φ 为负。当然，也可以使 $X_1=X_C$，即 $\varphi=0$，则为电阻性电路。因此，φ 角的正负和大小是由电路（负载）的参数决定的。

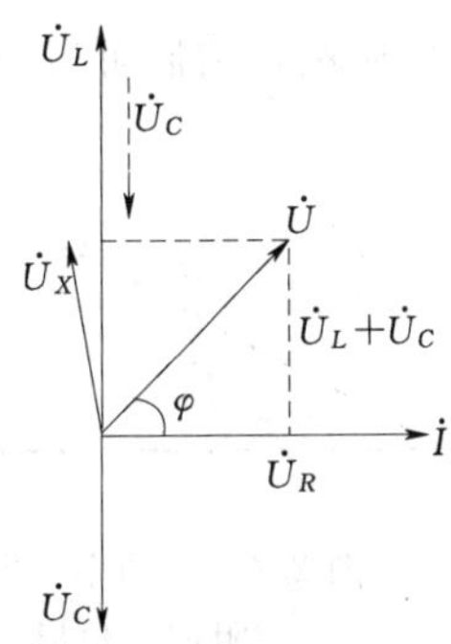

图 2.4.2 电流与电压的相量图

最后讨论电路的功率。电阻、电感与电容元件串联的交流电路的瞬时功率为

$$P=ui=U_mI_m\sin(\omega t+\varphi)\sin\omega t \tag{2.4.8}$$

并可推导出

$$P=UI\cos\varphi-UI\sin(2\omega t+\varphi) \tag{2.4.9}$$

由于电阻元件上要消耗电能，相应的平均功率为

$$P=\frac{1}{T}\int_0^T p\mathrm{d}t=\frac{1}{T}\int_0^T[UI\cos\varphi-UI\cos(2\omega t+\varphi)]\mathrm{d}t$$
$$=UI\cos\varphi \tag{2.4.10}$$

从图 2.4.2 的相量图可得出

$$U\cos\varphi=U_R=RI$$

于是

$$P=U_RI=RI^2=UI\cos\varphi \tag{2.4.11}$$

而电感元件与电容元件要储放能量，即它们与电源之间要进行能量互换，相应的无功功率可根据式（2.3.11）和式（2.3.17），并由图 4.4.2 的相量图得出

$$Q=U_LI-U_CI=(U_L-U_C)I=I^2(U_L-U_C)=UI\sin\varphi \tag{2.4.12}$$

式（2.4.11）和式（2.4.12）是计算正弦交流电路中平均功率（有功功率）和无功功率的一般公式。

由上述可知，一个交流发电机输出的功率不仅与发电机的端电压及其输出电流的有效值的乘积有关，而且还与电路（负载）的参数有关。电路所具有的参数不同，则电压与电流间的相位差就不同，在同样电压 u 和电流 i 之下，这时电路的有功功率和无功功率也就不同。式（2.4.11）中的 $\cos\varphi$ 称为功率因数。

在交流电路中，平均功率一般不等于电压与电流有效值的乘积，如将两者的有效值相乘，则得出所谓视在功率 S，即

$$S=UI \tag{2.4.13}$$

交流电气设备是按照规定了的额定电压U_N和额定电流I_N来设计和使用的，变压器的容量就是以额定电压和额定电流的乘积，即所谓额定视在功率S即$S_N=U_N I_N$来表示的。视在功率的单位是伏·安（V·A）或千伏·安（kV·A）。

由于平均功率P、无功功率Q和视在功率S三者所代表的意义不同，为了区别起见，各采用不同的单位。

这三个功率之间有一定的关系，即

$$S=\sqrt{P^2+Q^2} \tag{2.4.14}$$

显然，它们可以用一个直角三角形 —— 功率三角形来表示。

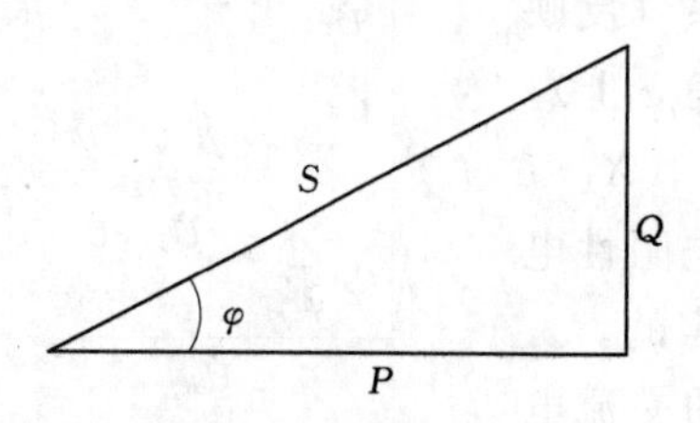

图 2.4.3　功率、电压、阻抗三角形

另外，由式（2.4.5）可见，$|Z|$，R，(X_L-X_C)三者之间关系以及由图 2.4.2 可见，$\dot{U}$，$\dot{U}_R$，$(\dot{U}_L+\dot{U}_C)$三者之间关系也都可以用直角三角形表示，它们分别称为**阻抗三角形**和**电压三角形**。

功率、电压和阻抗三角形是相似的，现在把它们同时表示在图 2.4.3 中。引出这三个三角形的目的，主要是为了帮助读者分析与记忆。

应当注意：功率和阻抗都不是正弦量，所以不能用相量表示。

【例 2.4.1】　在电阻、电感与电容元件串联的交流电路中，已知$R=50\Omega$，$L=0.8\text{H}$，$C=10\mu\text{F}$，电源电压$u=220\sqrt{2}\sin(314t+30°)V$；（1）求电流$i$及各部分电压$U_R$，$U_L$，$U_C$；（2）做相量图。

【解】　（1）

$$X_L=\omega L=314\times0.8\Omega=251.2\Omega$$

$$X_C=\frac{1}{\omega C}=\frac{1}{314\times10\times10^{-6}}\Omega=318.5\Omega$$

$$Z=R+\text{j}(X_L-X_C)=[50+\text{j}(251.2-318.5)]\Omega$$

$$=(50-\text{j}67.3)\Omega=83.8\angle-53°\Omega$$

$$\dot{U}=220\angle30°\text{V}$$

于是得

$$\dot{I}=\frac{\dot{U}}{Z}=\frac{220\angle30°}{83.8\angle-53°}\text{A}=2.6\angle83°\text{A}$$

$$i=2.6\sqrt{2}\sin(314t+83°)\text{A}$$

$$\dot{U}_R=R\dot{I}=50\times2.6\angle83°\text{V}=130\angle83°\text{V}$$

$$u_R=130\sqrt{2}\sin(314t+83°)\text{V}$$

$$\dot{U}_L=\text{j}X_L\dot{I}=251.2\angle90°\times2.6\angle83°\text{V}=653.1\angle173°\text{V}$$

$$u_L=653.1\sqrt{2}\sin(314t+173°)\text{V}$$

$$\dot{U}_C=-jX_C\dot{I}=318.5\angle{-90^\circ}\times2.6\angle{83^\circ}\text{V}=828.1\angle{-7^\circ}\text{V}$$

$$u_C=828.1\sqrt{2}\sin(314t-7^\circ)\text{V}$$

注意：

$$\dot{U}=\dot{U}_R+\dot{U}_L+\dot{U}_C$$

$$U\neq U_R+U_L+U_C$$

(2) 电流和各个电压的相量图如图 2.4.4 所示。

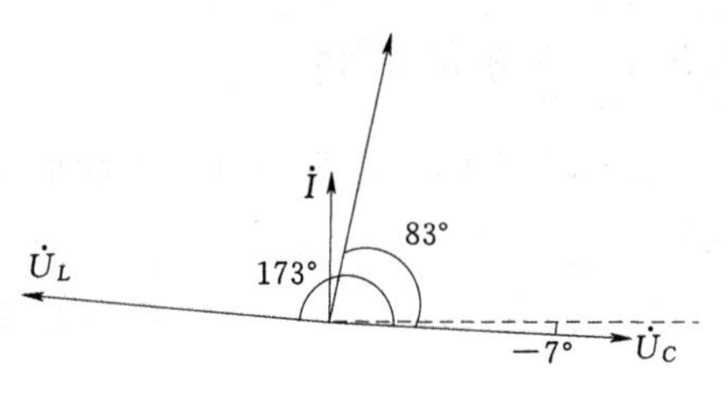

图 2.4.4 ［例 2.4.1］相量图

【例 2.4.2】 有一 RC 电路如图 2.4.5 (a)，$R=2\text{k}\Omega$，$C=0.1\mu\text{F}$。输入端接正弦信号源，$U_1=1\text{V}$，$f=500\text{Hz}$。(1) 试求输出电压 U_2，并讨论输出电压与输入电压间的大小与相位关系；(2) 当将电容 C 改为 $20\mu\text{F}$ 时求 (1) 中各项；(3) 或将频率 f 改为 4000Hz 时，再求 (1) 中各项。

【解】 (1) $X_C=\dfrac{1}{2\pi fC}=\dfrac{1}{2\times3.14\times500\times(0.1\times10^{-6})}$

$$=3200\Omega=3.2\text{k}\Omega$$

$$|Z|=\sqrt{R^2+X_C^2}=\sqrt{2^2+3.2^2}=3.77\text{k}\Omega$$

$$I=\frac{U_1}{|Z|}=\frac{1}{3.77\times10^3}\text{A}=0.27\times10^{-3}=0.27\text{mA}$$

$$U_2=RI=(2\times10^3)\times(0.27\times10^{-3})=0.54\text{V}$$

$$\varphi=\arctan\frac{-X_C}{R}=\arctan\frac{-3.2}{2}\arctan(-1.6)=-58^\circ$$

电压与电流的相量图如图 4.4.5 (b) 所示，$\dfrac{U_2}{U_1}=\dfrac{0.54}{1}=54\%\dot{U}_1$，$\dot{U}_2$ 比 $\dot{U}_1$ 超前 58°。

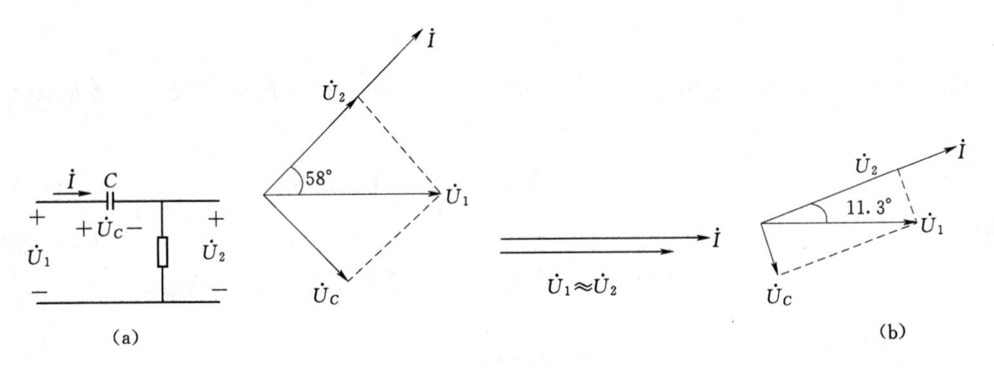

图 2.4.5 ［例 2.4.2］的图

(2) $X_C=\dfrac{1}{2\times3.14\times500\times(20\times10^{-6})}=16\Omega$

$$|Z|=\sqrt{2000^\circ+16^2}\Omega\approx2\text{k}\Omega$$

2.5 阻抗的串联与并联

在交流电路中，阻抗的连接形式是多种多样的，其中最简单和最常用的是串联与并联。

2.5.1 阻抗的串联

图 2.5.1 (a) 是两个阻抗串联的电路。根据基尔霍夫电压定律可写出它的相量表示式为

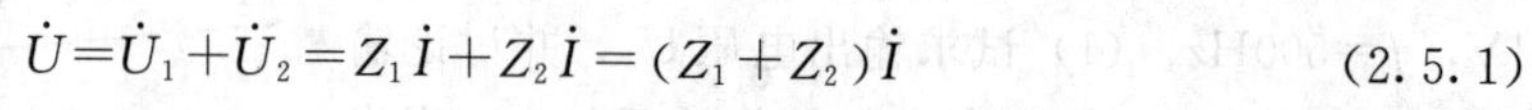

$$\dot{U}=\dot{U}_1+\dot{U}_2=Z_1\dot{I}+Z_2\dot{I}=(Z_1+Z_2)\dot{I} \tag{2.5.1}$$

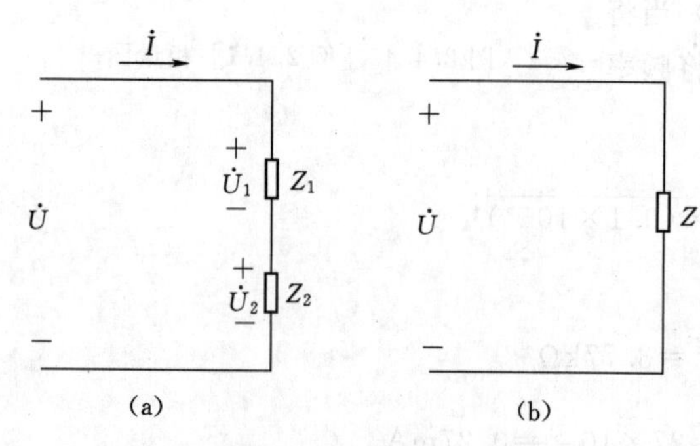

图 2.5.1 电路图
(a) 阻抗的串联；(b) 等效电路

两个串联的阻抗可用一个等效阻抗 Z 来代替，在同样电压的作用下，电路中电流的有效值和相位保持不变。根据如图 2.5.1 (b) 所示的等效电路可写出

$$U=ZI \tag{2.5.2}$$

比较上列两式，则得

$$Z=Z_1+Z_2 \tag{2.5.3}$$

因为

$$U\neq U_1+U_2$$

即

$$|Z|I\neq|Z_1|I+|Z_2|I$$

所以

$$|Z|\neq|Z_1|+|Z_2|$$

由此可见，只有等效电阻才等于各个串联阻抗之和。在一般的情况下，等效阻抗可写为

$$Z=\sum Z_K=\sum R_{K^+}\mathrm{j}\sum X_K=|Z|\mathrm{e}^{\mathrm{j}\varphi} \tag{2.5.4}$$

式中

$$|Z|=\sqrt{(\sum R_{K^+})^2+(\sum X_K)^2}$$

$$\varphi=\arctan\frac{\sum X_K}{\sum R_K}$$

在上列各式的 $\sum X_K$ 中，感抗 X_L 取正号，容抗 X_C 取负号。

【例 2.5.1】 在图 2.5.1 (a) 中，有两个阻抗 $Z_1=(6.16+\mathrm{j}9)\Omega$ 和 $Z_1=(2.5-\mathrm{j}4)\Omega$，它们串联接在 $\dot{U}=220\angle 30^\circ$ V 的电源上。试用相量计算电路中的电流 $\dot{I}$ 和各个阻抗上的电压 $\dot{U}_1$ 和 $\dot{U}_2$，并做相量图。

【解】　$Z=Z_1+Z_2=\sum R_K+\mathrm{j}\sum X_K=[(6.16+2.5)+\mathrm{j}(9-4)]$

$=(8.66+\mathrm{j}5)=10\angle 30°\ \Omega$

$$\dot{I}=\frac{\dot{U}}{Z}=\frac{220\angle 30°}{10\angle 30°}=22\angle 0°\ \mathrm{A}$$

$\dot{U}_1=Z_1\dot{I}=(6.16+\mathrm{j}9)\times 22=10.9\angle 55.6°\times 22$

$=239.8\angle 55.6°\ \mathrm{V}$

$\dot{U}_2=Z_2\dot{I}=(2.5-\mathrm{j}4)\times 22=4.71\angle -58°\times 22$

$=103.6\angle -58°\ \mathrm{V}$

可用$\dot{U}=\dot{U}_1+\dot{U}_2$验算。电流与电压的相量图如图 2.5.2 所示。

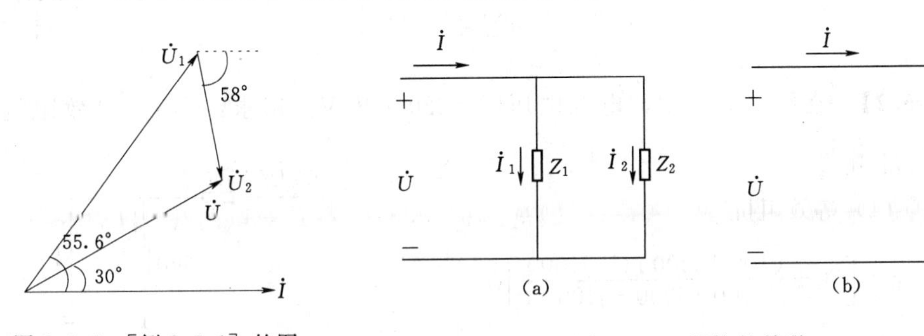

图 2.5.2 [例 2.5.1] 的图

图 2.5.3 阻抗的并联

(a) 阻抗的并联；(b) 等效电路

2.5.2 阻抗的并联

图 2.5.3 (a) 是两个阻抗并联的电路。根据基尔霍夫电流定律可写出它的相量表示式

$$\dot{I}=\dot{I}_1+\dot{I}_2=\frac{\dot{U}}{\dot{Z}_1}+\frac{\dot{U}}{\dot{Z}_2}=\dot{U}\left(\frac{1}{Z_1}+\frac{1}{Z_2}\right) \tag{2.5.5}$$

两个并联的阻抗也可用一个等效阻抗 Z 来代替。根据如图 2.5.3 (b) 所示的等效电路可写出

$$\dot{I}=\frac{\dot{U}}{Z_1} \tag{2.5.6}$$

比较式 (2.5.5)、式 (2.5.6)，则得

$$\frac{1}{Z}=\frac{1}{Z_1}+\frac{1}{Z_2} \tag{2.5.7}$$

或

$$Z=\frac{Z_1Z_2}{Z_1+Z_2}$$

因为一般

$$I\neq I_1+I_2$$

即

$$\frac{U}{|Z|}\neq\frac{U}{|Z_1|}+\frac{U}{|Z_2|}$$

所以

$$\frac{1}{|Z|}\neq\frac{1}{|Z_1|}+\frac{1}{|Z_2|}$$

由此可见，只有等效阻抗的倒数才等于各个并联阻抗的倒数之和，在一般情况下可写为

$$\frac{1}{Z}=\sum\frac{1}{Z_K} \tag{2.5.8}$$

【例 2.5.2】 在图 2.5.4 中，电源电压$\dot{U}=220\angle 0^\circ$ V。试求：(1) 等效阻抗 Z；(2) 电流$\dot{I}$，$\dot{I}_1$和$\dot{I}_2$。

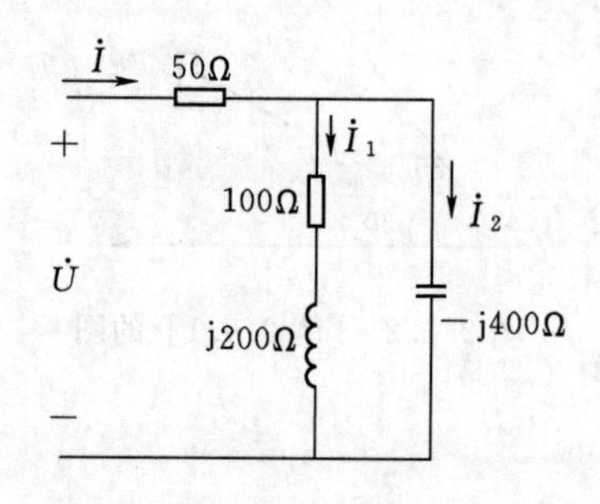

图 2.5.4 ［例 2.5.2］的图

【解】 (1) 等效阻抗

$$Z=\left[50+\frac{(100+j200)(-j400)}{100+j200-j400}\right]\Omega$$
$$=(50+320+j240)\Omega=(370+j240)\Omega$$
$$=440\angle 33^\circ\ \Omega$$

(2)电流

$$\dot{I}=\frac{\dot{U}}{Z}=\frac{220\angle 0^\circ}{440\angle 33^\circ}\text{A}=0.5\angle -33^\circ\ \text{A}$$

$$\dot{I}_1=\frac{-j400^\circ}{100+j200-j400}\times 0.5\angle -33^\circ\ \text{A}$$

$$=\frac{400\angle -90^\circ}{224\angle -63.4^\circ}\times 0.5\angle -33^\circ\ \text{A}=0.89\angle -59.6^\circ\ \text{A}$$

$$\dot{I}_2=\frac{100+j200}{100+j200-j400}\times 0.5\angle -33^\circ\ \text{A}$$

$$=\frac{224\angle 63.4^\circ}{224\angle -63.4^\circ}\times 0.5\angle -33^\circ\ \text{A}=0.5\angle -93.8^\circ\ \text{A}$$

$$Z=\left[50+\frac{(100+j200)(-j400)}{100+j200-j400}\right]\Omega=(50+320+j240)\Omega=(370+j240)\Omega=440\angle 33^\circ\ \Omega$$

2.6　功率因数的提高

已知直流电路的功率等于电流与电压的乘积，但交流电路则不同，在计算交流电路的平均功率时还要考虑电压与电流间的相位差 φ，即

$$P=UI\cos\varphi$$

上式中的 $\cos\varphi$ 是电路的功率因数。在前面已叙述，任何一个负载的功率因数都取决于电压与电流间的相位差，或者说取决于负载本身的参数。只有在纯电阻负载（例如白炽灯、电阻炉等）的情况下，电压和电流才同相，其功率因数为 1。对其他负载来说，比如常用的异步电动机、荧光灯及交流接触器等设备，因为都是感性负载，所以其功率因数总是小于1的，这时，电源与负载之间发生能量互换，产生无功功率 $Q=UI\sin\varphi$，当功率因数太低，会对电源和线路带来很多的问题。

2.6.1　功率因数低带来的问题

1. 降低了发电设备的利用率

电源设备的额定容量取决于额定电压和额定电流的乘积，即 $S_N=U_NI_N$。对容量一定的电源来说，它向负载提供的有功功率取决于功率因数 $\cos\varphi$，即

$$P=U_NI_N\cos\varphi$$

由上式可见，当负载的功率因数 $\cos\varphi<1$ 时，而发电机的电压和电流又不容许超过额定值，显然这时发电机所能发出的有功功率就减小了。功率因数愈低，发电机所发出的有功功率就愈小，而无功功率却愈大。无功功率愈大，即电路中能量互换的规模愈大，则发电机发出的能量就不能充分利用，其中有一部分即在发电机与负载之间进行互换。

例如容量为 1000kV·A 的变压器，如果向电阻负载供电，负载的 $\cos\varphi=1$，该变压器满载时可以提供给负载的有功功率为 1000kW，而在向 $\cos\varphi=0.6$ 的感性负载供电时，该变压器满载时可以提供给负载的有功功率为 600kW。可见负载的功率因数越低，电源变压器提供的有功功率就越小，电源设备的利用率就越低。

2. 增加了线路上的电压损失和发电机绕组的功率损耗

当发电机提供的电源电压 U 和输出的功率都是一定的情况下，电流 I 与功率因数成反比，即

$$I=\frac{P}{U\cos\varphi}$$

而线路和发电机绕组上的功率损耗 ΔP 则与 $\cos\varphi$ 的平方成反比，即

$$\Delta P=rI^2=\left(r\frac{P^2}{U^2}\right)=\frac{1}{\cos^2\varphi}$$

式中：r 是发电机绕组和线路的电阻。

可见，功率因数越低，输电线路上的电压损失和功率损耗就越大。所以提高电网的功率因数对国民经济的发展有着极为重要的意义。功率因数的提高，能使发电设备的容量得到充分利用，同时也能使电能得到大量节约。也就是，在同样的发电设备的条件下能够多

发电。

2.6.2　提高功率因数的方法

功率因数不高，根本原因就是由于电感性负载的存在。例如，生产中最常用的异步电动机在额定负载时的功率因数约为0.7～0.9左右，如果在轻载时其功率因数就更低。其他如工频炉、电焊变压器以及日光灯等负载的功率因数也都是较低的。电感性负载的功率因数之所以小于1，是由于负载本身需要一定的无功功率。从技术经济观点出发，如何解决这个矛盾，也就是如何才能减少电源与负载之间能量的互换，而又使电感性负载能取得所需的无功功率，这就是所提出的要提高功率因数的实际意义。

按照供用电规则，高压供电的工业企业的平均功率因数不低于0.95，其他单位不低于0.9。

提高功率因数，常用的方法就是与电感性负载并联静电电容器（设置在用户或变电所中），其电路图和相量图如图2.6.1所示。

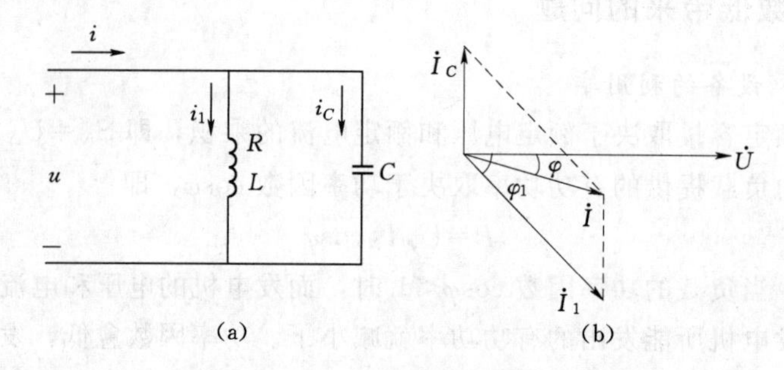

图2.6.1　电容器与电感性负载并联以提高功率因数

(a) 电路图；(b) 相量图

并联电容器以后，电感性负载的电流 $I_1=\dfrac{U}{\sqrt{R^2+X_L^2}}$ 和功率因数 $\cos\varphi_1=\dfrac{R}{\sqrt{R^2+X_L^2}}$ 均未变化，这是因为所加电压和负载参数没有改变。但电压 u 和线路电流 i 之间的相位差 φ 变小了，即 $\cos\varphi$ 变大了。这是提高功率因数，是指提高电源或电网的功率因数，而不是指提高某个电感性负载的功率因数。在电感性负载上并联了电容器后，减少了电源与负载之间的能量互换。这时电感性负载所需的无功功率，大部分或全部都是就地供给（由电容器供给），就是说能量的互换现在主要或完全发生在电感性负载与电容器之间，因而使发电机容量能得到充分利用。

其次，由相量图可见，并联电容器以后线路电流也减小了（电流相量相加），因而减小了功率损耗。

应该注意，并联电容器以后有功功率并未改变，因为电容器是不消耗电能的。

【例2.6.1】 已知一感性负载接到50Hz、220V的供电线路上，如图2.6.2所示，该感性负载吸收有功功率为10kW，功率因数 $\cos\varphi_1=0.65$，若并联一电容器使电路的功率因数提高为 $\cos\varphi_2=0.90$，试求：需并联多大的电容器，并比较并联电容器前后，供电线路电流的变化情况。

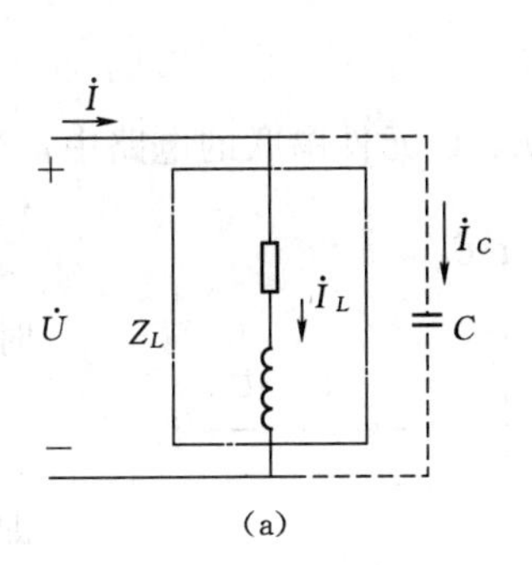

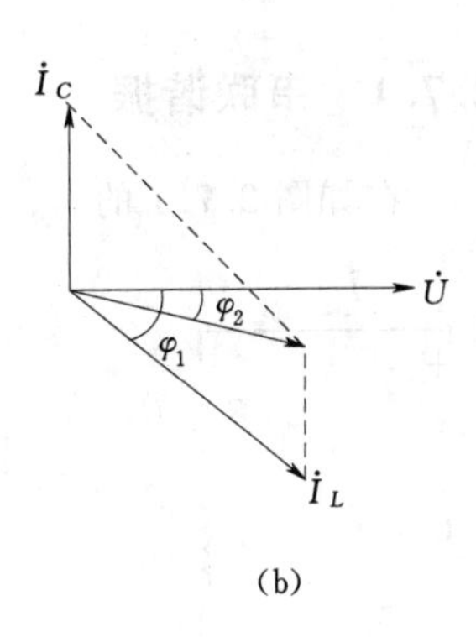

图 2.6.2 ［例 2.6.1］的电路图

(a) 电路图；(b) 相量图

【解】 已知 $\cos\varphi_1=0.65$，则 $\varphi_1=49°$，$\tan\varphi_1=1.15$

$$Q_L=UI\sin\varphi_1=P\frac{\sin\varphi_1}{\cos\varphi_1}=P\tan\varphi_1$$

Q_L 是感性负载所需的无功功率。并联电容器后，有功功率不变，功率因数 $\cos\varphi_2=0.90$，则

$$\varphi_2=26°$$

电路的无功功率

$$Q=UI\sin\varphi_2=P\tan\varphi_2$$

电容器提供的无功功率

$$Q_C=Q_L-Q-P(\tan\varphi_1-\tan\varphi_2)$$

Q_C 也可以表示为

$$Q_C=UI_C=\frac{U^2}{X_C}=U^2\omega C=2\pi fCU^2$$

则

$$C=\frac{Q_C}{2\pi fU^2}=\frac{P}{2\pi fU^2}(\tan\varphi_1-\tan\varphi_2)$$

$$=\frac{10\times10^3}{2\times3.14\times50\times220^2}\times\tan49°-\tan26°$$

$$=\frac{10^4}{314\times220^2}\times1.15-0.49=434\mu\text{F}$$

并联 C 前，线路电流

$$I=I_L=\frac{P}{U\cos\varphi_1}=\frac{10\times10^3}{220\times0.65}\text{A}=70\text{A}$$

并联 C 后，线路电流

$$I=\frac{P}{U\cos\varphi_2}=\frac{10\times10^3}{220\times0.90}\text{A}=51\text{A}$$

随着整个电路功率因数的提高，供电线路电流减小，降低了线路的电压损失和功率损耗。电路的相量图，如图 2.6.2（b）所示。

2.7 谐 振 电 路

在既有电感又有电容元件的电路中，电路两端的电压与其中的电流一般是不同相的。但当电源的频率和电路参数满足一定的条件时，电路中总电压和总电流的相位是可以变成同相的。把这时电路的现象称谐振现象。研究谐振的目的就是要认识这种客观现象，并在生产上充分利用谐振的特征，同时又要预防它所产生的危害。按发生谐振的电路的不同，谐振现象可分为串联谐振和并联谐振。将分别讨论这两种谐振的条件和特征，以及谐振电路的频率特性。

2.7.1 串联谐振

在如图 2.7.1 的 R、L、C 元件串联的电路中，当

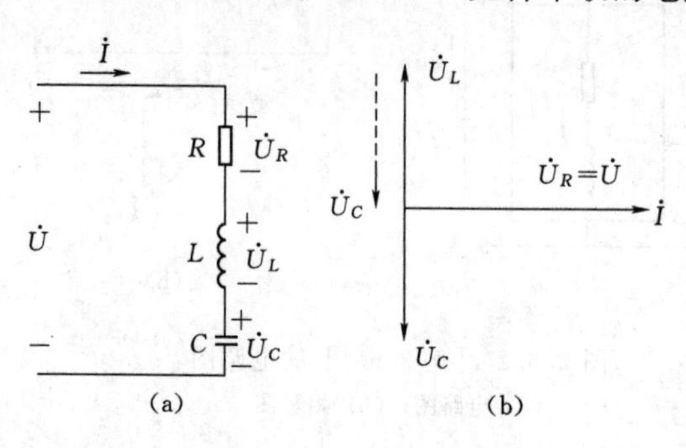

图 2.7.1 在 RLC 串联的电路

(a) 电路图；(b) 相量图

$$X_L=X_C \text{ 或 } 2\pi fL=\frac{1}{2\pi fC} \quad (2.7.1)$$

时，整个电路呈电阻性，则

$$\varphi=\arctan\frac{X_L-X_C}{R}=0$$

即电源电压 u 与电路中的电流 i 同相。因为这种现象发生在串联电路中，所以称为串联谐振。式（2.7.1）是发生串联谐振的条件，并由此得出谐振频率为

$$f=f_0=\frac{1}{2\pi\sqrt{LC}} \quad (2.7.2)$$

即当电源频率 f 与电路参数 L 和 C 之间满足式（2.7.2）关系时，能使电路发生谐振。

串联谐振（见图 2.7.3）具有下列特征：

（1）电路的阻抗模 $|Z|=\sqrt{R^2+(X_L-X_C)^2}=R$，其值最小。因此，在电源电压 U 不变的情况下，电路中的电流将在谐振时达到最大值，即 $I_0=\dfrac{U}{R}$。

（2）由于电源电压与电路中电流同相（$\varphi=0$），因此电路对电源呈现电阻性。电源供给电路的能量全被电阻所消耗，电源与电路之间不发生能量的互换。能量的互换只发生在电感线圈与电容器之间。

（3）由于 $X_L=X_C$，于是 $U_L=U_C$。而 U_L 和 U_C 在相位上相反，互相抵消，对整个电路不起作用，因此电源电压 $U=U_R$。

但是，U_L 和 U_C 的单独作用不容忽视，因为

$$\left.\begin{aligned}U_L=X_LI=X_L\frac{U}{R}\\ U_C=X_CI=X_C\frac{U}{R}\end{aligned}\right\} \quad (2.7.3)$$

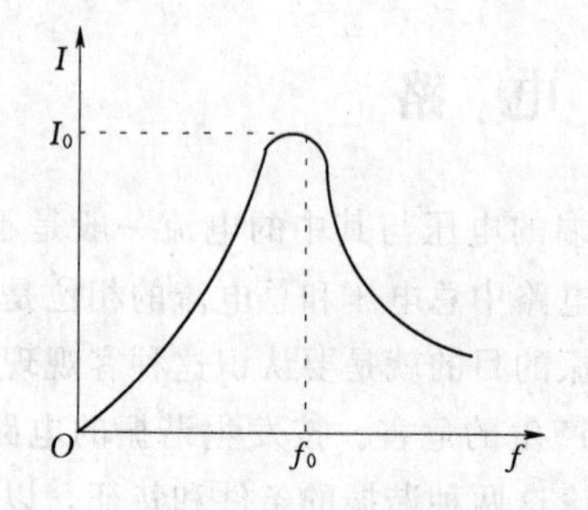

图 2.7.2 电流随频率变化的曲线

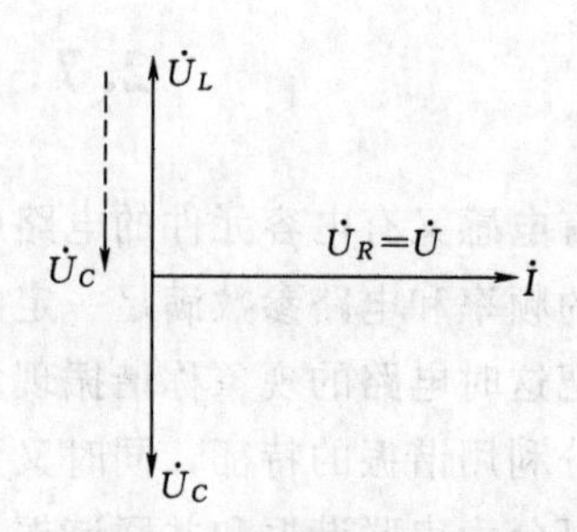

图 2.7.3 串联谐振时的相量图

当 $X_L = X_C > R$ 时，U_L 和 U_C 都高于电源电压 u。如果电压过高时，可能会击穿线圈和电容器的绝缘。因此，在电力工程中一般应避免发生串联谐振。但在无线电工程中则常利用串联谐振以获得较高电压，电容或电感元件上的电压常高于电源电压几十倍或几百倍。

U_L 或 U_C 从与电源电压 u 的比值，通常用 Q 来表示

$$Q = \frac{U_C}{U} = \frac{U_L}{U} = \frac{1}{\omega_0 CR} = \frac{\omega_0 L}{R} \tag{2.7.4}$$

式中：ω_0 为谐振角频率，Q 称为电路的品质因数或简称 Q 值。在式（2.7.4）中，它的意义是表示在谐振时电容或电感元件上的电压是电源电压的 Q 倍。例如，$Q=100$，$u=6V$，那么在谐振时电容或电感元件上的电压就高达 600V。

串联谐振在无线电工程中的应用较多，例如在接收机里被用来选择信号。它的作用是将需要收听的信号从天线所收到的许多频率不同的信号之中选出来，其他不需要的信号则尽量地加以抑制。

这里有一个选择性的问题。如图 2.7.5 所示，当谐振曲线比较尖锐时，稍有偏离谐振频率 f_0 的信号，就大大减弱。也就是，谐振曲线越尖锐，选择性就越强。此外，也引用通频带宽度的概念。就是规定，在电流 I 值等于最大值 I_0 的 70.7% 处频率的上下限之间宽度称为通频带宽度，即

$$\Delta f = f_2 - f_1$$

通频带宽度越小，表明谐振曲线越尖锐，电路的频率选择性就越强，如图 2.7.4 所示。而谐振曲线的尖锐或平坦同 Q 值有关，如图 2.7.5 所示。设电路的 L 和 C 值不变，只改变 R 值。R 值越小，Q 值越大，则谐振曲线越尖锐，也就是选择性越强。这是品质因数 Q 的另外一个物理意义。减小 R 值，也就是减小线圈导线的电阻和电路中的各种能量损耗。

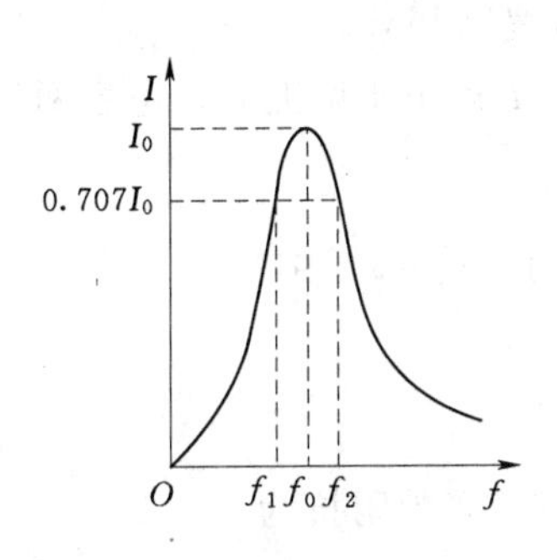

图 2.7.4　通频带宽度

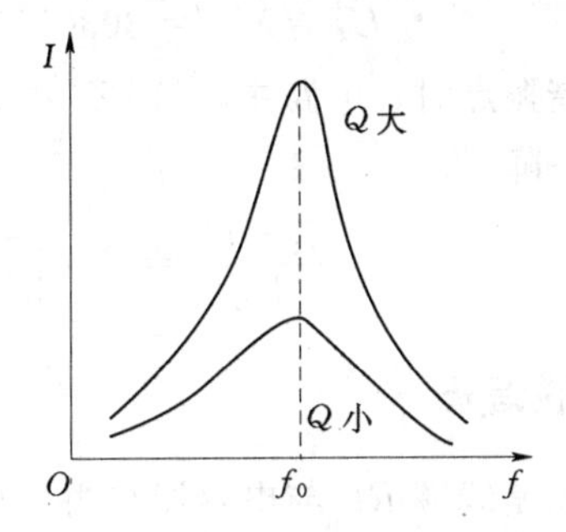

图 2.7.5　Q 与谐振曲线的关系

【例 2.7.1】 有一个线圈的感抗 $L=2mH$，电阻 $R=50\Omega$ 与 $C=180pF$ 的电容器串联，接于电源电压 U 为 5V、频率可调的电源上。求：

（1）谐振频率 f_0、谐振电流 I_0、品质因数 Q_0 和 U_C、U_L 和 U 的值。

（2）若电源电压 U 的有效值不变，电源频率偏离谐振频率 +10%，求电路电流 I 与电容器上的电压。

【解】　（1）谐振频率为

$$f_0=\frac{1}{2\pi\sqrt{LC}}=\frac{1}{2\pi\sqrt{2\times10^{-3}\times180\times10^{-12}}}\text{Hz}=265.4\text{kHz}$$

谐振电流

$$I_0=\frac{U}{R}=\frac{5}{50}\text{A}=0.1\text{A}$$

$$X_L=\omega_0 L=2\pi f_0 L=2\pi\times265.4\times10^3\times2\times10^{-3}\Omega=3333\Omega$$

$$X_C=\frac{1}{\omega_0 C}=\frac{1}{2\pi f_0 C}=3333\Omega$$

品质因数

$$Q_0=\frac{\omega_0 L}{R}=\frac{3333}{50}=66.66$$

电感电压 U_L 与电容电压 U_C

$$U_C=Q_0 U=66.66\times5\text{V}=333.3\text{V}$$

$$U_L=U_C=333.3\text{V}$$

电感电压 U_L 与电容电压 U_C 相等且等于电源电压的 66.66 倍。

(2) 频率增加 10%，即

$$f_0'=(1+0.1)f_0=1.1\times265.4\text{kHz}=292\text{kHz}$$

$$X_L'=2\pi f_0' L=2\pi\times292\times10^3\times2\times10^{-3}\Omega=3668\Omega$$

$$X_C'=\frac{1}{\omega_0 C}=\frac{1}{2\pi f_0' C}=\frac{10^{12}}{2\pi\times292\times10^3\times180}\Omega=3030\Omega$$

$$|Z|'=\sqrt{R^2+(X_L'-X_C')^2}=\sqrt{50^2+(3688-3030)^2}\Omega=640\Omega$$

$$I'=\frac{U}{|Z|'}=\frac{5}{640}\text{A}=0.0078\text{A}=7.8\text{mA}$$

$$U_C'=X_C' I'=3030\times0.0078\text{V}=23.6\text{V}$$

当偏离谐振点时，电路中阻抗 $|Z|'>R$，电流 I' 远小于谐振 I_0。电容两端电压也比谐振时的电压下降了。

$$\frac{U_C-U_C'}{U_C}=\frac{333.3-23.6}{333.3}\times100\%=92.9\%$$

2.7.2 并联谐振

图 2.7.6 是线圈 RL 与电容器 C 并联的电路，其等效阻抗为

$$Z=\frac{(R+\text{j}\omega L)\left(-\text{j}\dfrac{1}{\omega C}\right)}{R+\text{j}\omega L-\text{j}\dfrac{1}{\omega C}}\approx\frac{\text{j}\omega L\left(-\text{j}\dfrac{1}{\omega C}\right)}{R+\text{j}\omega L-\text{j}\dfrac{1}{\omega C}}$$

$$=\frac{\dfrac{L}{C}}{R+\text{j}\left(\omega L-\dfrac{1}{\omega C}\right)} \qquad (2.7.5)$$

当将电源角频率 ω 调到 ω_0 时，即

$$\omega_0 L=\frac{1}{\omega_0 C},\omega=\omega_0=\frac{1}{\sqrt{LC}}$$

或

$$f=f_0\ \frac{1}{2\pi\ \sqrt{LC}}$$

此时发生并联谐振。

并联谐振具有下列特征：

（1）通常线圈的电阻 R 都很小，由式（2.7.5）可知，谐振时电路的阻抗模最大，即

$$|Z_0|=\frac{L}{RC}$$

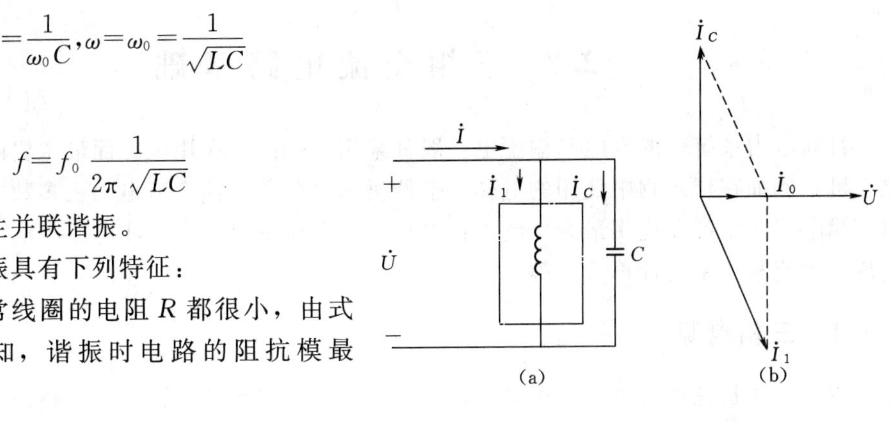

图 2.7.6　并联谐振电路

（a）电路图；（b）相量图

其值最大，因此在电源电压 U 一定的情况下，电流 I 将在谐振时达到最小值，即

$$I=I_0=\frac{U}{|Z_0|}$$

（2）由于电源电压与电路电流同相（$\varphi=0$），因此电路对电源呈现电阻性。谐振时电路的阻抗模 $|Z_0|$ 相当于一个电阻。

并联谐振在无线电工程和工业电子技术中也常应用。例如利用并联谐振时阻抗模高的特点来选择信号或消除干扰。

【例 2.7.2】　在图 2.7.6 所示电路中，电源电压有效值为 25V，$L=1.2\text{mH}$，$R=16\Omega$，$C=400\text{pF}$，求谐振频率、电流、阻抗模及品质因数。

【解】　（1）谐振频率为

$$f_0=\frac{1}{2\pi\ \sqrt{LC}}\sqrt{1-\frac{C}{L}R^2}=\frac{\sqrt{1-\frac{400\times10^{-12}}{1.2\times10^{-3}}\times16^2}}{2\times3.14\times\sqrt{1.2\times10^{-3}\times400\times10^{-12}}}$$

或

$$f_0=\frac{1}{2\pi\ \sqrt{LC}}=\frac{1}{2\times3.14\times\sqrt{1.2\times10^{-3}\times400\times10^{-12}}}\text{Hz}=230\text{kHz}$$

（2）谐振电流为

$$I_0=\frac{RC}{L}U=\frac{16\times400\times10^{-12}\times25}{1.2\times10^{-3}}\text{A}=1.333\times10^{-4}\text{A}=0.1333\text{mA}$$

（3）谐振阻抗模为

$$|Z_0|=\frac{R^2+(2\pi f_0 L)^2}{R}=\frac{16^2+(2\pi\times230\times10^3\times1.2\times10^{-3})^2}{16}\Omega=187782\Omega\approx188\text{k}\Omega$$

或

$$|Z_0|=\frac{L}{RC}=\frac{1.2\times10^{-3}}{16\times400\times10^{-12}}\Omega=187500\Omega\approx188\text{k}\Omega$$

（4）品质因数为

$$Q_0=\frac{1}{\omega_0 CR}=\frac{1}{2\pi f_0 CR}=\frac{1}{2\times3.14\times230\times10^3\times400\times10^{-12}\times16}=108.2$$

2.8 三相交流电路基础

目前电力系统中的发电和输配电一般都采用三相制，在用电方面最主要的负载是交流电动机，例如在建筑物中使用的电梯、空调机和水泵等，而交流电动机多数是三相的，所以三相电路在生产上应用最为广泛。在本章中着重讨论负载在三相电路中的连接方式以及电压、电流和功率的计算方法等。

2.8.1 三相电源

图 2.8.1 是三相交流发电机的原理图，它的主要组成部分是电枢和磁极。

电枢是固定的，亦称定子。定子铁芯的内圆周表面冲有槽，用以放置三相电枢绕组。每相绕组是同样的，每个绕组的两边放置在相应的定子铁芯的槽内。但要求绕组的始端之间或末端之间都彼此相隔 120°，见图 2.8.2。

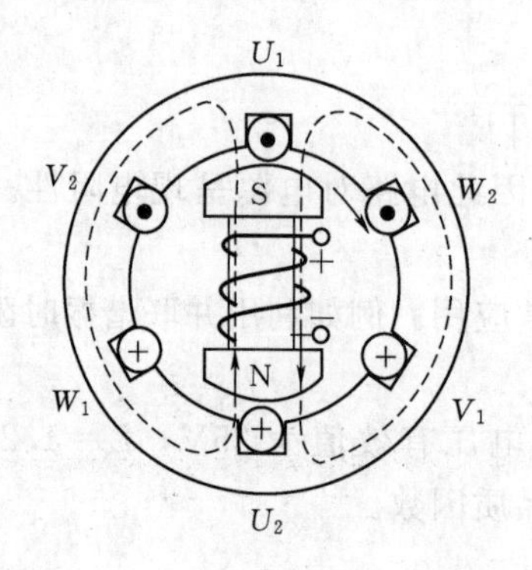

图 2.8.1 三相交流发电机的原理图

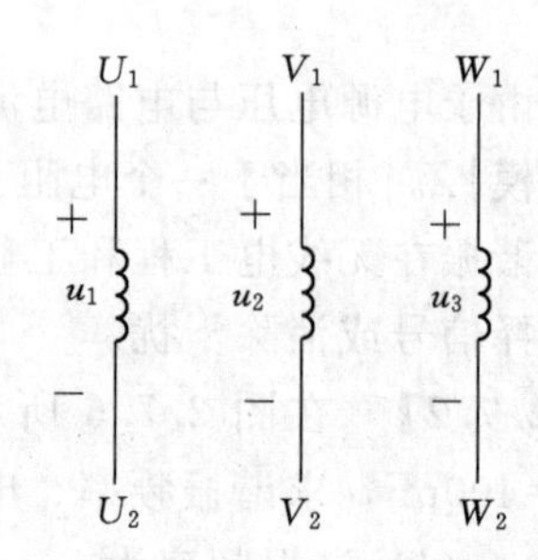

图 2.8.2 三相电动势

磁极是转动的，亦称转子。转子铁芯上绕有励磁绕组，用直流励磁。选择合适的极面形状和励磁绕组的布置情况，可使空气隙中的磁感应强度按正弦规律分布。

当转子由原动机带动，并以匀速按顺时针方向转动时，则每相绕组依次切割磁通，产生电动势；因而在 U_1U_2、V_1V_2、W_1W_2 三相绕组上得出频率相同、幅值相等、相位互差 120°的三相对称正弦电压，它们分别为 u_1，u_2，u_3，并以 u_1 为参考正弦量，则

$$\left.\begin{aligned} u_1 &= U_m\sin\omega t \\ u_2 &= U_m\sin(\omega t-120^\circ) \\ u_3 &= U_m\sin(\omega t-240^\circ)=U_m\sin(\omega t+120^\circ) \end{aligned}\right\} \tag{2.8.1}$$

也可用相量表示

$$\left.\begin{aligned} \dot{U}_1 &= U\angle 0^\circ = U \\ \dot{U}_2 &= U\angle -120^\circ = U\left(-\frac{1}{2}-\mathrm{j}\frac{\sqrt{3}}{2}\right) \\ \dot{U}_3 &= U\angle 120^\circ = U\left(-\frac{1}{2}+\mathrm{j}\frac{\sqrt{3}}{2}\right) \end{aligned}\right\} \tag{2.8.2}$$

如果用相量图和正弦波形来表示，则如图 2.8.3 所示。

显然，三相对称正弦电压的瞬时值或相量之和为零，即

$$\left.\begin{aligned} u_1+u_2+u_3=0 \\ \dot{U}_1+\dot{U}_2+\dot{U}_3=0 \end{aligned}\right\} \tag{2.8.3}$$

三相交流电压出现正幅值（或相应零值）的顺序称为相序。在此，相序是 $U_1 \longrightarrow V_1 \longrightarrow W_1$。

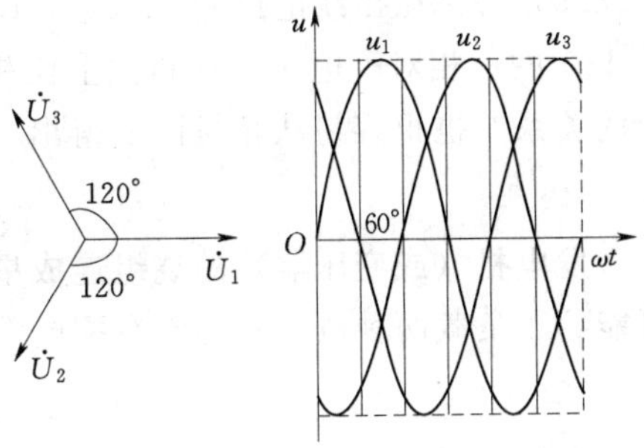

图 2.8.3　表示三相交流电压的向量图和正弦波形

发电机三相绕组的接法通常有两种接法，一种是星形连接如图 2.8.4 所示；另一种是三角形连接如图 2.8.6 所示。

所谓星形连接即将三个末端连在一起，这一连接点称为中性点或零点，用 N 表示。从中性点引出的导线称为中性线或零线。从始端 U_1，V_1，W_1 引出的三根导线 L_1，L_2，L_3 称为相线或端线，一般情况称为火线。

在图 2.8.4 中，每相始端与末端间的电压，亦即相线与中性线间的电压，称为相电压，其有效值用 U_1、U_2、U_3 或者一般用 U_p 表示。而任意两始端间的电压，亦即两相线之间的电压，称为线电压，其有效值用 U_{12}、U_{23}、U_{31} 或者一般用 U_l 表示。相电压和线电压的参考方向如图 2.8.4 所示。

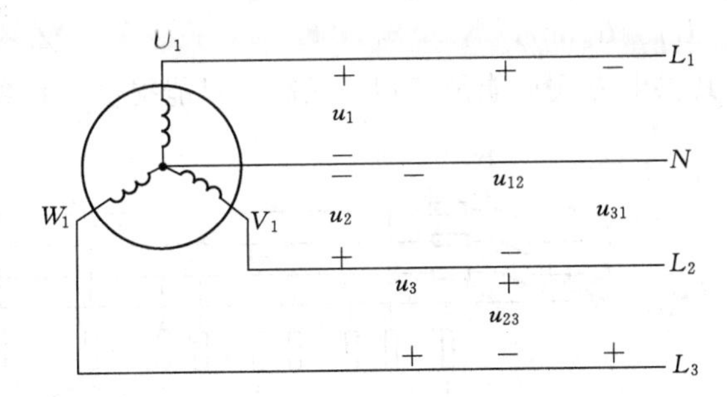

图 2.8.4　发电机的星形连接

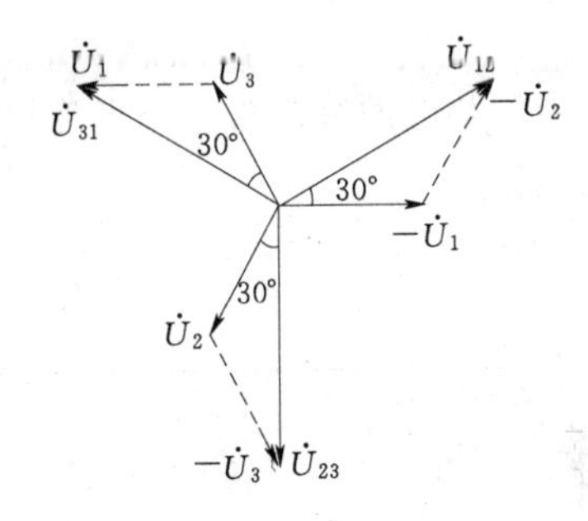

图 2.8.5　发电机绕组星形连接时，相电压和线电压的相量图

当发电机的绕组连成星形时，相电压和线电压显然是不相等的。根据图 2.8.4 上的参考方向，它们的关系是

$$\left.\begin{aligned} u_{12}&=u_1-u_2 \\ u_{23}&=u_2-u_3 \\ u_{31}&=u_3-u_1 \end{aligned}\right\} \tag{2.8.4}$$

或用相量表示为

$$\left.\begin{aligned} \dot{U}_{12}&=\dot{U}_1-\dot{U}_2 \\ \dot{U}_{23}&=\dot{U}_2-\dot{U}_3 \\ \dot{U}_{31}&=\dot{U}_3-\dot{U}_1 \end{aligned}\right\} \tag{2.8.5}$$

图 2.8.5 是它们的相量图。做相量图时，先作出相电压 U_1、U_2、U_3，而后根据式

(2.8.5) 分别做出线电压 U_{12}、U_{23}、U_{31}。可见线电压也是频率相同、幅值相等、相位互差 120°的三相对称电压，在相位上比相应的相电压超前 30°。至于线电压和相电压在大小上的关系，也很容易从相量图上得出

$$U_l=\sqrt{3}U_P \tag{2.8.6}$$

发电机（或变压器）的绕组连成星形时，可引出四根导线（三相四线制），这样就有可能给予负载两种电压。通常在配电系统中相电压为 220V，线电压为

$$380\text{V}=\sqrt{3}\times 220$$

当发电机（或变压器）的绕组连成星形时，不一定都引出中性线。

所谓三角形连接即将电源绕组中每相绕组的首端依次与另一相绕组的末端连接在一起，形成一个闭合回路。如图 2.8.6 所示，三相绕组的始末端相连，即 U_2 与 V_1，V_2 与 W_1，W_2 与 U_1 各相连，连成闭合的三角形。

在三角形连接的三相电路中，线电压就等于对应的相电压，即

$$\left.\begin{aligned}\dot{U}_{12}&=\dot{U}_1\\ \dot{U}_{23}&=\dot{U}_2\\ \dot{U}_{31}&=\dot{U}_2\end{aligned}\right\} \tag{2.8.7}$$

线电压与相电压的大小相等并同相，即

$$\dot{U}_P=\dot{U}_L \tag{2.8.8}$$

当三相电源绕组为三角形连接时，其供电方式只能是三相三线制，只能提供一种数值的电压。

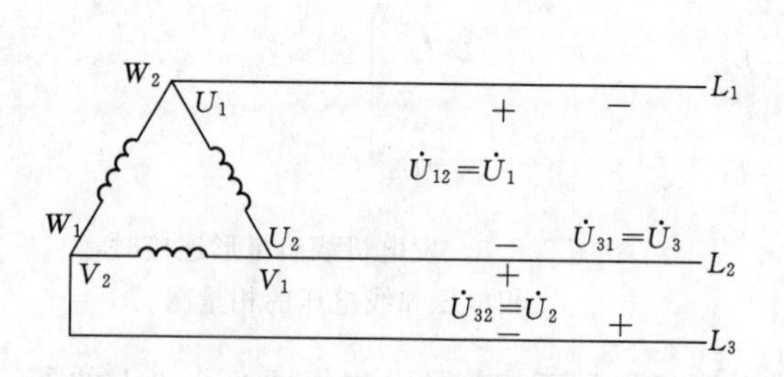

图 2.8.6 三角形连接

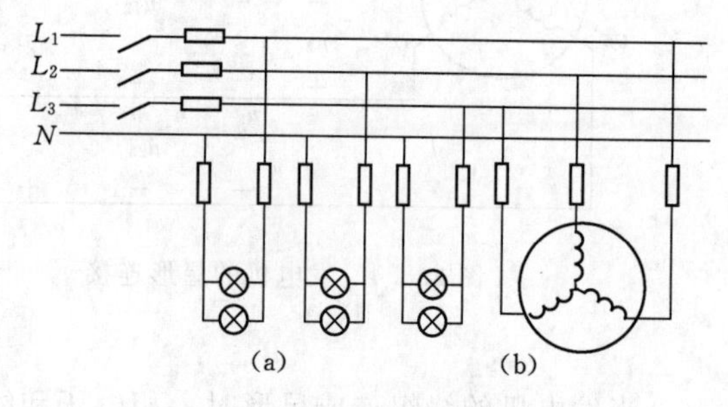

图 2.8.7 负载星形连接示意图

(a) 单相负载；(b) 三相负载

2.8.2 负载星形连接的三相电路

分析三相电路和分析单相电路一样，首先也应画出电路图，并标出电压和电流的参考方向，而后应用电路的基本定律找出电压和电流之间的关系，再确定三相功率。

三相电路中负载的连接方法有两种：星形连接和三角形连接。

如图 2.8.7 所示的是三相四线制电路的负载连接，其中常用的电灯（单相负载）的额定电压为 220V，因此要接在相线与中性线之间，电灯负载是大量使用的，不能集中接在一相中，从总的线路来说，它们应当比较均匀地分配在各相之中，如图 2.8.7 (a) 所示，电灯的这种连接法称为星形连接。电动机负载接在三根相线上，三相电动机的三个接线端

总是与电源的三根相线相连。但电动机本身的三相绕组可以连成星形或三角形。它的连接方法在铭牌上标出，例如 380V 星形连接或 380V 三角形连接。

至于其他单相负载（如单相电动机、电炉、继电器吸引线圈等），该接在相线之间还是相线与中性线之间，应视额定电压是 380V 还是 220V 而定。如果负载的额定电压不等于电源电压，则需用变压器。例如，机床照明灯的额定电压为 36V，就要用一个 380V/36V 的降压变压器。

负载星形连接的三相四线制电路一般可用如图 2.8.8 所示的电路表示。每相负载的阻抗模分别为$|Z_1|$，$|Z_2|$和$|Z_3|$。电压和电流的参考方向都已在图中标出。即

$$I_P = I_l$$

三相电路中的电流也有相电流与线电流之分。每相负载中的电流 I_P 称为相电流，每根相线中的电流 I_l 称为线电流。在负载为星形连接时，显然，相电流即为线电流，即

$$I_P = I_l \tag{2.8.9}$$

对三相电路应该一相一相计算。

设电源相电压$\dot{U}_1$ 为参考正弦量，则得

$$\dot{U}_1 = U_1 \angle 0^\circ$$

在图 2.8.8 的电路中，电源相电压即为每相负载电压。于是每相负载中的电流可分别求出，即

$$\left.\begin{aligned} I_1 &= \frac{\dot{U}_1}{Z_1} = \frac{U_1 \angle 0^\circ}{|Z_1| \angle \varphi_1} = I_1 \angle -\varphi_1 \\ \dot{I}_2 &= \frac{\dot{U}_2}{Z_2} = \frac{U_2 \angle -120^\circ}{|Z_2| \angle \varphi_2} = I_2 \angle (-120^\circ - \varphi_2) \\ \dot{I}_3 &= \frac{\dot{U}_3}{Z_3} = \frac{U_3 \angle 120^\circ}{|Z_3| \angle \varphi_3} = I_3 \angle (120^\circ - \varphi_3) \end{aligned}\right\} \tag{2.8.10}$$

式中每相负载中电流的有效值分别为

$$I_1 = \frac{U_1}{|Z_1|},\ I_2 = \frac{U_2}{|Z_2|},\ I_3 = \frac{U_3}{|Z_3|} \tag{2.8.11}$$

各相负载的电压与电流之间的相位差分别为

$$\varphi_1 = \arctan \frac{X_1}{R_1},\ \varphi_2 = \arctan \frac{X_2}{R_2},\ \varphi_3 = \arctan \frac{X_3}{R_3} \tag{2.8.12}$$

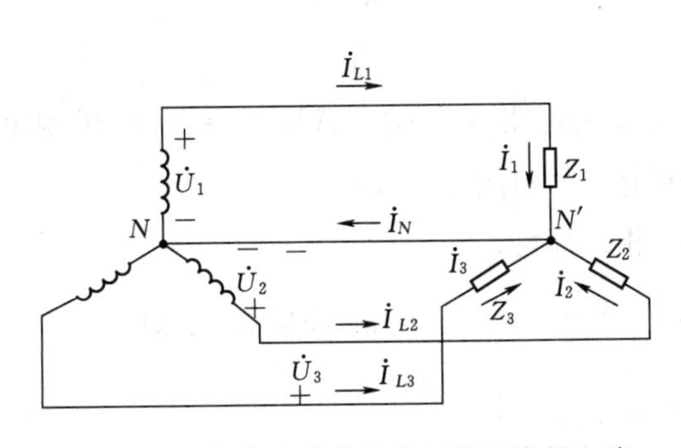

图 2.8.8　负载星形连接的三相四线制电路

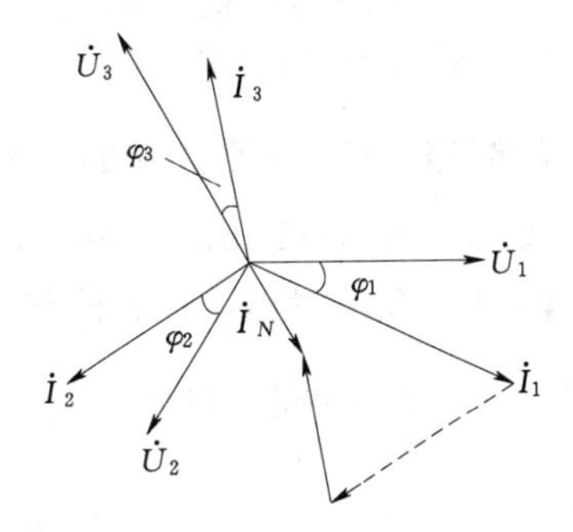

图 2.8.9　负载星形连接时电压和电流的相量图

中性线中的电流可以按照图 2.8.8 中所选定的参考方向，应用基尔霍夫电流定律得出，即

$$\dot{I}_P=\dot{I}_1+\dot{I}_2+\dot{I}_3 \tag{2.8.13}$$

电压和电流的相量图如图 2.8.9 所示。

现在来讨论如图 2.8.8 所示电路中负载对称的情况。所谓负载对称，就是指各相阻抗相等，即

$$Z_1=Z_2=Z_3=Z \tag{2.8.14}$$

或阻抗模和相位角相等，即

$$|Z_1|=|Z_2|=|Z_3|=|Z| \text{和} \varphi_1=\varphi_2=\varphi_3=\varphi$$

由式（2.8.11）和式（2.8.12）可见，因为电压对称，所以负载相电流也是对称的，即

$$I_1=I_2=I_3=I_P=\frac{U_P}{|Z|}$$

$$\varphi_1=\varphi_2=\varphi_3=\varphi=\arctan\frac{X}{R}$$

因此，这时中性线电流等于零，即

$$\dot{I}_N=\dot{I}_1+\dot{I}_2+\dot{I}_3=0$$

电压和电流的相量图如图 2.8.10 所示。

中性线中既然没有电流通过，中性线就不需要了。因此如图 2.8.8 所示的电路就变为如图 2.8.11 所示的电路，这就是三相三线制电路。三相三线制电路在生产上的应用极为广泛，因为生产上的三相负载（通常所见的是三相电动机）一般都是对称的。

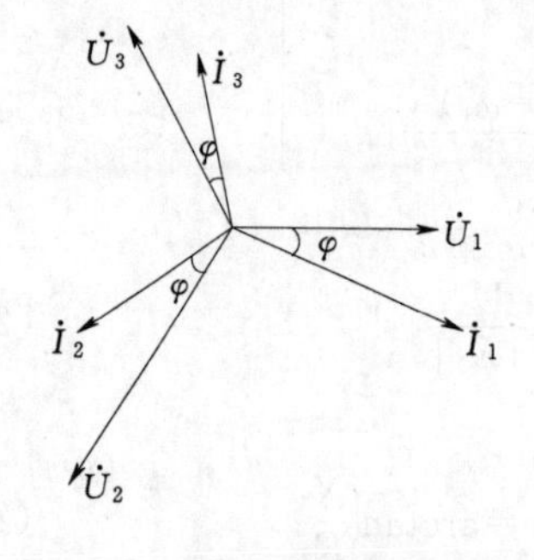

2.8.10　对称负载星形连接时电压和电流的相量图

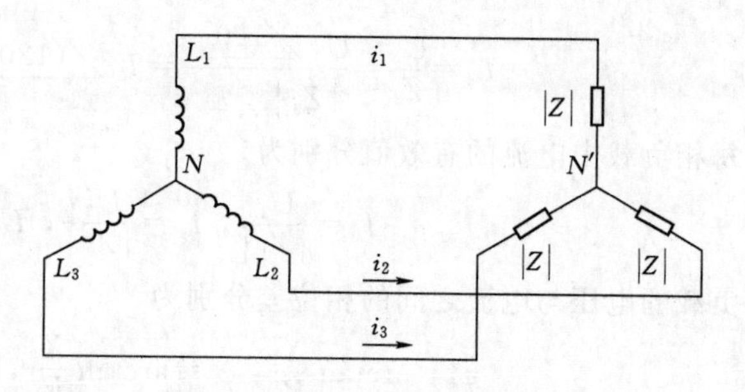

图 2.8.11　对称负载星形连接

【例 2.8.1】　有一星形连接的三相负载，每相的电阻 $R=6\Omega$，感抗 $X_L=8\Omega$。电源电压对称，设 $u_{12}=380\sqrt{2}\sin(\omega t+30°)\text{V}$，试求电流（参照图 2.8.8）。

【解】　因为负载对称，只需计算（譬如 L_1 相）即可。

由图 2.8.10 的相量图可知，$U_1=\frac{U_{12}}{\sqrt{3}}=\frac{380\text{V}}{\sqrt{3}}=220\text{V}$，$u_1$ 比 u_{12} 滞后 30°，即

$$u_1=220\sqrt{2}\sin\omega t\ \text{V}$$

L_1 相电流

$$I_1=\frac{U_1}{|Z_1|}=\frac{220}{\sqrt{6^2+8^2}}\text{A}=22\text{A}$$

i_1 比 u_1 滞后 φ 角，即

$$\varphi=\arctan\frac{X_L}{R}=\arctan\frac{8}{6}=53°$$

所以

$$i_1=22\sqrt{2}\sin(\omega t-53°)\text{A}$$

因为电流对称，其他两相的电流则为

$$i_2=22\sqrt{2}\sin(\omega t-53°-120°)\text{A}=22\sqrt{2}\sin(\omega t-173°)\text{A}$$

$$i_3=22\sqrt{2}\sin(\omega t-53°+120°)\text{A}=22\sqrt{2}\sin(\omega t+67°)\text{A}$$

【例 2.8.2】 在图 2.8.12 中，电源电压对称，每相电压 $U_P=220\text{V}$；负载为电灯组，在额定电压下其电阻分别为 $R_1=5\Omega$，$R_2=10\Omega$，$R_3=20\Omega$。试求负载相电压、负载电流及中性线电流。电灯的额定电压为 220V。

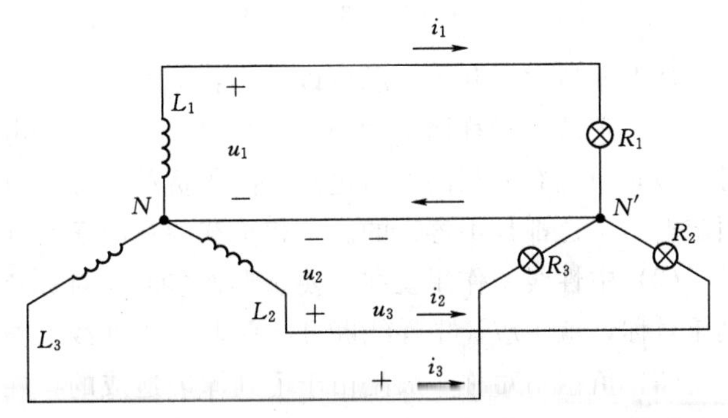

图 2.8.12 ［例 2.8.2］的电路图

【解】 在负载不对称而中性线（其上电压降可忽略不计）的情况下，负载相电压和电源相电压和电源相电压相等，也是对称的，其有效值为 220V。

本题如用负数计算，求中性线电流较为容易。先计算各电流：

$$\dot{I}_1=\frac{\dot{U}_1}{R_1}=\frac{220\angle 0°}{5}\text{A}=44\angle 0°\text{A}$$

$$\dot{I}_2=\frac{\dot{U}_2}{R_2}=\frac{220\angle -120°}{10}\text{A}=22\angle -120°\text{A}$$

$$\dot{I}_3=\frac{\dot{U}_3}{R_3}=\frac{220\angle 120°}{20}\text{A}=11\angle 120°\text{A}$$

根据图中电流的参考方向，中性线电流

$$\dot{I}_N=\dot{I}_1+\dot{I}_2+\dot{I}_3=(44\angle 0°+22\angle -120°+11\angle 120°)\text{A}$$

$$=[44+(-11-\text{j}18.9)+(-5.5+\text{j}9.45)]\text{A}$$

$$=(27.5-\text{j}9.45)\text{A}$$

【例 2.8.3】 在上例中，(1) L_1 相短路时；(2) L_1 相短路时而中性线又断开时（图 2.8.13、图 2.8.14），试分别求各相负载上的电压。

【解】（1）此时 L_1 相短路电流很大，将 L_1 相中的熔断器熔断，而 L_2 相和 L_3 相未受影响，其相电压仍为 220V。

(2) 此时电路已成单相电路，即 L_2 相和 L_3 相的电灯组成串联，接在线电压的电源 $U_{23}=380\text{V}$ 上，两相的电流相同。至于两相上的电压则由各相上电灯的电阻大小来决定，所以某一相的电灯上的电压很可能高于其额定电压，这是不允许的。

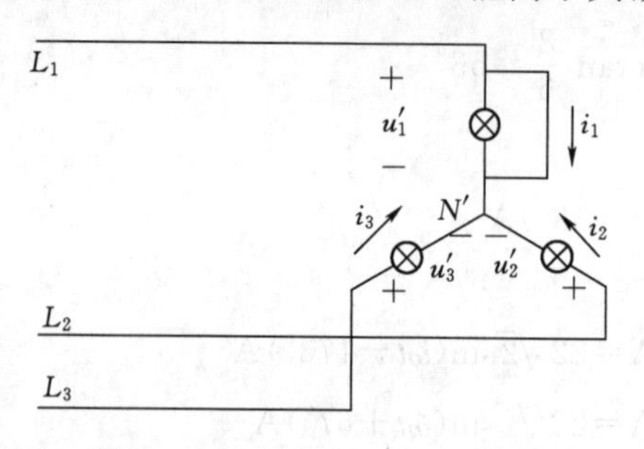

图 2.8.13 [例 2.8.3] 的电路

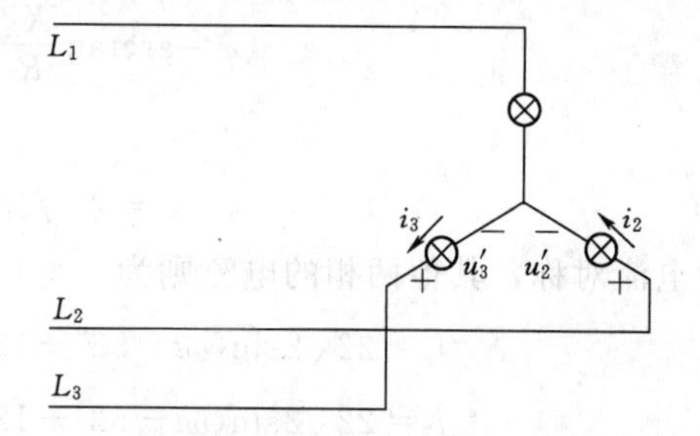

图 2.8.14 [例 2.8.3] 的电路

从上面所举的几个例题可以看出：

(1) 负载不对称而又没有中性线时，负载的相电压就不对称。当负载的相电压不对称时，势必引起有的相的电压过高，高于负载的额定电压；有的相的电压过低，低于负载的额定电压。这都是不容许的。三相负载的相电压必须对称。

(2) 中性线的作用就在于使星形连接的不对称负载的相电压对称。为了保证负载的相电压对称，就不应让中性线断开。因此，中性线（指干线）内不接入熔断器或闸刀开关。

(3) 负载不对称一般是由于下列原因造成的：在电源端、发生短路或断路；照明负载或其他单相负载难于安排对称。

2.8.3 负载三角形连接的三相电路

负载三角形连接的三相电路一般可用如图 2.8.15 所示的电路来表示。每相负载的阻抗模分别为 $|Z_{12}|$，$|Z_{23}|$，$|Z_{31}|$。电压和电流的参考方向都已在图中标出。

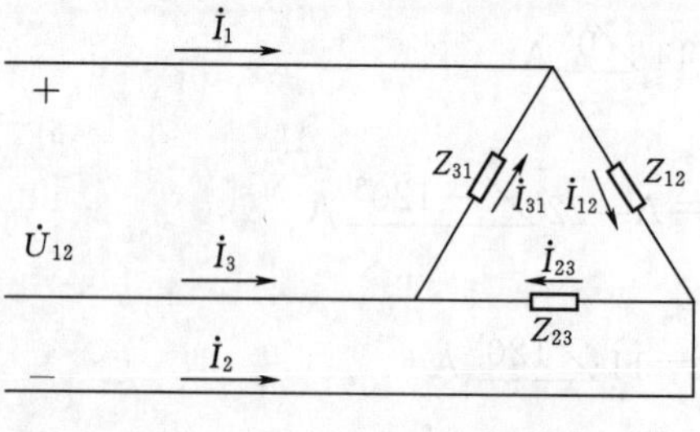

图 2.8.15 负载三角形连接的三相电路

因为各相负载都直接接在电源的线电压上，所以负载的相电压与电源的线电压相等。因此，无论负载对称与否，其相电压总是对称的，即

$$U_{12}=U_{23}=U_{31}=U_l=U_P \quad (2.8.15)$$

在负载三角形连接时，相电流和线电流是不一样的。

各相负载的相电流的有效值分别为

$$I_{12}=\frac{U_{12}}{|Z_{12}|},\ I_{23}=\frac{U_{23}}{|Z_{23}|},\ I_{31}=\frac{U_{31}}{|Z_{31}|} \quad (2.8.16)$$

各相负载的电压与电流之间的相位差分别为

$$\varphi_{12}=\arctan\frac{X_{12}}{R_{12}},\ \varphi_{23}=\arctan\frac{X_{23}}{R_{23}},\ \varphi_{31}=\arctan\frac{X_{31}}{R_{31}} \quad (2.8.17)$$

负载的线电流可应用基尔霍夫电流定律列出下列各式进行计算

$$\left.\begin{aligned}\dot{I}_1=\dot{I}_{12}-\dot{I}_{31}\\ \dot{I}_2=\dot{I}_{23}-\dot{I}_{12}\\ \dot{I}_3=\dot{I}_{31}-\dot{I}_{23}\end{aligned}\right\}\qquad(2.8.18)$$

如果负载对称，即

$$|Z_{12}|=|Z_{23}|=|Z_{31}|=|Z|\text{ 和 }\varphi_{12}=\varphi_{23}=\varphi_{31}=\varphi$$

则负载的相电流也是对称的，即

$$I_{12}=I_{23}=I_{31}=I_P=\frac{U_P}{|Z|}$$

$$\varphi_{12}=\varphi_{23}=\varphi_{31}=\varphi=\arctan\frac{X}{R}$$

至于负载对称时线电流和相电流的关系，则可从根据式（2.8.18）所作出的相量图（图2.8.16）看出。显然，线电流也是对称的，在相位上比相应的相电流滞后30°。

线电流和相电流在大小上的关系，也很容易从相量图得出，即

$$I_l=\sqrt{3}I_P\qquad(2.8.19)$$

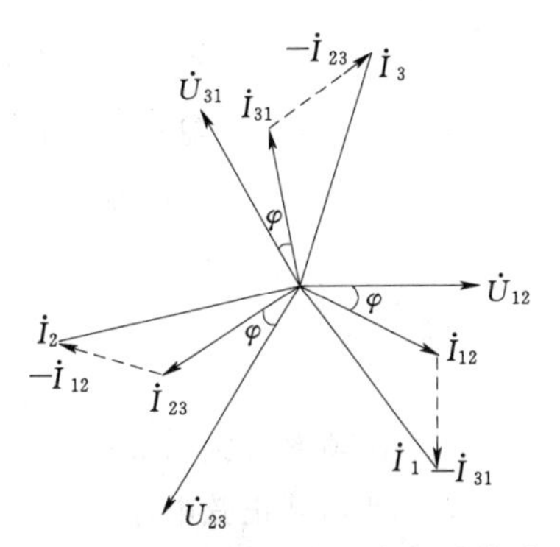

图2.8.16　对称负载三角形连接时电压与电流的相量图

三相电动机的绕组可以接成星形，也可以接成三角形，而照明负载一般都连接成星形（具有中性线）。

2.8.4　三相功率的计算

无论负载是星形连接或是三角形连接，三相负载总的有功功率必定等于各相有功功率之和。当负载对称时，每相的有功功率是相等的。因此三相总功率为

$$P=3P_P=3U_PI_P\cos\varphi\qquad(2.8.20)$$

式中夹角 φ 是相电压 U_P 与相电流 I_P 之间的相位差。

当对称负载是星形连接时，即

$$U_l=\sqrt{3}U_P,\quad I_l=I_P$$

当对称负载是三角形连接时

$$U_l=U_P,\quad I_l=\sqrt{3}I_P$$

不论对称负载是星形连接或是三角形连接，如将上述关系代入式（2.8.20），则得

$$P=\sqrt{3}U_lI_l\cos\varphi\qquad(2.8.21)$$

应注意，上式中的 φ 角仍为相电压与相电流之间的相位差。

式（2.8.20）和式（2.8.21）都是用来计算三相有功功率的，但通常多应用式（2.8.21）；因为线电压和线电流的数值是容易测量出的，或者是已知的。

同理，可得出三相无功功率和视在功率：

$$Q=3U_PI_P\sin\varphi=\sqrt{3}U_lI_l\sin\varphi\qquad(2.8.22)$$

$$S=3U_PI_P=\sqrt{3}U_lI_l\qquad(2.8.23)$$

【例 2.8.4】 有一三相电动机，每相等效电阻 $Z=25\angle 30^\circ\Omega$。绕组为星形连接接于线电压 $U_1=380$V 的三相对称电源上。试求电动机的相电流、线电流以及总的有功功率、无功功率和视在功率。

【解】

$$I_P=\frac{U_P}{|Z|}=\frac{380/\sqrt{3}}{25}=8.8\text{A}$$

$$I_L=I_P=8.8\text{A}$$

$$P=\sqrt{3}U_LI_L\cos\varphi=\sqrt{3}\times380\times8.8\cos30^\circ\approx5.0\text{kW}$$

$$Q=\sqrt{3}U_LI_L\sin\varphi=\sqrt{3}\times380\times8.8\sin30^\circ\approx2.9\text{kvar}$$

$$S=\sqrt{3}U_LI_L=\sqrt{3}\times380\times8.8\approx5.8\text{kV}\cdot\text{A}$$

习 题

2.1 在频率分别为 500Hz、1000Hz 时求周期和角频率。

2.2 已知某正弦电压在 $t=0$ 时为 220V，其初相为 30°，求它的有效值为多少？

2.3 已知正弦电压 $u=300\sin\left(3140t+\frac{\pi}{6}\right)$V。

(1) 试说明周期、频率、角频率、幅值、有效值及初相各是多少。

(2) 画出电压的波形图。

2.4 写出题 2.4 图所示电压曲线的解析式。

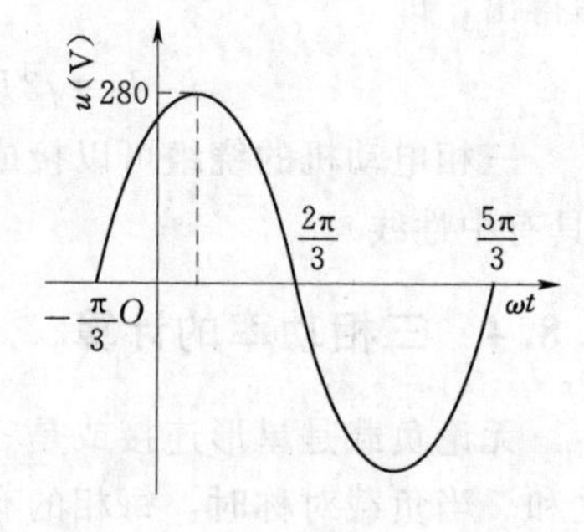

题 2.4 图

2.5 下列等式中表达的含义是否相同？并说明理由。

(1) $I=1$A (2) $I_m=1$A (3) $\dot{I}=1$A (4) $i=1$A

2.6 如果两个同频率的正弦电流在某一瞬时值都是 10A，试判断两者是否一定同相？其幅值是否一定相等？

2.7 写出下列各正弦量对应的相量。

(1) $u_1=220\sqrt{2}\sin(\omega t+60^\circ)$V (2) $i_1=60\sqrt{2}\sin(\omega t+30^\circ)$A

(3) $u_2=50\sqrt{2}\sin(\omega t-100^\circ)$V (4) $i_2=14.14\sin(\omega t)$A

2.8 指出下列各式是否正确，如不正确，请改正。

(1) $\frac{u}{i}=X_L$ (2) $\frac{U}{I}=\text{j}\omega L$ (3) $\frac{\dot{U}}{\dot{I}}=X_L$ (4) $\dot{I}=-\text{j}\frac{\dot{U}}{\omega L}$

(5) $u=L\frac{\text{d}i}{\text{d}t}$ (6) $\frac{U}{I}=\text{j}\omega L$ (7) $\frac{\dot{U}}{\dot{I}}=\omega C$ (8) $\dot{U}=-\frac{\dot{I}}{\text{j}\omega C}$

2.9 在正弦交流电路中，当电感电流的瞬时值为零时，其电压是否也为零？

2.10 在正弦交流电路中，当电容电压过零值时，电容电流是否也过零值？

2.11 如题 2.11 图所示，试求个电路的阻抗，画出相量图，并判断电流 i 叫电压 u

是滞后还是超前。

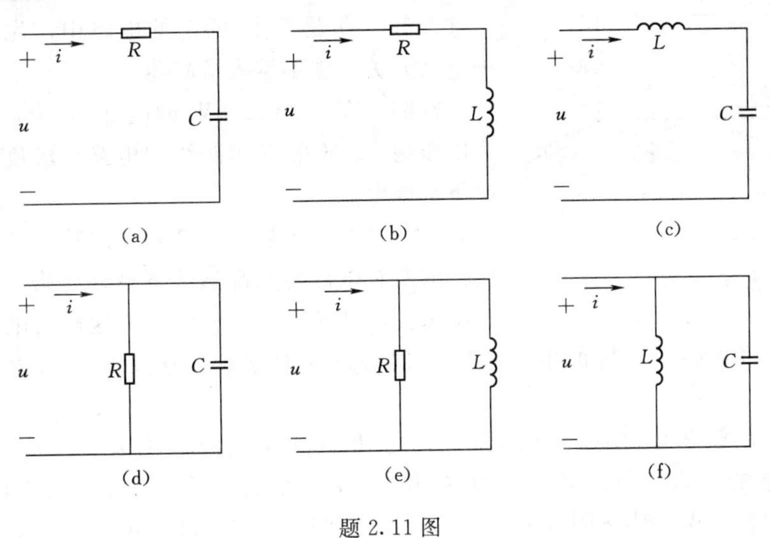

题 2.11 图

2.12 RLC 串联电路，已知 $R=6\Omega$，$X_L=8\Omega$，$X_C=16\Omega$，试确定电路的性质，并求阻抗模与阻抗角。

2.13 如题 2.13 图所示电路，已知 $\dot{I}_S=2\angle 0^\circ$ A，$Z_1=1+\mathrm{j}1\Omega$，$Z_2=6-\mathrm{j}8\Omega$，$Z_3=10+\mathrm{j}10\Omega$，试求 $\dot{I}_1$、$\dot{I}_2$ 和 $\dot{U}$。

2.14 题 2.14 图所示电路中，若测得 $I=10\mathrm{A}$，$I_L=11\mathrm{A}$，$I_R=6\mathrm{A}$，求 I_C。

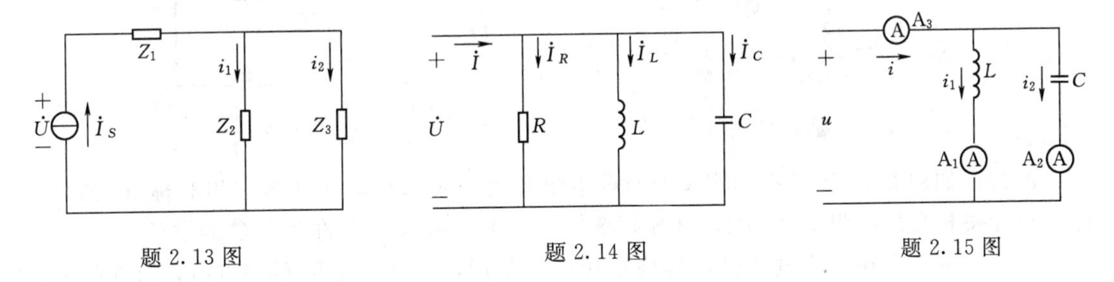

题 2.13 图　　题 2.14 图　　题 2.15 图

2.15 题 2.15 图所示电路中，电流表 A_1、A_2 的读数均为 4A，求电流表 A_3 的读数。

2.16 说明当频率低于和高于谐振频率时，RLC 串联电路是电容性还是电感性的?

2.17 RLC 串联电路，已知 $R=X_L=X_C=5\Omega$，$I=1\mathrm{A}$，求电路两端电压的有效值 U。

2.18 提高功率因数，是否意味着负载消耗的功率降低了?

2.19 为什么不采用电容器与电感性负载相串联的形式提高功率因数?

2.20 RLC 串联电路中，已知 $R=4\Omega$，$X_L=10\Omega$，$X_C=7\Omega$，电源电压 $u=220\sqrt{2}\sin(314t+15^\circ)\mathrm{V}$。试求：(1) 电流 i；(2) 有功功率 P，无功功率 Q，视在功率 S 和功率因数 $\cos\varphi$。

2.21 什么是三相负载、单相负载和单相负载的三相连接? 三相交流电动机有三根电源线接到电源的 L_1、L_2、L_3 三端，称为三相负载，电灯有两根电源线，为什么不称为两

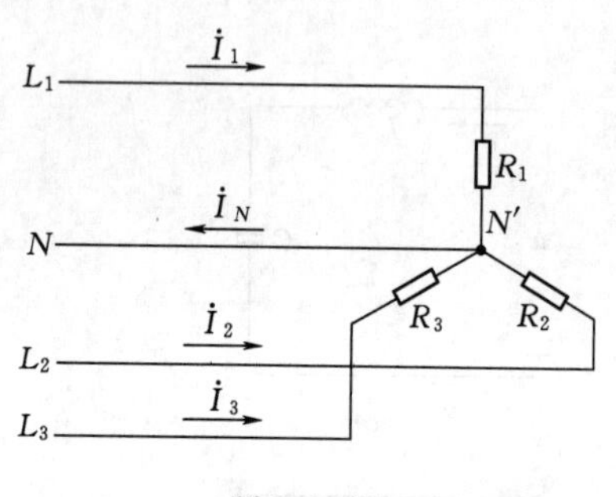

题 2.22 图

相负载，而称单相负载？

2.22　在题 2.22 的图的电路中，为什么中性线中不接开关，也不接入熔断器？

2.23　有 220V 100W 的电灯 66 个，应如何接入线电压为 380V 的三相四线制电路？求负载在对称情况下的线电流。

2.24　有一次某楼电灯发生故障，第二层和第三层楼的所有电灯突然都暗淡下来，而第一层楼的电灯亮度未变，试求这是什么原因？这楼的电灯是如何连接的？同时又发现第三层楼的电灯比第二层楼的还要暗些，这又是什么原因？画出电路图。

2.25　在如题 2.25 图所示的电路中，三相四线制电源电压为 380V/200V，接有对称星形连接的白炽灯负载，其总功率为 180W。此外，在 L_3 相上接有额定电压为 220V，功率为 40W，功率因数 $\cos\varphi=0.5$ 的日光灯一支。试求电流 I_1、I_2、I_3 及 I_N。设 $U_1=220\angle 0^\circ$ V。

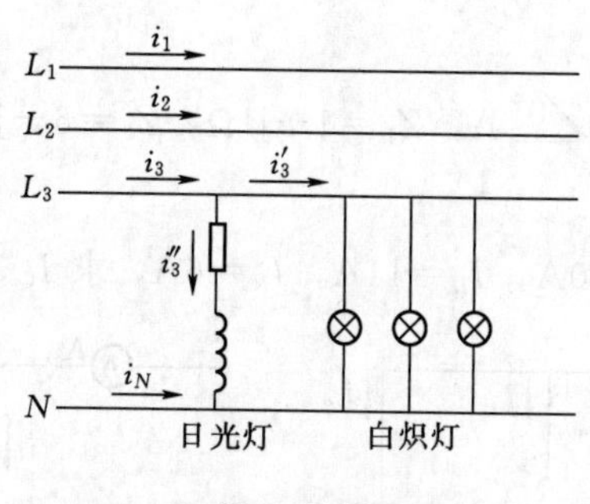

题 2.25 图

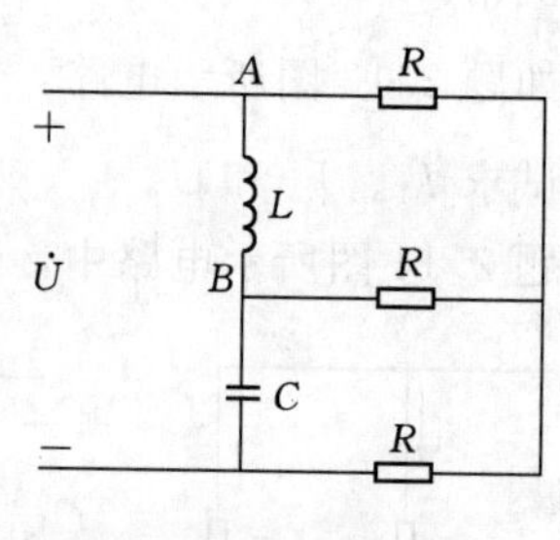

题 2.26 图

2.26　如题 2.26 图是小功率星形对称电阻性负载从单相电源获得三相对称电压的电路。已知每相负载电阻 $R=10\Omega$，电源频率 $f=50$Hz，试求所需的 L 和 C 的数值。

2.27　有一三相异步电动机，其绕组接成三角形，接在线电压 $U_1=380$V 的电源上，从电源所取用的功率 $P_1=11.43$kW，功率因数 $\cos\varphi=0.87$，试求电动机的相电流和线电流。

2.28　如题 2.28 图所示，电源线电压 $U_1=380$V。（1）如果图中各相负载的阻抗模

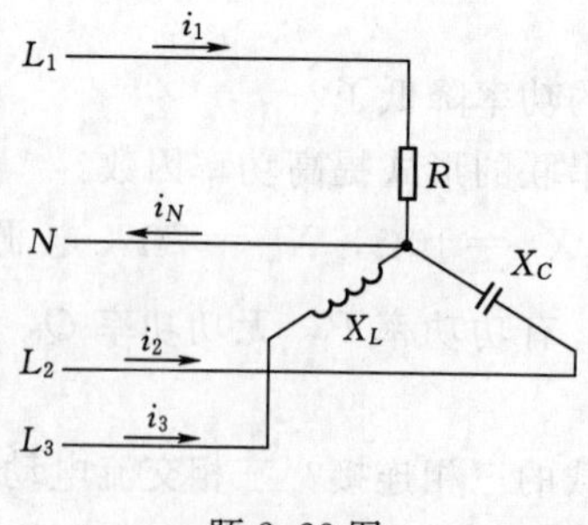

题 2.28 图

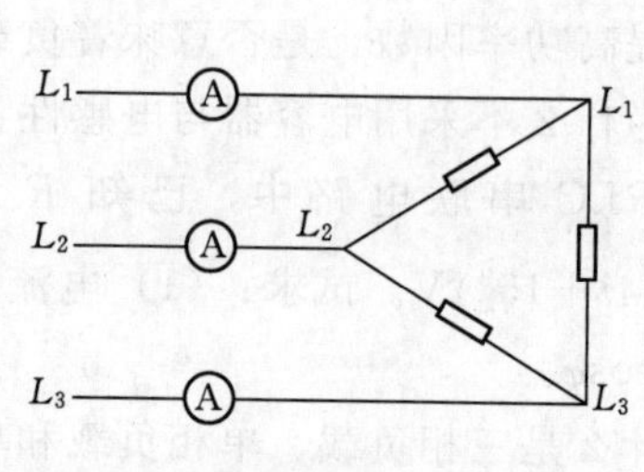

题 2.29 图

都等于 10Ω，是否可以说负载是对称的？（2）试求各相电流，并用电压与电流的相量图计算中性线电流。如果中性线电流的参考方向选定的同电路图上所示的方向相反，则结果有何不同？（3）试求三相平均功率 P。

2.29　如题 2.29 图所示，对称负载接成三角形，已知电源电压 $U_l=220\text{V}$，电流表读数 $I_l=17.3\text{A}$，三相功率 $P=4.5\text{kW}$，试求：（1）每相负载的电阻和感抗；（2）当 L_1L_2 相断开时，图中各电流表的读数和总功率 P；（3）当 L_1 线断开时，图中各电流表的读数和总功率 P。

第3章 变 压 器

变压器是一种静止的电气设备。它根据电磁感应原理，既可改变交流电能的电压、电流，也可改变等效阻抗、电源相数等，但通常主要作用是变换电压，故称变压器。

在电力系统中，可以利用变压器输送电能，方便电能的重分配，把电能按需求传送给用户。发电厂发出的电能一般为 10 kV 以上，为了减少远距离传输的线路损耗，需要经升压变压器将电压升高后再进行传输。高压电能到达用电地区后，需经降压变压器和配电变压器降低到各种用电设备所需要的不同电压然后分配给各用户。可以看出，从发电厂发出的电能输送到用户的整个过程中，需要经过多次变压，因此变压器对电力系统的安全、经济运行有着十分重要的意义。

在国民经济各个部门，各种类型的变压器得到了极为广泛的应用。一般按照变压器的用途进行分类，也可以按照变压器的结构、相数和冷却方式进行分类。

按照变压器的用途可分为电力变压器、特种变压器（如电炉变压器、整流变压器等），仪用变压器（电压互感器和电流互感器），试验用的高压变压器和调压变压器等。

按照线圈数目的多少，变压器可分为两线圈、三线圈和多线圈，以及自耦变压器。

按照变压器的铁芯结构，可分为芯式变压器和壳式变压器。

按照变压器的相数可分为单相变压器和三相变压器。

按照变压器的冷却方式和冷却介质的不同，可分为用空气冷却的干式变压器和用变压器油冷却的油浸式变压器等。

综上所述，变压器品种繁多，用途各异，但其工作原理和结构都是大同小异的。下面以电力变压器为例来说明变压器的结构，由此得到的一些结论和分析方法，结合不同的具体情况，同样可以引申应用到其他用途的变压器中。

3.1 变 压 器 的 结 构

变压器的铁芯和绕组是组成变压器的主要部件。此外，根据结构和运行的要求还有油箱、冷却装置和绝缘套管等部件，图 3.1.1 给出的是三相油浸式电力变压器外形图。

1. 铁芯

铁芯是变压器的磁路部分，同时也是变压器绕组的支撑骨架。

铁芯分为铁芯柱和铁轭两部分。绕组套在铁芯柱上，铁轭的作用是使磁路闭合。为了提高铁芯的导磁性能，减小磁滞和涡流损耗，铁芯多采用 0.35～0.5mm 硅钢片叠压而成，片间彼此绝缘。

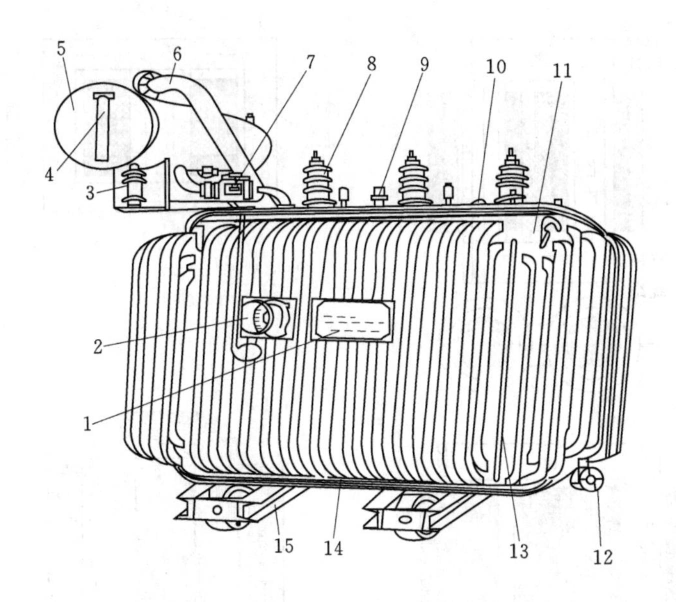

图 3.1.1 三相油浸式电力变压器外形图

1—铭牌；2—信号式温度计；3—吸湿器；4—油表；5—储油柜；6—安全气道；
7—气体继电器；8—高压套管；9—低压套管；10—分接开关；11—油箱；
12—放油阀门；13—器身；14—接地板；15—小车

按绕组套入铁芯柱的形式，变压器可分为芯式和壳式两种。芯式变压器的原、副绕组套装在铁芯的两个铁芯柱上，如图 3.1.2（a）所示。这种形式结构较简单，有较大的空间装设绝缘，装配也较容易，适用于容量大、电压高的电力变压器。一般电力变压器多采用这种芯式结构。壳式变压器的结构如图 3.1.2（b）所示。这种形式结构的机械强度较好，而且铁芯容易散热，但外层绕组耗铜量较多，制造工艺也较复杂，一般除小型干式变压器采用这种结构外，容量较大的变压器很少采用。

2. 绕组

绕组是变压器的电路部分，一般由绝缘铜线或铝线绕制而成。

变压器中接电源的绕组称为原绕组或一次绕组，与负载相连接的绕组称为副绕组或二次绕组。

3. 冷却装置和其他附件

变压器运行时会产生损耗而转变为热量，使铁芯和绕组发热，为了不使变压器因温度过高而损伤绝缘材料，变压器应装设冷却装置。一般的冷却装置由油箱、储油柜、散热器和绝缘变压器油等组成。铁芯和绕组浸在变压器油中，运行时产生的热量由变压器油循环传至散热器，同时还使绕组间、绕组和铁芯、外壳间保持良好的绝缘效果。储油柜是防止油膨胀和显示油位高低的附件。

为了使带电的引出线与油箱绝缘，并使其固定，高、低压绕组从油箱引出时还必须穿过绝缘套管。绝缘套管的结构与尺寸取决于高、低压绕组的电压等级。此外，变压器还装有分接开关、气体继电器、防爆管、吸湿器个放油阀等附件。

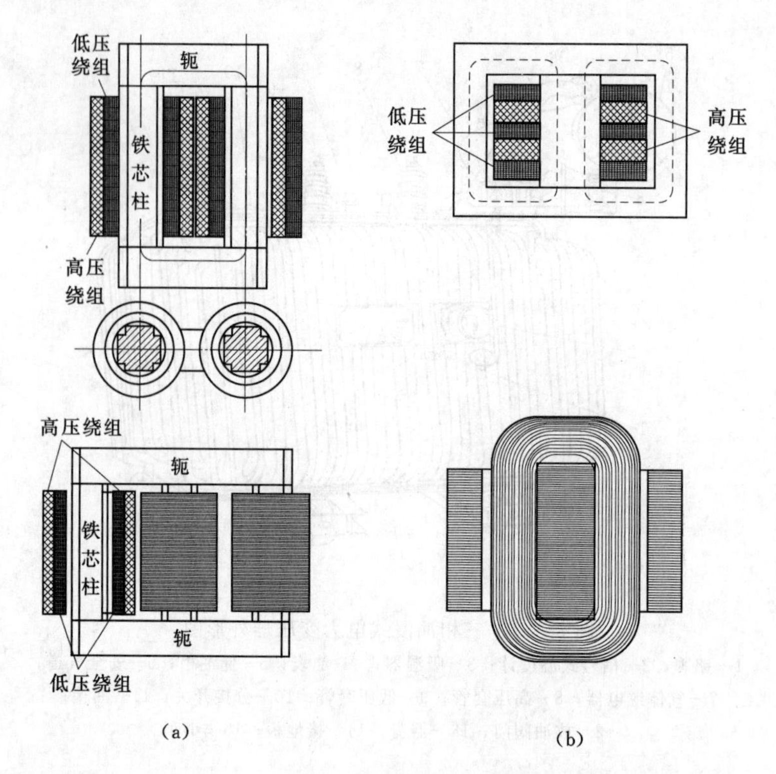

图 3.1.2　变压器的构造

(a) 芯式；(b) 壳式

3.2　变压器的工作原理

3.2.1　变压器的空载运行

变压器空载运行是指变压器原绕组接额定电压、额定频率的交流电源，副绕组开路时的运行状态。图 3.2.1 是单相变压器空载运行原理图。

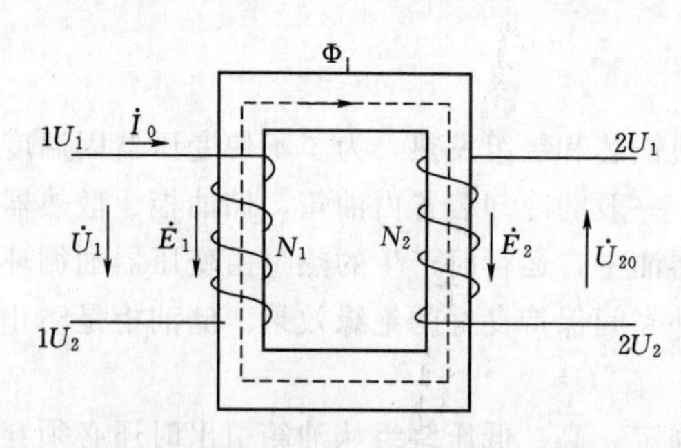

图 3.2.1　单相变压器空载运行原理图

在图 3.2.1 中，当原绕组接上交流电压后，就会产生交变磁通 Φ，由于铁芯磁导率很高，交变磁通绝大部分经铁芯通过变压器二次绕组，二次绕组在交变磁通作用下产生感应电动势 E_2。感应电动势 E_2 的大小决定于交变磁通强弱、变化速率和二次绕组的匝数，不同的二次绕组匝数就可以得到不同的感应电动势，即输出电压。也就是变压器最基本的工作原理。

这里把变压器原绕组电压和副绕组空载电压之比定义为变压器的变比，用 K 表示。即

$$K=\frac{U_1}{U_{20}}=\frac{E_1}{E_2}=\frac{N_1}{N_2} \tag{3.2.1}$$

式中 E_1、E_2——一次、二次绕组的感应电动势，V；

N_1、N_2——一次、二次绕组的匝数；

U_1——外接电源电压，V；

U_{20}——副绕组空载电压，V。

从上式可以看出，变压器的变比 K 等于一次、二次绕组的匝数之比。当 $K>1$ 时，是降压变压器；当 $K<1$ 时，是升压变压器。

3.2.2 变压器的负载运行

变压器负载运行是指变压器原绕组接额定电压、额定频率的交流电源，二次绕组接负载时的运行状态。图 3.2.2 是单相变压器负载运行原理图。

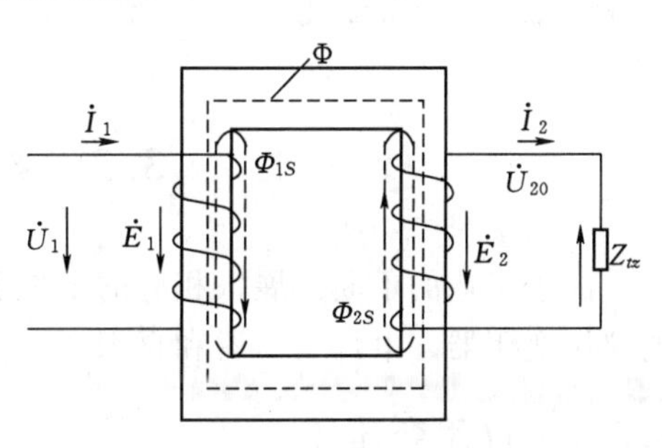

图 3.2.2 单相变压器负载运行原理图

变压器空载运行时，一次绕组只流过空载电流 I_0，它产生的交变磁通 Φ（也是主磁通）分别在一次、二次绕组中产生感应电动势 E_1 和 E_2。当二次绕组接上负载后，在 E_2 的作用下，二次绕组中会有负载电流 I_2 流过，I_2 在二次绕组中要产生磁势 I_2N_2，按楞次定律，该磁势有削弱主磁通 Φ 的作用。这时，二次绕组中的电流 I_1 由两部分组成：一部分是空载电流 I_0，用来产生主磁通；另一部分，用来抵消二次绕组中电流 I_2 的去磁作用。就这样，变压器通过磁的联系将输入到原绕组的功率传递到二次绕组中去。

由上可得

$$\frac{I_1}{I_2}=\frac{N_2}{N_1}=\frac{1}{K} \tag{3.2.2}$$

3.2.3 变压器的阻抗变换原理

变压器除能改变电压外，还可以改变电流和改变阻抗。

图 3.2.3（a）是变压器的阻抗变换原理图。

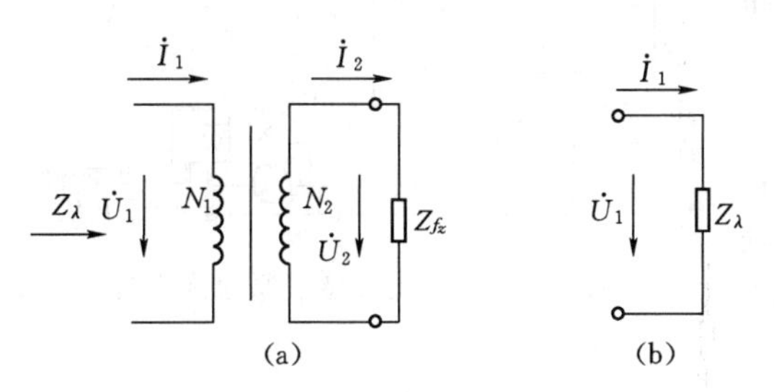

图 3.2.3 变压器阻抗变换原理图
（a）变压器电路；（b）等效电路

图 3.2.3（a）中，Z_{fz} 是负载阻抗，它的数值为：

$$Z_{fz}=\frac{U_2}{I_2}=\frac{\frac{U_1}{K}}{KI_1}=\frac{U_1}{K^2I_1}=\frac{Z_\lambda}{K^2} \tag{3.2.3}$$

式（3.2.3）中，Z_λ 是从变压器输入端看，对于电源来说的等效阻抗，如图 3.2.3（b）所示。式（3.2.3）中，K 为变压器的变比。

变压器的阻抗变换作用在电子电路中是经常遇到的。电子设备中，通过阻抗变换，负载可以从信号源获得最大功率。负载要获得最大功率，必须阻抗能匹配。可以采用不同的匝数比，把负载阻抗模变换为所需要的、比较合适的数值。这种做法通常称为阻抗匹配。

【例 3.2.1】 在图 3.2.4 中，交流信号源的电动势 $E=120\text{V}$，内阻 $R_0=800\Omega$，负载电阻 $R_L=8\Omega$。(1) 当 R_L 折算到一次侧的等效电阻 $R_L'=R_0$ 时，求变压器的匝数比和信号源输出的功率；(2) 当将负载直接与信号源连接时，信号源输出多大功率？

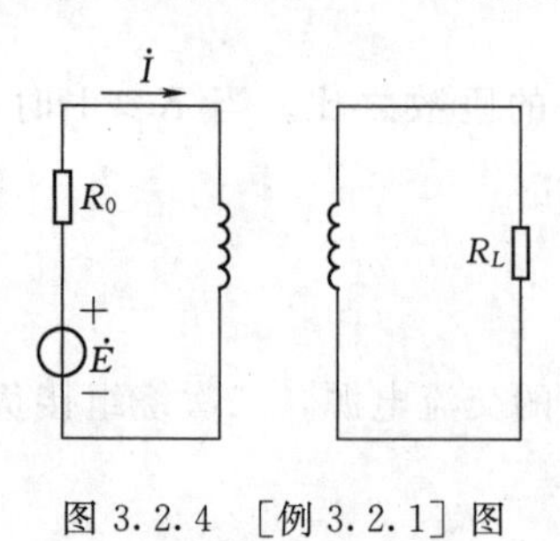

图 3.2.4　[例 3.2.1] 图

【解】　(1) 变压器的匝数比应为

$$K=\frac{N_1}{N_2}=\sqrt{\frac{R_L'}{R_L}}=\sqrt{\frac{800}{8}}=10$$

信号源的输出功率为

$$P=\left(\frac{E}{R_0+R_L'}\right)^2R_L'=\left(\frac{120}{800+800}\right)^2\times800\text{W}=4.5\text{W}$$

(2) 当将负载直接接在信号源上时

$$P=\left(\frac{120}{800+8}\right)^2\times8\text{W}=0.176\text{W}$$

3.3　特殊变压器

由于工业的不断发展，相应的出现了适用于各种行业的特殊变压器。本节将讨论常见的仪用变压器、电焊变压器和自耦变压器。

3.3.1　仪用变压器

仪用变压器包括两种：电流互感器和电压互感器。它们用于向电流表、电压表、功率表、继电器等提供信号。在交流电路中，直接测量大电流或者高电压是比较困难的。因此，常用特殊的变压器把大电流转换成小电流、高电压转换成低电压后再测量。所用的转换装置就称为电流互感器和电压互感器。使用互感器的优点在于使测量仪表与高电压隔离，保证仪表和人身的安全；又可扩大仪表的量程，便于仪表的标准化，还可以减少测量中的能耗。因此，在交流电压、电流和功率的测量中，以及各种继电保护和控制电路中，互感器的应用是相当广泛的。

1. 电流互感器

电流互感器的工作原理、主要结构与普通双绕组变压器相似，也是由铁芯和原、副绕组两个主要部分组成的。其不同点在于：电流互感器原绕组的匝数很少。只有一匝到几匝，它串联在被测电路中，流过被测电流，其原理接线图如图 3.3.1 所示。这个电流与普通变压器的原边电流不相同，它与电流互感器一次的负载大小无关。二次绕组的匝数比较多，常与电流表或其他仪表或电器的电流线圈串联成闭合电路，由于这些线圈的阻抗都很小，所以电流互感器的副边近于短路状态。由变压器的短路实验可知，当二次短路时，

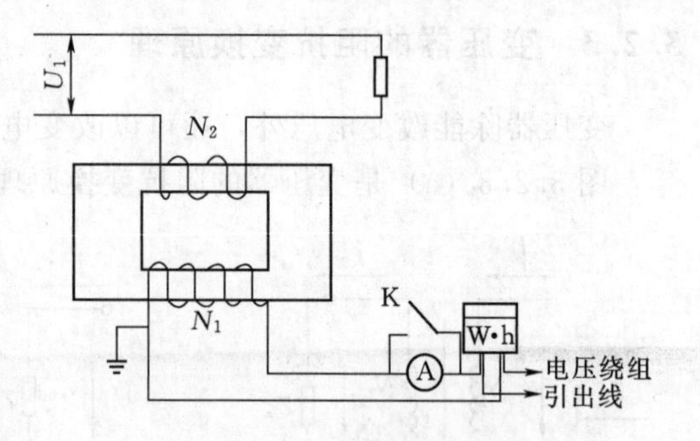

图 3.3.1　电流互感器原理接线图

原边的压降是很小的，这时可以忽略励磁电流，根据磁势平衡原则可推导出电流互感器的额定电流比 K_i 为

$$K_i=\frac{N_2}{N_1}=\frac{I_1}{I_2} \tag{3.3.1}$$

电流互感器的选用，可以根据测量要求的精度确定。电流互感器副边的额定电流通常为5A，原边的额定电流在10～25000A之间。电流互感器的额定功率有5V·A、10V·A、15V·A、20V·A等，准确度等级通常为0.5～3，分别用于不同准确度的测量中。用于实验室时，其准确度要求在0.2级以上。电压等级有0.5kV、10kV、15kV、35kV等，低电压的测量中均用0.5kV的。

在选择电流互感器时，必须按互感器的额定电压、二次额定电流、二次额定负载阻抗值及要求的准确度等级适当选取。若没有与主电路额定电流相符的电流互感器，应选取容量接近而稍大的。

在使用电流互感器时，为了测量的准确和安全，应注意以下几点：

(1) 电流互感器在运行中二次不得开路。运行中的电流互感器，由于二次电流的去磁作用，合成磁势是很小的，约为原绕组磁势的0.5%，因而在铁芯中的磁通密度和副边的感应电动势都很低。若二次开路，二次电流的去磁作用消失，而一次电流不变，全部安匝 I_1N_1 用于励磁，使铁芯中的磁通密度增大很多倍，磁路严重饱和，造成铁芯过热，使绝缘加速老化或击穿，且开路时产生的过高电压危及人身安全。因此，电流互感器的副边电路中，绝对不允许接熔断器，在运行中如果要拆下电流表，应先把二次短路。

(2) 电流互感器的铁芯和副边要同时可靠接地。

(3) 电流互感器的一次、二次绕组有“+”、“-”或者“*”标记，表示同名端，当二次接有功率表或电能表的电流线圈时，一定要注意极性。

(4) 电流互感器的负载大小，影响到测量的准确度。一定要使二次的负载阻抗小于要求阻抗值，并且所用电流互感器的准确度等级比所接仪表的准确度等级高两级，以保证测量的准确度。例如，一般板式仪表为1.5级，可配用0.5级的电流互感器。

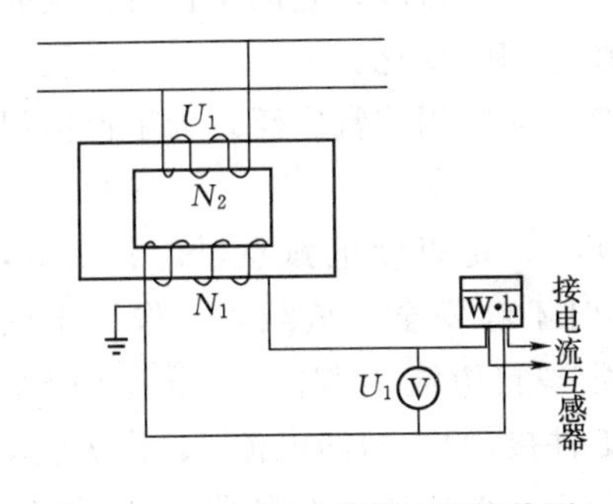

图3.3.2 电压互感器原理接线图

2. 电压互感器

在高压交流电路中，利用电压互感器将高电压转换成一定数值的低电压，以供测量、控制和指示等用。

电压互感器实质上就是一台降压变压器，其工作原理和结构与变压器没有区别，但它有更准确的变压比。使用时，一次接被测的高电压，二次接电压表及其他仪表或电器的电压线圈，如图3.3.2所示。由于这些电压线圈和电压表的阻抗均很大，所以电压互感器的运行近于变压器的空载状态。若原绕组的匝数为 N_1，副绕组的匝数为 N_2，则电压互感器的电压比 K_u 为

$$K_u=\frac{U_1}{U_2}=\frac{N_1}{N_2} \tag{3.3.2}$$

电压互感器二次的额定电压规定为100V，一次的额定电压为其他规定的电压等级。

这样做的优点在于所接的电压表实际上只测100V以下的电压，与其相接的其他电器和仪表的电压线圈的额定电压也相应为100V。固定的板式电压表表面上的刻度是实际电压与变压比的乘积，因而可以直接读数。

在选择电压互感器时，必须注意其额定电压应与所测主电路额定电压相符，二次负载电流的总和不得超过副边的额定电流。

使用电压互感器，必须注意以下几点：

(1) 电压互感器在运行时，二次绝对不允许短路。因为二次绕组本身的阻抗很小，如果发生短路，短路电流很大，会烧坏互感器。为此，二次电路中应串接熔断器作短路保护。

(2) 电压互感器的二次接功率表或电能表的电压线圈时，应当按要求的极性连接，三相电压互感器和三相变压器一样，要注意它的连接法，接错也会带来严重后果。

(3) 电压互感器的铁芯和副绕组的一端必须可靠地接地，以防止高压绕组绝缘损坏时，铁芯和副绕组带上高电压而造成事故。

(4) 电压互感器的准确度等级与其使用的额定容量有关。如JDG—0.5型电压互感器，其最大容量为200V·A，输出不超过25V·A时，准确度等级为0.5级，40V·A以下为1.0级，100V·A时为3.0级。为了保证所接仪表的测量准确度等级，电压互感器的准确度等级要比所接仪表的准确度等级高两级。

除了双线圈的电压互感器外，在三相系统中还广泛应用三线圈的电压互感器。它有两个二次线圈：一个称做基本线圈，用来接各种测量仪表和电压继电器等；另一个称为辅助副线圈，用它接成开口的三角形，引出两个端头，这端头可接电压继电器用来组成零序电压保护等。

3.3.2　电焊变压器

在金属焊接上，普遍采用交流电焊机。交流电焊机的主要组成部分实际上就是一台特殊结构的变压器。这种变压器通常制成单相的，冷却方式为空气自冷，它的工作特性是断续工作，即由空载到短路，又从短路到空载，负载电流在急剧的变化。

电焊是电热在金属焊接工艺上的一种应用，其在建筑工地应用非常广泛。为了保证焊接质量，电焊变压器应满足如下要求：

空载时，要有较高的电弧点火电压 U_{20}（约60～80V），足以使电弧点燃。若太低，不易起弧；若太高，则操作时不够安全。负载时，作用于电弧的电压应迅速降低，在额定焊接电流 I_{2N} 时，电压 U_{2N} 降至30～40V；短路时（焊条与工件接触），短路电流 I_{SC} 不应过大（$I_{SC}\leqslant 1.5I_{2N}$）。为此，电焊变压器必须具有陡降的外特性。如图3.3.3所示。

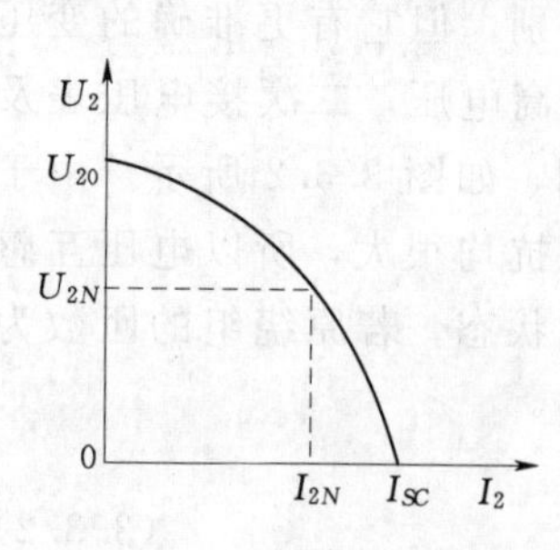

图3.3.3　电焊变压器的外特性曲线图

为了获得陡降的外特性及保证电弧能稳定燃烧，在电焊变压器内应具有较大的电抗，所以把变压器的二次绕组与铁芯电抗器相串联，如图3.3.4所示。

空载时，由于焊接电流 $I_2=0$，在电抗器上没有压降，故

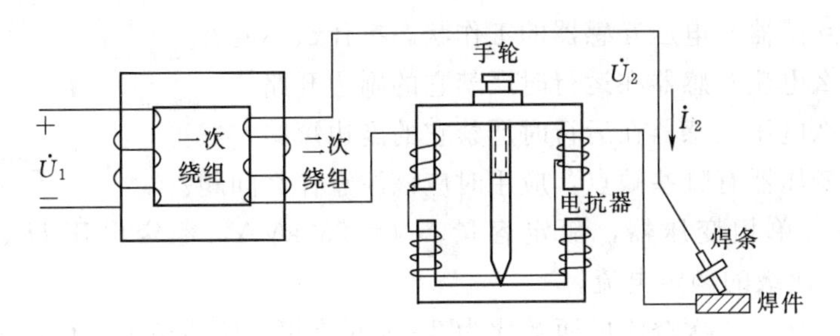

图 3.3.4　带电抗器的电焊变压器

空载时不受电抗器的影响，点火电压等于二次绕组的端电压。当引燃后，由于电抗器具有较大的电抗值，焊接电流必在其上产生电压降，因此，焊接时的电压要比空载电压低。在焊条接触焊件时，虽然二次侧被短接，有电抗器的限流作用，短路电流也不会太大。

根据焊件的厚度和焊条的粗细，可以通过手轮转动螺杆，使电抗器上铁芯移动，以改变电抗值的大小，从而达到调节焊接电流的目的，以适应不同焊件的需要。

3.3.3　自耦变压器

自耦变压器只有一个绕组，如图 3.3.5 所示。即一次、二次绕组共用一个绕组，其中某一绕组是另一绕组的一部分。所以，自耦变压器一次、二次绕组之间除有磁的联系外，还有电的直接联系。自耦变压器是利用绕组抽头的办法来实现改变电压的一种变压器。

设一次绕组的匝数为 N_1，二次绕组的匝数为 N_2，由于一次、二次绕组被同一主磁通所交链，所以一次、二次电压仍和他们的匝数成正比

$$\frac{U_1}{U_2}\approx\frac{N_1}{N_2}=K$$

图 3.3.5　自耦变压器原理图

当电源电压 U_1 一定时，主磁通基本不变，同样存在着磁动势平衡关系，所以一次、二次的电流仍和他们的匝数成反比为

$$\frac{I_1}{I_2}\approx\frac{N_2}{N_1}=\frac{1}{K}$$

自耦变压器比普通变压器结构简单，效率更高，但由于一次、二次有电的联系，所以不能用于电压比较高的场合，万一公共绕组部分断线时高电压将直接加在低压端，容易发生事故，因此在建筑施工中禁止用自耦变压器代替行灯变压器使用。

自耦变压器也可以制成三相的，多采用星形连接，这是最经济的连接。并且它可以引出中点，这对自耦变压器来说是需要的。

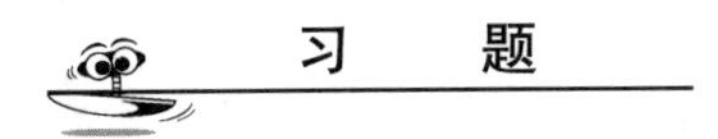

习　题

3.1　变压器的铁芯有何作用？为什么铁芯要用硅钢片叠压而成，不用整块硅钢？

3.2　变压器有哪些主要组成部分？各部分的作用是什么？

3.3 电流互感器与电压互感器的工作状态有什么不同？

3.4 为什么电流互感器在运行时严禁它的副边开路？

3.5 为什么电压互感器在运行时严禁它的副边短路？

3.6 自耦变压器有哪些缺点，应用时应该注意什么问题？

3.7 有一台单相变压器，额定容量 $SN=250\text{kVA}$，额定电压 $U_{1N}/U_{2N}=10000/400\text{V}$。试求初、次级的额定电流。

3.8 一台一次、二次绕组的匝数比为 2∶1 的单相变压器额定运行，一次、二次电压之比为多少？一次、二次电流之比为多少？若不计损耗二次输出功率与一次输出功率之比又为多少？

3.9 有一单相照明变压器，额定容量 $S_N=10\text{kVA}$，一次、二次侧绕组的额定电压 $U_{1N}/U_{2N}=3300/220\text{V}$。欲在二次侧上接 60W、220V 的白炽灯，如果变压器在额定状态下运行，这种规格的灯泡可接多少只？并求一次、二次侧的额定电流 I_{1N}、I_{2N}。

第4章　异步电动机

电动机的作用是将电能转换为机械能。现代各种生产机械都广泛应用电动机来驱动。

电动机可分为交流电动机和直流电动机两大类。交流电动机又分为异步电动机（或称感应电动机）和同步电动机。直流电动机按照励磁方式的不同分为他励、并励、串励和复励四种。

一般仅在需要均匀调速的生产机械上，如龙门刨床、轧钢机及某些重型机床的主传动机构，以及在某些电力牵引和起重设备中才采用直流电动机。同步电动机主要应用于功率较大、不需调速、长期工作的各种生产机械，如压缩机、水泵、通风机等。

由于异步电动机具有结构简单，运行可靠，维护方便，价格低廉，并且可以直接使用交流电源等一系列的优点，所以应用相当广泛。单相异步电动机常用于功率不大的电动工具和某些家用电器中。在生产上主要用的是三相异步电动机，它被广泛地用来驱动各种金属切削机床、起重机、锻压机、传送带、铸造机械、功率不大的通风机及水泵等，土建施工中经常使用的起重机、混凝土搅拌机等也都是由三相异步电动机拖动的。

本章主要讨论三相异步电动机的基本构造、工作原理、机械特性、控制原理和使用方法等。

4.1　三相异步电动机的构造

如图 4.1.1 所示的是三相异步电动机的主要部件，三相异步电动机分成两个基本部分：定子（固定部分）和转子（旋转部分）。

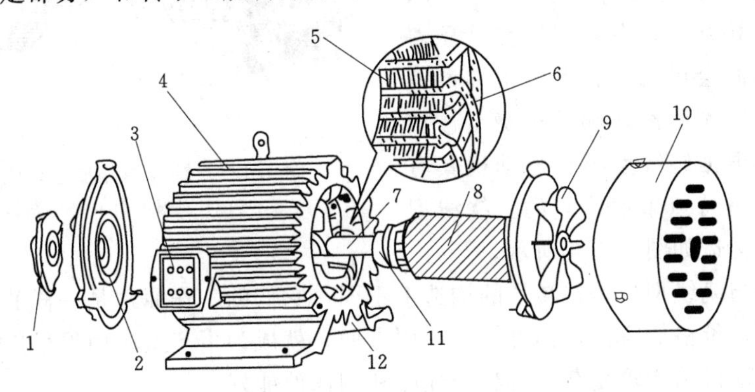

图 4.1.1　三相异步电动机的构造

1—轴承盖；2—端盖；3—接线盒；4—外壳；5—定子铁芯；6—定子绕组；7—转轴；8—转子；9—风扇；10—罩壳；11—轴承；12—机座

三相异步电动机的定子由机座和装在机座内的圆筒形铁芯以及其中的三相定子绕组组

成。机座是用铸铁或铸钢制成的，铁芯是由互相绝缘的硅钢片叠成的。铁芯的内圆周表面冲有槽（见图 4.1.2），用以放置对称三相绕组 U_1，U_2，V_1V_2，W_1W_2，有的接成星形，有的接成三角形。

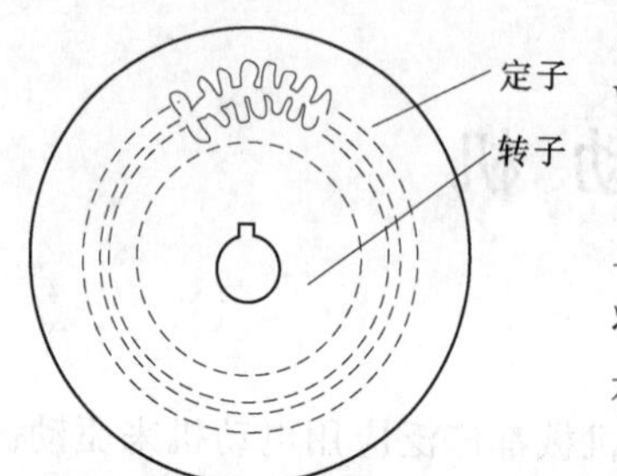

图 4.1.2　定子和转子的铁芯

三相异步电动机的转子是电机旋转的部分，根据构造上的不同分为两种型式：笼型和绕线型。转子铁芯是圆柱状，也用硅钢片叠成，表面冲有槽（见图 4.1.2）。铁芯装在转轴上，轴上加机械负载。

笼型的转子绕组是在转子铁芯的槽中放铜条，其两端用端环连接，或者在槽中浇铸铝液，铸成鼠笼状如图 4.1.3 所示，其形状如同笼子，故得此名。这样便可以用比较便宜的铝来代替铜，同时制造也快。因此，目前中小型笼型电动机的转子很多是铸铝的。笼型异步电动机的“鼠笼”是它的构造特点，易于识别。

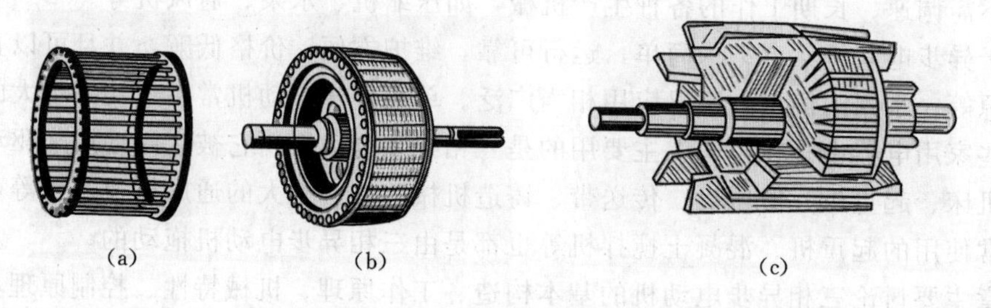

(a)　(b)　(c)

图 4.1.3　铸铝的笼型转子

(a) 笼型绕组；(b) 转子外形；(c) 铸铝的笼型转子

绕线型异步电动机是在转子铁芯的槽内嵌置了对称的三相绕组，三相绕组接成星形联结。它每相的始端连接在三个铜制的滑环上，滑环固定在转轴上。环与环，环与转轴都互相绝缘，在环上用弹簧压着碳质电刷。后面会讲到，起动电阻和调速电阻是借助于电刷同滑环和转子绕组连接的。通常就是根据绕线型异步电动机具有三个滑环的构造特点来辨认它的。绕线型异步电动机的构造如图 4.1.4 所示。

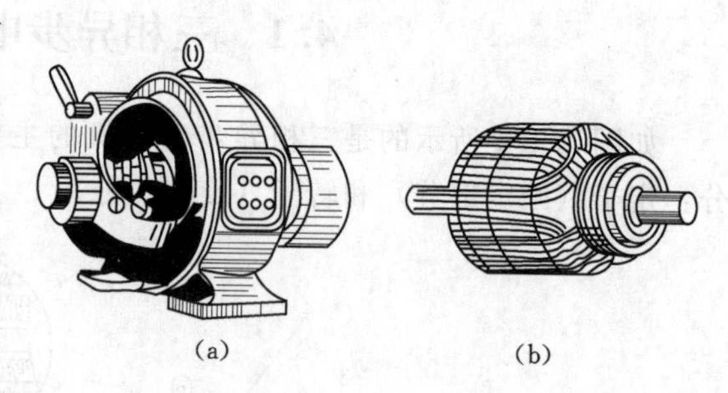

(a)　(b)

图 4.1.4　绕线型异步电动机的构造

(a) 外观；(b) 转子结构

其实笼型与绕线型只是在转子的构造上不同，它们的工作原理是一样的，笼型电动机由于构造简单，价格低廉，工作可靠，使用方便，就成为生产上应用得最广泛的一种电动机。绕线型电动机结构较复杂，但起动性能和调速性能好。

4.2　三相异步电动机的工作原理

三相异步电动机是利用定子绕组中三相电流产生的旋转磁场，与转子导体内的感应电流相互作用而工作的。为了说明这个转动原理，可做下面的演示。

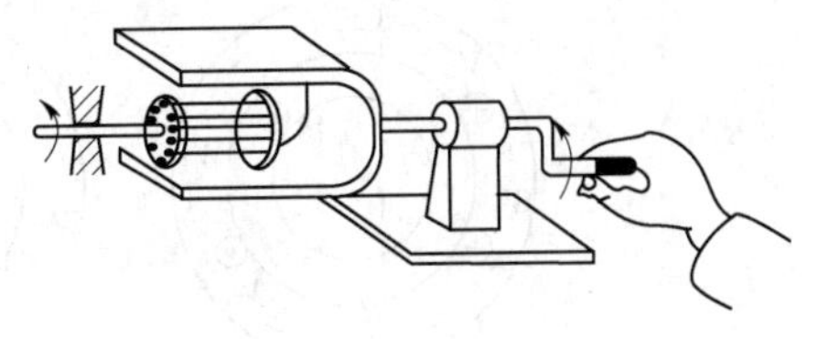
图 4.2.1　异步电动机转子转动的演示

如图 4.2.1 所示的是一个装有手柄的蹄形磁铁，磁极间放有一个可以自由转动的、由铜条组成的转子。铜条两端分别用铜环连接起来，形似鼠笼，作为笼型转子。磁极和转子之间没有机械联系。当摇动磁极时，发现转子跟着磁极一起转动。摇得快，转子转得也快；摇得慢，转得也慢；反摇，转子马上反转。

从这一演示得出两点启示：①有一个旋转的磁场；②转子跟着磁场转动。异步电动机转子转动的原理是与上述演示相似的。那么，在三相异步电动机中，磁场从何而来，又怎么还会旋转呢？下面就首先来讨论这个问题。

4.2.1　旋转磁场

1. *旋转磁场的产生*

三相异步电动机的定子铁芯中放有三相对称绕组 U_1U_2，V_1V_2，W_1W_2。设将三相绕组接成星形（见图 4.2.2），接在三相电源上，绕组中便通入三相对称电流。

$$i_1 = I_m \sin\omega t$$

$$i_2 = I_m \sin(\omega t - 120°)$$

$$i_3 = I_m \sin(\omega t + 120°)$$

其波形如图 4.2.3 所示。取绕组始端到末端的方向作为电流的参考方向。在电流的正半周时，其值为正，其实际方向与参考方向一致；在负半周时，其值为负，其实际方向与参考方向相反。

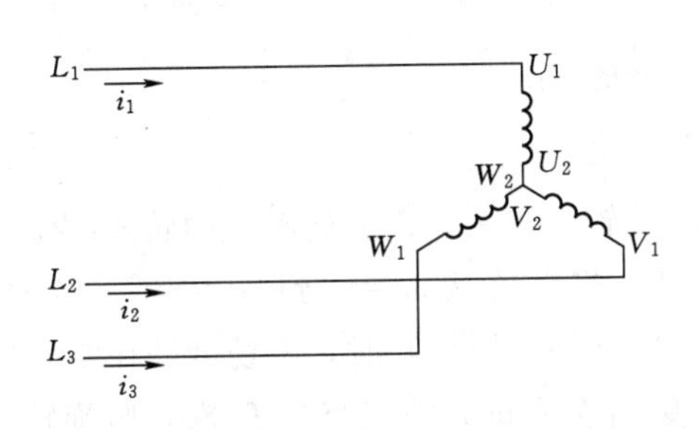

图 4.2.2　定子绕组

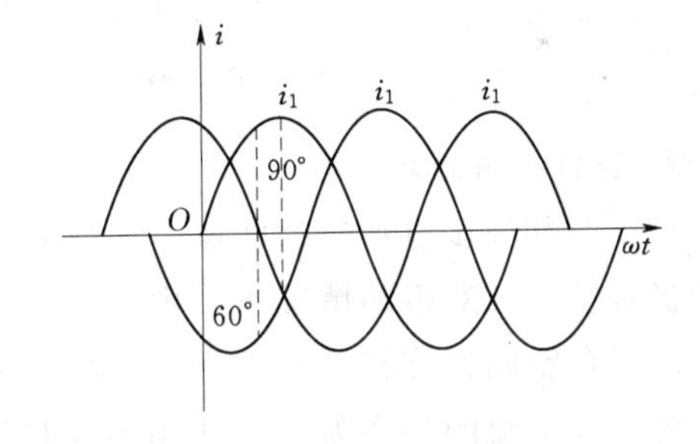

图 4.2.3　三相对称电流

在 $\omega_t=0$ 的瞬时，定子绕组中的电流方向如图 4.2.4（a）所示。这时 $i_1=0$，i_2 是负的，其方向与参考方向相反，即自 V_2 到 V_1；i_3 是正的，其方向与参考方向相同，即自 W_1 到 W_2。将每相电流所产生的磁场相加，便得出三相电流的合成磁场。在图 4.2.4（a）中，合成磁场轴线的方向是自上而下。

图 4.2.4（b）所示的是时 $\omega t=60°$时定子绕组中电流的方向和三相电流的合成磁场的方向。这时的合成磁场已在空间转过了 60°。同理可得在 $\omega t=90°$时的三相电流的合成磁场，它比 $\omega t=60°$时的合成磁场在空间又转过了 30°，如图 4.2.4（c）所示。

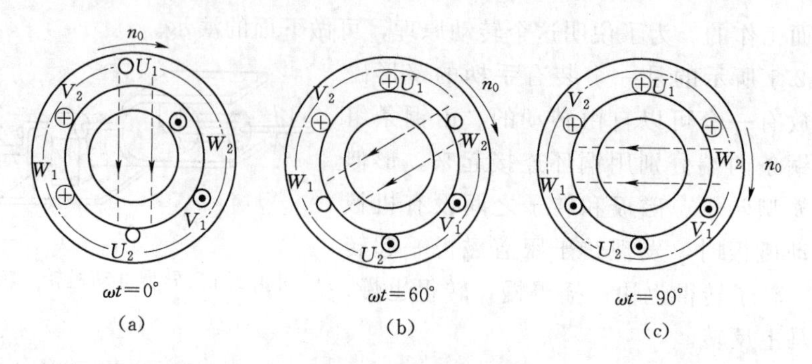

图 4.2.4　三相电流产生的旋转磁场（$p=1$）

由上可知，当定子绕组中通入三相电流后，它们共同产生的合成磁场是随电流的交变而在空间不断地旋转着，这就是旋转磁场。这旋转磁场同磁极在空间旋转所起的作用是一样的。

2. 旋转磁场的转向

只要将同三相电源连接的三根导线中的任意两根的一端对调位置，例如，将电动机三相定子绕组的 V_1 端改与电源 L_3 相连，W_1 与 L_2 相连，则旋转磁场就反转了（见图 4.2.5），分析方法与前相同。

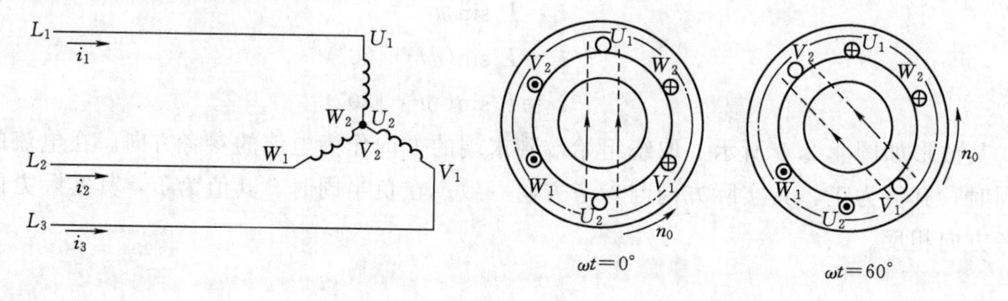

图 4.2.5　旋转磁场的反转

3. 旋转磁场的转速

至于三相异步电动机的转速，它与旋转磁场的转速有关，而旋转磁场的转速决定于磁场的极数。在一对极的情况下，由图 4.2.4 可见，当电流从 $\omega t=0$ 到 $\omega t=60°$，经过 60° 时，磁场在空间也旋转了 60 °。当电流交变了一次（一个周期）时，磁场恰好在空间旋转了一转。设电流的频率为 f_1，即电流每秒钟交变 f_1 次或每分钟交变 $60f_1$ 次，则旋转磁场的转速为 $n_0=60f_1$。转速的单位为转每分（r/min）。

在旋转磁场具有两对极（$p=2$）的情况下，可以证明当电流交变了一次时，磁场仅旋转了 1/2 转，比 $p=1$ 情况下的转速慢了 1/2，即 $n_0=60f_1/2$。

由此推知，当旋转磁场具有 p 对极时，磁场的转速为

$$n_0=60f_1/p \tag{4.2.1}$$

因此，旋转磁场的转速 n_0。决定于电流频率 f_1 和磁场的极对数 p，而后者又决定于三相绕组的安排情况。对某一异步电动机讲，f_1 和 p 通常是一定的，所以磁场转速 n_0 是个常数。

在我国，工频 $f_1=50\text{Hz}$，于是由式（4.2.1）可得出对应于不同极对数 p 的旋转磁场转速 n_0(r/min)。见表4.2.1。

表4.2.1　　不同极对数 p 的旋转磁场转速 n_0

P	1	2	3	4	5	6
n_0 (t/min)	3000	1500	1000	750	600	500

4.2.2 电动机的转动原理

三相异步电动机转子转动的原理如图4.2.6所示，图中 N，S 表示两极旋转磁场，转子中只示出两根导条（铜或铝）。当旋转磁场向顺时针方向旋转时，其磁通切割转子导条，导条中就感应出电动势。电动势的方向由右手法则确定。在这里应用右手法则时，可假设磁极不动，而转子导条向逆时针方向旋转切割磁通，这与实际上磁极顺时针方向旋转时磁通切割转子导条是相当的。

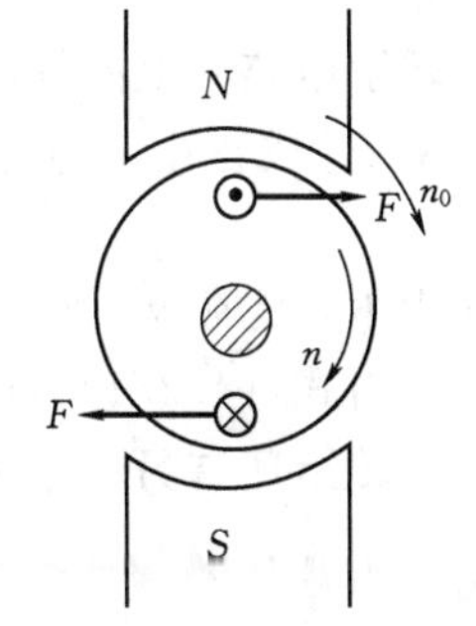

图4.2.6　转子转动的原理图

在电动势的作用下，闭合的导条中就有电流。这电流与旋转磁场相互作用，而使转子导条受到电磁力 F。电磁力的方向可应用左手定则来确定。由电磁力产生电磁转矩，转子就转动起来。由图4.2.6可见，转子转动的方向和磁极旋转的方向相同。这就是图4.2.1的演示中转子跟着磁场转动。当旋转磁场反转时，电动机也跟着反转。

由图4.2.6可见，电动机转子转动的方向与磁场旋转的方向是相同的，但转子的转速 n 不可能达到与旋转磁场的转速 n_0 相等，即 $n<n_0$。因为，如果两者相等，则转子与旋转磁场之间就没有相对运动，因而磁通就不切割转子导条，转子电动势、转子电流以及转矩也就都不存在。这样转子就不可能继续以 n_0 的转速转动。因此，转子转速与磁场转速之间必须要有差别。这就是异步电动机名称的由来。而旋转磁场的转速 n_0。通常称为同步转速。

通常用转差率 s 来表示转子转速 n 与磁场转速 n_0 相差的程度，即

$$s=\frac{n_0-n}{n_0} \tag{4.2.2}$$

转差率是异步电动机的一个重要的物理量。其额定值 $s_N=0.01\sim0.09$，转子转速愈接近磁场转速，则转差率愈小。由于三相异步电动机的额定转速与同步转速相近率很小。当 $n=0$ 时（起动初始瞬间）$s=1$ 这时转差率最大。

式（4.2.2）也可写为

$$n=(1-s)n_0 \tag{4.2.3}$$

【例4.2.1】　有一台六极（$p=3$）三相异步电动机，其额定转差率为2.5%，电源频率 $f_1=50\text{Hz}$，试求电动机的额定转速。

【解】　由式（4.2.1）得，或参照表4.2.1，即

$$n_0=60f_1/p=60\times50/3=1000\text{r/min}$$

再由式（4.2.2），$s=\frac{n_0-n}{n_0}$得

$$n_N=(1-s_N)n_0=(1-0.025)\times1000\text{r/min}=975\text{r/min}$$

4.3 三相异步电动机的机械特性

机械特性是三相异步电动机的主要特性。电磁转矩 T（以下简称转矩）是三相异步电动机的最重要的物理量之一，对电动机进行分析往往离不开它们。

4.3.1 转矩公式

异步电动机的转矩是由旋转磁场的每极磁通 Φ 与转子电流 I_2 相互作用而产生的。但因转子电路是电感性的，转子电流 $\dot{I}_2$ 比转子电动势 $\dot{E}_2$ 滞后 φ_2 角；又因电磁转矩与电磁功率 P_φ 成正比，与讨论有功功率一样，也要引入 $\cos\varphi_2$。于是得出

$$T=K_T\Phi I_2\cos\varphi_2 \tag{4.3.1}$$

式中 K_T 是常数，它与电动机的结构有关。

由式（4.3.1）可见，转矩除与 Φ 成正比外，还与 $I_2\cos\varphi_2$ 成正比。

转矩还有另一个表示式为

$$T=K\frac{sR_2U_1^2}{R_2^2+(sX_{20})^2} \tag{4.3.2}$$

式中 K 是一常数。

由式（4.3.2）可见，转矩 T 还与定子每相电压 U_1^2 成比例，所以当电源电压有所变动时，对转矩的影响很大。此外，转矩 T 还受转子电阻 R_2 的影响。

4.3.2 机械特性曲线

在电源电压 U_1 和转子电阻 R_2 参数一定的情况下，转矩 T 与转差率 s 的关系曲线 $T=f(s)$，可根据式 4.3.2 画出 $T=f(s)$ 这一变化曲线，如图 4.3.1 所示。若把图 4.3.3 的 $T=f(s)$ 曲线的 s 坐标改成转速 n，并按顺时针方向转过 90°，便可得到异步电动的转速与转矩的关系曲线 $n=f(T)$，称为电动机的机械特性曲线，如图 4.3.2 所示。

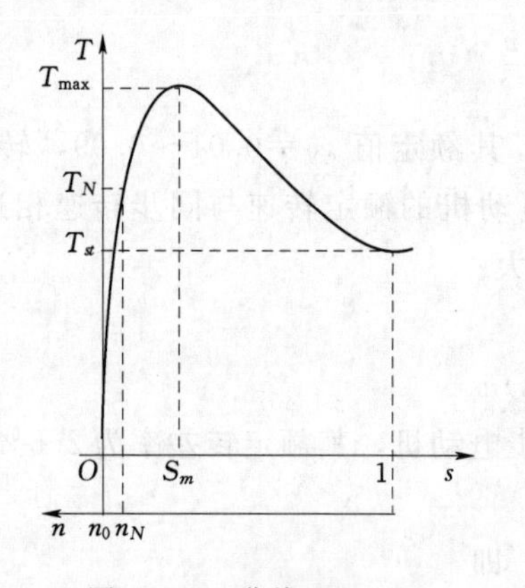

图 4.3.1 曲线 $T=f(s)$

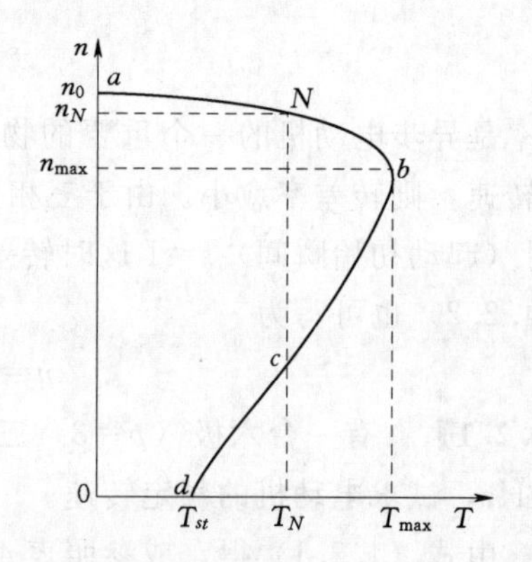

图 4.3.2 机械特性曲线 $n=f(T)$

研究机械特性的目的是为了分析电动机的运行性能。在机械特性曲线上，要讨论 4 个特殊点。

(1) a 点，即当 $n=n_0$，$s=0$，$T=0$ 时，由于电动机转速 n 实际上永远不可能等于旋转磁场的转速 n_0，所以称该点为理想空载工作点。

(2) N 点，即当 $n=n_N$，$s=s_N$，$T=T_N$ 时，此时电动机轴上输出的转矩为额定转矩 T_N，其转速为额定转速 n_N，所以称该点为额定工作点。

在等速转动时，电动机的转矩 T 必须与负载转矩 T_2 相平衡，即

$$T \approx T_2 = \frac{P_2}{\frac{2\pi n}{60}} = 9.55\frac{P_2}{n} \tag{4.3.3}$$

式中 P_2 是电动机轴上输出的机械功率。式 (4.3.3) 中转矩的单位是牛·米 (N·m)；功率的单位是瓦 (W)；转速的单位是转每分 (r/min)。

功率如用千瓦为单位，则得出

$$T = 9550\frac{P_2}{n} \tag{4.3.4}$$

额定功率是电动机在额定负载时的转矩，它可从电动机铭牌上的额定功率（输出机械功率）和额定转速应用式 (4.3.4) 求得。

例如，某普通车床的主轴电动机（Y132M—4 型）的额定功率为 7.5kW，额定转速为 1440r/min，则额定转矩为

$$T_N = 9550\frac{P_2N}{nN} = 9550\frac{7.5}{1440}\text{N}\cdot\text{m} = 49.7\text{N}\cdot\text{m}$$

通常三相异步电动机都工作在如图 4.3.4 所示特性曲线的 ab 段。当负载转矩增大（例如车床切削时的吃刀量加大，起重机的起重量加大）时，在最初瞬间电动机的转矩 $T<T_C$，所以它的转速 n 开始下降。随着转速的下降，由图 4.3.4 可见，电动机的转矩增加了，因为这时 I_2 增加的影响超过 $\cos\varphi_2$ 减小的影响。当转矩增加到 $T=T_C$ 时，电动机在新的稳定状态下运行，这时转速较前为低。但是，ab 段比较平坦，当负载在空载与额定值之间变化时，电动机的转速变化不大。这种特性称为硬的机械特性。三相异步电动机的这种硬特性非常适用于一般金属切削机床。

(3) b 点，即当 $n=n_m$，$s=s_m$，$T=T_{\max}$ 时，此时电动机轴的电磁转矩 $T_{\max}$ 为最大值，该点为临界工作点。

从机械特性曲线上看，转矩有一个最大值，称为最大转矩或临界转矩。对应于最大转矩的转差率为 $S_{\max}$，它由 $\frac{\mathrm{d}T}{\mathrm{d}s}$ 求得，即

$$S_{\max} = \frac{R_2}{X_{20}} \tag{4.3.5}$$

再将 $S_{\max}$ 代入式 (4.3.2)，则得

$$T_{\max} = K\frac{U_1^2}{2X_{20}} \tag{4.3.6}$$

由上列两式可见，$T_{\max}$ 与 U_1^2 成正比，而与转子电阻 R_2 无关；$S_{\max}$ 与 R_2 有关，R_2 愈大，$S_{\max}$ 也愈大。

上述关系表示在图 4.3.3 和图 4.3.4 中。

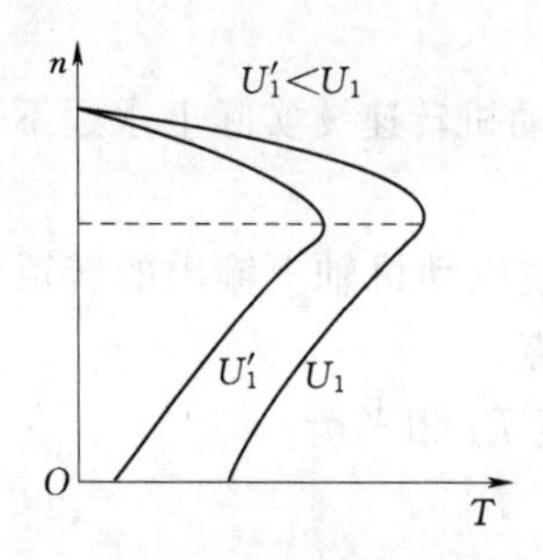

图 4.3.3　不同电源的机械特性曲线

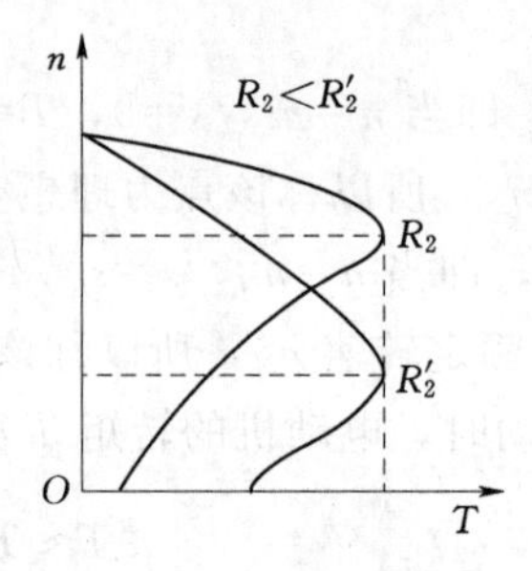

图 4.3.4　不同转子电阻的特性曲线

当负载转矩超过最大转矩时，电动机就带不动负载了，发生所谓闷车现象。闷车后，电动机的电流马上升高 6～7 倍，电动机严重过热，以致烧坏。

另外一方面，也说明电动机的最大过载可以接近最大转矩。如果过载时间较短，电动机不至于立即过热，是容许的。因此，最大转矩也表示电动机短时容许过载能力。电动机的额定转矩 T 比 $T_{\max}$，要小，两者之比称为过载系数λ，即

$$l=\frac{T_{\max}}{T_N}$$

一般三相异步电动机的过载系数为 1.8～2.2。

在选用电动机时，必须考虑可能出现的最大负载转矩，而后根据所选电动机的过载系数算出电动机的最大转矩，它必须大于最大负载转矩。否则，就要重选电动机。

(4) c 点，即当 $n=0$，$s=1$，即电动机起动的初始瞬间时，$T=T_{st}$，T_{st} 称为起动初始转矩，通常简称起动转矩，c 点又称为起动工作点。

电动机刚起动（$n=0$，$s=1$）时的转矩称为起动转矩将 $s=1$ 代入式（4.3.2）即得出

$$T_{s1}=K\frac{R_2U_1^2}{R_2^2+X_{20}^2}$$

由上式可见，起动转矩 T_{s1} 与 U_1^2 成正比，并与电路电阻 R_2 有关。当电源电压 U_1 减低时，起动转矩 T_{s1} 会减小。当转子电阻式当增大时，启动转矩 T_{s1} 会增大。总之，电源电压 U_1 与转子电阻 R_2 对异步电动机的机械特性影响较大。

关于起动问题，将在后面章节中讨论。

4.4　异步电动机的起动

4.4.1　异步电动机的起动参数

电动机从接通电源到进入稳定运行的过程称为起动。在起动初始瞬间，$n=0$　$s=1$。从起动时的电流和转矩来分析电动机的起动性能。

首先讨启动电流 I_{st}。在刚起动时，由于旋转磁场对静止的转子有着很大的相对转速，磁通切割转子导条的速度很快，这时转子绕组中感应出的电动势和产生的转子电流都很大。和变压器的原理一样，转子电流增大，定子电流必然相应增大。一般中小型笼型电动

机的定子起动电流（指线电流）与额定电流之比值大约为5～7。

电动机不是频繁起动时，起动电流对电动机本身影响不大。因为起动电流虽大，但起动时间一般很短（小型电动机只有1～3s），从发热角度考虑没有问题；并且一经起动后，转速很快升高，电流便很快减小了。但当起动频繁时，由于热量的积累，可以使电动机过热。因此，在实际操作时应尽可能不让电动机频繁起动。例如，在切削加工时，一般只是用摩擦离合器或电磁离合器将主轴与电机轴脱开，而不将电动机停下来。

但是，电动机的起动电流对线路是有影响的。过大的起动电流在短时间内会在线路上造成较大的电压降落，而使负载端的电压降低，影响邻近负载的正常工作。例如，对邻近的异步电动机，电压的降低不仅会影响它们的转速（下降）和电流（增大），甚至可能使它们的最大转矩 T_{max} 降到小于负载转矩，以致使电动机停下来。

其次讨论启动转矩 Ts。在刚起动时，虽然转子电流较大，但转子的功率因数 $\cos\varphi_2$ 是很低的。因此起动转矩实际上是不大的，它与额定转矩之比值约为1.0～2.2。

起动转矩的大小完全是由电动机的应用需求来决定的，一般机床的主电动机都是空载起动（起动后再切削），对起动转矩没有什么要求。但对移动床鞍，横梁以及起重用的电动机应采用起动转矩较大一点的。

由上述可知，异步电动机起动时的主要问题是起动电流较大，但由于起动瞬间转子电路的功率因数 $\cos\varphi_2$ 很低，因此起动时的转矩并不很大，如果要求起动转矩大，就必须采用适当的起动方法。

4.4.2　异步电动机的起动方法

异步电动机常用的起动方法有直接起动、降压起动和转子电路串电阻起动。

1. 直接起动

直接起动就是利用闸刀开关或接触器将电源的额定电压直接加到电动机上。这种起动方法虽然简单，但如上所述，由于起动电流较大，将使线路电压下降，影响负载正常工作。

电动机能否直接起动，有一定规定。有的地区规定：用电单位如有独立的变压器，则在电动机起动频繁时，电动机容量小于变压器容量的20%时允许直接起动；如果电动机不经常起动，它的容量小于变压器容量的30%时允许直接起动。如果没有独立的变压器（与照明共用），电动机直接起动时所产生的电压降不应超过5%。

20～30kW以下的异步电动机一般都是采用直接起动的。

2. 降压起动

为了减小起动电流，功率较大的笼式电动机通常采用降压起动。就是在起动时降低加在电动机定子绕组上的电压，以减小起动电流。笼型电动机的降压起动常用下面几种方法：

（1）星形—三角形（Y—△）换接起动。如果电动机在工作时其定子绕组是连接成三角形的，那么在启动时可以把它换成星型，等到起动完毕，电动机的转速接近额定值时再换接成三角形连接。如图4.4.1，由于星形接法相电压只有三角形接法的 $1/\sqrt{3}$，因此相电流也只有三角形接法的 $1/\sqrt{3}$；又因为三角形接法线电流是相电流的 $\sqrt{3}$ 倍，而星形接法线电流等于相电流，故星形接法的线电流只有三角形接法的线电流的1/3。这就大大减小了起动电流。但因转矩与电压平方成正比，所以起动转矩也减小到只有直接起动的1/3，因此这种起动方法只适合于轻载起动或空载起动。

如图 4.4.1 所示是一种星形—三角起动器的接线简图，在起动时将手柄向右扳，使右边一排动触点与静触点相连，电动机就接成星形。等电动机接近额定转速时，将手柄往左扳，则使左边一排动触点与静触点相连，电动机换接成三角形连接。这种换接起动所需要的设备简单，成本低，实现起来比较容易，故得到广泛的应用。

(2) 自耦降压起动。自耦降压起动是利用三相自耦变压器将电动机在起动过程中的端电压降低，其接线图如图 4.4.2 所示。起动时，先把开关 Q_1 扳到“起动”位置。当转速接近额定值时，将 Q_1 扳向“工作”位置，切除自耦变压器。

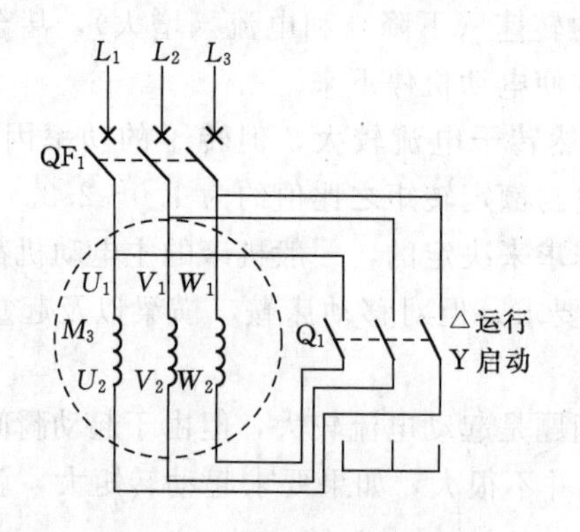

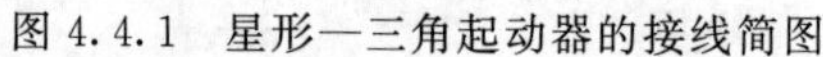

图 4.4.1 星形—三角起动器的接线简图

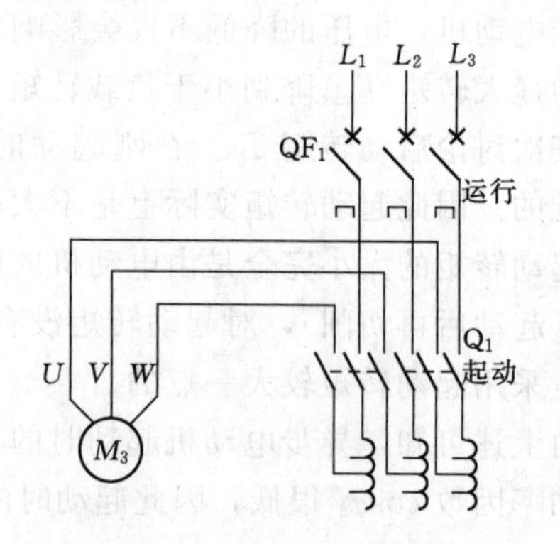

图 4.4.2 自耦降压起动

自耦变压器的二次绕组通常有两个或三个抽头，以便得到不同的电压（例如为电源电压的 73%、64%、55%），根据对起动转矩的要求而选用。

采用自耦降压起动，同时能使起动电流和起动转矩比直接起动时的值都小。

自耦降压起动适用于容量较大的或正常运行时为星形联结不能采用星—三角起动器的笼型异步电动机。

3. 转子电路串电阻起动

因为增大转子电阻 R_2，一方面可以使转子电流减小，从而使定子电流减小；另一方面还可以使电动机的起动转矩增大。因此线绕式电动机通常都采用在转子电路串入电阻的方法起动，其起动原理见图 4.4.3 所示。这种方法特别适合重载起动的场合，如起重机、卷扬机及电梯等。

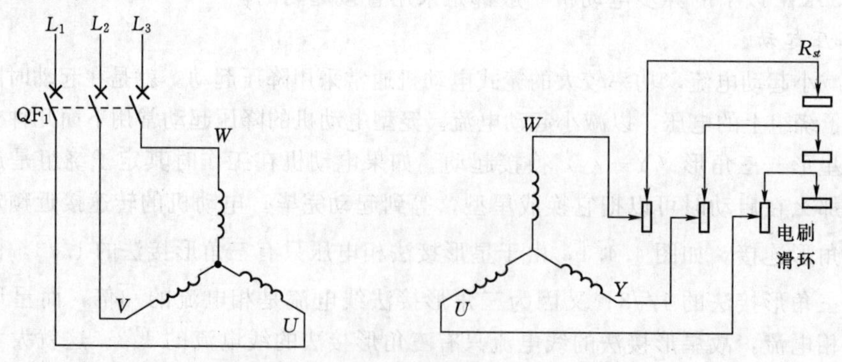

图 4.4.3 转子电路串入电阻起动原理

4.5 异步电动机的调速

调速就是在同一负载下能得到不同的转速，以满足生产过程的要求。例如，各种切削机床的主轴运动随着工件与刀具的材料、工件直径、加工工艺的要求及走刀量的大小等的不同，要求有不同的转速，以获得最高的生产率和保证加工质量。如果采用电气调速，就可以大大简化机械变速机构。

在讨论异步电动机的调速时，首先从研究公式，即

$$n=(1-s)n_0=(1-s)\frac{60f_1}{p}$$

此式表明，异步电动机可以通过改变电源的频率 f_1、磁极对数 P 及转差率 p 来实现调速。

4.5.1 变频调速

近年来变频调速技术发展很快，目前主要采用如图 4.5.1 所示的变频调速装置，它主要由整流器和逆变器两大部分组成。整流器先将频率 f 为 50Hz 的三相交流电变换为直流电，再由逆变器变换为频率 f_1 可调、电压有效值 u，也可调的三相交流电，供给三相笼型电动机。由此可得到电动机的无级调速，并具有硬的机械特性。

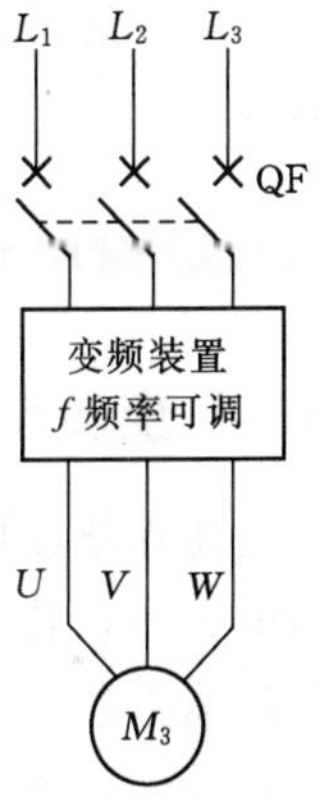

图 4.5.1 变频调速

变频调速通常有下面两种情况：

(1) 在 $f_1<f_{1N}$，即低于额定转速调速时，应保持 U_1/f_1 比值近于不变，也就是两者要成比例地同时调节。$U_1\gg4.44f_1N_1\Phi$ 和 $T=KT\Phi I_2\cos\varphi_2$ 两式可知，这时磁通 Φ 和转矩 T 也都近似不变。这是恒转矩调速。

(2) 在 $f_1>f_{1N}$，即高于额定转速调速时，应保持 $U_1=U_{1n}$。这时磁通中和转矩 T 都将减小。转速增大，转矩减小，将使功率近于不变。这是恒功率调速。

目前在国内由于逆变器中的开关元件（可关断晶闸管、大功率晶体管和功率场效晶体管等）的制造水平不断提高，笼型电动机的变频调速技术的应用也就日益广泛。

4.5.2 变极调速

由式 $n_0=\dfrac{60f_1}{p}$ 可知，如果磁极对数 p 减小 1/2，则旋转磁场的转速 n_0 便提高一倍，转子转速 n 差不多也提高一倍。因此改变 p 可以得到不同的转速，如何改变磁极对数呢？这同定子绕组的接法有关。

如图 4.5.2 所示的是定子绕组的两种接法。把 U 相绕组分成两半：线圈 U_1、U_{21} 和 U_{22}。图 4.5.2 (a) 中是两个线圈串联，得出 $p=2$。图 4.5.2 (b) 中是两个线圈反并联（头尾相连），得出 $p=1$。在换极时，一个线圈中的电流方向不变，而另一个线圈中的电

流必须改变方向。

双速电动机在机床上用得较多，像某些冲床、磨床、铣床上都有。这种电动机的调速是有级的。

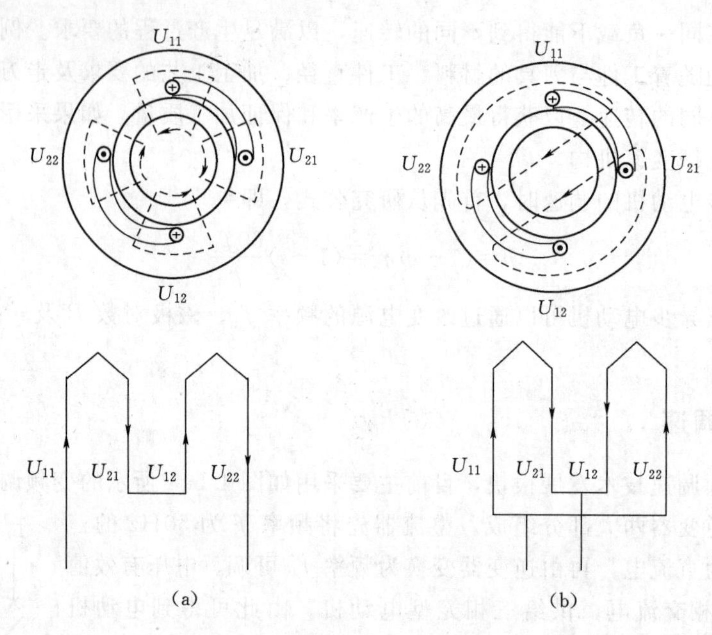

图 4.5.2　改变极对数 p 的调速方法

4.5.3　变转差率调速

只要在绕线型电动机的转子电路中接入一个调速电阻（和起动电阻一样接入），改变电阻的大小，就可得到平滑调速。例如增大调速电阻时，转差率 s 上升，而转速 n 下降。这种调速方法的优点是设备简单、投资少，但能量损耗较大。

这种调速方法广泛应用于起重设备中。

4.6　三相异步电动机的铭牌数据

每一台电动机的基座上都附有一块铭牌，上面标有该电动机的型号和主要额定数据。要正确使用电动机，必须要看懂铭牌。今以 Y132M—4 型电动机为例，来说明铭牌上各个数据的意义。

三相异步电动机		
型号 Y132M—4	功率 7.5kW	频率 50Hz
电压 380V	电流 15.4A	接法△
转速 1440（r/min）	绝缘等级	工作方式　连接
年　月	编号	×××电机厂××××

此外，它的主要技术数据还有：功率因数 0.85，效率 87%。

4.6.1　型号

为了适应不同用途和不同工作环境的需要，电动机制成不同的系列，每种系列用各种型号表示。

型号说明，例如

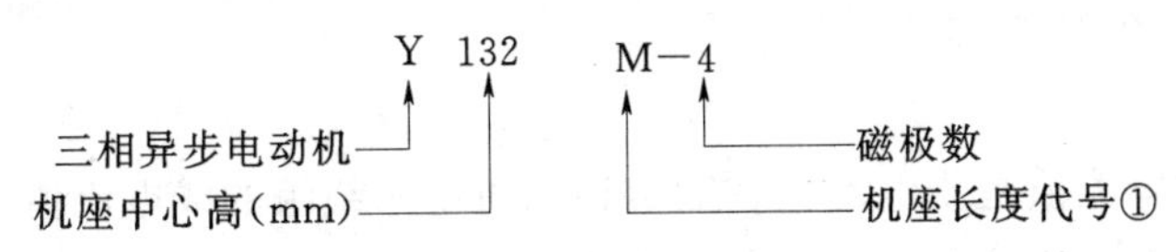

表 4.6.1　　异步电动机产品名称代号

产品名称	新代号	汉子意义	老代号
异步电动机	Y		J、J0
烧线型异步电动机	YR		JR、JR0
防爆型异步电动机	YB		JB、JBS
高起动转矩异步电动机	YQ		JQ、JQ0

小型 Y—L 系列笼型异步电动机是取代 J_0 系列的新产品，封闭自扇冷式。Y 系列定了绕组为铜线，Y—L 系列为铝线。电动机功率是 0.5～90kW。同样功率的电动机，Y 系列比 J_0 系列体积小、重量轻、效率高。

4.6.2　接法

这是指定子三相绕组的接法。一般笼型电动机的接线盒中有 6 根引出线，标有 U_1、V_1、W_1、U_2、V_2、W_2，其中：

U_1，U_2 是第一相绕组的两端（旧标号是 D_1，D_4）；

V_1，V_2 是第两相绕组的两端（旧标号是 D_2，D_5）；

W_1，W_2 是第三相绕组的两端（旧标号是 D_3，D_6）。

如果 U_1，V_1，W_1 分别为三相绕组的始端（头），则 U_2，V_2，W_2 是相应的末端（尾）。

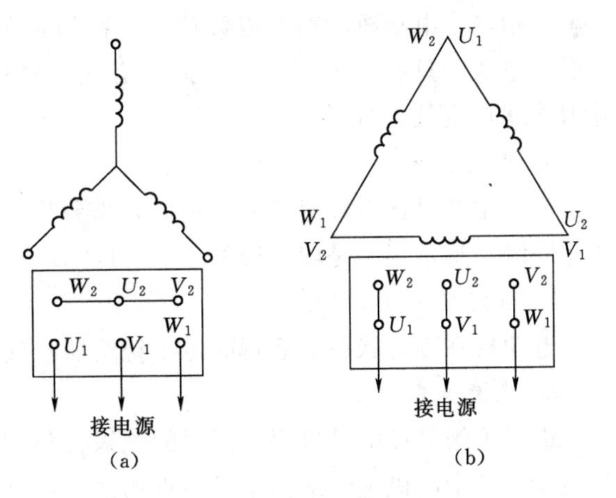

图 4.6.1　定子绕组的连接方式

(a) 定子绕组的星形连接；(b) 定子绕组的三角形连接

这六个引出线端在接电源之前，相互间必须正确连接。连接方法有星形（Y）连接［见图 4.6.1（a）］和三角形（△）连接两种［见图 4.6.1（b）］。通常三相异步电动机自 3kW 以下者，连接成星形；自 4kW 以上者，连接成三角形。

4.6.3 额定数据

1. 额定电压 U_N

铭牌上所标的电压值是指电动机在额定运行时定子绕组上应加的线电压值，单位是伏特。一般规定电动机的电压不应高于或低于额定值的 5%。三相异步电动机的额定电压有 380V，3000V 及 6000V 等多种。

2. 额定电流 I_N

铭牌上所标的电流值是指电动机在额定运行时定子绕组的线电流值，单位是安培。当电动机定子绕组有两种接法时，便有两个相对应的额定电流。

3. 额定功率 P_N

铭牌上所标的功率值是指电动机在额定运行时轴上输出的机械功率值。输出功率与输入功率不等，其差值等于电动机本身的损耗功率，包括铜损、铁损及机械损耗等。

4. 额定效率 η_N

所谓效率就是输出功率与输入功率的比值。

如以 Y132M —4 型电动机为例：

输入功率 $P_1=\sqrt{3}U_1I_1\cos\varphi=\sqrt{3}\times380\times15.4\times0.85\text{W}=8.6\text{kW}$

输出功率 $P_2=7.5\text{kW}$

效率 $\eta=\dfrac{P_2}{P_1}=\dfrac{7.5}{8.6}\times100\%=87\%$

一般笼型电动机在额定运行时的效率约为 72%～93%。

5. 额定功率因数 $\cos\varphi$

因为电动机是电感性负载，定子相电流比相电压滞后一个 φ 角，$\cos\varphi$ 就是电动机的功率因数。

三相异步电动机的功率因数较低，在额定负载时约为 0.7～0.9，而在轻载和空载时更低，空载时只有 0.2～0.3。因此，必须正确选择电动机的容量，防止“大马拉小车”，并力求缩短空载的时间。

6. 额定转速

由于生产机械对转速的要求不同，需要生产不同磁极数的异步电动机、因此有不同的转速等级。最常用的是四个极的（$n_0=1500\text{r/min}$）。

7. 额定频率 f_N

电动机在额定状态下运行时定子绕组所接交流电源的频率，单位为 Hz。

8. 绝缘等级

绝缘等级是按电动机绕组所用的绝缘材料在使用时容许的极限温度来分级的。所谓极限温度，是指电机绝缘结构中最热点的最高容许温度。技术数据见下表 4.6.2。

表 4.6.2 常用绝缘材料的绝缘等级及容许极限温度

绝缘等级	*A*	*E*	*B*	*F*	*H*
极限温度（℃）	105	120	130	155	180

【例 4.6.1】 Y225M—4 型三相异步电动机的技术数据如下：$P_N=45\text{kW}$，$U_N=380\text{V}$，三角形接法，$n_N=1480\text{r/min}$，$\cos\varphi_N=0.88$，$\eta_N=92.3\%$，$I_{st}/I_N=7$，$T_{st}/T_N=1.9$，$T_{max}/T_N=2.2$，试求：(1) 额定转差率 s_N；(2) 额定电流 I_N；(3) 启动电流 I_{st}；(4) 额定转矩 T_N；(5) 启动转矩 T_{st}；(6) 最大转矩 T_{max}；(7) 额定输入功率 P_{1N}。

【解】 (1) 额定转差率。因为异步电动机的额定转速低于和接近同步转速，而略高于额定转速 1480r/min 的同步转速为 1500r/min，所以

$$s_N=\frac{n_0-n_N}{n_0}\times100\%=\frac{1500-1480}{1500}\times100\%=1.3\%$$

(2) 额定电流为

$$I_N=\frac{P_N\times10^3}{\sqrt{3}\times380\times0.88\times0.923}\text{A}=84.2\text{A}$$

(3) 启动电流为

$$I_{st}=I_N\times7=84.2\times7\text{A}=589.4\text{A}$$

(4) 额定转矩为

$$T_N=9550\frac{P_N}{n_N}=9550\times\frac{45}{1480}\text{N}\cdot\text{m}=290.4\text{N}\cdot\text{m}$$

(5) 启动转矩为

$$T_{st}=T_N\times1.9=290.4\times1.9\text{N}\cdot\text{m}=551.76\text{N}\cdot\text{m}$$

(6) 最大转矩为

$$T_{max}=T_N\times2.2=290.4\times2.2\text{N}\cdot\text{m}=638.88\text{N}\cdot\text{m}$$

(7) 额定输入功率为

$$P_{1N}=\frac{P_N}{\eta_N}=\frac{45}{0.923}\text{kW}=48.75\text{kW}$$

4.7 三相异步电动机的选择

在生产上，三相异步电动机用得最为广泛，正确地选择它的功率、种类、型式，以及正确地选择它的保护电器和控制电器，是极为重要的。本节先论述电动机的选择问题。

4.7.1 类型的选择

选择电动机的种类是从交流或直流、机械特性、调速与起动性能、维护及价格等方面来考虑的。

因为通常生产场所用的都是三相交流电源，如果没有特殊要求，一般都应采用交流电动机。在交流电动机中，三相笼型异步电动机结构简单，坚固耐用，工作可靠，价格低廉，维护方便；其主要缺点是调速困难，功率因数较低，起动性能较差。因此，要求机械特性较硬而无特殊调速要求的一般生产机械的拖动应尽可能采用笼型电动机。在功率不大的水泵和通风机、运输机、传送带上，在机床的辅助运动机构（如刀架快速移动、横梁升降和夹紧等）上，差不多都采用笼型电动机。一些小型机床上也采用它作为主轴电动机。

绕线型电动机的基本性能与笼型相同。其特点是起动性能较好，并可在不大的范围

内平滑调速。但是它的价格较笼型电动机为贵，维护亦较不便。因此，对某些起重机、卷扬机、锻压机及重型机床的横梁移动等不能采用笼型电动机的场合，才采用绕线型电动机。

4.7.2 结构型式的选择

生产机械的种类繁多，它们的工作环境也不尽相同。如果电动机在潮湿或含有酸性气体的环境中工作，则绕组的绝缘很快受到侵蚀。如果在灰尘很多的环境中工作，则电动机很容易脏污，致使散热条件恶化。因此，有必要生产各种结构型式的电动机，以保证在不同的工作环境中能安全可靠地运行。

按照上述要求，电动机常制成下列几种结构型式：

（1）开启式。在构造上无特殊防护装置，用于干燥无灰尘的场所。通风非常良好。

（2）防护式。在机壳或端盖下面有通风罩，以防止铁屑等杂物掉入。也有将外壳做成挡板以防止在一定角度内有雨水滴溅入其中。

（3）封闭式。封闭式电动机的外壳严密封闭。外壳带有散热片。电动机靠自身风扇或外部风扇冷却，并在潮湿或含有酸性气体的场所，可采用这种电动。

（4）防爆式。整个电机严密封闭，用于有爆炸性气体的场所，例如在矿井中。

此外，也要根据安装要求，采用不同的安装结构型式（见图 4.7.1）。图 4.7.1（a）机座带底脚，端盖无凸缘）；图 4.7.1（b）机座不带底脚，端盖有凸缘；图 4.7.1（c）机座带底脚，端盖有凸缘。

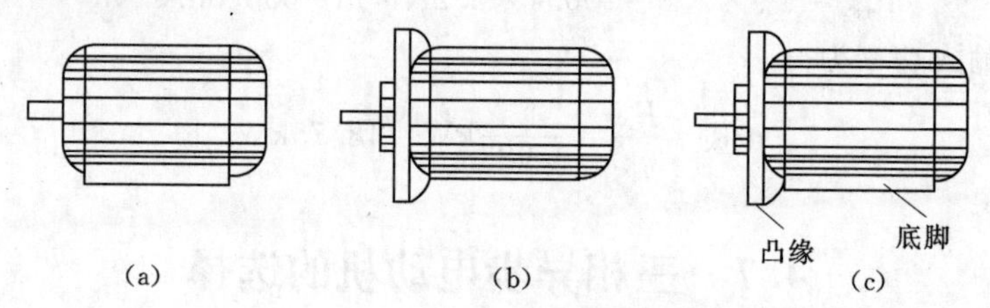

图 4.7.1 电动机的三种基本安装结构形式

4.7.3 参数的选择

要为某一生产机械选配一台电动机，首先要考虑电动机的功率需要多大。合理选择电动机的功率具有重大的经济意义。

如果电动机的功率选大了，虽然能保证正常运行，但是不经济。因为这不仅使设备投资增加和电动机未被充分利用，而且由于电动机经常不是在满载下运行，它的效率和功率因数也都不高。如果电动机的功率选小了，就不能保证电动机和生产机械的正常运行，不能充分发挥生产机械的效能，并使电动机由于过载而过早地损坏。所以，所选电动机的功率是由生产机械所需的功率确定的。

1. 连续运行电动机功率的选择

对连续运行的电动机，先算出生产机械的功率，所选电动机的额定功率等于或稍大于生产机械的功率即可。

例如，车床的切削功率为

$$P=\frac{P_1}{\eta_1}=\frac{F_v}{1000\times60\eta_1}(\text{kW})$$

式中　F 为切削力，N，它与切削速度、走刀量、吃刀量、工件及刀具的材料有关，可从切削用量手册中查取或经计算得出。

电动机的功率则为

$$P=\frac{P_1}{\eta_1}=\frac{F_v}{1000\times60\eta_1}\ (\text{kW}) \tag{4.7.1}$$

式中　η_1——传动机构的效率。

而后根据式（7.9.1）计算出的功率，在产品目录上选择一台合适的电动机，其额定功率应为 $P_N \geqslant P$。

又如拖动水泵的电动机的功率取决于输送液体的流量、密度、扬程及效率等，有

$$P=\frac{pQH}{102h_1h_2}(\text{kW}) \tag{4.7.2}$$

式中　Q——流量，m^3/s；

H——扬程，即液体被压送的高度，m；

p——液体的密度，kg/m^3；

h_1——传动机构的效率；

h_2——泵的效率。

【例 4.7.1】　有一台离心式水泵，要求扬程 $H=30m$，水流量 $Q=0.03m^3/s$，水密度 $\rho=1000kg/m^3$，水泵的转速 $n=1470r/min$，水泵的效率 $\eta_1=0.56$，水泵为直接传送，传送机械的效率 $\eta_2=1$。试选择电动机的功率。

【解】　（1）水泵的功率为

$$P_L=\frac{Q\rho H}{102\eta_1}=\frac{0.03\times1000\times30}{102\times0.56}\text{kW}=15.76\text{kW}$$

（2）笼式一步电动机的额定功率为

$$P_N\geqslant\frac{P_L}{\eta_2}=\frac{15.76}{1}\text{kW}=15.76\text{kW}$$

故选择 Y—160M—4 型，额定功率为 17kW，额定转速为 1470r/min（直接传送）的电动机。

2. 短时运行电动机功率的选择

闸门电动机、机床中的夹紧电动机、尾座和横梁移动电动机以及刀架快速移动电动机等都是短时运行电动机的例子。如果没有合适的专为短时运行设计的电动机，可选用连续运行的电动机。由于发热惯性，在短时运行时可以容许过载。工作时间愈短，则过载可以愈大。但电动机的过载是受到限制的。因此，通常是根据过载系数来选择短时运行电动机的功率。电动机的额定功率可以是生产机所需要的功率$\frac{1}{\lambda}$，例如，刀架快速移动对电动机所需求的功率为

$$P_1=\frac{Gmv}{102\times60\times\eta_1}(\text{kW}) \tag{4.7.3}$$

式中　G——减移动元件的重量，kg；

v——移动速度，m/min；

η_1——传动机构的效率。通常约为0.1～0.2。

实际上，所选电动机的功率可以是上述功率的$\frac{1}{\lambda}$，即

$$P_1=\frac{G\mu v}{102\times 60\times \eta_1 \lambda}(\mathrm{kW}) \tag{4.7.4}$$

3. 电压和转速的选择

电动机的额定电压应根据电动机类型、功率以及当地的电源电压来决定，一般Y系列笼型电动机的额定电压只有380V一个等级。只有大功率异步电动机才有采用3000V和6000V的。

电动机的额定转速是根据生产机械的要求而选定的。但是，通常转速不低于500r/min。因为当功率一定时，电动机的转速愈低，则其尺寸愈大，价格愈贵，而且效率也较低。因此，就不如购买一台高速电动机，再另配减速器来得合算。

习 题

4.1 三相异步电动机根据转子结构不同可分哪两类？

4.2 三相异步电动机的旋转磁场是怎样产生的？怎样改变它的转向？

4.3 什么是异步电动机的转差率？如何根据转差率来判断异步电机的运行状态？

4.4 在三相异步电动机起动初始瞬间，即$s=1$时，为什么转子电流I_2大，而转子电路的功率因数$\cos\varphi_2$小？

4.5 笼型异步电动机的转速与哪些因素有关？

4.6 某人在检修三相异步电动机时，将转子抽掉，而在定子绕组上加三相额定电压，这会产生什么后果？

4.7 频率为60Hz的三相异步电动机，若接在50Hz的电源上使用，将会发生何种现象？

4.8 笼型异步电动机在稳定运行下，当负载转矩减少时，转速是增大还是减少？当负载转矩增大时，转速是增大还是减少？

4.9 为什么通常把三相异步电动机机械特性的直线段认为是稳定运行段；而把机械特性的曲线段认为是不稳定运行段？曲线段是否有稳定运行点？

4.10 什么是三相异步电动机的Y—△降压起动？它与直接起动相比，起动转矩和起动电流有何变化？

4.11 异步电动机可以通过哪些方法来实现调速？

4.12 电动机的额定功率是指输出机械功率，还是输入电功率？额定电压是指线电压，还是相电压？额定电流是指定子绕组的线电流，还是相电流？功率因数$\cos\varphi$的φ角是定子相电流与相电压间的相位差，还是线电流与线电压间的相位差？

4.13 在电源电压不变的情况下，如果电动机的三角形连接误接成星形连接，或者星形连接误接成三角形连接，其后果如何？

4.14 判断下列说法正确与否?

(1) 不管异步电机转子是旋转还是静止，定子、转子磁动势都是相对静止的。

(2) 要改变三相异步电动机的转向，只要任意对调三相电源线中的两相即可。

(3) 当三相异步电动机转子不动时，转子绕组电流的频率与定子电流的频率相同。

(4) 三相绕线转子异步电动机转子回路串入电阻可以增大起动转矩，串入电阻值越大，起动转矩也越大。

(5) 三相绕线式感应电动机在转子回路中串电阻可增大起动转矩，所串电阻越大，起动电流就越小。

(6) 只要电源电压不变，感应电动机的定子铁耗和转子铁耗基本不变。

4.15 异步电机的转差率 s 是如何定义的? 有一台4极50Hz的三相异步电动机，其额定转差率 $s_N=0.03$，试问该机起动时转子电流的频率为多少?

4.16 一台三相笼型异步电动机的数据为：$P_N=40kW$，$U_N=380V$，$n_N=2930r/min$，$\eta_N=0.9$，$\cos\varphi_N=0.85$，$k_1=5.5$，$k_{st}=1.2$；定子绕组为三角形连接。供电变压器允许起动电流为150A，能否在下列情况下用Y—△降压起动?（1）负载转矩为 $0.25T_N$；（2）负载转矩为 $0.5T_N$。

4.17 一台三相异步电动机的输入功率 $P_1=8.6kW$，定子铜耗 $P_{Cu1}=425W$，铁耗 $P_{Fe}=210W$，转差率 $s=0.034$，求：（1）电磁功率 P_{em}；（2）转子铜耗 P_{Cu2}；（3）总机械功率 P_{mec}。

4.18 已知Y100L1—4型异步电动机的某些额定技术数据如下：

2.kW	380V	Y形连接
1420r/min	$\cos\varphi=0.82$	$\eta=81\%$

试计算：（1）相电流和线电流的额定值及额定负载时的转矩；（2）额定转差率及额定负载时的转子电流频率。设电源频率为50Hz。

下篇　建筑电气基础

第5章　建筑工程供配电

本章主要介绍电力系统及电力负荷基本知识和基本要求；了解常用10kV变配电设备；了解主接线方式及特点；会进行建筑电力负荷计算，熟悉变配电所、成套装置等的类型。掌握低压配电线路的类型。

5.1　电力系统概述

建筑用电，基本上都是由电力系统中的发电厂供给的。一般的建筑采用低压供电，而高层建筑常采用10kV甚至35kV供电。建筑工程供电是建筑电气的重要内容。为搞好建筑工程供电，必须对电力系统有所了解。

5.1.1　电能的特点

电能易于与其他形式的能源相互转化；输配简单经济；可以精确控制、调节和测量。

5.1.2　电力系统的概念及组成

现代工农业及整个社会生活中所应用的电力，绝大部分是由发电厂发出来的。电力从生产到供给用户应用，通常都要经过发电、输电、变电、配电、用电等5个环节。电力从生产到应用的全过程，客观上就形成了电力系统。所以，电力系统是由发电厂、输配电网、变电所及电力用户组成的统一整体，常简称系统，其示意如图5.1.1所示。

（1）发电厂：发电厂是生产电能的工厂，是将自然界蕴藏的各种一次能源（如热能、水的势能、太阳能及核能）转变为电能。

（2）输配电网：是进行电能输送的通道。输电线路：将发电厂发出的经升压后的电能送到邻近负荷中心的枢纽变电站，或连接相邻的枢纽变电站，由枢纽变电站将电能送到地区变电站，其电压等级一般在220kV以上；配电线路：将电能从地区变电站经降压后输送到电能用户的线路，其电压等级一般为110kV及以下。

（3）变电站：是变换电压和交换电能的场所。由变压器和配电装置组成。按变压的性质和作用又可分为升压变电站和降压变电站。对仅装有受、配电设备而没有变压器的称为

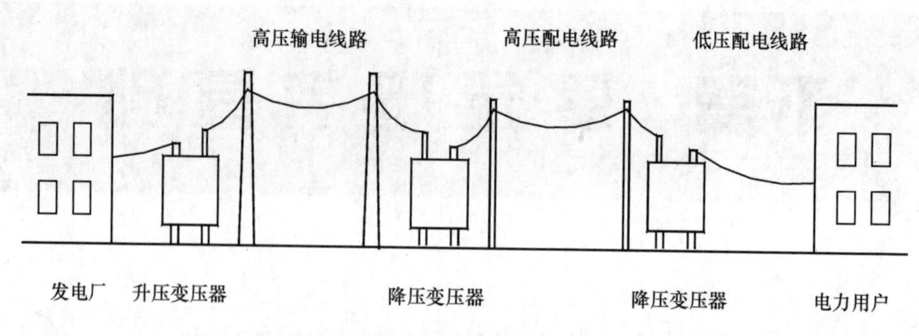

图 5.1.1　电力系统示意图

配电所。

1）升压变电站：将发电厂发出的电能进行升压处理，便于大功率和远距离传输。

2）降压变电站：对电力系统的高电压进行降压处理，以便电气设备的使用。根据变电站的用途可以分为枢纽变电站、区域变电站、用户变电站。枢纽变电站起到对整个电力系统各部分的纽带联结作用，负责对整个系统中电能转输和分配；区域变电站是将枢纽变电站送来的电能做一次降压后分配给电能用户；用户变电站接受区域变电站的电能，将其降压为能满足用电设备电压要求的电能且合理地分配给各用电设备。

（4）电力用户：就是电能消耗的场所。是从电力系统中汲取电能，并将电能转化为机械能、热能、光能等。如电动机、电炉、照明器等设备。

5.1.3　建筑供配电系统及其组成

各类建筑为了接受从电力系统送来的电能，就需要有一个内部的供配电系统。建筑供配电系统由高压（10kV）配电线路、变电站（包括配电站）、低压配电线路和用电设备组成；或由它们其中的几部分组成。一般民用建筑的供电电压在 10kV 及以下，只有少数特大型民用建筑物及用电负荷大的工业建筑供电电压在 35～110kV 之间。

5.1.4　电力系统的电压

1. 额定电压

所谓额定电压，就是指能使各类电气设备处在设计要求的额定或最佳运行状态的工作电压。

我国国家标准 GB 156—93《标准电压》规定的电力系统和电气设备的额定电压标准如表 5.1.1 所示。

表 5.1.1　我国标准规定的三相交流电网和电力设备的额定电压

分　类	电网和用电设备额定电压（kV）	发电机额定电压（kV）	电力变压器额定电压（kV）	
			一次绕组	二次绕组
低压	0.22 0.38 0.66	0.23 0.40 0.69	0.22 0.38 0.66	0.23 0.40 0.69

续表

分类	电网和用电设备额定电压（kV）	发电机额定电压（kV）	电力变压器额定电压（kV）	
			一次绕组	二次绕组
高压	3	3.15	3及3.15	3.15及3.3
	6	6.3	6及6.3	6.3及6.6
	10	10.5	10及10.5	10.5及11
	—	13.8，15.75，18，20	13.8，15.75，18、20	—
	35	—	35	38.5
	63	—	63	69
	110	—	110	121
	220	—	220	242
	330	—	330	363
	500	—	500	550

（1）电网（电力线路）的额定电压：电网的额定电压等级是国家根据国民经济发展的需要及电力工业的水平，经全面的技术经济分析研究后确定的。它是确定各类电力设备额定电压的基本依据。

（2）用电设备的额定电压：由于用电设备运行时线路上要产生电压降，所以线路上各点的电压都略有不同，如图5.1.2中虚线所示。但是成批生产的用电设备，其额定电压不可能按使用处的实际电压来制造，而只能按线路首端与末端的平均电压即电网的额定电压U_N来制造，以利于大批量生产。所以，用电设备的额定电压规定与其接入电网的额定电压相同。

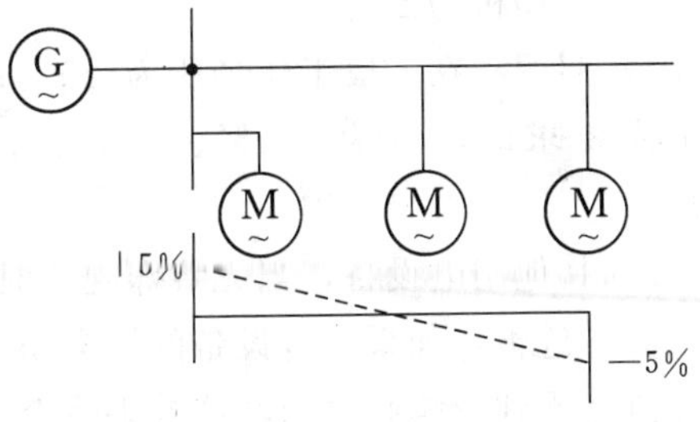

图5.1.2 用电设备和发电机的额定电压

（3）发电机的额定电压：由于同一电压的线路一般允许的电压偏差是±5%，即整个线路允许有10%的电压损耗值，因此为了维持线路的平均电压在额定值，线路首端（即电源端）的电压应较电网额定电压高5%，而线路末端则可较电网额定电压低5%，如图5.1.2所示。所以发电机额定电压规定高于同级电网额定电压5%。

（4）变压器的额定电压：当变压器的一次绕组与发电机直接连接时，其一次绕组的额定电压等于发电机额定电压，即高于同级电网额定电压5%。当变压器不与发电机相连，而是连接在线路上时，则可把它看作用电设备，其一次绕组额定电压应与电网额定电压相同。

变压器二次绕组的额定电压也分两种情况。首先要搞清楚变压器二次绕组的额定电压是如何定义的。

变压器二次绕组的额定电压，是指变压器一次绕组加上额定电压而二次绕组开路的电压即空载电压。在满载时，二次绕组内约有5%的电压降，因此当变压器二次侧供电线路较长时，变压器二次绕组的额定电压应高于同级电网额定电压10%，一方面补偿变压器满载时内部5%的电压降；另一方面要考虑变压器满载时输出的二次电压还要高于电网额定电压的5%，以补偿线路上的电压降。当变压器二次侧供电线路不长时，如采用低压配电或直接供给用电设备，则变压器二次绕组的额定电压只需高于电网额定电压5%，仅考虑补偿变压器内部5%的电压降。

2.电压偏差

（1）基本定义与规定：当供配电系统改变运行方式和负荷缓慢地变化时，供配电系统各点的电压也随之变化，各点的实际电压与系统额定电压之差ΔU称为电压偏差。电压偏差ΔU也常用与系统额定电压的比值，以百分数表示，即

$$\Delta U=\frac{U-U_N}{U_N}\times 100 \tag{5.1.1}$$

式中 ΔU——电压偏差；

U——用电设备的实际电压；

U_N——用电设备的额定电压。

根据国家标准GB 50052—1995《供配电系统设计规范》，在正常运行情况下，用电设备端子上电压偏差允许值如下：

1）电动机为±5%。

2）照明：在一般工作场所为±5%；对于远离变电所的小面积一般工作场所，难以满足上述要求时，可为＋5%、－10%；应急照明、道路照明和警卫照明等为＋5%、－10%。

3）其他用电设备，当无特殊规定时为±5%。

（2）危害：如果用电设备的端电压与其额定电压有偏差，则用电设备的工作性能和使用寿命将受到影响，总的经济效果将会下降。电压偏差对不同用电设备的影响如下。

1）对感应电动机的影响。由于电动机转矩与其端电压的平方成正比，因此当电动机的端电压比其额定电压低10%时，其实际转矩将只有额定转矩的81%，而负荷电流将增大5%～10%以上，温升将提高10%～15%以上，绝缘老化程度将比规定增加1倍以上，从而明显地缩短电机的使用寿命。而且电于转矩减小，转速下降，不仅会降低生产效率，减少产量，而且还会影响产品质量，增加废次品。

当其端电压偏高时，负荷电流和温升一般也要增加，绝缘也要受损，对电机也是不利的，但不像电压偏低时那么严重。

2）对同步电动机的影响。当同步电动机的端电压偏高或偏低时，转矩也要按电压平方成正比变化。因此同步电动机的端电压偏差，除了还会影响其转速外，其他如对转矩、电流和温升等的影响，是与感应电动机相同的。

3）对照明的影响。电压偏差对白炽灯的影响最为显著。当白炽灯的端电压较其额定电压降低10%时，灯泡的使用寿命将延长2～3倍，但其发光效率将下降30%以上，灯光明显变暗，照度降低，严重影响人的视力健康，降低工作效率，还可能增加事故发生率。当其端电压较其额定电压升高10%时，发光效率将提高1/3。电压偏差对荧光灯等气体放电灯的影响不像对白炽灯那么明显，但也有一定的影响。当其端电压偏低时，灯管不易起燃。如果多次反复起燃，则灯管寿命将大受影响。而且电压降低时，照度下降，影响视力及工作。当其电压偏高时，灯管寿命又要缩短。

3. 电压波动

(1) 基本定义与规定：供配电系统的电压波动主要是由于系统中的冲击负荷引起的。冲击负荷引起的电压对工频来说是调幅波（即交流电压波的包络线）性质的。为了表征电压波动的大小，用电压调幅波中相邻两个极值（极大和极小）电压均方根值之差（$U_{max}-U_{min}$）对额定电压 U_N 的百分数来表示，即

$$\delta U\%=\frac{U_{max}-U_{min}}{U_N}\times 100 \tag{5.1.2}$$

为了区别电压波动（电压的快变化）和电压偏差（电压的慢变化），国家标准 GB 12326—90《电能质量·电压允许波动和闪变》中规定，电压波动的变化速度应不低于每秒 0.2%。

电压闪变反映了电压波动引起的灯光闪烁对人视觉产生影响的效应。引起照度闪变的电压波动现象称为电压闪变。因灯光照度急剧变化使人眼感到不适的电压，称为闪变电压。

国家标准 GB 12326—90 中规定了电力系统公共供电点由冲击性负荷产生的电压波动和闪变的允许值，如表 5.1.2 和表 5.1.3 所示。

表 5.1.2　电压波动允许值

电网额定电压（kV）	电压波动允许值（%）
10 及以下	2.5
35～110	2
220 及以上	1.6

注　衡量点为电网公共连接点，取实测 95%概率值。

表 5.1.3　闪变电压 $\delta\mu_{10}$ 允许值

应用场合	允许值（%）
要求较高的照明负荷	0.4（推荐值）
一般照明负荷	0.6（推荐值）

(2) 电压波动和闪变的危害：

1) 引起照明灯光闪烁，使人的视觉容易疲劳和不适，从而降低工作效率。

2) 电视机画面亮度发生变化，垂直和水平幅度摇动。

3) 影响电动机正常启动，甚至无法启动；导致电动机转速不均匀，危及本身的安全运行，同时影响产品质量。例如使造纸、制丝不均匀，降低精加工机床制品的光洁度，严重时产生废品等。

4) 使电子仪器设备（例如示波器、X 光机）、计算机、自动控制设备工作不正常。

5) 使硅整流器的出力波动，导致换流失败等。

6) 影响对电压波动较敏感的工艺或试验结果。例如，使光电比色仪工作不正常，使化验结果出差错。

4. 三相电压不平衡度

(1) 基本定义与规定：电压不平衡度，是衡量多相系统负荷平衡状态的指标，用电压负序分量的均方根值 U_2 与电压正序分量的均方根值 U_1 的百分比来表示，即

$$\varepsilon U=\frac{U_2}{U_1}\times 100\% \tag{5.1.3}$$

国家标准 GB/T 15543—1995《电能质量·三相电压不平衡度》规定：

1）电力系统公共连接点，正常时三相电压不平衡度允许值为2%，短时不超过4%。

2）接于系统公共连接点的每个用户，三相电压不平衡度一般不得超过1.3%。

（2）危害：三相电压不平衡度偏高，说明电压的负序分量偏大。电压负序分量的存在，将对电力设备的运行产生不良影响。例如，电压负序分量可使感应电动机出现一个反向转矩，削弱电动机的输出转矩，降低电动机的效率，同时使电动机绕组电流增大，温度增高，加速绝缘老化，缩短使用寿命。三相电压不平衡，还会影响多相整流设备触发脉冲的对称性，出现更多的高次谐波，进一步影响电能质量。

（3）降低不平衡度的措施：由于造成三相电压不平衡的主要原因是单相负荷在三相系统中的容量分配和接入位置不合理、不均衡。因此在供配电系统的设计和运行中，应采取如下措施：

1）均衡负荷。对单相负荷应将其均衡地分配在三相系统中，同时要考虑用电设备的功率因数不同，尽量使有功功率和无功功率在三相系统中均衡分配。在低压供配电系统中，各相之间的容量之差不宜超过15%。

2）正确接入照明负荷。由地区公共低压供配电系统供电的220V照明负荷，线路电流小于或等于30A时，可采用220V单相供电；大于30A时，宜以220/380V三相四线制供电。

5.2　负荷分级、供电要求及电能质量

5.2.1　电力负荷的分级

按照供电负荷的重要性分可为一级负荷、二级负荷、三级负荷。

1. 一级负荷

符合下列情况之一时，应为一级负荷。

（1）中断供电将造成人身伤亡时。

（2）中断供电在政治、经济上造成重大损失时。例如：重大设备破坏、重要产品报废、用重要原料生产的产品大量报废、国民经济中重点企业的连续生产被打乱需要长时间才能恢复等。

（3）中断供电将影响有重大政治、经济意义的用电单位的正常工作。例如：重要交通枢纽、重要通信枢纽、重要宾馆、大型体育馆、经常用于国际活动的大量人员集中的公共场所等用电单位中的重要电力负荷。

在一级负荷中，当中断供电将发生中毒、爆炸和火灾等情况的负荷，以及特别重要场所的不允许中断供电的负荷，视为特别重要的负荷。

2. 二级负荷

符合下列情况之一时，应为二级负荷。

（1）中断供电将在政治、经济上造成较大损失时。例如：主要设备损坏、大量产品报废、连续生产过程被打乱需较长时间才能恢复，重点企业大量减产等。

（2）中断供电将影响重要用电单位的正常工作。例如：交通枢纽、通信枢纽等用电单

位中的重要电力负荷，以及中断供电将造成大型影剧院、大型商场等较多人员集中的重要的公共场所秩序混乱。

3. 三级负荷

不属于一级和二级负荷者应为三级负荷。

表 5.2.1 民用及工业建筑的负荷分级列表

建筑类别	建筑物名称	用电设备及部位	负荷级别
住宅建筑	高层普通住宅	电梯、照明	二级
旅馆建筑	高级旅馆	宣传厅、新闻摄影、高级客房、电梯等	一级
	普通旅馆	主要照明	二级
办公建筑	省、市部级办公楼	会议室、总值班室、电梯、档案室、主要照明	一级
	银行	主要业务用计算机及外部设备电源、防盗信号电源	一级
教学建筑	教学楼	教室及其他照明	二级
	重要实验室		一级
科研建筑	科研所重要实验室、计算中心、气象台	主要用电设备	一级
		电梯	二级
文娱建筑	大型剧院	舞台、电声、贵宾室、广播及电视转播、化装照明	一级
医疗建筑	县级及以上医院	手术室，分娩室，急诊室，婴儿室，理疗室，广场照明	一级
		细菌培养室、电梯等	二级
商业建筑	省辖市及以上百货大楼	营业厅主要照明	一级
		其他附属照明	二级
博物建筑	省、市、自治区级及以上博物馆、展览馆	珍贵展品展室的照明、防盗信号电源	一级
		商品展览用电	二级
商业仓库建筑	冷库	大形冷库、有特殊要求的冷库压缩机及附属设备、电梯、库内照明	二级
司法建筑	监狱	警卫信号	一级

5.2.2 各级负荷对供电电源的要求

1. 一级负荷

（1）由两个电源供电：一级负荷应由两个电源供电，当一个电源发生故障时；另一个电源不应同时受到损坏。

（2）两个电源与应急电源供电：对一级负荷中特别重要的负荷，除由两个电源供电外，尚应增设应急电源，并严禁将其他负荷接入应急供电系统。

应急电源是与电网在气上独立的各式电源。可以作为应急电源的电源如下：

1）独立于正常电源的发电机组。

2）供电网络中独立于正常电源的专用的馈电线路。

3）蓄电池。

4）干电池。

应急电源可根据允许中断供电的时间进行选择：

1）允许中断供电时间为15s以上的供电，可选用快速自启动的发电机组。

2）自动装置的动作时间能满足允许中断供电时间的，可选用带有自动投入装置的独立于正常电源的专用馈电线路。

3）允许中断供电时间为毫秒级的供电，可选用蓄电池静止型不间断供电装置、蓄电池机械储能电机型不间断供电装置或柴油机不间断供电装置.

2. 二级负荷

二级负荷的供配电系统，宜采用两回线路供电。供电变压器亦应有两台（两台变压器不一定在同一变电所）。在其中一回路或一台变压器发生常见故障时，二级负荷应不致中断供电，或中断后能迅速恢复供电。只有当负荷较小或地区供电条件困难时，才允许由一回6kV及以上的专用架空线供电。这主要考虑电缆发生故障后，有时检查故障点和修复需时较长，而一般架空线路修复方便。当线路自配电所引出采用电缆线路时，必须要采用两根电缆组成的电缆线路，其每根电缆应能承受的二级负荷100%，且互为热备用，即同时处于运行状态。

3. 三级负荷

三级负荷供电可靠性要求较低，对供电电源无特殊要求。但在条件许可时，应尽量提高供电的可靠性和连续性。

5.2.3 电能质量

电能质量也即用电点的供电质量，主要由以下四个方面（安全、可靠、优质、经济）决定。

（1）供电安全。把人身触电事故和设备损坏事故降低到最低的限度。

（2）供电可靠。即供电的不间断性。

（3）优质供电。主要是指电压和频率偏差要在允许的范围之内。

（4）供电经济。是指供电系统的投资要少，运行费用要低，减少金属材料的消耗等。

5.3 负荷计算

5.3.1 用电设备的工作制

现代建筑的用电设备种类繁多，用途各异，工作方式不同，按其工作制可分以下三类（连续、短时、断续周期）。

1. 长期连续工作制或长期工作制

是指电气设备在运行工作中能够达到稳定的温升，能在规定环境温度下连续运行，设备任何部分的温度和温升均不超过允许值。

例如通风机、水泵、电动发电机、空气压缩机、照明灯具、电热设备等负荷比较稳定，它们在工作中时间较长，温度稳定。

2. 短时工作制

短时运行工作制是指运行时间短而停歇时间长，设备在工作时间内的发热量不足以达到稳定温升，而在间歇时间内能够冷却到环境温度，例如车床上的进给电动机等。电动机在停车时间内，温度能降回到环境温度。

3. 断续周期工作制

即断续运行工作制或称反复短时工作制，该设备以断续方式反复进行工作，工作时间与停歇时间相互代替重复，周期性地工作或是经常停，反复运行。一个周期一般不超过10min，例如起重电动机。断续周期工作制的设备用暂载率（或负荷持续率）来表示其工作特性，计算公式如下

$$\varepsilon=\frac{t}{T}\times100\%=\frac{t}{t+t_0}\times100\% \qquad (5.3.1)$$

式中　ε——暂载率；

t——工作周期内的工作时间；

T——工作周期；

t_0——工作周期内的间歇时间。

工作时间加停歇时间称为工作周期。根据中国的技术标准规定工作周期以 10min 为计算依据。吊车电动机的标准暂载率分为 15%、25%、40%、60%四种；电焊设备的标准暂载率分为 50%、65%、75%、100%四种。其中 100%为自动电焊机的暂载率。在建筑工程中通常按 100%考虑。

5.3.2　设备容量计算方法

设备容量是把设备额定功率（用 P_N 表示）换算到统一工作制下的额定功率，用 P_e 表示，有时也称为设备的计算容量。对不同工作制的用电设备，其设备容量可按如下方法确定。

1. 长期工作制电动机的设备容量

电气设备的容量等于铭牌标明的“额定功率”（kW）。计算设备的容量不打折扣，即设备容量 P_e 与设备额定功率相等。

2. 反复短时（或称断续周期）工作制电动机的设备容量

$$P_e=\frac{\sqrt{\varepsilon}}{\sqrt{\varepsilon_{25}}}P_N=2P_N\sqrt{\varepsilon} \qquad (5.3.2)$$

式中　P_e——换算到=25%时电动机的设备容量，kW；

ε——铭牌暂载率，以百分值代入公式；

P_N——电动机铭牌额定功率，kW。

短时工作制下设备容量的换算也可以采用式（5.3.2）。

【例 5.3.1】　某化工厂有吊车共 20kW，铭牌暂载率为 40%，求换算到为 25%时设备的容量是多少？

$$P_e=\frac{\sqrt{\varepsilon}}{\sqrt{\varepsilon_{25}}}P_N=2P_N\sqrt{\varepsilon}=\sqrt{\frac{0.4}{0.25}}\times20=25.30\text{kW}$$

3. 电焊设备的设备容量（断续运行）

规定要求应统一换算到 $\varepsilon=100\%$ 时的额定功率（kW）。若 ε 不等于 100%时，应按下式换算到 $\varepsilon=100\%$，即

$$P_e=\frac{\sqrt{\varepsilon}}{\sqrt{\varepsilon_{100}}}P_N=\sqrt{\varepsilon}S_N\cos\varphi \tag{5.3.3}$$

式中 P_e——换算到 $\varepsilon_{100}=100\%$ 后电焊机的设备容量，kW；

P_N——铭牌额定功率（直流焊机），kW；

S_N——铭牌额定视在功率（交流焊机），kVA；

$\cos\varphi$——铭牌额定功率因数；

ε——同 S_N 或 P_N 相对应的铭牌暂载率，用百分值代入公式计算。

【例 5.3.2】 某建筑工程工地有电焊机，铭牌功率共 40kVA，$\cos\varphi$ 为 0.6。铭牌为 40%，自动电焊机按换算到 $\varepsilon=100\%$ 计算，求设备的容量是多少？

【解】

$$P_e=\sqrt{\varepsilon/\varepsilon_{100}}P_N\cos\varphi=\sqrt{40\%100\%}\times 40\times 0.6=25.30\times 0.6=15.18\text{kW}$$

例题表明把暂载率小的设备换算为长时间运行（$\varepsilon=100\%$）下的容量，则计算容量变小。

总之，在实用中动力设备容量的计算有三种情况：

(1) 长期运行的电气设备暂载率按 100%计算，即长期运行电器设备的铭牌额定功率。多台电气设备的容量为多台电气设备容量之和，就等于折合后的电气设备容量 P_e。如电动水泵、自动电焊机等。

(2) 断续运行的电气设备暂载率按 100%计算，如起重电气设备等。铭牌上标注的暂载率不一定是 100%。如果小于 100%，经过折算后设备容量将小于铭牌上标定的额定功率，如例 5.3.2 所得结果。

(3) 短时运行的电气设备暂载率按 25%计算。如吊车、电动门、机床架升降等。若铭牌标定的暂载率大于 25%，则折合后的设备容量将大于铭牌功率。

4. 电炉变压器和安全照明变压器的容量

因为各种变压器的容量是用视在功率 S_N 表示的，故应统一换算到额定功率因数时的额定功率（kW），即

$$P_e=S_N\cos\varphi_N \tag{5.3.4}$$

5. 照明设备的容量

(1) 白炽灯、古碘钨灯的设备等于灯泡的额定功率，kW。即

$$P_e=P_N \tag{5.3.5}$$

(2) 荧光灯的设备容量等于灯管额定功率的 1.2 倍（考虑镇流器中功率损失约为灯管额定功率的 20%）。即

$$P_e=1.2P_N\cos\varphi_N \tag{5.3.6}$$

(3) 高压汞灯、金属卤化物灯的设备容量等于灯泡额定灯率的 1.1 倍，考虑镇流器功率损

失约为灯泡额定功率的10%。即

$$P_e=1.1S_N\cos\varphi_N \tag{5.3.7}$$

6. 不对称单相负载的设备容量

对多台单相设备应尽可能平衡地接在三相上，若单相设备不平衡度（即偏离三相平均值的大小）与三相平均值之比小于15%时，按三相平衡分配计算，式（5.3.8）。当单相设备不平衡度与三相平均值之比大于15%时，应将单相负荷换算为等效三相负荷，再与三相负荷相加。等效三相负荷可按下列方法计算为

$$P_e=P_U+P_V+P_W \quad \text{不平衡度之比小于}15\% \tag{5.3.8}$$

（1）只有相负荷时，等效三相负荷取最大相负荷的3倍。即

$$P_e=3P_{\max} \tag{5.3.9}$$

（2）只有线间负荷时，等效三相负荷为：单台时取线间负荷的$\sqrt{3}$倍；多台时取最大线间负荷的$\sqrt{3}$倍＋次大线间负荷的（$3-\sqrt{3}$）倍。

（3）既有线间负荷又有相负荷时，应先将线间负荷换算为相负荷，然后各相负荷分别相加，选取最大相负荷乘3倍作为等效三相负荷。

【例5.3.3】 新建办公楼照明设计用白炽灯U相3.6kW，V相4kW，W相5kW，求设备容量是多少？如果改为W相4.7kW，求设备容量是多少？

【解】 三相平均容量为：(3.6+4+5)/3=12.6/3=4.2kW

三相负载不平衡容量占三相平均容量的百分率为：

$$(5-4.2)/4.2=0.8/4.2=0.19=19\%\geqslant15\%$$

所以

$$P_e=3P_{\max}=3\times5=15\text{kW}$$

改善后：(4.7－4.1)/4.1=0.6/4.1=0.1463=14.63%，小于15%。

$$P_e=P_U+P_V+P_W=3.6+4+4.7=12.3\text{kW}$$

小于15kW，计算容量减少了，可见设计三相负荷时越接近平衡越好。

5.3.3 用需要系数法确定计算负荷

1. 计算负荷的概念

用电设备组的计算负荷是指用电设备组从供电系统中取用的半小时最大负荷，它是作为按发热条件选择电气设备的依据。用半小时（30min）最大负荷P_{30}来表示有功计算负荷，其余Q_{30}、S_{30}、I_{30}分别表示无功计算负荷、视在计算负荷和计算电流。

计算负荷是供电设计计算的基本依据。计算负荷确定得是否正确合理，直接影响到电器和导线电缆的选择是否经济合理。如计算负荷确定过大，将使电器和导线电缆选得过大，造成投资和有色金属的浪费。如计算负荷确定过小，又将使电器和导线电缆处于过负荷下运行，增加电能损耗，产生过热，导致绝缘过早老化甚至烧毁，同样要造成损失。由此可见，正确确定计算负荷意义重大。

2. 需要系数的含义

以一组用电设备来分析需要系数的含义。该组设备有几台电动机，其额定容量为P_e。由于该组电动机实际上不一定都同时运行，而且运行的电动机也不可能都满负荷，同时设

备本身及配电线路也有功率损耗，因此该组电动机的有功计算负荷应为

$$P_{30}=\frac{K_{\Sigma}K_{L}}{\eta_{e}\eta_{WL}}P_{e} \tag{5.3.9}$$

式中　K_{Σ}——设备组的同时系数，即设备组在最大负荷时运行的设备容量与全部设备容量之和的比值；

K_{L}——设备组的负荷系数，即设备组在最大负荷时的输出功率与运行设备容量之比；

η_{WL}——配电线路的平均效率，即配电线路在最大负荷时的末端功率（设备组的取用功率）和首端功率（计算负荷）之比。令 $K_{\Sigma}K_{L}/\eta_{e}\eta_{WL}=K_{X}$ 这里的 K_{X} 称为需要系数。即

$$K_{X}=P_{30}/P_{e} \tag{5.3.11}$$

式中　P_{e}——经过折算后的设备容量。

用电设备组的需要系数就是用电设备组在最大负荷时需要的有功功率与其设备容量的比值，一般小于1。

由此可得按需要系数确定三相用电设备组的有功功率的基本公式为：

$$P_{30}=K_{X}P_{e} \tag{5.3.12}$$

实际上，需要系数不仅与用电设备组的工作性质、设备台数、设备效率和线路损耗等因素有关，而且和操作工人的熟练程度和生产组织等多种因素有关，因此应尽量通过实际测量分析测定，以保证接近实际。

从表5.3.1中可查出不同用电设备的需要系数。

表5.3.1　　用电设备组的需要系数 K_X、$\cos\varphi$ 及 $\tan\varphi$ 值

序号	用电设备名称	需要系数 K_X	$\cos\varphi$	$\tan\varphi$
1	小批量生产的金属冷加工机床电动机	0.16～0.2	0.5	1.73
2	大批量生产的金属冷加工机床电动机	0.18～0.25	0.5	1.73
3	小批量生产的金属热加工机床电动机	0.25～0.3	0.5	1.73
4	大批量生产的金属热加工机床电动机	0.3～0.35	0.65	1.17
5	通风机、水泵、空压机、电动发电机组电机	0.7～0.8	0.8	0.75
6	非联锁的连续运输机械、铸造车间整纱机	0.5～0.6	0.75	0.88
7	联锁的连续运输机械、铸造车间整纱机	0.65～0.7	0.75	0.88
8	锅炉房、机加工、机修、装配车间的吊车（ε=25%）	0.1～0.15	0.5	1.73
9	自动连续装料的电阻炉设备	0.75～0.8	0.95	0.33
10	铸造车间的吊车（ε=25%）	0.15～0.25	0.5	1.73
11	实验室用小型电热设备（电阻炉、干燥箱）	0.7	1.0	0
12	工频感应电炉（未带无功补偿装置）	0.8	0.35	2.67
13	高频感应电炉（未带无功补偿装置）	0.8	0.6	1.33
14	电弧熔炉	0.9	0.87	0.57

续表

序号	用电设备名称	需要系数 K_X	$\cos\varphi$	$\tan\varphi$
15	点焊机、缝焊机	0.35	0.6	1.33
16	对焊机、铆钉加热机	0.35	0.7	1.02
17	自动弧焊变压器	0.5	0.4	2.29
18	单头手动弧焊变压器	0.35	0.35	2.68
19	多头手动弧焊变压器	0.4	0.35	2.68
20	单头弧焊电动发电机组	0.35	0.6	1.33
21	多头弧焊电动发电机组	0.7	0.75	0.88
22	变配电所、仓库照明	0.5～0.7	1.0	0
23	生产厂房及办公室、阅览室、实验室照明	0.8～1	1.0	0
24	宿舍、生活区照明	0.6～0.8	1.0	0
25	室外照明、事故照明	1.0	1.0	0

表 5.3.1 所列出的需要系数值是按照车间范围内设备台数较多的情况下确定的，所以取用的需要系数值都比较低。它适用于比车间配电规模大配电系统的计算负荷。如果用需要系数法计算干线或分支线上的用电设备组，系数可适当取大。当用电设备的总量不多时，可以认为 $K_X=1$。

需要系数与用电设备的类别和工作状态有极大的关系。在计算时首先要正确判断用电设备的类别和工作状态，否则将造成错误。

3. 用电设备组的计算负荷及计算电流

求出有功计算负荷 P_{30} 后，可以按照下式求出其余的计算负荷，即

$$\begin{aligned} &\text{无功计算负荷} && Q_{30}=P_{30}\tan\varphi \\ &\text{视在计算负荷} && S_{30}=P_{30}/\cos\varphi \\ &\text{计算电流} && I_{30}=S_{30}/\sqrt{3}U_N \end{aligned} \tag{5.3.13}$$

式中　$\tan\varphi$——对应于用电设备组 $\cos\varphi$ 的正切值；

$\cos\varphi$——用电设备组的平均功率因数；

U_N——用电设备组的额定线电压。

【例 5.3.4】 已知小型冷加工机床车间 0.38kV 系统，拥有设备如下：

(1) 机床 35 台总计 98.00kW；($K_{X1}=0.20$　$\cos\varphi_1=0.50$　$\tan\varphi_1=1.73$)

(2) 通风机 4 台总计 5.00kW；($K_{X2}=0.80$　$\cos\varphi_2=0.80$　$\tan\varphi_2=0.75$)

(3) 电炉 4 台总计 10.00kW；($K_{X3}=0.80$　$\cos\varphi_3=1.00$　$\tan\varphi_3=0.00$)

(4) 行车 2 台总计 5.60kW；($K_{X4}=0.80$　$\cos\varphi_4=0.80$　$\tan\varphi_4=0.75$　$\varepsilon_4=15\%$)

(5) 电焊机 3 台总计 17.50kVA；($K_{X5}=0.35$　$\cos\varphi_5=0.60$　$\tan\varphi_5=1.33$　$\varepsilon_5=65\%$)

试求：每组负荷的计算负荷（P_{30}、Q_{30}、S_{30}、I_{30}）？

解：(1) 机床组为连续工作制设备，故

$$P_{301}=K_{X1}P_{e1}=0.20\times98=19.60\text{kW}$$

$$Q_{301}=P_{C1}\tan\varphi_1=19.60\times1.72=33.91\text{kvar}$$

$$S_{301}=\sqrt{P_{301}^2+Q_{301}^2}=\sqrt{19.60^2+33.91^2}=39.17\text{kVA}$$

$$I_{301}=\frac{S30}{\sqrt{3}\times U_r}=\frac{39.17}{\sqrt{3}\times 0.38}=59.12\text{A}$$

(2) 通风机组为连续工作制设备，故

$$P_{302}=K_{X2}P_{e2}=0.80\times 5=4.00\text{kW}$$

$$Q_{302}=P_{C2}\tan\varphi_2=4.00\times 0.75=3.00\text{kvar}$$

$$S_{302}=\sqrt{P_{302}^2+Q_{302}^2}=\sqrt{4^2+3^2}=5\text{kVA}$$

$$I_{302}=\frac{S_{302}}{\sqrt{3}\times U_r}=\frac{5}{\sqrt{3}\times 0.38}=7.06\text{A}$$

(3) 电炉组为连续工作制设备，故

$$P_{303}=K_{X3}P_{e3}=0.80\times 10=8.00\text{kW}$$

$$Q_{303}=P_{303}\tan\varphi_3=8.00\times 0=0\text{kvar}$$

$$S_{303}=8\text{kVA}$$

$$I_{303}=12.5\text{A}$$

(4) 行车组的设备功率为统一换算到负载持续率 ε=25%时的有功功率：

$$P_{e4}=2P_{r4}\times\sqrt{\varepsilon_4}=2\times 5.6\times\sqrt{15\%}=4.34\text{kW}$$

$$P_{304}=K_{X4}P_{e4}=0.80\times 4.34=3.47\text{kW}$$

$$Q_{304}=P_{304}\tan\varphi_4=3.64\times 0.75=2.60\text{kvar}$$

$$S_{304}=4.34\text{kVA}$$

$$I_{304}=6.59\text{A}$$

(5) 电焊机组的设备功率为统一换算到负载持续率 ε=100%时的有功功率：

$$P_{e5}=S_{r5}\times\sqrt{\varepsilon_5}\cos\varphi_5=17.5\times\sqrt{65\%}\times 0.60=8.47\text{kW}$$

$$P_{305}=K_{X5}P_{e5}=0.35\times 8.47=3.47=2.96\text{kW}$$

$$Q_{305}=P_{305}\tan\varphi_5=2.96\times 1.33=3.94\text{kvar}$$

$$S_{305}=4.93\text{kVA}$$

$$I_{305}=7.49\text{A}$$

4. 多组用电设备组的计算负荷

在配电干线上或在变电所低压母线上，常有多个用电设备组同时工作，但各个用电设备组的最大负荷并非同时出现，因此在求配电干线或变电所低压母线的计算负荷时，应再计入一个同时系数（或叫同期系数）K_Σ 具体计算如下：

有功功率 $$P_{30}=K_{\Sigma P}\sum_{i=1}^{n}P_{30i}\ \text{kW} \quad (5.3.14)$$

无功功率 $$Q_{30}=K_{\Sigma q}\sum_{i=1}^{n}Q_{30i}\ \text{kvar} \quad (5.3.15)$$

视在功率 $$S_{30}=\sqrt{P_{30}^2+Q_{30}^2}\ \text{kVA} \quad (5.3.16)$$

计算电流 $$I_{30}=\frac{S_{30}}{\sqrt{3}U_r}\text{A} \quad (5.3.17)$$

$K_{\Sigma P}$、$K_{\Sigma q}$——有功功率、无功功率同时系数，分别取0.8～1.0和0.93～1.0。

【例5.3.5】 已知条件同例题5.3.4。当有功功率同时系数$K_{\Sigma P}=0.9$；无功功率同时系数$K_{\Sigma q}=0.95$。试求：车间总的计算负荷（P_{30}、Q_{30}、S_{30}、I_{30}）

解：通过上题的计算，已求出

（1）机床组：$P_{301}=19.60\text{kW}$　$Q_{c1}=33.91\text{kvar}$

（2）通风机组：$P_{302}=4.00\text{kW}$　$Q_{c2}=3.00\text{kvar}$

（3）电炉组：$P_{303}=8.00\text{kW}$　$Q_{c3}=0.00\text{kvar}$

（4）行车组：$P_{304}=3.47\text{kW}$　$Q_{c4}=2.60\text{kvar}$

（5）电焊机组：$P_{305}=2.96\text{kW}$　$Q_{c5}=3.94\text{kvar}$

$$P_{30}=K_{\Sigma P}\sum_{i=1}^{n}P_{30i}=0.9(19.6+4+8+3.47+2.96)=34.23\ (\text{kW})$$

$$Q_{30}=K_{\Sigma q}\sum_{i=1}^{n}Q_{30i}=0.95(33.91+3+0+2.60+3.94)=41.23\ (\text{kvar})$$

$$S_{30}=\sqrt{P^2+Q^2}=\sqrt{34.23^2+41.23^2}=53.59\ (\text{kvar})$$

$$I_{30}=\frac{S_{30}}{\sqrt{3}U_r}=\frac{53.59}{\sqrt{3}\times 0.38}=81.42\ (\text{A})$$

【例5.3.6】 七层住宅中的一个单元，一梯二户，每户容量按6kW计，每相供电负荷分配如下：L1供一、二、三层；L2供四、五层；L3供六、七层。求此单元的计算负荷?

【解】 本单元的设备总容量：层数×每层户数×每户容量　kW

每相容量：

$$Pe_{L1}=\text{供电层数}\times\text{每层户数}\times\text{每户容量}=3\times 2\times 6=36\text{kW}$$

$$P_{eL2}=2\times 2\times 6=24\text{kW}$$

$$P_{eL3}=2\times 2\times 6=24\text{kW}$$

三相平均容量为：　　$(36+24+24)/3=28\text{kW}$

三相负载不平衡容量占三相平均容量的百分率

为：$(36-28)/28=8/28=29\%$，大于15%

故本单元的设备等效总容量：$P_e=3P_{eL1}=3\times 36=108\text{kW}$

查表可知　$K_X=0.8$　$P_{eL1}=\cos\varphi=0.9$　$\tan\varphi=0.48$ 则：

有功功率　　$P_{30}=K_XP_e=0.8\times 108=86.4\ (\text{kW})$

无功功率　　$Q_{30}=P_{30}\tan\varphi=86.4\times 0.48=41.47\ (\text{kvar})$

视在功率　　$S_{30}=\sqrt{P_{30}^2+Q_{30}^2}=\sqrt{86.4^2+41.47^2}=95.84\text{kVA}$

计算电流　　$I_{30}=\dfrac{S_{30}}{\sqrt{3}U_r}=\dfrac{95.84}{\sqrt{3}\times 0.38}=145.62\text{A}$

5.4 变配电所

变配电所起着变换和分配电能的作用。

5.4.1 变配电所的类型和结构

工业与民用建筑设施的变配电所大多是6～10kV变电所，它由6～10kV电压进线，经过变压器的降压，将6～10kV高压将为0.38/0.22kV低压，给低压设备供电。

变电所类型很多，从整体结构而言，可分为室内型、半室外型、室外型及成套变电站等。但就变电所所处的位置而言可分为：

(1) 独立变配电所。

(2) 附设变配电所。

1) 内附式变配电所。

2) 外附式变配电所。

3) 外附露天式。

4) 室内式。

(3) 地下变电所。

(4) 杆上式或高台式变电所。

(5) 组合式变电所。组成：高压配电装置、电力变压器和低压配电装置

5.4.2 变配电所的位置选择及布置

1. 变配电所位置选择

应根据下列要求综合考虑确定：

(1) 靠近负荷中心。

(2) 进出线方便。

(3) 接近电源侧。

(4) 设备吊装运输方便。

(5) 不应设在剧烈振动的场所。

(6) 不应设在多尘、水雾（如大型冷却塔）或有腐蚀气体的场所，如无法远离时，不应设在污源的下风侧。

(7) 不应设在厕所，浴室或其他经常积水场所的正下方或相邻。

(8) 不应设在爆炸危险场所范围以内和布置在与火灾危险场所的正上方或正下方，如布置在爆炸危险场所范围以和布置在爆炸危险场所的建筑物毗连时，应符合现行的《爆炸和火灾危险环境电力装置设计规范》(GB 50058—92) 的规定。

(9) 变配电所为独立建筑物时，不宜设在地势低洼和可能积水的场所。

(10) 高层建筑地下层变配电所的位置，宜选择在通风、散热条件较好的场所。

(11) 变配电所位于高层建筑（或其他地下建筑）的地下室时，不宜设在最底层。

2. 变配电所的总体布置要求

(1) 变电所内需建值班室方便值班人员对设备进行维护，保证变电所的安全运行。

(2) 变电所的建设应有发展余地，以便负荷增加时能更换大一级容量变压器，增加高、低压开关柜等。

(3) 在满足变电所功能要求情况下，设计的变电所应尽量节约土地，节省投资。

3. 变配电所所址的选择原则

（1）要接近负荷中心，这样可降低电能损耗，节约输电线用量。

（2）接近电源侧。

（3）考虑设备运输方便，特别是高低压开头柜和变压器的运输。

（4）进出线方便。

（5）变电所不宜建在剧烈振动、多尘、潮湿、有腐蚀气体等场所。

5.4.3　变压器的选择

1. 变压器台数的选择

选择变配电所主变压器台数时应考虑下列原则：

（1）应满足用电负荷时对供电可靠性的要求。

1）对接有大量一、二级负荷的变电所，宜采用两台变压器。以便当一台变压器发生故障或检修时；另一台变压器能保证对一、二级负荷继续供电。

2）对只有二、三级负荷的变电所，如果低压侧有与其他变电所相连的联络线作为备用电源，也可采用一台变压器。

3）对负荷集中而容量相当大的变电所，虽为三级负荷，也可采用两台或两台以上变压器，以降低单台变压器容量及提高供电可靠性。

（2）对季节性负荷或昼夜负荷变动较大的变电所，可采用两台变压器，以便实行经济运行方式。

（3）在确定变电所主变压器台数时，应适当考虑近期负荷的发展。

2. 变压器容量的选择

选择变配电所主变压器容量时需遵守下列原则：

（1）只装一台主变压器的变电所：为避免或减少主变压器过负荷运行，主变压器的实际额定容量 $S_{N\cdot T}$应满足全部用电设备总视在计算负荷 S_{30}的需要。即

$$S_{N\cdot T} \geqslant S_{30} \tag{5.4.1}$$

（2）装有两台主变压器的变电所：当一台变压发生故障或检修时；另一台变压器至少能保证对所有一级、二级负荷继续供电。这种运行方式称为暗备用运行方式。所以，每台主变压器容量 $S_{N\cdot T}$应同时满足以下两个条件：

1）任一台变压器单独运行时，可承担总视在计算负荷 S_{30}的 60%～70%，即

$$S_{N\cdot T} = (0.6 \sim 0.7) S_{30} \tag{5.4.2}$$

2）任一台变压器单独运行时，应满足所有一级、二级负荷 $S_{30(\mathrm{I}+\mathrm{II})}$的需要，即

$$S_{N\cdot T} \geqslant S_{30(\mathrm{I}+\mathrm{II})} \tag{5.4.3}$$

3. 变压器并列运行的条件

两台或多台变压器并列运行时，必须满足以下基本条件：

（1）并列运行变压器的额定一次电压及二次电压必须对应相等。否则，二次绕组回路内将出现环流，导致绕组过热或烧毁。

（2）并列运行变压器的阻抗电压（既短路电压）必须相等，否则，各变压器分流不匀，导致阻抗小的变压器过负荷。

（3）并列运行变压器的连接组别必须相同，否则，各变压器二次电压将出现相位差，从而产生电位差，将在二次侧产生很大的环流，导致绕组烧毁。

（4）并列运行变压器的容量比应小于3∶1。否则，容量比大，往往特性稍有差异时，环流显著，容易造成小的变压器过负荷。

5.4.4　变配电所的主接线

变配电所的主接线（一次接线）指由各种开关电器、电力变压器、互感器、母线、电力电缆、并联电容器等电气设备按一定次序连接的接受和分配电能的电路。它是电气设备选择及确定配电装置安装方式的依据，也是运行人员进行各种倒闸操作和事故处理的重要依据。

用规定的图例符号表示主要电气设备在电路中连接的相互关系，称为电气主接线图。电气主接线图通常以单线图形式表示，在个别情况下，当三相电路中设备不对称时，则部分地用三线图表示。

1. 对主接线的基本要求

主接线的确定，对供电系统的可靠供电和经济运行有密切的关系。因此，选择主接线应满足下列基本要求：

（1）根据用电负荷的要求，保证供电的可靠性和电能质量。

（2）主接线应力求简单、明显，运行方式灵活，投入或切除某些设备或线路时操作方便。

（3）保证运行操作和维护人员及设备的安全，配电装置应紧凑合理，排列尽可能对称，便于运行值班人员记忆，便于巡视检查。

（4）应使主接线的一次投资和运行费用达到经济合理。

（5）根据近期和长远规划，为将来发展留有余地。

在选择主接线时应全面考虑上述要求，进行经济技术比较，权衡利弊，特别要处理好可靠性和经济性这一对主要矛盾。

2. 主接线的基本形式

主接线形式有单母线接线、双母线接、桥式接线和单元接线等多种，本书仅介绍建筑电气中常见的单母线接线。

（1）单母线不分段主接线：如图5.4.1所示。这种接线的优点是线路简单，使用设备少，造价低；缺点是供电的可靠性和灵活性差，母线或母线隔离开关故障检修时造成用户停电。因此，它只适应于容量较小和对供电可靠性要求不高的场合。

（2）单母线分段接线：如图5.4.2所示是单母线分段主接线示意图，它在每一段接一个或两个电源，在母线中间用隔离开关来分段。引出的各支路分接到各段母线上。

1）采用隔离开关分段单母线接线的特点。可靠性较高。因为当某一段母线发生故障时，可以分段检修。经过倒闸操作，可以先切除故障段，其他无故障段继续运行。

2）采用断路器分段单母线接线的特点。《电力技术设计规范》规定6～10kV母线的分段处，一般装设隔离开关，但是在事故时需要切断电源，需要带负荷操作，有继电保护要求，且出线回路较多时，母线之间应采用断路器作为联络开关使用。

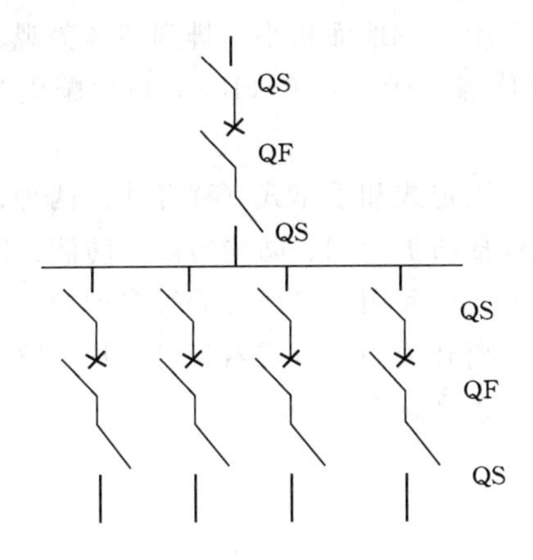

图 5.4.1　单母线不分段接线

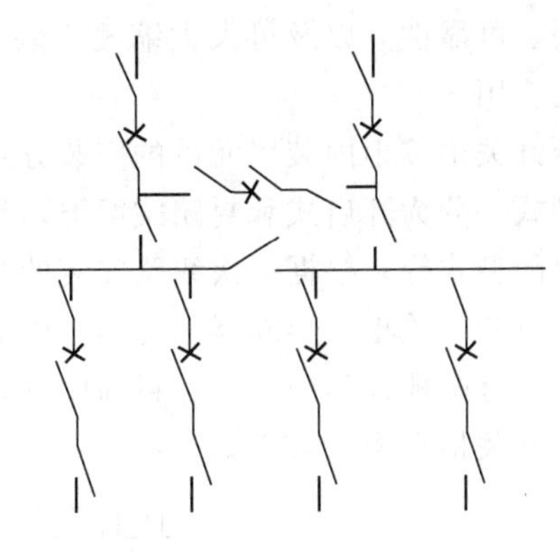
图 5.4.2　单母线分段接线

无论是隔离断开关还是断路器分段，在母线发生故障或检修时都不可避免地使该段母线的用户停电。它具有隔离开关分段的单母线接线的全部特点。用断路器有继电保护功能，除能切断负荷电流和故障电流以外，可自动分、合闸，运行可靠性高，能自动切除故障段母线。

(3) 带有旁路母线的单母线接线。图 5.4.3 中第三路断路器 QF3 需要检修时，为了让该路负荷的工作不受影响，而设置一个旁路母线，在旁路母线与主母线上再安装一个隔离开关 G5、G10、G15 和继路器 QF5，在检修 QF3 时，首先切断断路器 QF3，再切断隔离开关 G3 和 G8 再合上开关 G5、G15、G13 及断路器 QF5，就可以继续给三路供电。

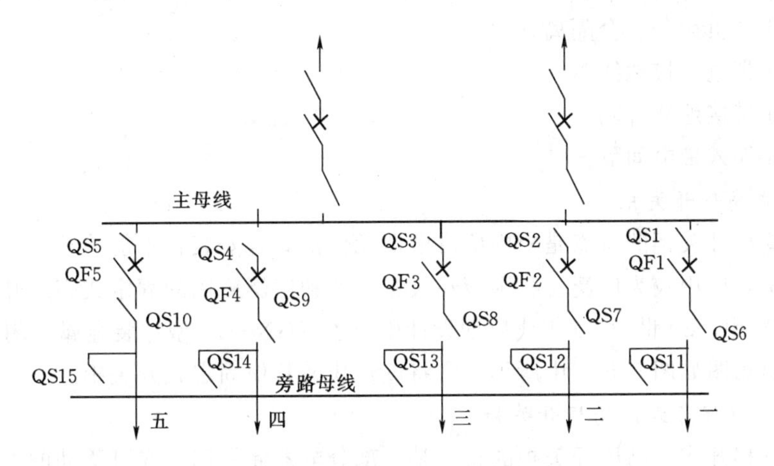

图 5.4.3　带有旁路母线的单母线接线

5.5　成　套　装　置

5.5.1　高压成套装置

高压成套装置又称高压开关柜。它是根据不同用途的接线方案，将一次、二次设备组装在柜中的一种高压成套配电装置。它具有结构紧凑、占地面积小、排列整齐美观、运行维护方便、可靠性高以及可大大缩短安装工期等优点，所以在6～10kV户内配电装置中获得广泛应用。

高压开关柜按柜内装置元件的安装方式，分为固定式和手车式（移开式）两种；按柜体结构型式，分为开启式和封闭式两类，封闭式包括防护封闭、防尘封闭、防滴封闭和防尘防滴封闭型式等；根据一次线路安装的主要电器元件和用途又可分为很多种柜，如油断路器柜、负荷开关柜、熔断器、电压互感器柜、隔离开关柜、避雷器柜等；从断路器在柜中放置形式有落地式和中置式，目前中置式开关柜越来越多。

高压开关柜全型号含义如下：

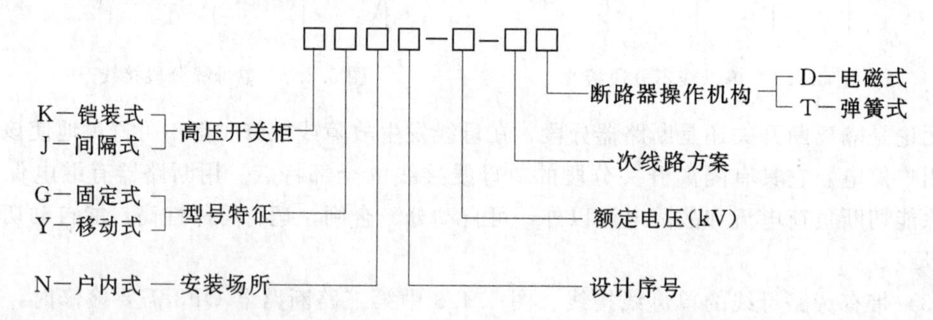

为了提高高压开关柜的安全可靠性和实现高压安全操作程序化，近年来对固定式和手车式高压开关柜在电气和机械联销上都采取了所谓“五防”措施。“五防”是指：

(1) 防止误合、误分断路器；

(2) 防止带负荷分、合隔离开关；

(3) 防止带电挂接地线；

(4) 防止带接地线合闸；

(5) 防止误入带电间隔。

1. 固定式高压开关柜

固定式高压开关柜的特点是柜内所有电器元件都固定安装在不能移动的台架上，结构简单也较经济，应用较为广泛。我国现在大量生产和广泛应用的固定式高压开关柜主要为GG－1A（F）型。20世纪80年代后期设计生产了KGN—10型铠装金属封闭式固定开关柜，其外形示意图如图5.5.1中所示。它将逐步代替其他固定式开关柜。

2. 手车式（移开式）高压开关柜

手车式（移开式）高压开关柜的特点是一部分电器元件固定在可移动的手车；另一部分电器元件装置在固定的台架上，所以它是由固定的柜体和可移动的手车两部分组成的。手车上安装的电器元件可随同手车一起移出柜外。为了防止误操作，柜内与手车上装有多种机械与电气联锁装置（如高压断路器柜，只有将手车推到规定位置后断路器才能合闸；断路器合闸时手车不能移动，断路器断开后手车才能拉出柜外）。与固定式开关柜相比较，手车式开关柜具有检修安全方便、供电可靠性高等优点，但价格较贵。我国现在使用的手车式高压开关柜有GFC—10、GC—10和GBC—35、GFC—35等型，将逐步为金属铠装移开式开关柜KYN—10型以及金属封闭移开式开关柜JYN—10、JYN—35型所取代。

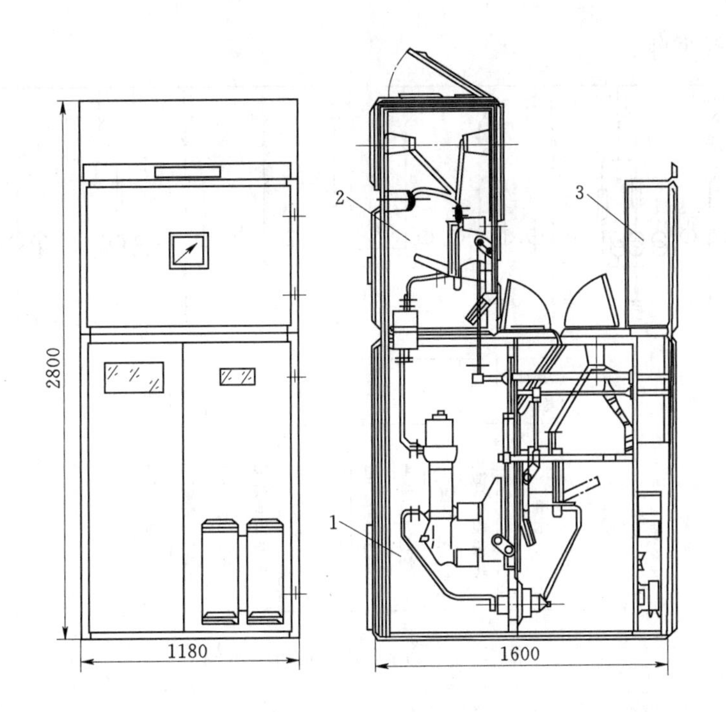

图 5.5.1　KGN—10 型开关柜（05D～08D）外形尺寸及结构示意图

1—本体装配；2—母线室装配；3—继电器室装配

图 5.5.2 示出了 KYN—10 型移开式铠装柜的外形图。

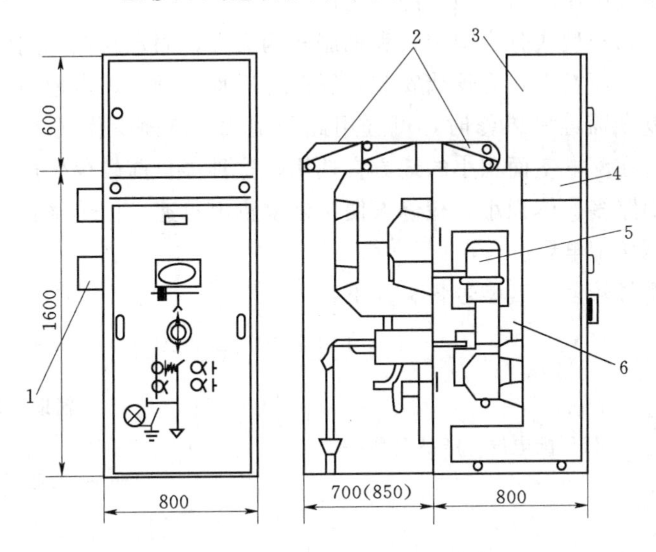

图 5.5.2　KYN—10 型移开式铠装柜

1—穿墙套管；2—泄压活门；3—继电器仪表箱；4—端子室；5—手车；6—手车室

生产厂家生产有各种用途的高压开关柜，如各种型式的电缆进（出）线、架空进（出）线、电压互感器与避雷器、左（右）联络等高压柜，并规定了一次线路方案编号。用户可按所设计构成所需的高压配电装置。图 5.5.3 为采用 JYN2—10 型高压开关柜的一次线路方案组合示例。

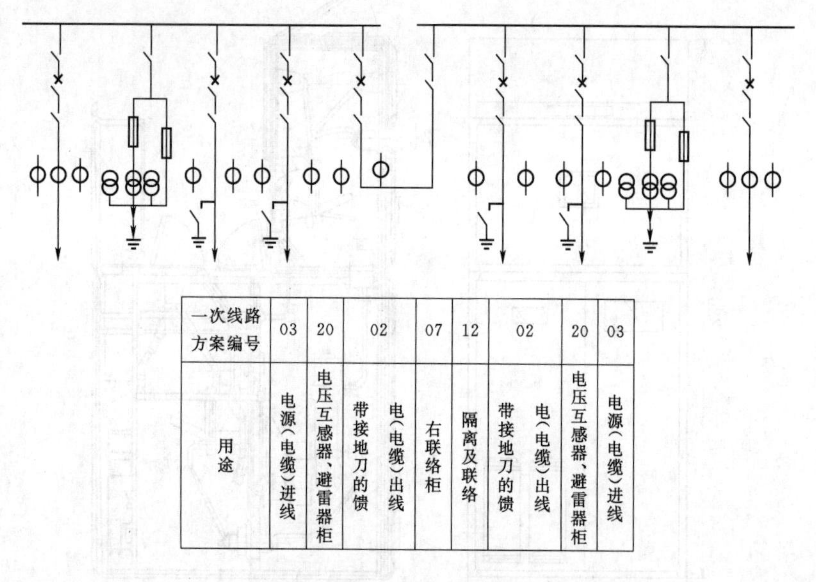

一次线路方案编号	03	20	02		07	12	02		20	03
用途	电源（电缆）进线	电压互感器、避雷器柜	带接地刀的馈	电（电缆）出线	右联络柜	隔离及联络	带接地刀的馈	电（电缆）出线	电压互感器、避雷器柜	电源（电缆）进线

图 5.5.3　高压开关柜组合示例

5.5.2　低压配电屏

低压配电屏是按一定的线路方案将一次、二次设备组装而成的一种低压成套配电装置，供低压配电系统中作动力、照明配电之用。

低压配电屏按结构型式分为固定式和抽屉式两大类，固定式低压配电屏又有单面操作和双面操作两种，双面操作式为隔墙安装，屏前屏后均可维修，占地面积较大，在盘数较多或二次接线较复杂需经常维修时，可选用此种型式。单面操作式为靠墙安装，屏前维护，占地面积小，在配电室面积小的地方宜选用，这种屏目前较少生产。抽屉式低压配电屏的特点是馈电回路多、体积小、检修方便、恢复供电迅速，但价格较贵。一般中小型企业多采用固定式低压配电屏。

低压配电屏型号较多，其型号含义如下：

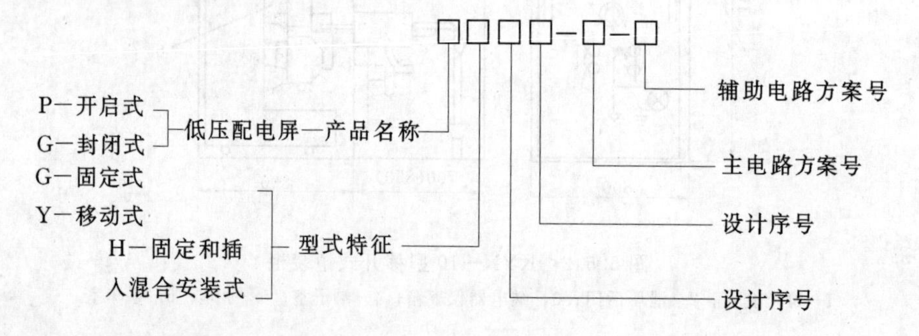

1. 固定式低压配电屏

固定式低压配电屏主要有 PGL 型和 GGD 型。PGL 型为室内安装的开启式双面维护的低压配电屏，PGL 型比老式的 BSL 型结构设计更为合理，电路配置安全，防护性能好，如

BSL 屏的母线是裸露安装在屏的上方，而 PGL 屏的母线是安装在屏后骨架上方的绝缘框上，母线上还装有防护罩，这样就可以防止母线上方坠落金属物而造成母线短路事故的发生。PGL 屏具有更完善的保护接地系统提高了防触电的安全性，其线路方案也更为合理，除了有主电路外，对应每一主电路方案还有一个或几个辅助电路方案，便于用户选用。GGD 型低压配电屏是根据原能源部主管部门、广大电力用户及设计部门的要求，本着安全、经济、合理、可靠的原则，于 20 世纪 90 年代设计的新型配电屏。本产品为封闭式结构，具有分断能力高，动热稳定性好，结构新颖、合理，电气方案切合实际，系列性、适用性强、防护等级高等特点。可作为更新换代的产品使用。图 5.5.4 为 GGD 型低压配电屏外形示意图。

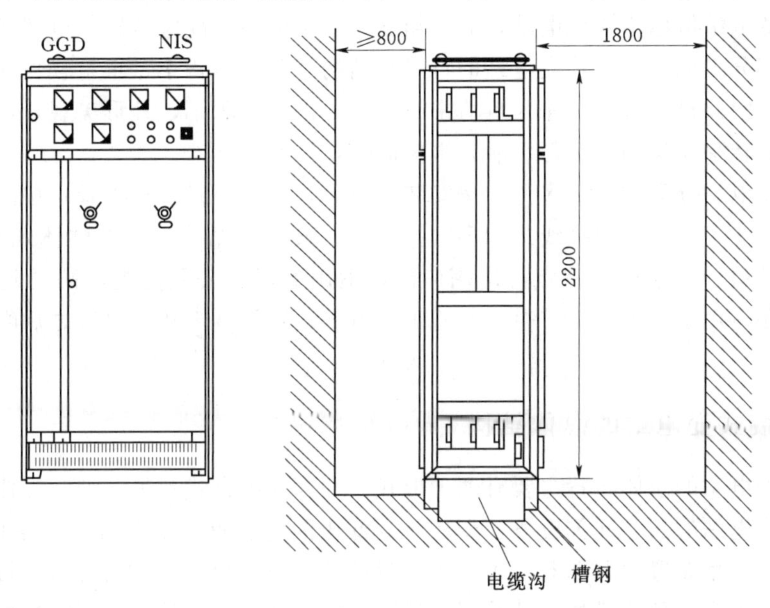

图 5.5.4　GGD 型低压配电屏外形式意图

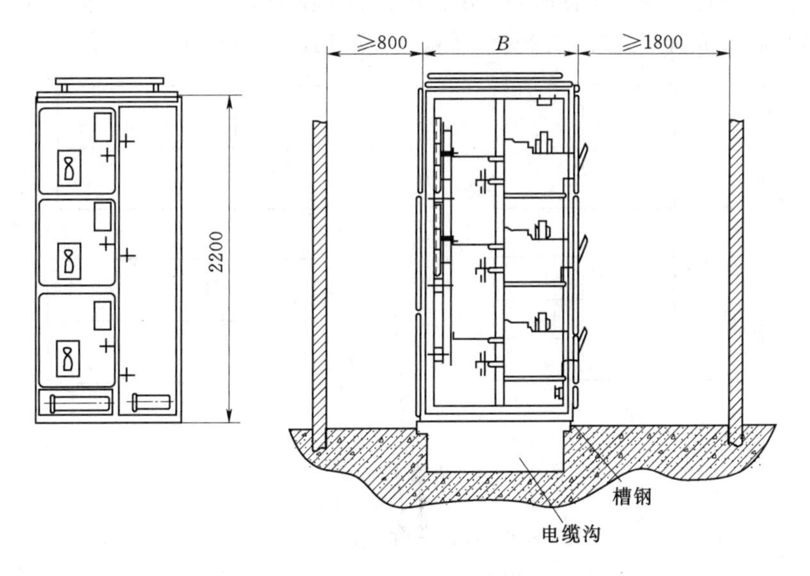

图 5.5.5　GCS 型低压配电屏外形示图

2. 抽屉式低压配电

抽屉式低压配电是由薄钢板结构的抽屉及柜体组成。主要电器安装在抽屉或手车内，当遇单元回路故障或检修时，将备用抽屉或小车换上便可迅速恢复供电。目前，常用的低压配电屏有 BFC 型、GCS 型、GCK 型、GCL 型、UKK（DOMNO—Ⅲ）型等。图 5.5.5 为 GCS 型低压配电屏外形示意图。

5.6 预装式变电站

预装式变电站俗称箱式变电站，简称箱变。它是由高压配电装置、电力变压器、低压配电装置等部分组成。预装式变电站的特点是结构合理、体积小、重量轻、安装简单、土建工作量小，因此投资低，可深入负荷中心供电，占地面积小，外形美观，灵活性强，可随负荷中心的转移而移动，运行可靠，维修简单。

预装式变电站分类方法有多种，按安装场所分，有户内式和户外式；按高压接线方式分，有终端接线式、双电源接线式和环网接线式；按箱体结构分，有整体式和分体式等。预装式变电站由于其结构的特点，应用广泛，适用于城市公共配电、高层建筑、住宅小区、公园，还适用于油田、工矿企业及施工场所等，它是继土建变电所之后崛起的一种崭新的变电站。

5.6.1 预装式变电站的总体结构

预装式变电站的总体布置主要有两种形式：一种为组合式；另一种为一体式。组合式是指预装式变电站的高压开关设备、变压器及低压配电装置三部分各为一室而组成“目”字型或“品”字型布置，如图 5.6.1 所示。“目”字型与“品”字型相比，“目”字型接线较为方便，故大多数预装式变电站采用“目”字型布置，但“品”字型结构较为紧凑，特别是当变压器室布置多台变压器时，“品”字型布置较为有利。一体式箱变是指以变压器为主体，熔断器及负荷开关等装在变压器箱体内，构成一体式布置。

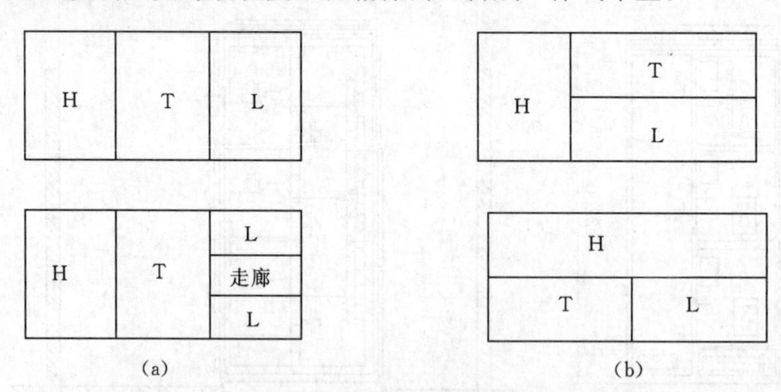

图 5.6.1 预装式变电站的布置

(a)“目”字型；(b)“品”字型

H—高压室；T—变压器室；L—低压室

预装式变电站一般用于户外，运行中会遇到一些问题，如凝露、发热、腐蚀、灰尘、爆炸等。这些从结构上另以解决。此外，箱体的形状和颜色要尽量与外界环境相协调，箱体的存在不应破坏景色，而应成为景色的点缀。

预装式变电站箱体用优质钢板、型钢等材料经特殊处理后组焊而成；框架外壳采用防锈合金铝板等材料，并喷防护漆，增强了防腐蚀能力，使其具备长期户外使用的条件。预装式变电站的顶盖设计牢固、合理，并配有隔热层和气楼；箱身为防止温度急剧变化而产生凝露，装设了隔热层，并装有自动电加热器；在变压器底部和顶部安装有风扇，可由温控仪控制自动起动，形成强力排风气流；顶盖设计为可拆卸式的，当变压器需要吊心检修时，可将顶盖卸下，有的则在变压器室底部设计有滚轮槽和泄油网，以便于变压器进出检修和变压器油泄入油坑。箱体顶部设有吊环，以便整体吊装。如图 5.6.2 所示为配 SF_6 负荷开关设备的典型预装式变电站。如图 5.6.3 所示为典型 ZBW—12/315kVA 型预装式变电站系统图。

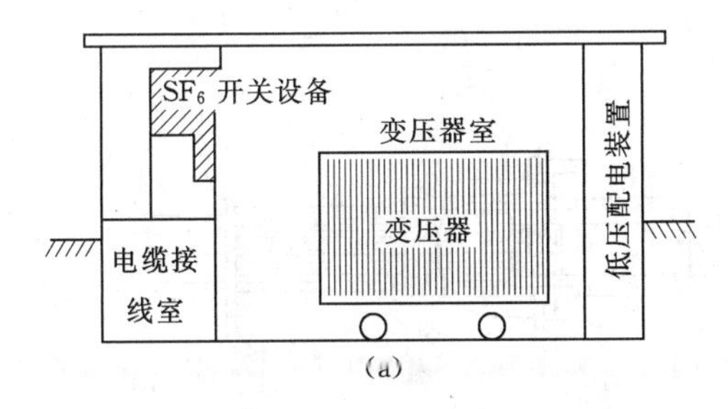

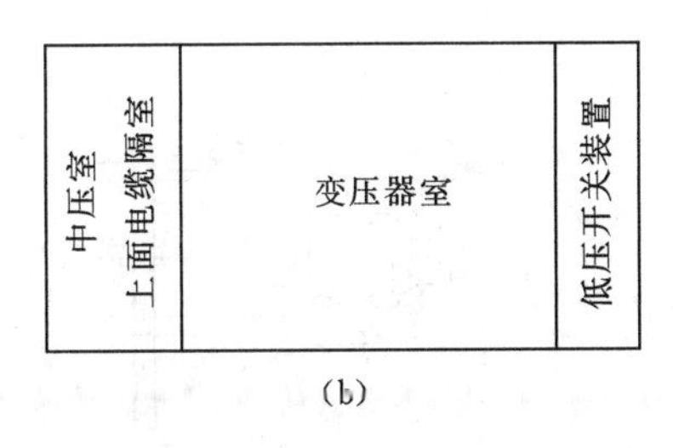

图 5.6.2　配 SF_6 后负荷开关设备的典型预装式变电站

(a) 侧面图；(b) 平面图

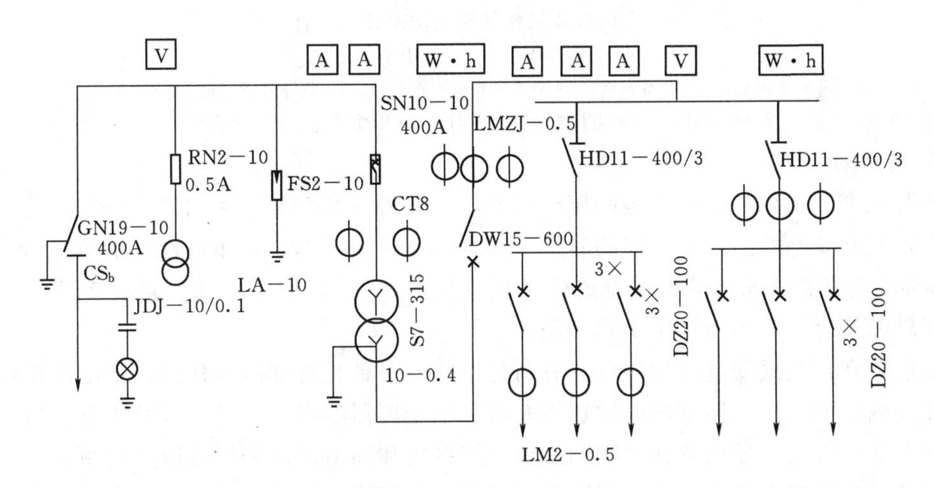

图 5.6.3　预装式变电站系统图

5.6.2　预装式变电站的设备选型

1. 中压开关设备

在预装式变电站中，若为终端接线，使用负荷开关——熔断器组合电器；若为环网接线，则采用环网供电单元。环网供电单元有空气绝缘和 SF_6 绝缘两种。我国目前大量使用的是空气绝缘式，SF_6 绝缘式在我国特别是在大城市也呈现出增长势头。

环网供电单元一般配负荷开关，它由两个作为进出线的负荷开关柜和一个变压器回路柜（负荷开关＋熔断器）组成。配空气绝缘环网供电单元的负荷开关主要有产气式、压气式和真空式。由于我国在城网建设和改造中，推行环网供电，以减少供电的中断，预计环网供电单元将有大的发展。

2. 电缆插接件

电缆插件用来连接环缆，是环网供电单元的有机组成部分，它的可靠性和安全性直接影响到环网供电单元整体。为安全起见，电缆插接件一般做成封闭式。

电缆插接件按其结构特点分为外锥插接件和内锥插接件。由于国外大力发展环网供电单元，电缆插接件应用广泛，需要量大，且都有自己的插接件标准。如图 5.6.4 所示出内锥式电缆插接件的结构原理图。

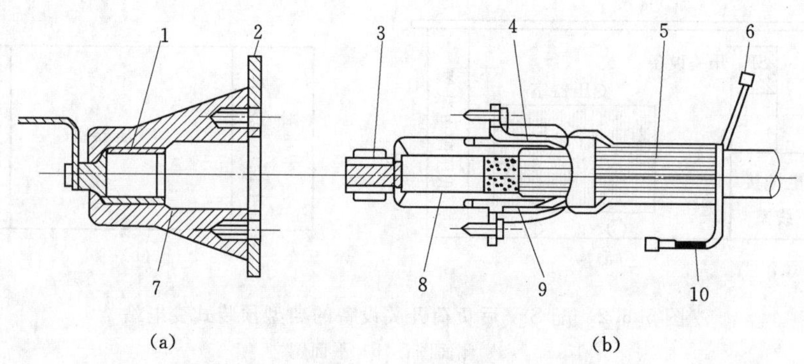

图 5.6.4　内锥式插接件的结构原理图（打开状态）

(a) 电器连接件；(b) 电缆插接件

1—接触套；2—电器壳壁；3—触头；4—金属法兰；5—收缩软管；6—测量线；7—绝缘件；8—带电场控制的绝缘件；9—压缩弹簧；10—电缆屏蔽

3. 变压器

预装式变电站用的变压器为降压变压器，一般将 10kV 降至少 380V/220V，供用户使用。在预装式变电站中，变压器的容量一般为 160～1600kVA，而最常用的容量为 315～630kVA。变压器型式应采用油浸式低损耗变压器，如 S9 型产品及更新型产品。在防火要求严格的场合，应采用树脂干式变压器。

变压器在预装式变电站中的设置有两种方式：一种是将变压器外露，不设置在封闭的变压器室内，放在变压器室内因散热不好而影响变压器的出力；另一种做法也是当前采用较多的方法，将变压器设置在封闭的室内，用自然和强迫通风来解决散热问题。

自然通风散热有变压器门板通风孔间对流、变压器门板通风孔与顶盖排风扇间的对流及预装式变电站基础上设置的通风孔与门板或顶盖排风扇间的对流。当变压器容量小于 315kVA 时，使用后两种方法为宜。

强迫通风也有多种办法，如排风扇设置在顶盖下面，进行抽风；排风扇设置在基础通风口处，进行送风。第一种办法是风扇搅动室内的热空气，散热效果不够理想。第二种办法是将基础下面坑道处的较冷空气送入室内，这样温差大，散热效果较好。

4. 低压配电装置

低压配电装置有主开关和分路开关。分路开关一般4～8台，多到12台。因此，分路开关占了相当大空间，缩小分路开关的尺寸，就能多装分路开关。在选择主开关和分路开关时，除体积要求外，还应选择短飞弧或零飞弧产品。

低压室有带操作走廊和不带操作走廊两种形式。操作走廊一般需要宽度为1000mm。不带操作走廊时，也可将低压室门板做成翼门上翻式，翻上的面板在操作时遮阳挡雨，这在国外结构中常见。低压室往往还装有静补装置及低压计量柜等。因此要充分利用空间。

5.7 低压配电线路

5.7.1 架空线路

1. 架空线路的结构

架空线路主要由导线、电杆、横担、绝缘子和线路金具等组成。其特点是设备材料简单，成本低；容易发现故障，维修方便；易受外界环境的影响（如气温、风速、雨雪、覆冰等机械损伤），供电可靠性较差；影响环境的整洁与美化等，见表5.7.1。

（1）导线：担负着输送电能的任务。主要有绝缘线和裸线两类，市区或居民区尽量采用绝缘线。绝缘线又分铜芯和铝芯两种，如铜芯橡胶绝缘线BX—25（25是标称截面、单位为mm^2）。铝芯橡胶绝缘线型号为BLX。铜、铝塑料绝缘型号分别为BV、BLV等。

（2）电杆：电杆是支撑导线的支柱，同时保持导线的相间距离和对地距离。电杆按材质分有木杆（只用于临时供电）、钢筋混凝土杆（也称水泥杆）和铁塔三种。环状截面的水泥杆又有等径和拨梢杆之分，在低压架空线路中一般采用预应力钢筋混凝土拔梢杆。电杆按其功能分有直线杆、转角杆、终端杆、跨越杆、耐张杆、分支杆等。

（3）横担：横担是电杆上部用来安装绝缘子以固定导线的部件。从材料来分，有木横担（已很少用）、铁横担和瓷横担。低压架空线路常用镀锌角铁横担。横担固定在电杆的顶部，距顶部一般为300mm。

（4）绝缘子：绝缘子又称瓷瓶，它被固定在横担上，用来使导线之间、导线与横担之间保持绝缘的，同时也承受导线的垂直荷重和水平拉力。对于绝缘子主要要求有足够的电气绝缘强度和机械强度，对化学腐蚀有足够的防护能力，不受温度急剧变化的影响和水分渗入等特点。低压架空线路的绝缘子主要有针式和蝶式两种，耐压试验电压均为2kV。

（5）金具：线路金具是架空线路上所使用的各种金属部件的统称，其作用是连接导线、组装绝缘子、安装横担和拉线等，即主要起连接或紧固作用。常用的金具有固定横担的抱箍和螺丝，用来连接导线的接线管，固定导线的线夹以及做拉线用的金具等。为了防止金具锈蚀，一般都采用镀锌铁件或铝制零件。

2. 架空线路的敷设

（1）路经选择：路经应尽量架设在道路一侧，不妨碍交通，不妨碍塔式起重机的拆装、进出和运行。应力求路经短直、转角小，并保持线路接近水平，以免电杆受力不均而倾倒。

(2) 架空导线与邻近线路或设施的距离要求：架空导线与邻近线路或设施的距离应符合表 5.7.1 的规定。

(3) 杆型的确定及施工要求：电杆采用水泥杆时，水泥杆不得露筋、环向裂纹和扭曲，其梢径不得小于 130mm。电杆的埋设深度宜为杆长的 1/10 加 0.6m，但在松软土地处应当加大埋设深度或采用卡盘加固。

(4) 挡距、线距、横担长度及间距要求：挡距是指两杆之间的水平距离，施工现场架空线挡距不得大于 35m。线距是指同一电杆各线间的水平距离，线距一般不得小于 0.3m。横担的长度应为：二线取 0.7m，三线和四线取 1.5m，五线取 1.8m。横担间的最小垂直距离不得小于表 5.7.2 所列数值。

表 5.7.1　　架空线路与邻近线路或设施的距离

<table>
<tr><td>项　目</td><td colspan="7">邻近线路或设施的类别</td></tr>
<tr><td rowspan="2">最小净空距离 (m)</td><td colspan="2">过引线、接下线与邻线</td><td colspan="3">架空线与拉线电杆外缘</td><td colspan="2">树梢摆动最大时</td></tr>
<tr><td colspan="2">0.13</td><td colspan="3">0.65</td><td colspan="2">0.5</td></tr>
<tr><td rowspan="3">最小垂直距离 (m)</td><td rowspan="2">同杆架设下方的广播线路通信线路</td><td colspan="3">最大弧垂与地面</td><td rowspan="2">最大弧垂与暂设工程顶端</td><td colspan="2">与邻近线路交叉</td></tr>
<tr><td>施工现场</td><td>机动车道</td><td>铁路轨道</td><td>1kV 以下</td><td>1～10kV</td></tr>
<tr><td>1.0</td><td>4.0</td><td>6.0</td><td>7.5</td><td>2.5</td><td>1.2</td><td>2.5</td></tr>
<tr><td rowspan="2">最小水平距离 (m)</td><td colspan="2">电杆至路基边缘</td><td colspan="3">电杆至铁路轨道边缘</td><td colspan="2">边线与建筑物凸出部分</td></tr>
<tr><td colspan="2">1.0</td><td colspan="3">杆高+3.0</td><td colspan="2">1.0</td></tr>
</table>

表 5.7.2　　横担间最小垂直距离　　单位：m

排列方式	直线杆	分支或转角杆
高压与低压	1.2	1.0
低压与低压	0.6	0.3

(5) 导线的型式选择及敷设要求：施工现场的架空线必须采用绝缘线，一般用铝心线；架空线必须设在专用杆上，严禁架设在树木及脚手架上。为提高供电可靠性，在一个挡距内每一层架空线的接头数不得超过该层线条数的 50%，且一根导线只允许有一个接头；线路在跨越公路、河流时，电力线路挡距内不得有接头。

(6) 绝缘子及拉线的选择及要求：架空线的绝缘对直线杆采用针式绝缘子，耐张杆采用蝶式绝缘子。拉线应选用镀锌铁线，其截面不得小于 $3\times\phi4$，拉线与电杆夹的角应在 45°～90° 之间，拉线埋设深度不得小于 1m，钢筋混凝土杆上的拉线应在高于地面 2.5m 处装设拉线绝缘子。

5.7.2 电缆线路

电缆线路的特点有：不受外界环境影响，供电可靠性高；材料和安装成本高，约为架空线的 10 倍；不占用土地，有利于环境美观等。所以，目前的低压配电线路广泛采用电缆线路。

1. 电缆的构造和型号

电缆型号的内容包含其用途类别、绝缘材料、导体材料、铠装保护层等。

电缆按其构造及作用的不同，可分为电力电缆、控制电缆、电话电缆、射频同轴电缆、移动式软电缆等。

按电压可分为低压电缆（小于1kV）、高压电缆，工作电压等级有500V和1kV、6kV及10kV等。

电缆的型号见表5.7.3。外护层代号见表5.7.4。在电缆型号后面还注有芯线根数、截面、工作电压等。

表5.7.3 电缆型号含义

类别	导体	绝缘	内护套	特征
电力电缆 （省略不表示） K：控制电缆 P：信号电缆 YT：电梯电缆 U：矿用电缆 Y：移动式软缆 H：市内电话电缆 UZ：电钻电缆 DC：电气化车辆用电缆	T：铜线 （可省） L：铝线	Z：油浸纸 X：天然橡胶 （X）D：丁基橡胶 （X）E：乙丙橡胶 V：聚氯乙烯 Y：聚乙烯 YJ：交联聚乙烯 E：乙丙胶	Q：铅套 L：铝套 H：橡套 （H）P：非燃性 HF：氯丁胶 V：聚氯乙烯护套 Y：聚乙烯护套 VF：复合物 HD：耐寒橡胶	D：不滴油 F：分相 CY：充油 P：屏蔽 C：虑尘用或重型 G高压

表5.7.4 电缆外护层代号

第一个数字		第二个数字	
代号	铠装层类型	代号	外被层类型
0	无	0	无
1	钢带	1	纤维线包
2	双钢带	2	聚氯乙稀护套
3	细圆钢丝	3	聚乙稀护套
4	粗圆钢丝	4	—

还有一些变通标法，如外护层：11—裸金属护套一级外护层；12—钢带铠装一级外护层；120—裸钢带铠装一级外护层；13—细钢丝铠装一级外护层，130—裸细钢丝铠装一级外护层；15—粗钢丝铠装一级外护层；150—裸粗钢丝铠装一级外护层；21—是钢带加固麻被护层；22—是钢带铠装二级护层；23—是细钢丝铠装二级外护层；25—是粗钢丝铠装二级外护层；29—是内钢带铠装有外护层；30—裸细钢丝铠装；39—内细钢丝铠装；50—裸粗钢丝铠装；59—内粗钢丝铠装。

在图上的表示有：①ZQ22—10—3×50－250表示铜芯、纸绝缘、铅包、双钢带铠装、纤维外被层（如油麻）、三芯、50mm^2、电压为10kV、长度为250m的电力电缆；②VV22－3×25＋1×16表示铜芯、聚氯乙烯内护套、双钢带铠装、聚氯乙烯外护套、三芯25mm^2、一芯16mm^{2}的电力电缆。

在实际建筑工程中，一般高压优先选用交联聚乙烯电缆，其次用不滴油纸绝缘电缆，最后选普通油浸纸绝缘电缆。10kV以下常选用聚氯乙烯绝缘。工程中直埋电缆必须选用铠装电缆。

目前，五芯电力电缆如雨后春笋，蓬勃发展，以符合TN—S五线制供电的需要。其型号及规格见表5.7.5。

表5.7.5　　五芯电力电缆型号

型号		电缆名称	芯数	截面（mm^2）
铜芯	铝芯			
VV	VLV	PVC绝缘PVC护套电力电缆	3+2 4+1 5	4～185
VV22	VLV22	PVC绝缘钢带铠装PVC护套电力电缆		
ZR—VV	ZR—VLV	阻燃型PVC绝缘PVC护套电力电缆		
ZR—VV22	ZR—VLV22	PVC绝缘钢带铠装PVC护套电力电缆		

2. 交联聚乙烯绝缘电力电缆

简称XLPE电缆，它是利用化学或物理的方法使电缆的绝缘材料聚乙烯塑料的分子由线型结构转变为立体的网状结构，即把原来是热塑性的聚乙烯转变成热固性的交联聚乙烯塑料，从而大幅度地提高了电缆的耐热性能和使用寿命，仍保持其优良的电气性能。型号名称见表5.7.6。

表5.7.6　　交联聚乙烯绝缘电力电缆

电缆型号		名称	适用范围
铜芯	铝芯		
YJV	YJLV	交联聚乙烯绝缘聚氯乙烯护套电力电缆	室内，隧道，穿管，埋入土内（不承受机械力）
YJY	YJLY	交联聚乙烯绝缘聚乙烯护套电力电缆	
YJV22	YJLV22	交联聚乙烯绝缘聚氯乙护套钢带铠装电力电缆	室内，隧道，穿管，埋入土内
YJV23	YJLV23	交联聚乙烯绝缘聚乙烯护套钢带铠装电力电缆	
YJV32	YJLV32	交联聚乙烯绝缘聚乙烯护套细钢带铠装电力电缆	竖井，水中，有落差的地方，能承受外力
YJV33	YJLV33	交联聚乙烯绝缘聚乙烯护套细钢带铠装电力电缆	

3. 聚氯乙烯绝缘聚氯乙烯护套电力电缆技术数据

聚氯乙烯绝缘聚氯乙烯护套电力电缆长期工作温度不超过700℃，电缆导体的最高温度不超过1600℃。短路最长持续时间不超过5S，施工敷设最低温度不得低于0℃。最小弯曲半径不小于电缆直径的10倍。技术数据见表5.7.7。

表5.7.7　　聚氯乙烯绝缘聚氯乙烯护套电力电缆技术数据

产品型号		芯数	截面（mm^2）
铜芯	铝芯		
VV/VV22	VLV VLV22	1	1.5～800 2.5～800 10～800

续表

产品型号		芯数	截面 (mm²)
铜芯	铝芯		
VV/VV22	VLV VLV22	2	1.5～805 2.5～805 10～805
VV/VV22	VLV VLV22	3	1.5～300 2.5～300 4～300
VV/VV22 VV/VV22	VLV VLV2V2 VLV VLV2V2	3+1 4	4～300 4～185

4. 电缆线路的敷设

(1) 路径选择：应使电缆路径最短，尽量少拐弯；少受外界因素，如机械的、化学的或地中电流等作用的损坏；散热条件好，尽量避免与其他管道交叉等。

(2) 敷设要求：在建筑工程中，电缆线路应用最多的是直埋敷设，要求电缆埋深不小于0.7m，电缆沟深不小于0.8m，电缆的上下各有10cm砂子（或过筛土），上面还要盖砖或混凝土盖板。地面上在电缆拐弯处或进建筑物处要埋设标示桩，以备日后施工时参考。直埋电缆一般限于6根以内，超过6根就采用电缆沟敷设方式。

电缆沟内预埋金属支架，电缆多时，可以在两侧都设支架，一般最多可设12根电缆。如果电缆非常多，则可用电缆隧道敷设。

采用电缆线路时，其干线应采用埋地或架空敷设，严禁沿地面明设。埋地敷设电缆的接头应设在地面上的接线盒内，接线盒应能防水、防尘、防机械损伤并远离易燃、易爆、易腐蚀场所。橡皮电缆架空敷设时，应沿墙壁或电杆位置，并用绝缘子固定，严禁使用金属裸线作绑线，固定点间距应保证橡皮电缆能承受自重所带来的荷重，橡皮电缆的最大弧垂距地不得小于2.5m，电缆头应牢固可靠，并应做绝缘包扎，保证绝缘强度。高层建筑临时配电的电缆也应埋入，电缆垂直敷设的位置应充分利用建筑工程的竖井，垂直孔洞等，并应靠近负荷中心，固定点每层楼不得少于一处，电缆水平敷设宜沿墙或门窗固定，距地不得小于1.8m。

5.7.3 架空引入线（接户线）

当低压架空线向建筑物内部供电时，由架空配电线路引到建筑物外墙的第一个支持点（如进户横担）之间的一段线路，或由一个用户接到另一个用户的线路叫做接户线。其要求如下：

(1) 接户线由供电线路电杆处接出，挡距不宜大于25m，超过25m时应设接户杆，在挡距内不得有接头。

(2) 接户线应采用绝缘线，导线截面应根据允许载流量选择，但不应小于表5.7.8所列数值。

表 5.7.8　　低压接户线的最小截面

接户线架设方式	挡距	最小截面	
		绝缘铜线	绝缘铝线
自电杆上引下	10 以下	2.5	4.0
	10～25	4.0	6.0
沿墙敷设	6 及以下	2.5	4.0

（3）接户线距地高度不应小于下列数值：通车街道为 6m，通车困难道、人行道为 3.5m，胡同为 3m，最低不得小于 2.5m。

（4）低压接户线间距离，不应小于表 5.7.9 所列数值。低压接户线的零线和相线交叉处，应保持一定的距离或采取绝缘措施。

表 5.7.9　　低压接户线的线间距离

架设方法	挡距（m）	线间距离（cm）
自电杆上引下	25 及以下	15
	25 以上	20
沿墙敷设	6 及以下	
	6 以上	

（5）进户线进墙应穿管保护，并应采取防雨措施，室外端应采用绝缘子固定。

5.7.4　室内低压线路的结构和敷设

1. 室内低压线路的结构

根据安全需要，室内低压线路一般采用绝缘导线。常用的绝缘导线有橡皮绝缘导线和塑料绝缘导线。

室内低压线路主要包括从进户线接至计量装置的线路，以及从计量控制装置接至各用电设备的线路。室内线路的安装称为内线工程，主要包括：进户线装置、计量装置、控制和保护装置、建筑物内部线路装置、电缆线路装置、照明装置、电力装置和防雷与接地装置等的施工安装和线路敷设。

室内线路的配电方式有放射式、树干式、链式和环式等四种。有时在一个内线工程中同时综合采用几种配电方式。对于大容量的用电设备或电压质量要求高的设备，则由变配电所直接配线供电。室内线路具体采用何种配电方式，应根据实际情况而定。

2. 室内低压线路的敷设

民用建筑室内配电线路的敷设方式主要有：用铝皮卡（俗称钢精轧头）、槽板、瓷夹板等固定绝缘导线的明敷布线；用钢管或塑料管穿绝缘导线的明敷或暗敷布线。

（1）明敷和暗敷：所谓明敷，又叫明配线，就是沿墙壁、天花板、桁架及柱子等敷设导线。明配线对应于明装配电箱。把导线穿管埋设在墙内、地坪内，以及房屋的顶棚内，称为暗敷，又叫暗配线。暗配线对应于暗装配电箱。随着高层建筑的不断增多，和建筑装饰标准的不断提高，暗配线工程将日益增多，并日趋复杂，因此室内配线与建筑施工的配合也越来越密切。敷设方法的选择，应根据建筑物的性质和要求、用电设备的分布以及环境特征等因素而确定。照明线路一般采用暗配线，电力线路有明敷也有暗敷。

(2) 室内配线的技术要求：室内配线除一般要求安全可靠、布置整齐合理、安装牢固外，在技术上还要求：

1) 使用的绝缘导线的额定电压应大于线路的工作电压，导线的绝缘应符合线路安装方式及敷设的环境条件，导线的截面应能满足供电电流和机械强度的要求。

2) 配线时应尽量避免导线有接头，若有中间接头必须采用压接或焊接。穿在管内的导线不允许有接头，接头应放在接线盒或灯头盒内。导线的连接或分支处不应受到机械力的作用。

3) 明配线路要保持横平竖直，水平敷设时导线距地面 2.5m 以上，垂直敷设时导线距地面 2m 以上，否则应将导线穿在钢管内加以保护。

4) 当导线穿过楼板、墙壁时，要加装保护套管。

5) 当导线相互交叉时，应在每根导线上套以绝缘管并固定。

6) 为确保用电安全，室内配电管线与其他管道、设备以及与建筑物之间最小距离都应有一定的要求，见表 5.7.10 和表 5.7.11。

表 5.7.10　　明布线的有关距离要求

固定方式	导线截面 (mm^2)	固定点最大距离 (m)	线间最小距离 (mm)	与地面最小距离(m)	
				水平布线	垂直布线
槽板	≤4	0.05	—	2	1.3
卡钉	≤10	0.2	—	2	1.3
瓷(塑料)夹	≤6	0.8	25	2	1.3
瓷柱	≤16	3.0	50	2	1.3(2.7)
瓷瓶	16～25	3	100	2.5	1.8(2.7)

注　括号内数字指屋外敷设时要求。

表 5.7.11　　绝缘导线至建筑物间的距离

布线位置	最小距离 (mm)
水平敷设时垂直距离：在阳台、平台上和跨越建筑屋顶	2500
在窗户上	300
在窗户下	800
垂直敷设时至阳台、窗户的水平距离	600
导线至墙壁和构件的距离（挑檐下除外）	35

(3) 管配线：为了美化建筑、使用安全、施工方便等需要，目前在民用建筑中较多地采用管配线。管配线有明配和暗配两种，明配管要求横平竖直，整齐美观。暗配管要求管路短而畅通，弯头要少。管路的敷设要按图纸配合土建进行预埋和预留管线。管路较长时，中间应加装接线盒或拉线盒以便穿线。配线用的管子通常为钢管或硬塑料管。管子的内径不得小于管内导线束直径的 1.5 倍。管内导线一般不得超过 8 根，都不能有接头。不同电压不同电价的导线不得穿在一个管内。此外，还要求金属线管作

接地处理。为了使线管成为良好的导线，线管采用螺纹连接，并要求有一定的拧入量，使过渡电阻较少。

（4）塑料护套线的敷设：塑料护套线是一种具有塑料保护层的双芯或多芯的绝缘导线，在民用建筑中使用较多，它具有防潮、耐酸和耐腐蚀等性能，可以明敷或暗敷，明敷时用塑料卡作为导线的支持点，直接固定在墙壁上。塑料护套线的接头应放在开关、灯头或插座处。塑料护套线不能埋在建筑物的抹灰层内，也不能在露天场所明敷。

（5）瓷夹板、瓷柱、瓷瓶配线：瓷夹板、瓷柱、瓷瓶配线适用于室内外明配线。这种配线方式易于检修、造价低，但因没有保护层而容易损坏，因此安装高度要高，以防人和运动器件的触及。

在室内低压配线中，导线的连接是敷设导线的重要一环，运行事故往往发生在导线连接处。导线连接的方法有：绞接、焊接、压接和螺栓连接等，应当根据不同的导线和不同的工作地点来选择连接方法。衡量导线接头的质量，要求连接可靠，接头电阻小，机械强度高，绝缘性能好，耐腐蚀等。如采用熔焊法连接，要防止残余熔剂和熔渣的化学腐蚀。室内配线能否安全可靠运行，在很大程度上取决于导线接头的质量，在敷设中必须严格按照规范要求，精心施工。

5.8 建筑施工现场的电力供应及临时用电管理

5.8.1 建筑施工现场的电力供应

施工现场的供电系统，是由高压线路接受从电力系统送来的电能，经过变电所降压，再由低压电网将电能输送到各用电设备的场所。施工现场的用电设备和一般工业企业一样，主要是动力负载和照明负载两大部分，而且大都采用 380V/220V 三相四线制供电。施工现场的电力供应主要是要解决好施工电力负荷计算和变压器的选择，其方法靠参考本章介绍的建筑工程供配电设计计算方法。

5.8.2 建筑施工现场临时用电管理

1. 临时用电组织设计

（1）施工现场临时用电设备在 5 台及以上或设备总容量在 50 kW 及以上者，应编制用电组织设计。

（2）施工现场临时用电组织设计应包括下列内容：

1）现场踏勘。

2）确定电源进线、变电所或配电室、配电装置、用电设备位置级线路走向。

3）进行负荷计算。

4）选择变压器。

5）设计配电系统：设计配电线路，选择导线或电缆；设计配电装置，选择电器；设计接地装置；绘制临时用电工程图纸，主要包括用电工程总平面图、配电装置布置图、配电系统图、接地装置设计图。

6）设计防雷装置。

7）确定防护措施。

8）制定安全用电措施和电气防火措施。

（3）临时用电工程图纸应单独绘制，临时用电工程应按图施工。

（4）临时用电组织设计及变更时，必须履行“编制、审核、批准”程序，由电气工程技术人员组织编制，经相关部门审核及具有法人资格企业的技术负责人批准后实施。变更用电组织设计时应补充有关图纸资料。

（5）临时用电工程必须经编制、审核、批准部门和使用单位共同验收，合格后方可投入使用。

（6）施工现场临时用电设备在5台以下和设备总容量在50kW以下者，应制定安全用电和电气防火措施，并应符合上述第4～5条规定。

2. 电工及用电人员

（1）电工必须经过国家现行标准考核合格后，方能持证上岗工作；其他用电人员必须通过相关安全教育培训和技术交底，考核合格后方可上岗工作。

（2）安装、巡检、维修或拆除临时用电设备和线路，必须由电工完成，并应有人监护。电工等级应同工程的难易程度和技术复杂性相适应。

（3）各类用电人员应掌握安全用电基本知识和所用设备的性能，并应符合下列规定：

1）使用电气设备前必须按规定穿戴和配备好相应的劳动防护用品，并应检查电气装置和保护设施，严禁设备带“缺陷”运转。

2）保管和维护所用设备，发现问题及时报告解决。

3）暂时停用设备的开关箱必须切断电源隔离开关，并应关门上锁。

4）移动电气设备时，必须经电工切断电源并做妥善处理后进行。

3. 安全技术档案及定期检查

（1）施工现场临时用电必须建立安全技术档案，并应包括下列内容：

1）用电组织设计的全部资料；

2）修改用电组织设计的资料；

3）用电技术交底资料；

4）用电工程检查验收表；

5）电气设备的试、检验凭单和调试记录；

6）接地电阻、绝缘电阻和漏电保护器漏电动作参数测定记录；

7）定期检（复）查表；

8）电工安装、巡检、维修、拆除工作记录。

（2）安全技术档案应由主管该现场的电气技术人员负责建立与管理。其中“电工安装、巡检、维修、拆除工作记录”可指定电工代管，每周由项目经理审核认可，并应在临时用电工程拆除后统一归档。

（3）临时用电工程应定期检查。定期检查时，应复查接地电阻值和绝缘电阻值。

（4）临时用电工程定期检查应按分部、分项工程进行，对安全隐患必须及时处理，并应履行复查验收手续。

习 题

1. 什么叫电力系统？

2. 电力负荷如何分级？各级电力负荷对供电有何要求？

3. 衡量电能质量的指标有哪些？

4. 设备容量是怎样确定的？

5. 负荷计算的方法有哪些？

6. 变电所的形式有哪些？布置时应注意什么？

7. 常用的高压开关柜主要有哪些？

8. 常用的低压配电屏主要有哪些？

9. 预装式变电站由哪几部分组成？有哪些特点？通常有哪些形式？

10. 架空线路由哪几部分组成？各部分的作用是什么？

11. 电缆线路适用在什么场合？有哪几种敷设方法？

12. 室内低压配电线路的敷设方法有哪些？各种敷设方法有何要求？

13. 如何进行建筑施工现场临时用电管理？

14. 某机修车间 380V 低压母线上引出的配电干线向下述设备供电：

(1) 冷加工机床：7.5kW4 台，4kW6 台；

(2) 通风机：4.5kW3 台；

(3) 水泵：2.8kW2 台。

试确定各组和总的计算负荷（用需要系数法），结果用电力负荷计算表列出。

15. 某车间，380V 电力线路上有 35 台小批量生产的电动机，容量为 65kW，电焊机 3 台，共 10.5kW，$\varepsilon=65\%$，求该车间的计算负荷。

16. 某七层住宅楼有两个单元，每一个单元均为一梯两户，每户的容量按 6kW 考虑，供电负荷分配如下：第一单元，L1 供 1、2、3 层；L2 供 4、5 层；L3 供 6、7 层。第二单元，L2 供 1、2、3 层；L3 供 4、5 层；L1 供 6、7 层。求此住宅的计算负荷。

第6章　常用低压电气设备及低压配电线路

现代工农业及整个社会生活中电力应用非常广泛，一般建筑采用低压供配电，高层建筑通常10kV电压供电。建筑供配电是建筑电气的重要内容，为更好的掌握建筑供配电系统，本章主要介绍刀开关、低压断路器、低压熔断器、交流接触器、插座、灯开关、电能表及低压配电柜等电气设备，低压配电线路以及导线和电缆的分类、功能和型号、选择方法以及综合运用等知识。

6.1 刀　开　关

低压电气设备通常是指电压在1000V以下的电气设备，在建筑工程常见的低压电气设备有刀开关、自动空气开关、熔断器、接触器等。

刀开关是一种简单的手动操作电器，用于非频繁接通和切断容量不大的低压供电线路，并兼作电源隔离开关。刀开关的型号一般以H字母打头，种类规格繁多，并有多种衍生产品。按工作原理和结构，刀开关可分为低压刀开关、胶盖闸刀开关、刀形转换开关、铁壳开关、熔断式刀开关、组合开关等。

低压刀开关的最大特点是有一个刀形动触头闸刀，基本组成部分是操作手柄、触刀、静插座、支座、绝缘底板等，开关结构如图6.1.1所示。低压刀开关按操作方式分有单投和双投开关；按极数分有单极、双极和三极开关；按灭弧结构分，有带灭弧罩的和不带灭弧罩的等。低压刀开关常用于不频繁地接通和切断交流和直流电路，刀开关装有灭弧罩时可以切断负荷电流。常用型号有HD和HS系列。低压刀开关的技术参数如表6.1.1所示。

6.1.1　刀开关结构示意图
1—操作手柄；2—触刀；3—静插座；4—支座；5—绝缘底板

表6.1.1　　低压刀开关的技术参数

额定电压（V）			AC380、DC220、440					
额定电流（A）			100	200	400	600	1000	
通断能力（A）	AC380V、$\cos\varphi=0.72\sim0.8$		100	200	400	600	1000	
	DC $T=0.01\sim0.011$s	220V	100	200	400	600	1000	
		440V	50	100	200	300	500	
机械寿命（次）			10000			5000		
电寿命（次）			1000			500		

续表

额定电压（V）		AC380、DC220、440					
1s 热稳定电流（kA）		6	10	20	25	30	40
动稳定电流峰值（kA）	杠杆操作式	20	30	40	50	60	80
	手柄式	15	20	30	40	50	
操作力（N）		35	35	35	35	45	45

低压刀开关型号含义如下：

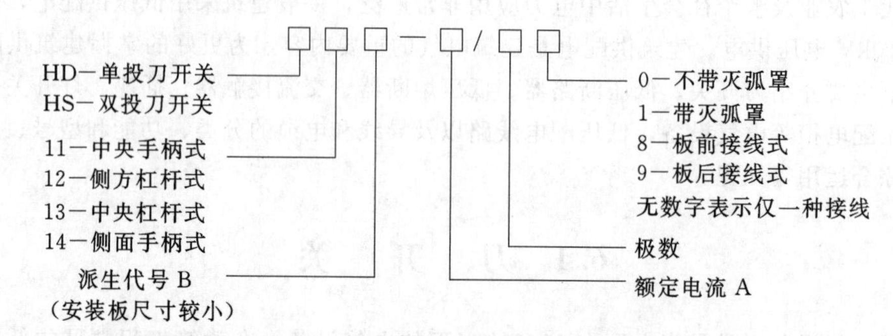

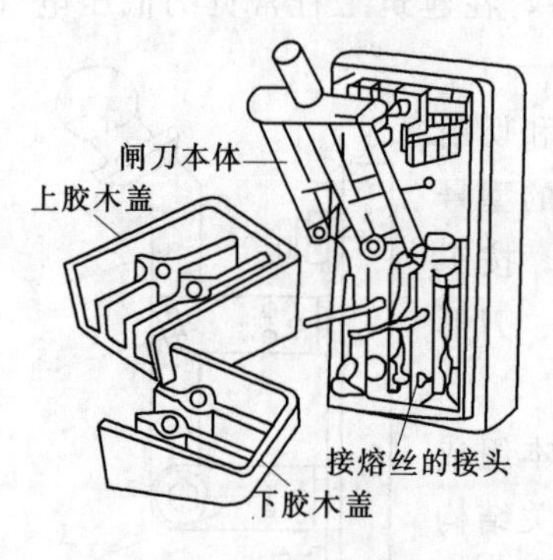

图 6.1.2　开启式负荷开关

胶盖闸刀开关是普通使用的一种刀开关，又称开启式负荷开关。闸刀装在瓷质底板上，每相附有保险丝、接线柱，用胶木罩壳盖住闸刀，以防止切断电源时电弧烧伤操作者。胶盖闸刀开关价格便宜、使用方便，在建筑中广泛使用。三相胶盖闸刀开关在小电流配电系统中用来接通和切断电路，也可用于小容量三相异步电动机的全压起动操作，单相双极刀开关用在照明电路或其他单相电路上，其中熔丝提供短路保护。胶盖闸刀开关外形如图 6.1.2 所示。常用的有 HK1、HK2 两种型号，技术资料见表 6.1.2。

表 6.1.2　HK1、HK2 型闸刀开关规格

型号	额定电压（V）	额定电流（A）	可控制的电动机功率（kW）	级数
HK1	220	15	1.5	2
	220	30	3.0	2
	220	60	4.5	2
	380	15	2.2	3
	380	30	4.0	3
	380	60	5.5	3
HK2	220	15	1.1	2
	220	30	1.5	2
	220	60	3.0	2
	380	15	2.2	3
	380	30	4.0	3
	380	60	5.5	3

铁壳开关主要由刀开关、熔断器和铁制外壳组成，又称封闭式负荷开关。在闸刀断开处有灭弧罩，断开速度比胶盖闸刀快，灭弧能力强，并具有短路保护。它适用于各种配电设备，供不频繁手动接通和分断负荷电路之用，包括用作感应电动机的不频繁起动和分断。铁壳开关的型号主要有 HH3、HH4、HH12 等系列，铁壳开关结构如图 6.1.3 所示，规格如表 6.1.3 所示。

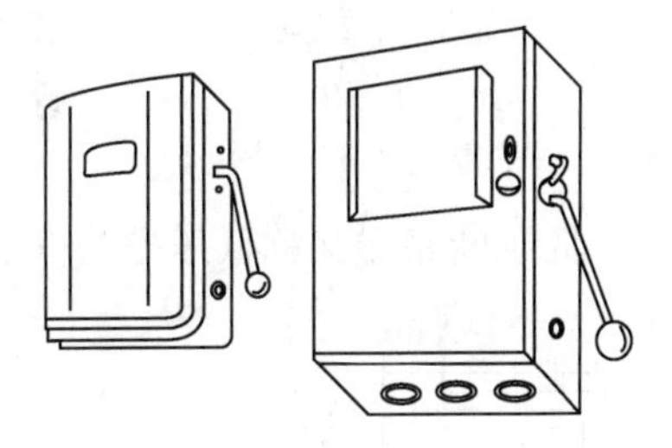

图 6.1.3　铁壳开关结构图

表 6.1.3　　铁壳开关常用规格

型　号	额定电压（V）	额定电流（A）	级　　数
HH3	250 440	10、15、20、30、60、100、200	2、3 或 3＋中性线座
HH4	380	15、30、60	2、3 或 3＋中性线座

熔断式刀开关也称刀熔开关，熔断器装于刀开关的动触片中间。它的结构紧凑，可代替分列的刀开关和熔断器，通常装于开关柜及电力配电箱内，主要型号有 HR3、HR5、HR6、HR11 系列。

组合开关是一种多功能开关，可用来接通或分断电路，切换电源或负载，测量三相电压，控制小容量电动机正、反转等，但不能用作频繁操作的手动开关，主要型号有 HZ10 系列等。除上述所介绍的各种形式的手动开关外，近几年来国内已有厂家从国外引进技术，生产出较为先进的新型隔离开关，如 PK 系列可拼装式隔离开关和 PG 系列熔断器多极开关两种。它的外壳采用陶瓷等材料制成，耐高温、抗老化、绝缘性能好。该产品体积小、重量轻，可采用导轨进行拼装，电寿命和机械寿命都较长。它可代替前述的小型刀开关，广泛用于工矿企业、民用建筑等场所的低压配电电路和控制电路中。

PG 型熔断器式隔离器是一种带熔断器的隔离开关，外形结构大致与 PK 型相同，也分为单极和多极两种，可用导轨进行拼装，主要技术资料如表 6.1.4 所示。

表 6.1.4　　新型隔离开关主要技术资料

<table>
<tr><td rowspan="3">PK 系列</td><td>额定电流（A）</td><td colspan="2">16</td><td colspan="2">32，63，100</td></tr>
<tr><td>额定电压（V）</td><td colspan="2">220</td><td colspan="2">380</td></tr>
<tr><td>极数 p</td><td colspan="4">1，2，3，4</td></tr>
<tr><td rowspan="5">PG 系列
（熔断器式）</td><td>额定电流（A）</td><td>10</td><td>16</td><td>20</td><td>32</td></tr>
<tr><td>配用熔断器额定电流（A）</td><td>2，4，6，70</td><td>6，10，16</td><td>0.5，2，4，6，8，10，12，16，20</td><td>25，32</td></tr>
<tr><td>额定电压（V）</td><td colspan="2">220</td><td colspan="2">380</td></tr>
<tr><td>额定熔断短路电流（A）</td><td colspan="2">8000</td><td colspan="2">20000</td></tr>
<tr><td>极数 p</td><td colspan="4">1，2，3，4</td></tr>
</table>

6.2 低压断路器

低压断路器又称低压空气开关，或自动空气开关。断路器具有良好的灭弧性能，它能带负荷通断电路，可以用于电路的不频繁操作，同时它又能提供短路、过负荷和失压保护，是低压供配电线路中重要的开关设备。断路器主要由触头系统、灭弧系统、脱扣器和操作机构等部分组成。它的操作机构比较复杂，主触头的通断可以手动，也可以电动。断路器的结构原理如图6.2.1所示。

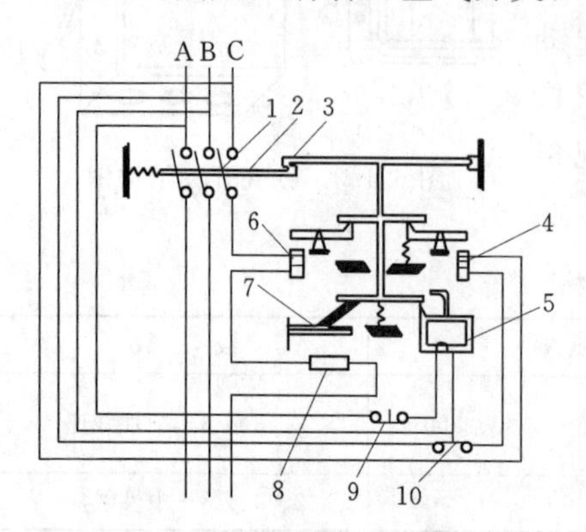

图6.2.1　断路器原理图

1—触头；2—跳钩；3—锁扣；4—分励脱扣器；5—欠电压脱扣器；6—过电流脱扣器；7—双金属片；8—热元件；9—常闭按钮；10—常开按钮

当手动合闸后，跳钩2和锁扣3扣住，开关的触头闭合，当电路出现短路故障时，过电流脱扣器6中线圈的电流会增加许多倍，其上部的衔铁逆时针方向转动推动锁扣向上，使其跳钩2脱钩，在弹簧弹力的作用下，开关自动打开，断开线路；当线路过负荷时，热元件8的发热量会增加，使双金属片儿向上弯曲程度加大，托起锁扣3，最终使开关跳闸；当线路电压不足时，失压脱扣器5中线圈的电流会下降，铁芯的电磁力下降，不能克服衔铁上弹簧的弹力，使衔铁上跳，锁扣3上跳，与跳钩2脱离，致使开关打开。按钮9和10起分励脱扣作用，当按下按钮时，开关的动作过程与线路失压时是相同的；按下按钮10时，使分励脱扣器线圈通电，最终使开关打开。

低压空气断路器有许多新的种类，结构和动作原理也不完全相同，前面所述的只是其中的一种。

空气断路器具有两段保护特性或三段保护特性，两段保护特性曲线如图6.2.2所示，*ab*段是过载时开关动作的特性曲线，其特点是反时限，即电流大，动作时间短；电流小，动作时间长；当电流大到一定值时，开关在极短时间内动作，即进入曲线的*cd*段，是瞬时动作特性，在这段中，开关动作时间与电流大小无关，是固定的，称为定时限特性。

一般低压空气断路器在使用时要垂直安装，不要倾斜，以避免其内部机械部件运动不够灵活。接线时要上端接电源线，下端接负载线。有些空气开关自动跳闸后，需将手柄向下扳，然后再向上推才能合闸，若直接向上推则不能合闸。

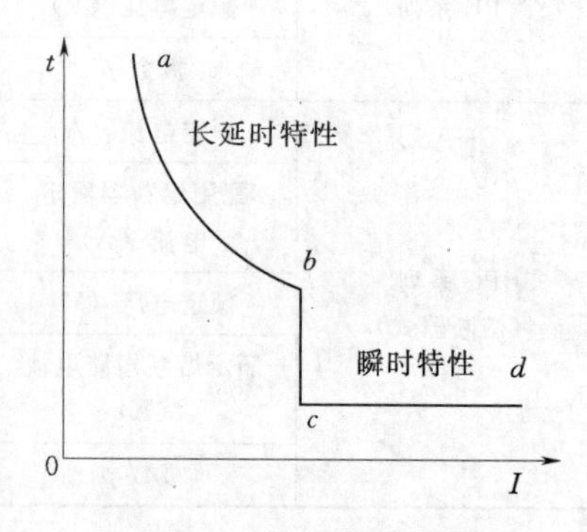

图6.2.2　保护特性曲线图

低压空气断路器按照用途可分为：配电用断路器、电机保护用断路器、直流保护用断路器、发电机励磁回路用的灭磁断路器、照明用断路器、漏电保护断路器等。按照分断短路电流的能力可分为：经济型、标准型、高分断型、限流型、超高分断型等。低压空气断路器的代号含义如下：

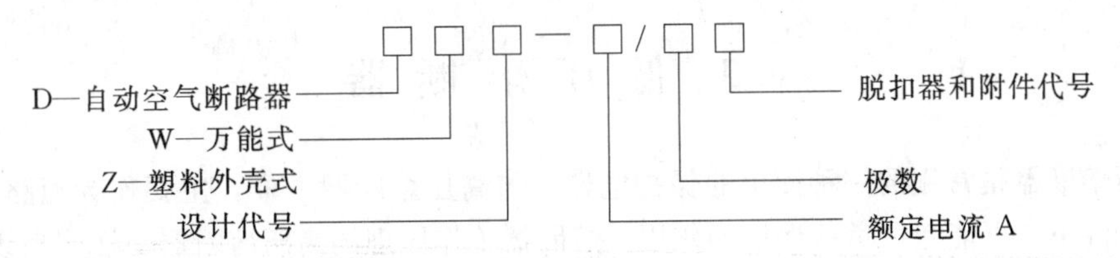

万能式空气断路器又称框架式自动空气开关，它可以带多种脱扣器和辅助触头，操作方式多样，装设地点灵活。目前，常用的型号有 AE（日本三菱）、DW12、DW15、ME（德国 AEG）等系列。

塑料外壳式断路器又称装置式自动空气开关，它的全部元件都封装在一个塑料外壳内，在壳盖中央露出操作手柄，用于手动操作，在民用低压配电中用量很大。常见的型号有 DZ13、DZ15、DZ20、C45、C65 等系列，其种类繁多。

漏电断路器是在断路器上加装漏电保护器件，当低压线路或电气设备上发生人身触电、漏电和单相接地故障时，漏电断路器便快速自动切断电源，保护人身和电气设备的安全，避免事故扩大。按照动作原理，漏电断路器可分为电压型、电流型和脉冲型。按照结构，可分为电磁式和电子式。

所谓漏电，一般是指电网或电气设备对地的泄漏电流。对交流电网而言，由于各相输电线对地都存在着分布电容 C 和绝缘电阻 R。这两者合起来叫做每相输电线对地的绝缘阻抗 Z。流过这些阻抗的电流叫做电网对地漏电电流，而触电是指当人体不慎触及电网或电气设备的带电部位，此时流经人体的电流称为触电电流。现以常用的电流型漏电保护断路器为例，说明其工作原理。电流型漏电保护断路器有单相和三相之分。

单相电流型漏电保护断路器原理结构图如图 6.2.3 所示。在正常情况下，相线对地漏电电流为零，则流过环形铁芯 2 中的电流矢量和为零，因此在环形铁芯 2 中产生的合成磁通也等于零，故在环形铁芯 2 的次极绕组 3 中无信号输出，脱扣器的衔铁被由永久磁铁 4 产生的磁通所吸引。当被保护的电路上发生触电或漏电，或接地故障时，则流过环形铁芯 2 中的电流矢量和不再为零，因此在环形铁芯的次极绕组 3 中感应出交变磁通，并在次极绕组 3 中产生感应电动势，由于环形铁芯的次极绕组 3 与去磁线圈 5 串联，则二次感应电流流过去磁线圈 5，在某半周波，交变磁通的方向与永久磁铁磁通反向时，就很大程度上减弱铁芯的吸力，在反作用弹簧 7 的拉动下，衔铁 6 释放，搭扣 8 脱扣，使断路器跳闸。

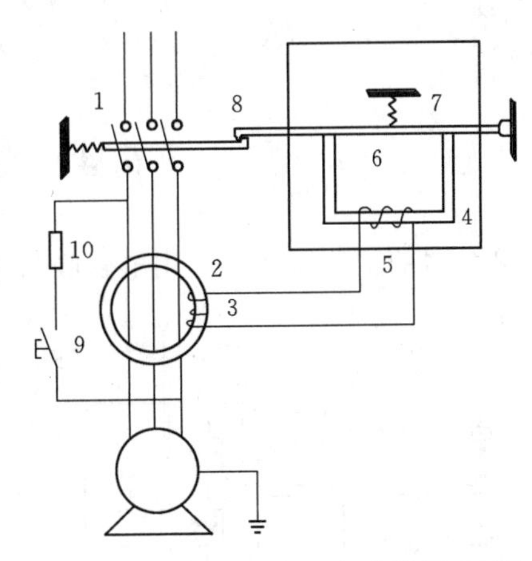

图 6.2.3　电流型漏电保护断路器原理结构图
1—主开关；2—环形铁芯；3—绕组；4—永久磁铁；5—去磁线圈；6—衔铁；7—弹簧；8—搭钩；9—按钮；10—电阻

漏电保护型的空气断路器在原有代号上再加上字母 L，表示是漏电保护型的。如 DZ15L-60 系列漏电断路器。漏电保护断路器的保护方式一般分为低压电网的总保护和低压电网的分级保护两种。

6.3 低压熔断器

低压熔断器是常用的一种简单的保护电器。与高压熔断器一样，主要作为短路保护用，在一定条件下也可能起过负荷保护的作用。熔断器工作原理同高压熔断器一样，当线路中出现故障时，通过的电流大于规定值，熔体产生过量的热量而被熔断，电路由此被分断。

低压熔断器按结构分有瓷插式、螺旋式、管式等多种形式，如图 6.3.1 所示。

瓷插式灭弧能力差，只适用于故障电流较小的线路末端使用。其他几种类型的熔断器均有灭弧措施，分断电流能力比较强，密闭管式结构简单，螺旋式更换熔管时比较安全，填充料式的断流能力更强。

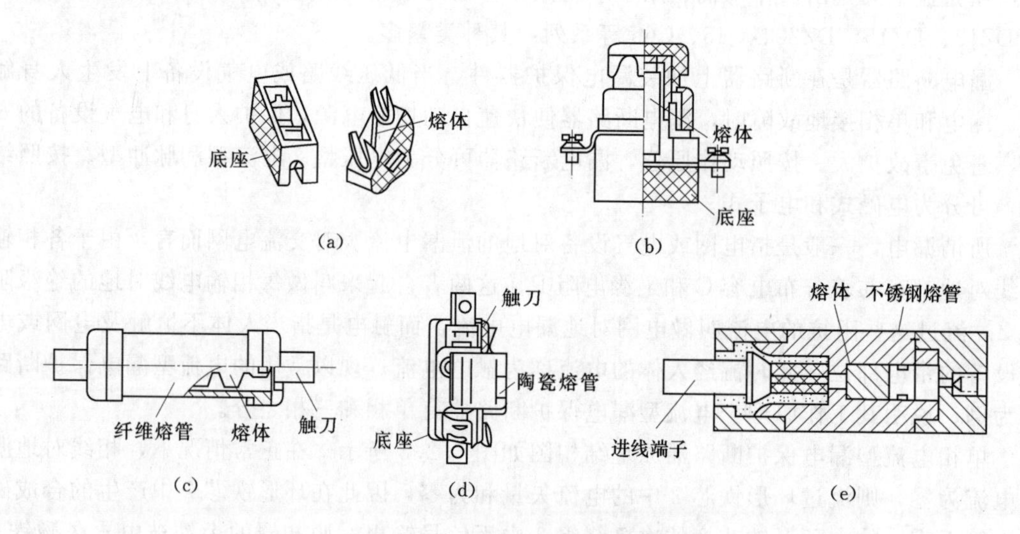

图 6.3.1　低压熔断器结构形式

(a) 瓷插式；(b) 螺旋式；(c) 纤维管式；(d) 陶瓷管式；(e) 自复式

6.4 交流接触器

接触器的工作原理是利用电磁吸力来使触头动作的开关，它可以用于需要频繁通断操作的场合。接触器按电流类型不同可分为直流接触器和交流接触器。在建筑工程中常用的是交流接触器。接触器的结构原理如图 6.4.1 所示。

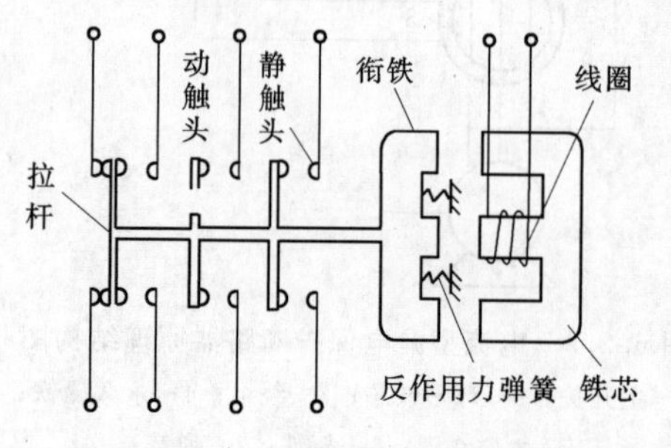

图 6.4.1　接触器的结构原理

当线圈通电后，铁芯被磁化为电磁铁，产生吸力，当吸力大于弹簧反弹力时衔铁吸合，带动拉杆移动将所有常开触头闭合、常闭触头打开。线圈失电后，衔铁随即释放并利用弹簧的拉力将拉杆和动触头恢复至初始状态。接触器的触头分两类：一类用于通断主电路的，称主触头，有灭弧罩，可以通过较大电流；另一类用于控制回路中，可以通过小电流，称辅助触头。辅助触头主要有常开和常闭两类。目前常见的交流接触器型号有 CJ12、CJ20、B、LC1 - D 等系列。

6.5　其他低压电气设备

6.5.1　插座

插座是移动用电设备、家用电器和小功率设备的供电电源，一般插座是长期带电的，在设计和使用时要注意。插座根据线路的明敷设和暗敷设的要求，也有明装式和暗装式两种。插座按所接电源相数分三相和单相两类。单相插座按孔数可分二孔、三孔。两孔插座的左边是零线、右边是相线；三孔也一样，只是中间孔接保护线。

6.5.2　灯开关

照明灯具控制开关用于对单个或多个灯进行控制，工作电压为 250V，额定电流有 6A、10A 等，有拉线式和跷板式等多种形式，跷板式又分明装和暗装式，有单极和多极、单控和双控之分。

6.5.3　电能表

电能表在用电管理中是不可缺少的，凡是计量用电的地方均应设电能表，目前应用较多的是感应式电能表，它是利用固定的交流磁场与由该磁场在可动部分的导体中所感应的电流之间的作用力而工作的，其结构如图 6.5.1 所示。主要由驱动元件（电压元件、电流元件）、转动元件（铝盘）、制动元件（制动磁铁）和积算元件等组成。

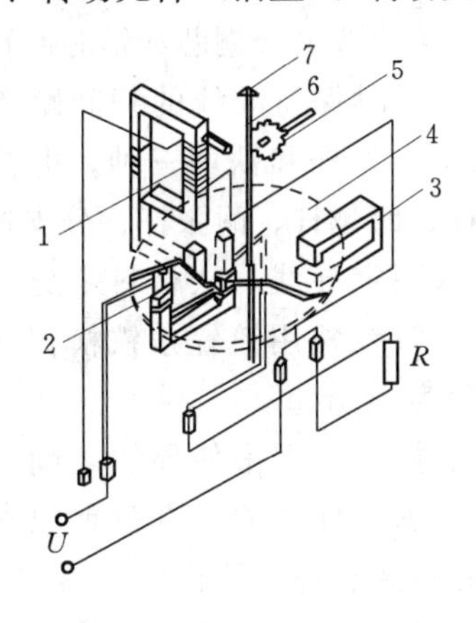

图 6.5.1　电能表结构

1—电压线圈；2—电流线圈；3—永久磁铁；4—铝盘；5—蜗轮；6—蜗杆；7—转轴

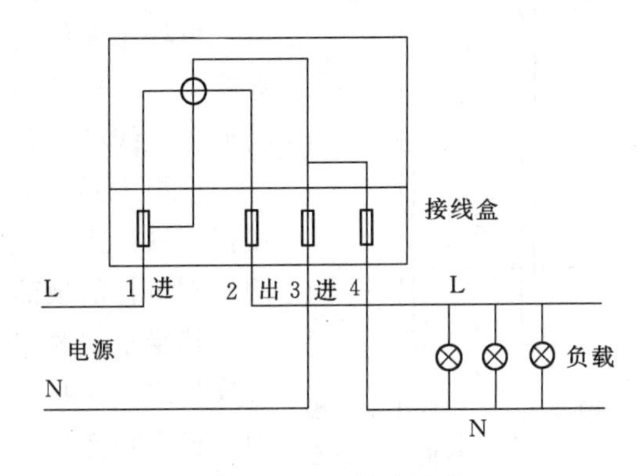

图 6.5.2　电能表接线

当电能表接入电路时，电压线圈的两端加上电源电压，电流线圈通过负载电流，此时电压线圈和电流线圈产生的主磁通穿过铝盘，在铝盘上便有三个磁通的作用（一个电压主磁通，两个大小相等、方向相反的电流主磁通），在铝盘上共产生三个涡流，这三个涡流与三个主磁通相互作用产生转矩，驱动铝盘开始旋转，并带动计数器计算电量。电能表接线图如图 6.5.2 所示。铝盘转动的速度与通入电流线圈中的电流成正比。电流愈大，铝盘旋转愈快。铝盘的转速称为变换系数，变换系数的倒数称为标称常数，即铝盘转一圈所需要的电度数。因此，只要清楚铝盘的转数就能知道用电量的大小。

6.5.4　低压配电柜

低压配电柜是按一定的接线方案将低压开关电器组合起来的一种低压成套配电装置，用在 500V 以下的供配电系统中，作动力和照明配电之用。低压配电柜按维护的方式分有单面维护式和双面维护式两种。单面维护式基本上靠墙安装（实际离墙 0.5m 左右），维护检修一般都在前面。双面维护式是离墙安装，柜后留有维护通道，可在前后两面进行维修。国内生产的双面维护的低压配电屏主要系列型号有 GGD、GDL、GHL、JK、MNS、GCS 等。

6.6　低压配电线路

低压配电线路形式有架空线路和电缆线路两种。

6.6.1　架空线路

主要由导线、电杆、横担、绝缘子和线路金具等组成，如图 6.6.1 所示。其特点是设备材料简单，成本低；容易发现故障，维护方便；缺点是易受外界环境的影响，供电可靠性较差；影响环境的整洁美观等。

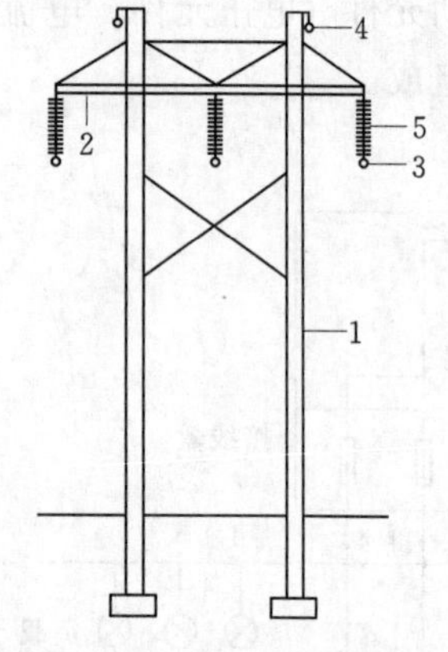

图 6.6.1　架空线路结构
1—电杆；2—横担；3—导线；4—避雷线；5—绝缘子

导线的主要任务是输送电能。主要分绝缘线和裸线两类，市区或居民区尽量采用绝缘线。绝缘线又分铜芯和铝芯两种。

电杆主要作用是支撑导线，同时保持导线的相间距离和对地距离。电杆按材质分有木杆、水泥杆和铁塔三种。电杆按其功能分直线杆、转角杆、终端杆、跨越杆、耐张杆、分支杆等。

横担主要用来安装绝缘子以固定导线。从材料来分，有木横担、铁横担和瓷横担。低压架空线常用镀锌角铁横担。横担固定在电杆的顶部，距顶部一般为 300mm。

绝缘子主要作用是固定在横担上，用来使导线之间、导线与横担之间保持绝缘的，同时也承受导线的垂直荷重的水平拉力。低压架空线路绝缘子主要有针式和蝶式两种。

金具是指架空线路上所使用的各种金属部件的统称，其作用是连接导线、组装绝缘子、安装横担和拉线等，即主要起连接或紧固作用。常用的金具有固定横担的抱箍和螺栓，用来连接导线的接线管，固定导线的线夹以及做拉线用的金具等。为了防止金具锈蚀，一般都采用镀锌铁件或铝制零件。

架空线路敷设是注意事项有：

(1) 路径选择应不妨碍交通及起重机的拆装、进出和运行，且力求路径短直、转角小。

(2) 架空导线与邻近线路或设施的距离应符合表 6.6.1 要求。

表 6.6.1　　架空线路与邻近线路或设施的距离

<table>
<tr><td>项　目</td><td colspan="7">邻近线路或设施的类别</td></tr>
<tr><td rowspan="2">最小净空距离
(m)</td><td colspan="2">过引线、拉下线与邻线</td><td colspan="3">架空线与拉线电杆外缘</td><td colspan="2">树梢摆最大时</td></tr>
<tr><td colspan="2">0.13</td><td colspan="3">0.65</td><td colspan="2">0.5</td></tr>
<tr><td rowspan="3">最小垂直距离
(m)</td><td rowspan="2">同杆架设下的广播线路通信线路</td><td colspan="3">最大弧垂与地面</td><td rowspan="2">最大弧垂与暂设工程顶端</td><td colspan="2">与邻近线路交叉</td></tr>
<tr><td>施工现场</td><td>机动车道</td><td>铁路轨道</td><td>1kV 以下</td><td>1～10kV</td></tr>
<tr><td>1.0</td><td>4.0</td><td>6.0</td><td>7.5</td><td>2.5</td><td>1.2</td><td>2.5</td></tr>
<tr><td rowspan="2">最小水平距离
(m)</td><td colspan="2">电杆至路基边缘</td><td colspan="3">电杆至铁路轨道边缘</td><td colspan="2">边线与建筑物突出部分</td></tr>
<tr><td colspan="2">1.0</td><td colspan="3">杆高＋3.0</td><td colspan="2">1.0</td></tr>
</table>

(3) 电杆采用水泥杆时，不得露筋、不得有环向裂纹，其梢径不得小于 130mm。电杆的埋设深度宜为杆长的 1/10 加上 0.6m，但在松软土地上应当加大埋设深度或采用卡盘固定。

(4) 档距、线距、横担长度及间距要求：

档距是指两杆之间的水平距离，施工现场架空线档距不得大于 35m。线距是指同一电杆各线间的水平距离，一般不得小于 0.3m。横担长度应为：两线时取 0.7m，三线或四线取 1.5m，五线取 1.8m。横担间的最小垂直距离不得小于表 6.6.2 要求。

表 6.6.2　　横担间的最小垂直距离

排列方式	直线杆	分支或转角杆
高压与低压	1.2	1.0
低压与低压	0.6	0.3

(5) 导线的形式选择及敷设要求：施工现场必须采用绝缘线，架空线必须设在专用杆上，严禁架设在树木及脚手架上。为提高供电可靠性，在一个档距内每一层架空线的接头数不得超过该层线条数的 50%，且一根导线只允许有一个接头。

(6) 绝缘子及拉线的选择及要求：架空线的绝缘子直线杆采用针式绝缘子，耐张杆采用蝶式绝缘子。拉线应选用镀锌铁线，其截面不小于 $3\times\phi4$mm，拉线与电杆夹的角应在 45°～90°之间，拉线埋设深度不得小于 1m，水泥杆上的拉线应在高于地面 2.5m 处装设拉线绝缘子。

6.6.2　电缆线路

电缆线路的优点是不受外界环境影响，供电可靠性高，不占用土地，有利于环境美观；缺点是材料和安装成本高。在低压配电线路中广泛采用电缆线路。

电缆主要由线芯、绝缘层、外护套三部分组成。根据电缆的用途不同，可分为电力电缆、控制电缆、通信电缆等，按电压不同可分为低压电缆、高压电缆两种。电缆的型号中包含其用途类别、绝缘材料、导体材料、保护层等信息。目前，在低压配电系统中常用的电力电缆有 YJV 交联聚乙烯绝缘、聚氯乙烯护套电力电缆和 VV 聚氯乙烯绝缘、聚氯乙烯护套电力电缆两种，一般优选 YJV 电力电缆。

电缆敷设有直埋、电缆沟、排管、架空等方式，直埋电缆必须采用有铠装保护的电缆、埋设深度不小于 0.7m；电缆敷设应选择路径最短、转弯最少、少受外界因素影响的路线。地面上在电缆拐弯处或进建筑物处要埋设标示桩，以备日后施工维护时参考。

6.7　低压配电线路导线及电缆的选择

在建筑低压配电线路中，使用的导线主要有导线和电缆，正确地选用这些导线和电缆，对建筑供配电系统安全、可靠、经济、合理地运行有着十分重要的意义，对于节约有色金属也很重要。

6.7.1　导线选择选择内容

导线选择包括导线型号、导线截面（相线截面、中性线截面、保护线截面）及敷设方式选择等内容。

1. 导线及电缆型号选择

导线型号反映导线的导体材料和绝缘方式。建筑电气中的各种电气工程所涉及的导线类型主要有铜/铝母线、钢母线、裸/绝缘线、电缆几大类。其中，铜/铝母线作为汇流排多用于高低压配电柜（箱、盘、屏）中，而钢母线多作为系统工作接地或避雷接地的汇流排；裸导线主要用于适于采用空气绝缘的室外远距离架空敷设；绝缘线缆主要用于不适于采用空气绝缘的用电环境或场合。绝缘线缆还应同时满足建筑防火规范要求：若为一般用电系统，只需满足非火灾条件下的使用，其导线型号则可按一般要求选择普通线缆；而对于有防火要求或消防用电设备的供电线路，除必须满足消防设备在火灾时的连续供电时间。保证线路的完整性及系统正常运行外，还须考虑线缆的火灾危险性，避免因短路、过载而成为火源，在外火的作用下应不助长火灾蔓延，且能有效降低有机绝缘层分解的有害气体，避免“二次灾害”的产生。因此，导线型号可根据实际情况，在具有不同防火特性的阻燃线缆、耐火线缆、无卤低烟线缆或矿物绝缘电缆中进行选择。

2. 导线及电缆截面选择

导线截面选择，是导线选择的主要内容，直接影响着技术经济效果。根据导线所在系统的电压等级不同，其选择的方式方法以及导线数量有所不同。如高压系统，大多采用三相制供电，导线选择主要是指相线截面选择；而在低压系统中，则是根据采用的供电制的不同，指相线、中性线、保护线和保护中性线的截面选择。

3. 导线及电缆敷设方式选择

电气工程中，线缆敷设是实现电能安全传输、安全应用的重要环节。所谓敷设是指确定线缆走向，并放线、护线、固线的全过程，俗称布线。建筑电气中的线缆敷设方式与作业现场的环境条件、防火要求等密切相关。线缆敷设方式分为明敷设与暗敷没两种。

（1）明敷设方式。是指由于线缆敷设环境条件、要求或为日后维护维修提供方便等诸多因素所限，使得线缆走向、敷设方式及其所用主辅材料等工程信息，可通过人眼直观获取的线缆敷设方式。

明敷设方式又根据作业现场条件有架空敷设和沿建筑附着物敷设之分。架空敷设又有瓷瓶横担布线和钢索布线之分。沿建筑附着物敷设是指沿建筑的墙、柱、梁、顶等构造实体进行线缆敷设。明敷设方式有室外支架瓷瓶布线、（金属或塑料）线槽或穿管布线、桥架布线、支架钢索布线，以及室内的钢筋轧头布线、塑料线槽（线管）布线等多种形式。

（2）暗敷设方式。与明敷设方式相对应。指由于线缆敷设环境条件或要求或为建筑内外环境美观整洁起见，使得线缆走向、敷设方式及其所用主辅材料等工程信息，不能通过人眼直观获取的线缆敷设方式，俗称布暗线或隐蔽工程。

暗敷设方式有直接敷设和间接敷设之分。直接敷设大多针对具有外防护装置的铠装电缆，在以后正常使用无需更换的前提下，直接埋于地下；间接敷设是指无外舫护装置的线缆人为附加防护装置后的暗敷设，其目的一是保护线缆；二是为以后正常使用时的增扩容更换线缆方便。暗敷设主要有穿管暗埋布线、排管布线、电缆沟布线、电气井道布线、吊顶内布线等形式。

6.7.2　导线及电缆选择基本原则

1. 导线及电缆型号

导线及电缆型号的选择，应满足用途、电压等级、使用环境和敷设方式的要求。

选用导线及电缆时，首先要考虑用途、电压等级、现场环境及敷设条件等。例如：根据用途的不同，可选用裸导线、绝缘线缆、控制线缆等；根据电压等级的不同，有高压线缆和低压线缆的不同选择；根据使用环境及敷设条件选用导线及电缆型号，见表 6.7.1。

2. 导线及电缆材质的选择，应满足经济、安全的要求

在满足线路敷设要求的前提下，尽量选用铝芯导线。就经济性而言，室外线路应尽量选用铝导线；架空线可选用裸铝线；高压架空线路间距较长、杆位高差较大时可采用钢芯铝绞线。只有线路所经过的路径不宜架设架空线，或导线经过路段交叉多，环境恶劣，或具有火灾、爆炸等危险的场合，可考虑采用电缆；其他场合宜采用普通绝缘导线。

考虑到线路运行的安全性，下列场合的室内线路，宜采用铜芯导线：具有纪念性和历史性的建筑；重要的公共建筑和居住建筑；重要的资料档案室和库房；人员密集的娱乐场所；移动或敷设在剧烈振动的场所；潮湿、粉尘和有严重腐蚀性场所；一般建筑的暗敷设线路用导线；重要的操作回路、配电箱（盘、柜）及电流互感器二次回路等；有其他特殊要求的场合等。

表 6.7.1　　使用环境及敷设方式与线缆适配表

环境特征	线缆敷设方式	适用线缆型号	线缆名称
正常干燥环境	裸导线、绝缘导线瓷瓶明敷	LJ、TMY、LMY、BX、BV、BVV 等	LJ 裸铝导线 TMY 硬铜导线 LMY 硬铝母线 BX 铜芯玻璃丝编织 BV 铜芯聚氯乙烯绝缘 BVV 铜芯聚氯乙烯绝缘聚氯乙烯护套 VLV 铝芯聚氯乙烯绝缘聚氯乙烯护套电缆 YJV 交联铜芯电缆 YJLV 交联铝芯电缆 XLV 橡皮绝缘电缆
	绝缘导线穿管明敷或暗敷	BX、BV、BVV 等	
	电缆明敷或电缆沟暗敷	VLV、YJV、YJLV、XLV 等	
潮湿或特别潮湿环境	绝缘导线瓷瓶明敷	BV、BVV 等	
	绝缘导线穿钢管明敷或暗敷	BV、BVV 等	
	电缆明敷	VLV、YJV、XLV 等	
多尘环境（非火灾或爆炸粉尘）	绝缘导线瓷瓶敷	BV、BVV 等	
	绝缘导线穿管明敷或暗敷	BV、BVV 等	
	电缆明敷或电缆沟暗敷	VLV、YJV、XLV 等	
腐蚀性环境	绝缘导线瓷瓶明敷	BV、BVV 等	
	绝缘导线穿管明敷或暗敷	BV、BVV 等	
	电缆明敷或电缆沟暗敷	VLV、YJV、XLV 等	
有火灾危险环境	绝缘导线瓷瓶敷	BVV、(ZR \ NH) BV 等	
	绝缘导线穿管明敷或暗敷	BVV、(ZR \ NH) BV 等	
	绝缘导线穿管明敷或暗敷	VLV、YJV、XLV、XLHF 等	
有爆炸危险环境	绝缘导线穿管明敷或暗敷	BVV、(ZR \ NH) BV 等	
	电缆明敷	VV_{20}、ZQ_{20} 等	

3. 导线及电缆产品的选择，应满足科学、合理的要求

导线及电缆产品选择，应注意选用经工程验证合格、有国家安检认证的新材料、新品种线缆，不应选用淘汰或限制使用产品。

4. 适当考虑社会进步和技术发展需要

由于社会进步、人民生活水平的不断提高，用电需求量逐年攀升，民用建筑尤其是居住建筑中，铜芯线缆的用量也在逐步增长。因此，在民用建筑电气设计中，对于干线和进户线的导线材质及其截面的选用，应留有适当余地。

总之，导线选择应全面综合考虑安全、可靠、经济合理等诸多因素，根据实际需要进行选配。

6.7.3　导线及电缆选择条件与校验

为了保证供电系统安全、可靠、优质、经济地运行，导线及电缆的选择应按以下条件进行。

1. 导线及电缆截面的选择条件

(1) 按允许载流量条件选择。按允许载流量条件选择导线截面，也称按发热条件选择导线截面。是指在导线通过正常最大负荷电流（即工作电流）时，导线发热不应超过正常运行时的最高允许温度，以防止因过热而引起导线绝缘损坏或加速老化。若为绝缘线缆，其温度过高，可使绝缘损坏，甚至引起火灾。若为裸导线，其温度过高，会使接头处氧化

加剧，增大接触电阻，使之进一步氧化，如此恶性循环，有可能发生断线，造成停电的严重事故。

按允许载流量条件，每一种导线截面在不同敷设条件下都对应一个允许的载流量。不同材料、不同绝缘类型的导线即使截面相等，其允许载流量也不同。导线在其允许载流量范围内运行，温升不会超过允许值。因此，按允许载流量条件选择导线截面，就是要求计算电流不超过导线正常运行时的允许载流量，并按允许电压损失条件进行校验。即

$$I_{\Sigma C}=\frac{S_{\Sigma C}}{KU_N}=\frac{P_{\Sigma C}}{KU_N\cos\varphi}$$

$$I_{al}\geqslant I_{\Sigma C} \tag{6.7.1}$$

考虑设备运行实际状况，式（6.7.1）可改写为

$$I_{\Sigma C}=\frac{K_N S_{\Sigma C}}{KU_N}=\frac{K_N P_{\Sigma C}}{KU_N\cos\varphi} \tag{6.7.2}$$

式中　I_{al}——不同截面导线长期允许通过的载流量，A；

$I_{\Sigma C}$——根据计算负荷得出的计算总电流，A；

K_N——设备同期系数；

$S_{\Sigma C}$——视在计算总负荷，kVA；

$P_{\Sigma C}$——待选导线上总的计算有功功率，kW；

$\cos\varphi$——线路平均功率因数，$\cos\varphi<1$；

K——电源系数（三相时，$K=\sqrt{3}$；单相时，$K=1$）；

U_N——线路额定电压（三相时为额定线电压；单相时为额定相电压），V。

由于允许载流量 I_N 与环境温度有关，所以选择时，要注意导线安装地点的环境温度以及敷设条件。各类导体安全载流量详见附录 4。

（2）按允许电压损失条件选择。为保证用电设备的安全运行，必须使设备接线端子处的电压在允许值范围内。因导线电阻的存在，必须在线路全程产生一定的线路压降。因此，对设备端电压质量有要求时，应按电压损失选择相应线缆截面，并按允许载流量（发热条件）校验。

1）电压损失表示方法和允许值。由于导线中存在阻抗，所以在负荷电流流过时，导线上就会产生压降。把始端电压 U_1 和末端电压 U_2 的代数差与额定电压比值的百分数定义为该线路的电压损失，用 $\Delta U\%$ 表示。即

$$\Delta U\%=\frac{U_1-U_2}{U_N}\times 100\% \tag{6.7.3}$$

式中　$\Delta U\%$——电压损失（也称电压变化率）；

U_1——线路始端电压，V；

U_2——线路末端电压，V；

U_N——线路额定电压，V。

为保证线路及用电设备正常工作，部分线路及用电设备端子处电压损失的允许值，见表 6.7.2。

表 6.7.2　　部分线路及用电设备端子出的 $\Delta U\%$ 允许值

用电设备及其环境		$\Delta U\%$的允许值	备注
35kV 及以上用户		$\not>10\%$	正负偏差绝对值之和
10kV 用户		±7%	
380V 用户		±7%	系统额定电压
220V 用户		−10%～+7%	
电动机		±5%	
照明	一般场所要求	±5%	
	要求较高的的室内场所	−2.5%～+5%	
	远离变电所面积较小的一般场所，难以满足上述要求	−10%	
其他用电设备		±5%	无需特殊要求
单位自用电网		±6%	
临时供电线路		±8%	

交流线路的电压损失是由电阻和电抗引起的。低压线路由于距离短，线路电阻值要比电抗值大得多。所以一般忽略电抗，认为低压线路电压损失仅与线路电阻和传输功率有关，与有功负荷成正比，与线路长度成正比，与导线截面成反比。即

$$\Delta U\%=\frac{P_{\Sigma C}L}{C\times S\times 100} \tag{6.7.4}$$

式中　$\Delta U\%$——电压损失；

$P_{\Sigma C}$——待选导线上总的计算有功功率，kW；

L——导线单程长度，m；

S——导线截面，mm^2；

C——电压损失计算常数，见表 6.7.3。

表 6.7.3　　线路电压损失计算常数 C 值

线路系统及电流种类	C 值表达式	额定电压	C 值	
			铜线	铝线
三相四线系统	$U_N^2\times 100/\rho$	380/220	77	44.6
单项交流或直流	$U_N^2\times 100/2\rho$	220	12.8	7.75
		110	3.2	1.9
		36	0.34	0.21
		24	0.153	0.092
		12	0.038	0.023

注　ρ 为导体电阻率。

2）不同负载下导线截面计算：

a. 纯电阻负载时，导线截面选择计算公式为

$$S=\frac{K_N M}{C\Delta U\%\times 100\%}=\frac{K_N P_{\Sigma C}L}{C\Delta U\%\times 100\%} \tag{6.7.5}$$

式中　K_N——需要系数，主要是考虑设备同期开启、使用或满载情况，以及电机自身效率等因素，$K_X \leqslant 1$；

M——负荷矩，kW·m。

b. 有感性负载时，导线选择公式为

$$S=\frac{BP_{\Sigma C}L}{C\Delta U\%\times 100}=\frac{BM}{C\Delta U\%\times 100} \tag{6.7.6}$$

式中　B——校正系数，见表 6.7.4。

表 6.7.4　感性负载电压损失校正系数 B 值

不同类型的导线和敷设方式		铜或铝导线明设					电缆明设或埋地，导线穿管					裸铜线架设			裸铝线架设		
负荷的功率因数		0.9	0.85	0.8	0.75	0.7	0.9	0.85	0.8	0.75	0.7	0.9	0.8	0.7	0.9	0.8	0.7
导线截面 (mm^2)	6												1.10	1.12			
	10											1.10	1.14	1.20			1.19
	16	1.10	1.12	1.14	1.16	1.19						1.13	1.21	1.28	1.10	1.14	
	25	1.13	1.17	1.20	1.25	1.28						1.21	1.32	1.44	1.13	1.20	1.28
	35	1.19	1.25	1.30	1.35	1.40						1.27	1.43	1.58	1.18	1.28	1.38
	50	1.27	1.35	1.42	1.50	1.58	1.10	1.11	1.13	1.15	1.17	1.37	1.57	1.78	1.25	1.38	1.53
	70	1.35	1.45	1.54	1.64	1.74	1.11	1.15	1.17	1.20	1.24	1.48	1.76	2.00	1.34	1.52	1.70
	95	1.50	1.65	1.80	1.95	2.00	1.15	1.20	1.24	1.28	1.32				1.44	1.70	1.90
	120	1.60	1.80	2.00	2.10	2.30	1.19	1.25	1.30	1.35	1.40				1.53	1.82	2.10
	150	1.75	2.00	2.20	2.40	2.60	1.24	1.30	1.37	1.44	1.50						

为保证线路电压损失不超过允许值，须对线路导线截面进行计算，若电压损失超过了允许值，则应加大导线截面，以满足其要求。

（3）按经济电流密度条件选择。经济电流密度是指年运行费用最小的电流密度，按经济电流密度选择线缆截面，可以减少电网投资和年运行费用。

按经济电流密度选择导线截面，计算公式为

$$S=\frac{I_{\Sigma C}}{\delta_{NC}} \tag{6.7.7}$$

式中　S——经济截面，mm^2；

$I_{\Sigma C}$——根据计算负荷得出的计算总电流，A；

δ_{NC}——经济电流密度，A/mm^2。见表 6.7.5。

表 6.7.5　我国电缆的经济电流密度 δ_{NC}　　单位：A/mm^2

线路形式	导线材料	年最大负荷利用小时（h）		
		3000 以下	3500～5000	5000 以上
架空线路	铝	1.16	1.15	0.90
	铜	3.0	2.25	1.75
电缆线路	铝	1.92	1.73	1.54
	铜	2.5	2.25	2.00

此方法适用于高压输配电线路。因为高压输配电线路传输距离远、容量大、运行时间长、年运行费用高，按经济电流密度计算法选择线缆截面，可保证年运行费用最低，但所选导线截面一般偏大。

(4) 按机械强度条件选择。按机械强度条件选择导线截面，其目的是保证导线在安装或运行中必须有足够的机械强度和柔软性。安装时，若机械强度太小、易断。如暗敷设时，线缆要穿过固定在墙内的管道，若机械强度不足，不能承受人的拉力，穿线过程中就可能造成芯线折断；架空敷设时，若过细，机械强度太小，有可能在一定的杆塔跨距之下，如遇自然界风、雨、冰、雪等灾害加之自重作用，将会导致发生线缆断裂、中断供电的严重事故。因此，为保证安全起见，导线必须有一定的机械强度，以满足机械强度对导线最小截面的要求。按机械强度要求确定的绝缘导线最小截面，见表 6.7.6、表 6.7.7。

表 6.7.6　　按机械强度要求确定的绝缘导线最小面积

用途			最小截面（mm²）		
			铜芯软线	铜芯线	铝芯线
照明等头线	民用建筑　室内		0.4	0.5	1.5
	工业建筑	室内	0.5	0.8	2.5
		室外	1.0	1.0	2.5
移动、便携式设备	生活用		0.2		
	生产用		1.0		
架设在绝缘支持上的绝缘导线，其支持点的距离	1m 以上	室内		1.0	2.5
		室外		1.5	2.5
	2m 及以上	室内		1.0	2.5
		室外		1.5	2.5
	6m 及以下			2.5	4.0
	12m 及以下			4.0	6.0
	12～25m		6.0	10	
塑料绝缘线	穿管敷设		1.0	1.0	2.5
	线槽明敷			0.75	2.5
聚氯乙烯绝缘护套线	钢筋扎头固定			1.0	2.5
套线					

表 6.7.7　　机械强度要求的架空线路最小截面

架空线路（mm²）	铜芯铝绞线（mm²）	铝及铝合金线（mm²）	铜线（mm²）
35kV	25	35	—
6～10kV	25	35（居民区） 25（非居民区）	16
1kV 以下	16	16	6

2. 导线及电缆截面的校验

实际工程设计中，通常根据上述条件选择确定导线型号及截面后，还需进行相应校验。对于 35kV 及以上供电线路，因其传输容量大、距离长，一般按经济电流密度选择线缆截面后，再按允许载流量、电压损失和机械强度进行校验；对于无调压装置的 6～10kV、距离较长（数千米或数十千米）、电流大的供电线路，宜接允许电压损失选择线缆截面后，再按允许载流量和机械强度进行校验；对于 6～10kV 及以下线路通常按允许载流量选择线缆截面后，再按允许电压损失和机械强度校验；低压线路中，由于照明线路对供电质量要求较高，故该线路的线缆截面在按允许电压损失选择后，再按发热条件和机械强度条件校验；低压动力线路则按允许载流量选择截而后，再按发热条件和机械强度条件校验。导线截面选择和校验项目，见表 6.7.8。

表 6.7.8　　导线截面选择和校验项目

线路类型	允许载流量	允许电压损失	经济电流密度	机械强度	热稳定	动稳定
35kV 及以上进线	△	△	○	△		
无调压装置的 6～10kV 较长线路	△	○		△	△（电缆是必须）	
6～10kV 较短线路	○	△		△	△（电缆时必须）	
铜铝硬母线	○		△		△	△
低压照明线路	△	○		△		
低压动力线路	○	△		△		

注　○为选择条件；△为校验项目。

需要说明的是：①铜/铝硬母线一般作为汇流排应用于配电箱（盘、柜、屏）中，除按规定要求进行截面选择外，还必须进行短路热稳定性和动稳定性校验；②电缆一般埋地敷设，因而无需进行机械强度校验，但必须进行短路热稳定校验。

6.7.4　导线及电缆截面选择方法

1. 母线截面选择与校验

母线，也称母排或载流排，是承载电流的一种导体。主要用于汇集、分配和传送电能，连接一次设备。

（1）母线材料与截面形式的选择。常用的母线材料材质有铝、铜、铁三种。室内以硬母线为主，截面有矩形、槽形、管形。矩形母线散热条件好，易于安装与连接，但集肤效应系数大，主要用于电流不超过 4000A 的线路中；槽形母线通常是双槽形一起用，载流量大，集肤效应小，用于电压等级不超过 35kV，电流在 4000～8000A 的回路中；管形母线的集肤效应最小，机械强度最大，还可以采用管内通水或通风的冷却措施，用于电流超过 8000A 的线路中；室外母线多采用钢芯铝绞线或单芯圆铜线。

（2）母线布置方式的选择。母线布置方式的选择主要是指室内硬母线的方式。主要有三相水平布置，母线竖放；三相水平布置，母线平放；三相垂直布置，母线平放等形式，如图 6.7.1 所示。选择时，可根据现场实际情况确定。

（3）母线截而选择方法：

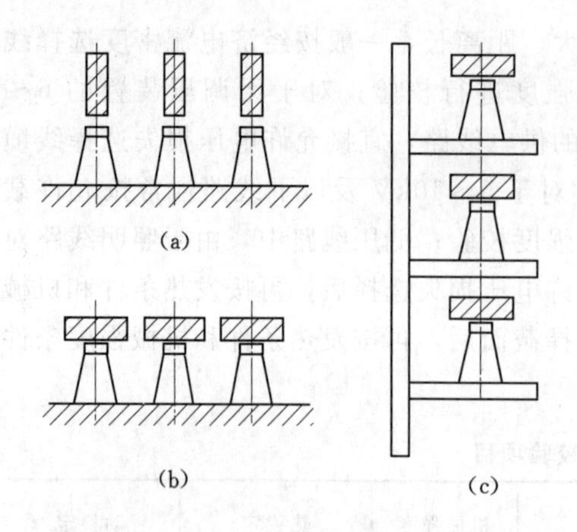

图 6.7.1　室内硬母线布置方式示意图
(a) 三相水平布置，母线竖放；(b) 三相水平布置，母线平放；(c) 三相垂直布置，母线平放

1）按最大长期工作电流选择。按最大长期工作电流选，须保证母线正常工作时的温度不超过允许温度。即要求母线允许载流量不小于线路最大计算工作电流。即

$$I_{al} \geqslant I_{\Sigma C} \tag{6.7.8}$$

式中　I_{al}——母线允许载流量，A；

$I_{\Sigma C}$——线路最大计算工作电流，A。

此方法主要适用于发电厂的主母线、引下线、配电装置汇流母线、较短导体以及持续电流较小、年利用小时数较低的其他回路的导线。

母线实际允许载流量与导线材料、结构和截面大小有关，与周围环境温度及母线的布置方式有关，周围环境温度越高，导线允许电流越小。若实际周围环境温度与规定的环境温度不同时，需要对母线的允许载流量进行修正，引入温度校正系 k。即

$$k=\sqrt{\frac{t_1-t_0}{t_1-t_2}} \tag{6.7.9}$$

式中　t_1——导线额定负荷时的最高允许温度，见表 6.15；

t_0——敷设处的环境温度；

t_2——已知载流量标准中所对应的环境温度。

那么，非规定环境温度时，导线实际允许载流量 $I'_{\Sigma C}$应为

$$I'_{\Sigma C}=k\times I_{\Sigma C} \tag{6.7.10}$$

式中　$I'_{\Sigma C}$——导线的允许电流，A；

$I_{\Sigma C}$——标准温度下导线的允许载流量，A；

k——允许电流的温度校正系数，见式（6.7.9）。

表 6.7.9　　导线材料最高允许温度（t_1）和热稳定系数 C

导体种类及材料			最高允许温度（℃）		热稳定系数 C
			正常 θ_L	短路 θ_k	
母线	铜		70	300	171
	铜（接触面有锡层时）		85	200	164
	铝		70	200	87
油浸纸绝缘电缆	铜芯	1～3kV	80	250	148
		6kV	65	220	145
		10kV	60	220	148
	铝芯	1～3kV	80	200	84
		6kV	65	200	90
		10kV	60	200	92

续表

导体种类及材料		最高允许温度（℃）		热稳定系数 C
		正常 θ_L	短路 θ_k	
橡皮绝缘导线和电缆	铜芯	65	150	112
	铝芯	65	150	74
聚氯乙烯导线和电缆	铜芯	65	130	100
	铝芯	65	130	65
交联聚乙烯导线和电缆	铜芯	80	230	140
	铝芯	80	200	84
有中间接头的电缆（不包括聚氯乙烯导线和电缆）	铜芯	—	150	—
	铝芯	—	150	—

2）按经济电流密度选择。此方法用于年利用小时数高，且导体长度在 20m 以上，负荷电流大的回路。计算时，先根据式（6.7.1）或式（6.7.2）求得 $I_{\Sigma C}$，再根据表（6.7.5）查得经济电流密度后，求得导线截面并标准化，最后对标准化后的导线截面除按最大长期工作电流校验外，还应进行母线的热、动稳定校验。

3）母线校验：

a. 按最大长期工作电流校验．应满足 $I_{al} \geqslant I_{\Sigma C}$，或 $I_{al} \geqslant I'_{\Sigma C}$(有环境温度要求时)。

b. 母线的热稳定校验：按最大长期工作电流及经济电流密度选出母线截面后，还应按热稳定校验。按热稳定要求的导体最小截面为

$$S_{\min} = \frac{I_\infty}{C}\sqrt{t_{dz}K_S} \tag{6.7.11}$$

式中　I_∞——短路电流稳态值，A；

K_S——集肤效应系数，对于矩形母线截面在 100m^2 以下，$K_S=1$；

t_{dz}——热稳定计算时间；

C——热稳定系数，见表 6.7.9。

只要满足热稳定要求 $S > S_{\min}$ 即可。

c. 母线的动稳定校验：各种形状的母线通常都安装在支持绝缘子上，当冲击电流通过母线时，电动力将使母线产生弯曲应力，因此必须校验母线的动稳定性。

安装在同一平面内的三相母线，其中间相受力最大，即

$$F_{\max} = 1.732 \times 10^{-7} \times K_f \times I_{sk}^2 \times \frac{l}{a} \tag{6.7.12}$$

式中　I_{sk}——短路冲击电流，A；

K_f——母线形状系数，当母线相间距离远大于母线截面周长时，$K_f=1$；

l——母线跨距，m；

a——母线相间距，m。

母线通常每隔一定距离由绝缘瓷瓶自由支撑着。因此，当母线受电动力作用时，可以将母线看成一个多跨距载荷均匀分布的梁，当跨距段在两段以上时，其最大弯曲力矩为

$$M=F_{max}\times\frac{l}{10} \tag{6.7.13}$$

若只有两段跨距时，则

$$M=F_{max}\times\frac{l}{8} \tag{6.7.14}$$

式中　F_{max}——一个跨距长度母线所受的电动力，N。

母线材料在弯曲时最大相间计算应力为

$$\sigma_{\Sigma C}=\frac{M}{W} \tag{6.7.15}$$

式中　W——母线对垂直于作用力方向轴的截面系数。其值与母线截面形状及布置方式有关，如图 6.7.2 所示：母线水平放置时，$W=\frac{bh^2}{6}$；垂直放置时，$W=\frac{b^2h}{6}$。

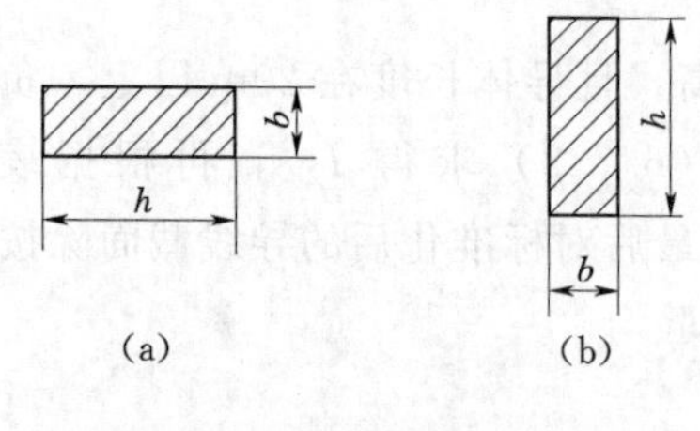

图 6.7.2　W 系数计算方法
(a) 水平放置；(b) 垂直放置

要想保证母线不致弯曲变形而遭到破坏．必须使母线的计算应力不超过母线的允许应力，即母线的动稳定性校验条件为

$$\sigma_{\Sigma C}\leqslant\sigma_{al} \tag{6.7.16}$$

式中　σ_{al}——母线材料的允许应力。硬铝母线 $\sigma_{al}=69\text{MPa}$；硬铝母线 $\sigma_{al}=137\text{MPa}$。

如果在校验时，$\sigma_{\Sigma C}\geqslant\sigma_{al}$ 时，则必须采取措施减少母线的计算应力。具体措施有：将母线竖直改为平放；放大母线截面（会使投资增加）；限制短路电流值（能使 $\sigma_{\Sigma C}$ 大大减小，但须增设电抗器）；增大相间距离 a；减少母线跨距 l 的尺寸等。

工程中，当矩形母线水平放置时，为避免导体因自重而过分弯曲，并考虑到绝缘子支座及引下线安装方便，常选取绝缘子跨距等于配电装置间隔的宽度。

下列部分的母线不需进行母线热效应和电动力效应校验：

(1) 采用熔断器保护，连接熔断器下侧的母线（限流熔断器除外）。

(2) 电压互感器回路的母线。

(3) 变压器容量在 1250kV 及以下，电压 12kV 及以下，不至于因故障而损坏母线的部位。主要用于非重要用电场所的母线。

(4) 不承受热效应和电动力效应的部位，如避雷器的连接线等。

2. 电缆的截面选择与校验

电缆制造成本高、投资大，但具有运行可靠、不易受外界影响、不许架设电杆、不占地面、不碍观瞻等优点。

(1) 电缆型号选择。根据电缆的用途、电缆敷设的方法和场所，选择电缆的芯数、芯线的材料、绝缘的种类、保护层的结构以及电缆的其他特征，确定电缆的型号。常用的电力电缆有油浸式绝缘电缆、交联电缆、塑料绝缘电缆和橡胶电缆等。

(2) 电缆截面选择方法。一般根据最大长期工作电流选择，但是对有些回路，如发电机、变压器回路，其年最大负荷利用小时数超过 5000h，且长度超过 20m 时，则按经济电流密度来选择。

1）按最大长期工作电流选择。电缆长期发热的允许电流 I_{al} 应不小于所在回路的最大长期工作电流 $I_{\Sigma C}$ 即

$$KI_{al} \geqslant I_{\Sigma C} \tag{6.7.17}$$

式中　I_{al}——相对于电缆允许温度和标准环境条件下导体长期允许电流，A；

K——不同敷设条件下的综合校正系数，包括空气中单根敷设、空气中多根敷设、空气中穿管、土壤中单根敷设、土壤中多根敷设等综合参数；

$I_{\Sigma C}$——回路最大的长期工作电流，A。

电缆在不同环境下的载流量温度校正系数计算方法见式（6.7.9）。

2）按经济电流密度选择。电缆截面经济电流密度选择，又称经济选型。所谓经济电流是指在导线寿命期内，投资和导体损耗费用之和最小的适应截面所对应的工作电流。传统的按载流量选择电缆截面时，只计算初始投资。而按经济电流选择线芯截面时，除计算初始投资外，还要考虑经济寿命期内导体损耗费用，两者之和应最小。

图 6.7.3 给出了某型号电缆线芯截面与总费用的关系曲线。图中，曲线 1 代表损耗费用，当截面增大时，损耗减小。损耗费用随之减小。曲线 2 代表初始费用，它包括电缆及附件与敷设费用之和。当截面增大时，投资费用随之增大。曲线 3 代表总费用，是曲线 1、曲线 2 的叠加。显然，某一截面区间内，总费用两者之和较少。而图中曲线 3 的最低点就是总费用最少的对应截面。

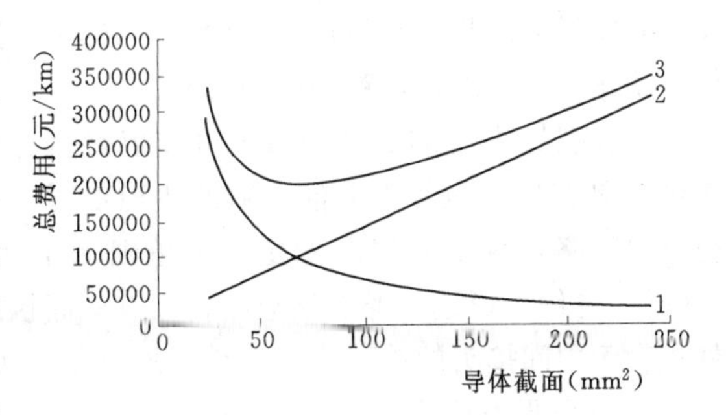

图 6.7.3　某型号电缆线芯截面与总费用的关系

1—电能损耗费；2—初始费月；3—总费用

按经济选型来确定电缆截面，可以节约电力运行费用和总费用，可以节省能源、改善环境，还可以提高电力运行的可靠性。目前，我国已进入市场经济的发展时期，工程投资越来越注重整体和长远的经济性。因此，经济选型势在必行。

按经济选型来确定电缆截面的方法与母线截面按经济电流密度选择的方法相同。

按经济电流密度选出的电缆，还应决定经济合理的电缆根数。截面 $S \leqslant 150\text{mm}^2$ 时，其经济根数为一根。当截面大于 150mm^2 时，其经济根数可按 $S/150$ 决定。例如，计算出 $S_{\Sigma C}$ 为 200mm^2，选择两根截面为 120mm^2 的电缆为宜。

为了不损伤电缆的绝缘和保护层，电缆弯曲半径不应小于一定值（例如，三芯纸绝缘电缆的弯曲半径不应小于电缆外径的 15 倍）。为此，一般避免采用芯线截面大于 185mm^2 的电缆。

3）电缆校验：

a. 接最大长期工作电流校验：此校验是按经济电流密度选择电缆截面的必须校验项。

b. 热稳定校验：电缆截面热稳定的校验方法与母线热稳定校验方法相同。满足热稳定要求的最小截面可按下式求得

$$S_{\min}=I_{\infty}\times\frac{\sqrt{t_{dz}}}{C} \tag{6.7.18}$$

式中　$S_{\min}$——热稳定校验所允许的最小电缆截面，mm^2；

I_{∞}——三相最大稳态短路电流，A；

t_{dz}——短路电流作用的等值时间（假想时间），s，见表6.7.10；

C——与电缆材料及允许发热有关的系数。

表6.7.10　　热效应校验时的短路电流持续时间

断路器开断速度	断路器全分闸时间（s）	短路电流持续时间 t（s）
高速	小于0.08	0.1
中速	0.08～0.12	0.15
低速	大于0.12	0.2

需要说明的是，在热稳定校验时，必须知道短路持续时间 t_{dz}，它是供电负荷中继电保护动作时间与断路器跳闸时间之和。

校验裸导体及110kV及以下电缆短路热稳定时，一般采用主保护动作时间；校验电气设备和110kV及以上充油电缆的热稳定时，一般采用后备保护动作时间；验算电缆热稳定的短路点按下到情况确定：①单根无中间接头电缆，选电缆末端短路。长度小于200m的电缆，可选电缆首端短路；②有中间接头的电缆，短路点选择在第一个中间接头处；③无中间接头的并列连接电缆，短路点选在并列点后。

c. 电压损失校验：正常运行时，电缆的电压损失应不大于额定电压的5%，即

$$\Delta U\%=\sqrt{3}\frac{I_{\max}\rho L}{U_N S}\times100\%\leqslant5\% \tag{6.7.19}$$

式中　$\Delta U\%$——电缆的电压损失；

$I_{\max}$——电缆最大工作电流，A；

ρ——电缆导体的电阻率，铜芯 $\rho=0.0206mm^2/m(50℃)$，铝芯 $\rho=0.035mm^2/m(50℃)$；

L——电缆长度，m；

U_N——电缆所在线路工作电压，V或kV；

S——电缆截面，mm^2。

在下列情况下可不做热稳定校验：①用熔断器作为短路保护的电缆线路；②电压10kV及以下，容量1250kVA及以下，如果停电不致造成严重后果的非重要负荷的电源线路。

3. 绝缘导线截面选择与校验

绝缘导线截面的选择分三部分：一是相线截面的选择；二是中性线（又称N线或工作零线）截面的选择；三是保护线（PE线或PEN线）截面的选择。

（1）相线截面选择与校验

1）相线截面选择：

a. 按允许载流量选择，计算见式（6.7.1）、式（6.7.2）、式（6.7.5）、式（6.7.6），

查表见附录 4。

需要说明的是，按发热条件选择的导线和电缆的截面，还应该与其保护装置（熔断器、自动空气开关）的额定电流相适应，其截面不得小于保护装置所能保护的最小截面，即

$$I_{al} \geqslant I_E \geqslant I_{\Sigma C} \tag{6.7.20}$$

式中　I_{al}——导线、电缆允许载流量，A；

I_E——保护设备的额定电流，A；

$I_{\Sigma C}$——计算电流，A。

b. 按机械强度选择导线的最小允许截面，见表 6.7.2、表 6.7.7。

c. 查表选择，导线的安全载流量，主要取决于导体的材料和截面积。在导体材料确定之后，导线截面就应是考虑的主要问题。导线中导体的导电率愈高、截面积越大，其安全载流量也就越大。除此之外，导线的安全载流量，还与其绝缘材质、敷设方式、环境温度等有关。人们通过大量工程实践，在充分考虑上述因素基础上总结了常用导线的安全载流量，以列表的形式，汇集成册，以便工作备查。

用户可根据所用负载的最大电流、导体材料以及敷设方式，从表中查出相应的导线截面。其原则是：导线的安全载流量应略大于或等于实际电流强度。一般来讲，在导线技术经济条件基本一致的条件下，选择导线截面，应宁大勿小。只有这样，才有较大的安全系数。

2）相线截面校验：

a. 按允许的电压损失校验。

b. 按热稳定校验。

当短路持续时间不大于 5s 时，绝缘导体相线截面按下式进行校验，即

$$S \geqslant I \times \frac{\sqrt{t}}{K} \tag{6.7.21}$$

式中　S——绝缘导体的相线截面，mm^2；

I——短路电流有效值（均方根值），A；

t——短路电流持续作用的时间，s，几种常见情况下的 t 值，见表 6.7.10；

K——不同芯线和绝缘的计算系数，见表 6.7.11。

表 6.7.11　　不同芯线和绝缘的 *K* 值

导线材质	电缆单芯绝缘				绝缘线			裸导线		
	聚氯乙烯	普通橡胶	乙丙橡胶	油浸线	聚氯乙烯	普通橡胶	乙丙橡胶	在限定范围内	正常条件	火灾危险
铜芯	114	131	142	107	143	166	176	228	159	138
铝芯	76	87	95	71	95	110	116	125	105	91
铁线					52	60	64	82	58	50

（2）中性线（N 线）、保护线（PE 线）和保护（PEN 线）截面选择与校验。中性线（N 线）、保护线（PE 线）和保护中性线（PEN 线）截面计算选择时，其计算公式及方法与相线截面按热稳定校验时的方法完全一样。

工程中，常采用下述方法选择中性线（N线）、保护线（PE线）和保护中性线（PEN线）。

1）中性线（N线）截面选择。三相四线制系统中的中性线，要通过系统的不平衡电流和零序电流，因此中性线的允许载流量，不应小于三相系统的最大不平衡电流，同时应考虑谐波电流的影响。

一般三相四线制线路的中性线截面 S_0，应不小于相线截面 S 的 50%，即

$$S_0 \geqslant 0.5S \tag{6.7.22}$$

由三相四线制线路引出的两相三线线路和单相线路，由于其中性线电流与相线电流相等，因此它们的中性线截面 S_0 应与相线截面 S 相等，即

$$S_0 = S \tag{6.7.23}$$

对于三次谐波电流相当突出的三相四线制线路，由于各相的三次谐波电流都要通过中性线，使得中性线电流可能接近甚至超过相电流。因此，这种情况下，中性线截面 S_0 宜等于或大于相线截面 S，即

$$S_0 \geqslant S \tag{6.7.24}$$

2）保护线（PE线）截面选择。保护线要考虑三相系统发生单相短路故障时单相短路电流通过时的短路热稳定度。根据短路热稳定度的要求，保护线（PE线）截面 S_{PE}，按《低压配电设计规范》（GB 50054—1995）规定：

a. 当 $S \leqslant 16\text{mm}^2$ 时，$S_{PE} \geqslant S$。

b. 当 $16\text{mm}^2 < S \leqslant 35\text{mm}^2$ 时，$S_{PE} \geqslant 16\text{mm}^2$。

c. 当 $S > 35\text{mm}^2$ 时，$S_{PE} \geqslant 0.5S$。

3）保护中性线（PEN线）截面的选择。保护中性线兼有保护线和中性线的双重功能，因此其截面选择应同时满足上述保护缓和中性线的要求，取其中的最大值。需要说明的是：

a. 电力照明干线电缆或绝缘导线其N、PE、PEN线的截面，若按热稳定要求不小于表6.7.11所列数值时，一般无需校验。

b. 变压器低压母线、低压开关柜中性母线N及保护母线PE的截面不小于其相线截面的50%。

c. 照明箱、动力箱进线的N、PE、PEN线的最小截面应不小于6mm²。

d. 三相四线制系统中，配电线路有下列情形之一时，其N、PE、PEN线的最小截面应不小于相线截面：①以气体放电电源为主的配电线路；②单相配电线路；③可控硅调光回路；④计算机电源回路见表6.7.12。

表 6.7.12　N、PE、PEN线按热稳定要求的导线最小截面　　单位：mm²

相线的截面积 S	相应保护导体的最小截面积 S_p	相线的截面积 S	相应保护导体的最小截面积 S_p
$S \leqslant 16$	S	$400 < S \leqslant 800$	200
$16 < S \leqslant 35$	16	$S > 800$	$S/2$
$35 < S \leqslant 400$	$S/2$		

注　S 指柜（屏、台、箱、盘）电源进线相线截面积，且两者（S、S_P）材质相同。

e. 配电干线中 PEN 线的截面按机械强度要求，当用同心中性线型电缆的同心中性线芯时，最小为 $4mm^2$；无此种电缆时，也可采用多芯电缆线芯，最小截面电为 $4mm^2$；若采用单芯导线时，铜线截面不应小于 $10mm^2$，铝线不应小于 $16mm^2$。

f. PE 线若是用配电线缆或电缆金属外壳时，按机械强度要求，截面不受限制。若是用绝缘导线或裸导线而不是配电电缆或电缆金属外壳时，接机械强度要求，截面不应小于下列数值：有机械保护（敷设在套管、线槽等外护物内）时为 $2.5mm^2$；无机械保护（敷设在绝缘子、瓷夹板上）时为 $4mm^2$。

g. 由可控硅调光装置配出的舞台照明线路宜采用单相配电，当采用三相配电时，可采用三相六线或三相四线配电，后者截面不应小于相线截面的 2 倍。

习　　题

6.1　低压刀开关有哪些种类？低压空气断路器有哪些组成部分？

6.2　交流接触器的动作原理是什么？

6.3　低压断路器的种类有哪些？

6.4　低压熔断器的种类及其特点有哪些？

6.5　接触器类型有哪些？在建筑工程中常用的时哪种接触器？

6.6　插座的种类有哪些？

6.7　低压配电线路的结构及其特点是什么？

6.8　线缆敷设方式分为哪两种？

6.9　导线选择的方法和要求有哪些？

6.10　有一条三相四线制 380V/220V 低压线路，其长度为 200m，计算负荷为 100kW，功率因数为 0.9，线路采用铜芯塑料绝缘导线穿钢管暗敷。已知敷设地点的环境温度为 30℃，试按发热条件选择所需导线截面。

6.11　某工地施工电压为 380V/220V，计算电流为 55A，拟采用 BLX 型导线明敷，试按发热条件选择导线截面（环境温度为 30℃）。

6.12　一条从变电所引出的长 100m 供电干线，接有电压为 380V 三相电机 22 台，其中 10kW 电机 20 台，45kW 电机 2 台。干线敷设地点环境温度为 30℃，拟采用绝缘线明敷，设备同期系数 0.35，平均功率因数 0.7，试选择导线截面并校验。

6.13　某工地动力负荷 P_1 点负荷 66kW，P_2 动力负荷 28kW，杆距均为 30m，如图 6.13 所示。按允许压降 5%，$K_N=0.6$，平均功率因数 $\cos\varphi=0.76$。采用三相四线制供电时，求 AB 段 BBLX 导线截面并校验。

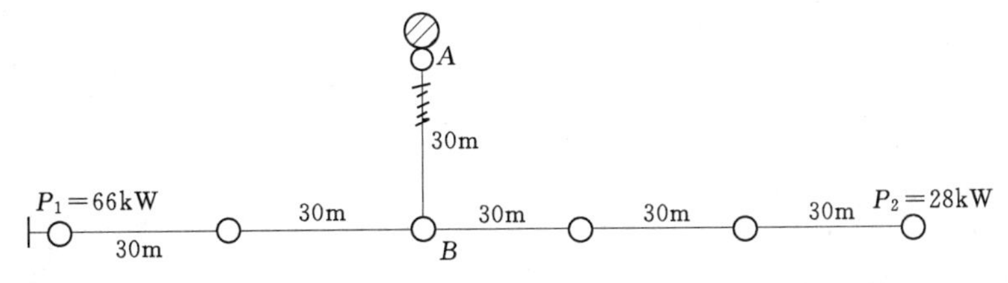

题 6.13 图　某工地劳动力负荷 P_1 点动力负荷分布示意图

6.14　某照明干线总负荷10kW，线路长250m，采用380V/220V供电，设电压损失不超过5%，敷设点环境温度为30℃，明敷，负荷需要系数$K_N=1$，$\cos\varphi=1$。试选择干线BLX截面。

6.15　某10kV架空线路，计算负荷1280kW，$\cos\varphi=0.9$按年最大负荷利用4500h，敷设环境温度30℃计算，拟选用LGJ绝缘线架空敷设，试进其经济截面并按发热和机械条件校验。

6.16　设某线路工程分别有P_1、P_2、P_3、P_4、P_5共5条负荷回路，线路长度均为100m，计算电流（即线路长期通过的最大负荷电流）分别为7.5A、50A、100A、150A、210A。按敷设要求，拟选用YJV电力电缆沿桥架敷设，试按偿还年限法选择线缆截面及投资偿还年限。

6.17　一钢筋加工厂负载总功率176kW，平均功率因数$\cos\varphi=0.8$，需要系数$K_x=0.5$，电源电压为380V/220V，拟选用BX线明敷，试用安全载流量计算导线截面并校验。

第7章　室 内 供 配 电

主要介绍室内供配电的要求和配电方式，同时介绍各类保护装置的保护及装置的选择、电表的类型及接线、配电箱的选择布置。

民用建筑一般从市电高压 10kV 或低压 380V/220V 取得电源，称为供电；然后将电源分配到各个用电负荷，称为配电。采用各种元件（如开关、导线）及设备（如配电箱）将电源与负荷连接起来，即组成了民用建筑的供配电系统。

室内供配电是指：从建筑物的配电室或配电箱，至各层分配电箱或各层用户单元开关箱之间的供配电系统。一般是低压配电系统。

7.1　室内供配电要求及配电方式

7.1.1　室内供配电要求

1. 可靠性要求

供配电线路应当尽可能的满足民用建筑所必需的供电可靠性要求。所谓可靠性，是指根据建筑物用电负荷的性质和重要程度，对供电系统提出的不能中断供电的要求。不同的负荷，可靠性的要求不同，分三个等级：一级负荷，要求供电系无论是正常运行还是发生事故时，都应保证其连续供电。因此，一级负荷应由两个独立电源供电。二级负荷，当地区供电条件允许投资不高时，宜由两个电源供电。当地区供电条件困难或负荷较小时，则允许采用一条 6kV 及以上专用架空线供电。三级负荷，无特殊供电要求。

为了确定某民用建筑的负荷等级，必须向建设单位调查研究，然后慎重确定。不同级别的负荷对供电电源和供电方式的要求也是不同的。供电的可靠性是由供电电源、供电方式和供电线路共同决定的。

2. 电能质量要求

电能质量的指标通常是电压、频率和波形，其中尤以电压最为重要。它包括电压的偏移、电压的波动和电压的三相不平衡度等。因此，电压质量除了与电源有关外还与动力、照明线路的合理设计有很大关系，在设计线路时，必须考虑线路的电压损失。一般情况下，低压供电半径不宜超过 250m。

3. 发展要求

从工程角度看，低压配电线路应力求接线操作方便、安全，具有一定的灵活性，并能适应用电负荷的发展需要。例如，住宅远期用电负荷密度（平均单位面积的用电量），1996 年及以前的规范规定，多层住宅为 6～10W/m^2，高层住宅为 10～15W/m^2。近年来由于家用电器迅速的发展和居住面积的扩大，住宅用电负荷密度随之迅速增加，国家规范也及时作了修订，因此，再设计时应认真作好调查研究，参照当时当地的有关规定，并适当考虑发展的需要。

4. 民用建筑低压配电系统的其他要求

(1) 配电系统的电压等级一般不超过两级。

(2) 为便于维修，多层建筑宜分层设置配电箱，每户宜有独立的电源开关箱。

(3) 单相用电设备应合理分配，力求使三相负荷平衡。

(4) 引向建筑的接户线，应在室内靠近进线处便于操作的地方装设开关设备。

(5) 尽可能节省有色金属的消耗，减少电能的损耗，降低运行费等。

7.1.2 室内配电系统的基本配电方式

室内低压配电系统由配电装置（配电盘）及配电线路（干线及分支线路）组成。常用配电方式有以下几种形式：如图 7.1.1 所示。

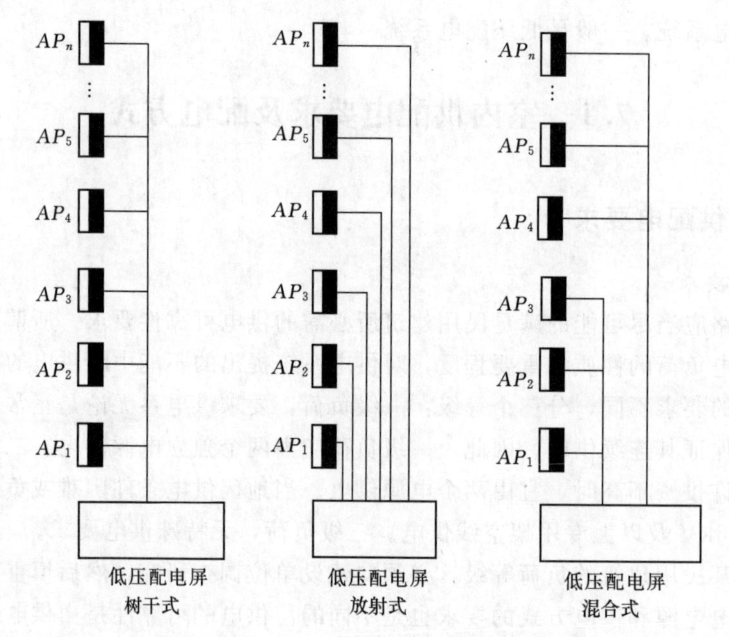

图 7.1.1 配电方式分类示意

1. 放射式

放射式的优点各个负荷独立受电，供电可靠性较高，故障时影响面较小，配电设备集中，检修方便；电压波动相互间影响较小。但系统灵活性较差，有色金属消耗较多，相应的投资也较大。一般在下列情况下采用：

(1) 容量大、负荷集中或重要的用电设备。

(2) 需要联锁起动、停车的设备。

(3) 有腐蚀性介质和爆炸危险等场所不宜将配电及保护起动设备放在现场者。

2. 树干式

树干式的特点是配电设备及有色金属的消耗较少，系统灵活性好，但干线故障时影响范围大。一般用于用电设备的分布比较均匀、容量不大、又无特殊要求的场合。

3. 混合式

混合式的特点介于放射式和树干式两者之间。若干线上所接用的配电盘不多时，仍然比较可靠，因而在大多数情况下一个大系统都采用树干式与放射式相混合的配电方式。

7.1.3　高层建筑供配电

1. 负荷特征

高层建筑的建筑面积一般在 $7000m^2$ 以上，其用电负荷不但有照明负荷，而且还有动力负荷，因此，用电量较大。19层及以上的消防用电设备为一级负荷，18层及以下的消防用电设备为二级负荷。非消防电梯为二级负荷，其余为三级负荷。消防用电设备包括：消防泵、排烟风机、消防电梯、事故照明及疏散标志灯等。

高层建筑配电系统的特点是负荷容量大、线路较长，对电源的可靠程度要求较高，并需密切配合建筑物的消防设计。

2. 供电电源

不同使用性质的高层建筑，虽然有其不同的用电要求，但在电梯、事故照明以及消防用电方面的供电原则是一致的。同类高度的建筑，应具有相同的防火和安全措施、相同的供电及照明要求。高层建筑的供电电源和配电分区、垂直干线的负荷层数及敷设、配电系统的控制和保护，除须满足建筑的功能要求和维护管理条件外，往往取决于消防设备的设置、建筑的防火分区以及各项消防技术要求。

一级负荷应采用两个独立电源供电。这两个独立电源可取自城市电网，它们之间可有相互联系，但当发生一种故障且主保护装置失灵时，仍有一个电源不中断供电。在大型的保护完善和运行可靠的城市电网条件下，这两个独立电源溯其源端应至少是引自35kV及以上枢纽变电站的两段母线；也可一个取自城市电网；另一个设自备电源。

二级负荷应有两个电源供电。这两个电源端宜取自城市端电网的10kV负荷变电站的两段母线；有困难时，两个电源可引自任意两台变压器的0.4kV低压母线。

3. 配电方式

高层建筑配电方式主要有放射式、树干式与混合式三种，而大多采用混合式分区配电方式。

随着时代的发展和生活水平的提高，对高层建筑设备在性能、系统故障率、可靠性及维护管理方面，要求也更高了。如对安全管理、消防用电、防灾监视装置、事故照明等，要求高度可靠、耐久、节能、维护简单、节约面积等。一般情况将照明与电力划分两个配电系统，其他消防、报警、监控等宜应自成体系以提高可靠性。常用的基本方案如下：

对于高层建筑中容量较大、有单独控制要求的负荷，如冷冻机组等，宜由专用变压器的低压母线以放射式配线直接供电。

对于在各层中大面积均匀分布的照明和风机盘管负荷，多由专用照明变压器的低压母线，以放射式引出若干条干线沿楼的高度向上延伸形成“树干”。照明干线可按分区向所辖楼层配出水平支干线或支线，一般每条干线可辖4～6个楼层。风机盘管干线可在各楼层配出水平支线，均形成所谓“干竖支平”形配电网络。

应急照明干线与正常照明干线平行引上，也按“干竖支平”配出，但其电源端在紧急情况下可经自动切换开关与备用电源或备用发电机组相接。

空调动力、厨房动力、电动卷帘门等一般动力由专用动力变压器供电，由低压母线按不同种类负荷以放射式引出若干条干线沿楼向上延伸，成“干竖支平”形配电。

消防泵、消防电梯等消防动力负荷采用放射式供电。一般为单独从变电所不同母线段上直接引出两路馈电线到设备，即一用一备，采用末端自投。在紧急情况下，可经切换开关自动投入备用电源或备用发电机。

高层建筑的配电方式可有多种形式，每种配电形式都与相应的配电装置和敷设方式相联系，而各有优缺点。常用的几种方式如图 7.1.2 所示。

图 7.1.2（a）为单干线方案，适用于一般高层建筑用电量较少的场合，基本上为电缆或电线穿管敷设，系统可靠性差，工程造价低。

图 7.1.2（b）为双干线方案，每一干线负担 1/2 负荷，可以采用电缆或母线，事故时影响面较小，如干线按全负荷设计，可以互为备用，可提高供电可靠性。

图 7.1.2（c）介于（a）、（b）两方案之间，具有公共备用干线，较［7.1.2（b）］方案节约，较（7.2a）方案可靠。

图 7.1.2（d）为母干线方案，适宜于负荷量较大场合，但没有备用干线。

图 7.1.2（e）为双母干线，树干式配电，对各分支可加自动切换装置，可靠性高，投资较大。

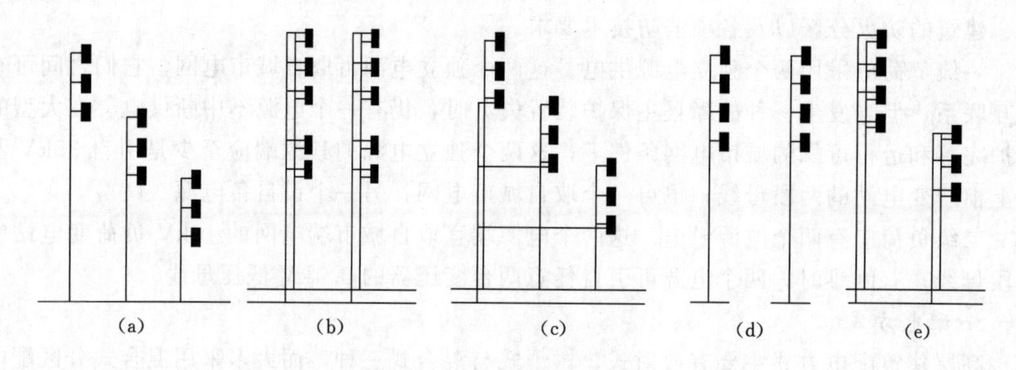

图 7.1.2 高层建筑配电方式

由上可知，配电方式是各种各样的，可以灵活运用，按实际情况选择。而不同性质的负荷，应根据用电要求设置专用线路，以免相互干扰，尤其应注意确保重要负荷对供电可靠性的要求。

7.2 保护装置及选择

7.2.1 用电设备及配电线路的保护

民用建筑用电主要有：照明、家用电器、办公电器、实验设备、医疗机械、商业及服务业修理机械、炊事机械、影视通讯设备、建筑机械、暖通给排水设备等。这些用电设备按其使用电能的形式可归纳为：照明；电热器；电动机；小型变压器等。为了使用安全，要采取相应的保护措施。

1. 照明设备的保护

照明设备需要保护的是其中的灯具、插座、开关及其连接导线。由于这些元件是连接在照明支路上的，数量较多，但价值不高，通常不对每个器件进行单独保护，而采用照明支路的保护装置兼作它们的短路保护。一般照明支路之所以不宜大于15A，考虑其能保护灯具、开关及连接导线的短路，是其重要原因之一。一条照明支路中的个别灯具处于室外或其他非正常环境，当灯具内电气短路可能性大时，应采取附加专用保护装置，以减少由于它的故障而影响全支路工作。

为改善日光灯的功率因数，通常采取每个日光灯管配以电容器补偿。鉴于电容器易于发生短路，故应附加熔断器保护。室外照明各回路除应有保护外，每个灯具宜有单独的保护。

民用建筑的许多小型用电设备（指小于0.5kW的感性负荷或小于2kW的阻性负荷），通常用插头连接在照明插座支路上。若设备自身带有保护装置（如洗衣机）则照明插座支路的保护作为其后备保护；若自身不具备保护装置（如台扇）需依靠照明插座支路的保护作为它的保护。以上两种情况往往同时存在，故照明插座支路的保护装置，必须考虑能够保护那些自身不具备电气保护的用电设备的短路。因此，在住宅中照明与插座混合的支路或单独的插座回路，其保护电路的额定电流一般不大于10A。当插座支路的保护装置额定电流较大时，可选用带有熔丝管的插座，熔丝管的额定电流可根据可能接用设备的容量选取，一般不大于5A。

照明支路（包括照明插座支路）的保护采用熔断器或自动开关。目前，建筑大多采用自动开关（一些还加有漏电保护装置）。

当照明支路采用自动开关时，其长延时和瞬时过电流脱扣器的整定电流，即

$$I_{zd1} \geqslant K_{k1} I_{30} \tag{7.2.1}$$

$$I_{zd3} \geqslant K_{k3} I_{30} \tag{7.2.2}$$

式中　I_{zd1}——自动开关长延时脱扣器的整定电流，A；

I_{zd3}——自动开关瞬时脱扣器的整定电流，A；

I_{30}——计算电流，A；

K_{k1}——用于自动开关长延时脱扣器的系数，见表7.2.1；

K_{k3}——用于自动开关瞬时脱扣器的系数，见表7.2.1。

表7.2.1　照明支路负荷脱扣器保护的计算系数

计算系数	白炽灯、荧光灯、卤钨灯	高压汞灯	高压钠灯
K_{k1}	1	1.1	1
K_{k3}	6	6	6

2. 动力设备的保护

民用建筑中采用的电动机为动力的机械设备可分为两大类：一类是随建筑功能而异的专用机械，如炊事机械、医疗机械等；另一类是属于为建筑物服务的通用机械，如通风

机、水泵、电梯等。多数专用机械，其自身带有电动机的操开关及保护装置，也有一些自身不带有操作开关和保护装置的。虽然多数专用机械自身带有操开关及保护装置，但往往在设计时难以确定其具体形式，因此除了那些能够确定的设备，仅作为电源隔离用的电源盘以外，通常均按设置操作开关及保护装置考虑。

在民用建筑中多采用鼠笼式电动机，现仅就鼠笼式电动机的启动与保护作一些概括的阐述。为了安全，所有电动机均应装设短路保护，总计电流不超过 20A 时可共用一套保护装置。

3kW 及以上的电动机或虽容量小但长时间无人监视，或容易过负荷的电动机，应装设过负荷保护。

3kW 及以下的电动机或定子为星形接线且装有过负荷保护时，可不装设断相保护。

10kW 及以下的电动机，如条件允许自起动时，可不装设低电压保护。

3kW 及以下的鼠笼式电动机，允许采用封闭型负荷开关与保护。不频繁起动的电动机，可采用电动机保护用自动开关。

需要频繁起动或远方控制的电动机，可采用磁力启动器。通常利用磁力起动器中的热元件作为电动机的过负荷保护，其额定电流与自动开关的长延时过电流脱扣器的整定相同。此时需配熔断器作为短保护。

3. 低压配电线路的保护

随着家用电器的日益发展和不断普及，因而触电的潜在危险亦愈大。为此，目前已要求在住宅电气设计中漏电开关来保证用电的安全。采用漏电开关保护后，自漏电开关以后的插座或金属外壳所连的专用保护地线，须单独接地或采用专用线直接引至总配电装置处，经接线端子与零线接地装置相连，以提高其安全度。

7.2.2 刀开关、熔断器的选择

1. 刀开关

刀开关是一种带有刀刃楔形触头的、结构比较简单的开关电器。主要用于配电设备中隔离电源；或根据结构不同，也可用于不频繁地接通与分断额定电流以下的负载，如小型电动机、电阻炉等。

刀开关种类繁多，仅用于成套设备中的刀开关，按操作方式分就有直接手柄操作式、杠杆操作机构式和电动操作机构式等几种，此外还有单极、双极和三极之分，还有单投和双投等不同的刀开关。

开启式负荷开关也属于刀开关之列。它具有防护用的外壳，而且带有熔断装置应用于小容量的照明电路中，HK1 系列的额定电流最大至 60A，可带负荷操作，有一定的分断能力。若适当降低容量使用，亦可作小型电动机的手动不频繁操作的开关用。但由于开启式负荷开关的分断能力较差，其熔断装置过于简单，所以有些地区规定，开启式负荷开关一般只作隔离电源使用。使用时，开启式负荷开关内不允许设置熔丝，而要另外加装熔断器。

能带负荷操作的刀开关叫负荷开关，如常见的封闭式开关。它主要有刀开关、熔断器和铁外壳构成。它的操作机构有机械联锁，使盖子打开时手柄不能合闸，或手柄在合闸位

置上盖子打不开，从而保证操作安全；同时，由于操作机构采用了弹簧储能式，加快了开关的通断速度，使电路能快速通断，而与手柄的操作速度无关。封闭式开关通常用于多灰尘的场所，HH3、HH4系列的额定电流等级中最大的为200A，所以适宜小功率电动机的启动和分断。

表示刀开关性能的主要参数有额定电压、额定电流、分断能力、操作次数，动稳定性和热稳定性等。

刀开关的选择，应依电源的额定电压和长期工作电流来考虑。主要根据用电回路的额定电流，这个电流应当等于各支路负荷额定电流的总和。动力回路应按电动机的起动电流来计算。此外，还要根据回路可能出现的短路电流来选用。

2. 熔断器

熔断器在低压配电网络中主要作为短路保护之用，有时也用于过载保护。使用时，将熔体串联接入需要保护的电路，使电路中的电流流过熔体。当电路出现故障如过载或短路时，由于电流大于熔体的额定电流，熔体会因过热而烧断，从而切断了电源与负载的联系，对电路和负载起到了保护作用。

熔断器是由熔体和安装熔体的熔断器壳体组成，所以他的选择主要是是指熔体额定电流的选择；根据熔体额定电流再去选择熔断器的额定电流；最后再根据使用条件与特点决定熔断器的种类或系列。

熔体额定电流的选择与负载性质及用途有下列关系：

（1）对于一般照明负载，熔体的额定电流应稍小于或等于实际的负载额定电流。

（2）对于输配电线路，熔体的额定电流应稍大于或等于线路的额定电流。

（3）对于动力负载，因其起动电流大，故选择时应按以下计算

单台电动机

$$I_R=\alpha I_N \tag{7.2.3}$$

式中　I_R——熔体的额定电流，A；

I_N——电动机的额定电流，A；

α——系数，在1.5～2.5之间，对于重载、全压起动取最大值。

对于多台电动机，考虑到不是同时起动，可按下式计算

$$I_R=\alpha I_{mN}+\sum I_N \tag{7.2.4}$$

式中　I_{mN}——最大一台电动机的额定电流，A；

$\sum I_N$——其余电动机额定电流的总和，A。

选择熔断器时应注意以下几点：

（1）根据线路电压选用相应电压等级的熔断器；

（2）在配电系统中选择各级熔断器时要互相配合以实现选择性。一般要求前级熔体额定电流要比后一级的大2～3倍，以防止发生越级动作而扩大停电范围；

（3）考虑到熔体额定电流要比电动机额定电流大1.5～2.5倍，用它来保护电动机过载已经不可靠，所以电动机应另外选用热继电器或过电流继电器做过载保护电器。此时熔断器只能作短路保护使用；

（4）熔断器的分断能力应大于或等于所保护电路可能出现的短路冲击电流，以得到可

靠的短路保护。

低压空气断路器也称自动空气开关，是电路发生过载、短路或电压时能自动分断电路的电器。它是低压交、直流配电系统中的重要保护电器之一。

国内生产的自动开关型号很多，各有特点。其中 DW15、DZ15 是统一设计的新系列自动开关。DWX15 和 DZX15 属于限流式自动开关。DZ15L 和 DZ5-20L 是装有捡漏保护元件的塑料外壳式自动开关，它是为了防止低压网络中发生人身触电和漏电火灾、爆炸事故而发展的一种新型电器。DZ6、DZ12、DZ13 为照明用自动开关。此外，还有引进的 S060 系列塑料外壳式自动开关，有 L 型和 G 型两种，分别用于照明保护和动力保护。

自动开关的容量选择应包括以下三个方面：

(1) 选择自动开关的额定电流，即主触头长期允许通过的电流，按电路的工作电流选择。

(2) 选择脱扣器的电流，即脱扣器不动作时长期允许通过电流的最大值。也是按电路的工作电流去选择。

(3) 选择脱扣器的瞬时动作整定电流或整定倍数，即脱扣器不动作时，瞬时允许通过的最大电流值。应考虑电路可能出现的最大尖峰电流。一般选择方法如下：

当用自动开关控制单台电动机，按电动机的起动电流乘以倍数选择，即

$$I_z = KI_q \tag{7.2.5}$$

式中　I_z——脱扣器的瞬时动作整定电流，A；

I_q——电动机的起动电流，A；

K——系数，DW 系列取 1.35；DZ 系列取 1.7。

当用自动开关控制配电干线时为

$$I_z \geqslant 1.3(I_{mq} + \sum I) \tag{7.2.6}$$

式中　I_{mq}——配电回路中最大电动机的起动电流，A；

$\sum I$——配电回路中其余负载的工作电流的总和，A。

选择脱扣器的瞬时动作整定电流选定后，还要进行校验，即此整定电流值要比配电线路末端单相对地的短路电流值小 1.25 倍以上。

自动开关有时还要按线路中的最大短路电流值选择其分断能力。

自动开关的额定电压和欠电压脱扣器的额定电压均应按线路上的额定电压选择。

7.3 电能表

电能表是专门用来测量交流电能的仪表。电能表的接线原则与瓦特表的接线方法相同。下面简要介绍电能表的几种常用的接线方式：

1. 单相电能表的接线

用单相电能表测单相电路中的电能。在单相电能表的下部有一排接线端子，电能表的电压线圈和电流线圈分别接在这些端子上，并通过这些端子把电能表接入电路中，如图 7.3.1 所示，1 和 2 为电流线圈接线端，应与负载串联；1 和 3 为电压线圈接线端，应与

负载并联连接；4端与3端为同一端子，接负载的下端。

用单相电能表测量三相四线制电路中的电能，如果是对称的三相四线制电路，可以用一块单相电能表测量任一相负载所消耗的电能，然后乘以3即可。如果三相负载不对称，则要用三块单相电能表分别测各相负载所消耗的电能，然后相加。

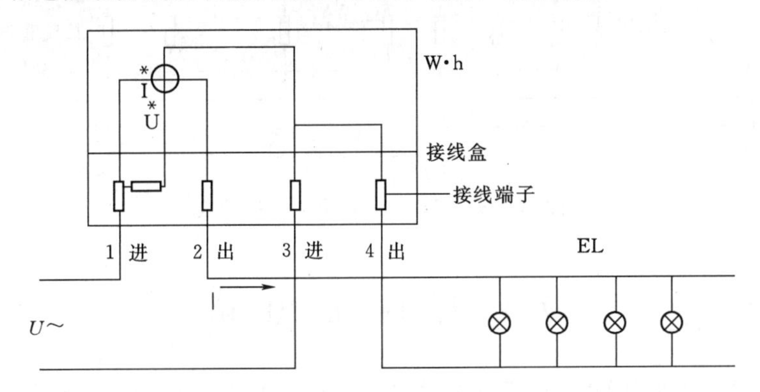

图 7.3.1 单相电能表的接线方法

2. 三相四线电能表及其接线

三相四线电能表，它的工作原理与单相电能表一样，但在结构上有所不同，它分为两个（称三相二元件）或三个（称三相三元件）两种电能表。

用三相三元件电能表测量三相四线制电路的电能，无论三相电压是否对称，三相负载是否平衡，测量结果和用三块单相电能表分别测量三相负载是相同的。其接线如图7.3.2所示。

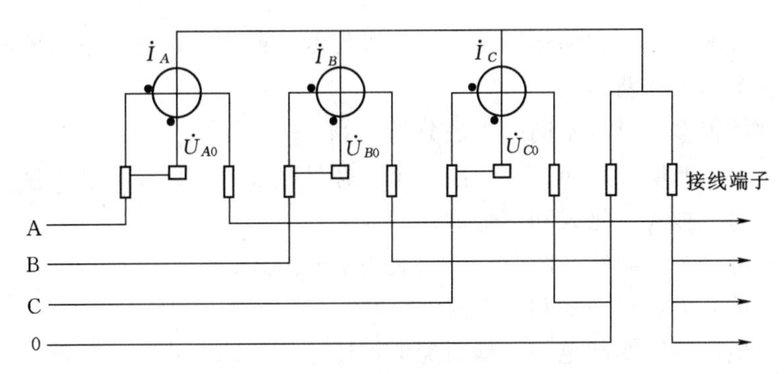

图 7.3.2 三相三元件电能表的接线

用三相二元件电能表测量三相三线制电路的电能，与三相三元件电能表相比较，省去了一个元件，但使用范围仍与三相三元件电能表相同，所不同的是其接线。其接线如图7.3.3所示。

从图7.3.3可以看出，三相二元件的接线特点是：不接B相电压，只接N。B相的电流线圈分别绕在A、C相电流电磁铁的铁芯上，B相电流进入表计的正方向分别与A、C相电流的正方向相反。可以证明，只要三相电压对称，无论三相负载是否平衡，用三相二元件的电能表测量电能，所得结果是正确的。

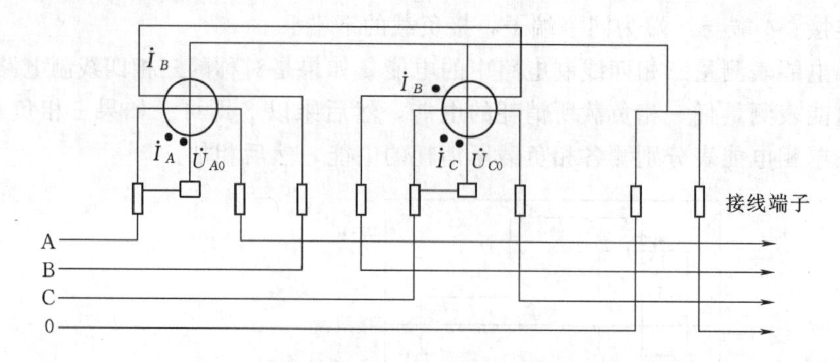

图 7.3.3 三相二元件电能表的接线

7.4 低压配电箱

低压配电系统由低压配电装置（配电盘或配电箱）及配电线路（干线及分支线）组成。从低压电源引入的总配电装置（第一级配电点）开始，至末端照明支路配电箱（盘）为止，配电级数一般不宜多于三级，每一级配电线路的长度大于30m。如从变电所的低压配电装置算起，则配电级数一般不多于四级，总配电线路的长度一般不宜超过200m，每路干线的负荷计算电流一般不宜大于200A。各级配电点均应设置配电箱（盘），以便将电能按要求分配于各个用电线路。

7.4.1 配电箱的作用及分类

配电箱内设有配电盘，它的作用是为下一级配电点或各个用电点进行配电，即将电能按要求分配于各个用电线路。

配电箱的种类很多，可按不同的方法分类。

按用途可分为：照明配电箱、动力配电箱、计量电表箱、插座箱和控制箱；

按结构可分为：板式、箱式和落地式；

按安装方式可分为：明装、暗装和半暗装等不同形式；

按使用场所可分为：户内式和户外式。

同时，国内生产的照明配电箱、动力配电箱还分为：标准式和非标准式两种。其中标准式已成为定型产品，有许多厂家生产这种设备。

1. 照明配电箱

照明配电箱内元件分为线路及电器两部分：线路部分包括干线的引入引出、支路线的引出以及干线与支路开关间的联结线等；电器部分包括开关、零线端子板等。民用建筑内的照明配电箱要求线路部分尽量隐蔽，电器部分可以露在外面便于操作，因此形成“盘面”部分和“二层底”部分。一般要求空气开关仅将手柄露出盘面，负荷开关及瓷插式熔断器可装在盘面上。这是因为空气开关的接线端子是敞露的，而负荷开关及瓷插式熔断器的接线端子是从侧面引线，有一定的保护作用。

室内照明配电箱分为明装、暗装和半暗装三种型式。采用半暗装是由于箱的厚度超过墙的厚度，而又要求操作方便。暗装或半暗装配电箱的下端距地一般为1.4m，布置电器时箱内须操作的电器手柄距地不宜大1.8m。明装照明配电箱下端距地一般为1.8m以上，以减少被碰撞的可能，但操作电器较困难，故尽量不采用。

照明配电系统的特点是按建筑物的布局型式选择若干配电点。一般情况下，在建筑物的每个沉降与伸缩区内设1～2个配电点其位置应使照明支路线的长度不超过40m，如条件允许最好将配电点选在负荷中心。

当建筑物为一层平房，一般即按所选的配电点连接成树干式配电系统，如图7.4.1所示。

建筑物为多层楼房时，可按配电点确定配电立管，组成干线系统，如图7.4.2所示。

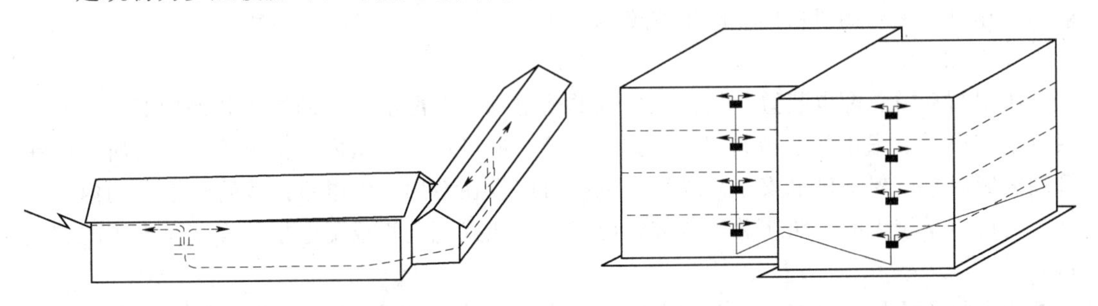

图7.4.1 平房建筑配电系统示意　　图7.4.2 多层建筑配电系统示意

规模较小的建筑物，一般在电源引入的首层设总配电箱。箱内设能起切断整个建筑照明供电的总开关，作为紧急事故或维护干线时切断总电源用。

规模较大的建筑物需在电源引入处设总配电室，安装总配电装置，其功能为向各个配电点配出干线系统，并能在紧急事故时进行控制操作。

建筑物的每个配电点均设置分配电箱，箱内设照明支路开关及能切断各个支路电源的总开关，作为紧急事故拉闸或维护支路开关时断开电源之用。当支路开关不多于3个时，也可不设总开关。多层建筑的每一串照明配电箱，宜在首层箱内设控制本串干线的总开关，以便于维护干线、照明分配电箱及紧急事故时切断电源用。

照明支路开关的功能主要是保护灯具的短路、支路线的短路与过负荷，通常采用自动空气开关或熔断器。每个支路开关应注明负荷容量、计算电流、相别及照明负荷的所在区域。一台照明分配电箱内的各个支路，应力求均匀地分配在A、B、C三相上。如达不到时，也应在数个配电箱之间保持三相负荷平衡。支路配相时需注意，不能仅从负荷容量考虑，而应从实际使用的容量进行平衡，例如照明插座支路仅有部分可能使用，在配线时就不能按其全部容量计算。

当有事故照明时，需与一般照明的配电分开，另按消防要求自成系统。

2. 动力配电箱（板）

动力负荷的使用性质分为多种，如建筑机械（电梯、自动门等）、建筑设备机械（水泵、通风机等）、各种专用机械（炊事、医疗、实验设备等）。动力负荷的分布可能分散（如医疗设备），可能集中（如厨房的炊事机械，机房内的风机、水泵等）。因此动力负荷的配电系统需按电价、使用性质归类，按容量和方位分路。对集中负荷采用放射式配电干线。对分散的负荷采取树干式配电，依次连接各个动力负荷配电盘。多层建筑物当各层均有动力负荷时，宜在每个伸缩沉降区的中心每层设置动力配电点，并设分总开关作为检修或紧急事故切断电源用。电梯设备的配电，一般采取直接由总配电装置引上至屋顶机房。若多层建筑的各层无动力负荷宜预留一根立管，每层设一空的分配电箱备用。

在比较洁净的或干燥的机房内，可采取明装动力配电板操作动力设备，配电板底部距地 1.2m。此时导线应在配电板的里侧，板面上所装的电器应采用接线端子不外露的负荷开关、保护式磁力启动器、瓷插式熔断器等。采用空气开关时，应将开关本体装在板后，板面仅露出操作手柄。

采用小型动力配电箱时，如同照明配电箱那样分为明装、暗装和半暗装三种类型，一般均装在机房和专用机房内，距地高度均为 1.2m。

3. 总配电装置

照明与动力总配电装置包括低压电源的受电部分及配电干线的控制和保护部分。当负载容量较小时，采用配电箱或配电板。配电箱一般可设在过道内，但由于公共场所应设在管理区域内，以保证供电安全。采用配电板时应设在专用的配电室内或管理性房间内。

负荷容量较大时，照明总配电装置应采用落地式配电箱或配电柜，安装在专用的配电室内。

总配电装置的受电部分一般由电能表（表用电流互感器）、电源指示灯及总开关（含保护）组成。大型装置通常采用电压表替换电源指示灯，并装设电流表监视负荷情况。总配电装置的配电干线控制与保护部分一般采用自动开关，当回路负荷很大时宜设监视负荷的电流表。

7.4.2 配电箱的选择与布置

1. 配电箱的布置原则

(1) 尽可能靠近负荷中心，即用电器多、用电量大的地方。

(2) 配电箱应设在进出线方便的地方。

(3) 配电箱应设在干燥、通风、采光良好，且不妨碍建筑物美观的地方。

(4) 配电箱应设在便于操作和检修的地方，一般多设在门庭、楼梯间或走廊的墙壁内。最好设在专用的配电间里。

(5) 在高层建筑中，各层配电箱应尽量布置在同一部位、同一方向上，以便于施工安装和维护管理。

2. 配电箱位置的确定

在确定配电箱位置时，除考虑上述因素外，还要考虑建筑物的几何形状、建筑设计的要求等约束条件。在满足基本约束条件下，所确定的位置常称为最优位置。常用所有各支线的负荷量与相应支线长度成绩的总和即目标函数来衡量，当目标函数值趋向最小时，则选择的位置最佳。它的数学表示式为

$$M=\sum P_i L_i (i=1,2,\cdots) \tag{7.4.1}$$

式中 L_i——第 i 条回路（支线）从配电箱引出线至最末一个用电器的长度，m；

P_i——第 i 条回路（支线）上的（灯具和用电器的总功率）负荷总量，kW。

在满足约束条件下，按上式求得配电箱的最优位置，有时还须根据土建设计要求的条件做些调整。

3. 配电箱的选择原则

(1) 根据负荷性质和用途确定配电箱的种类；

(2) 根据控制对象的负荷电流的大小、电压等级以及保护要求，确定配电箱内主回路和各支路的开关电器、保护电器的容量和电压等级；

(3) 应从使用环境和场合的要求，选择配电箱的结构形式。如是选用明装式还是暗装式，以及外观颜色、防潮、防火等要求。

在选择各种配电箱时，一般应尽量选用通用的标准配电箱，以利于设计和施工。若因建筑设计的需要，也可以根据设计要求向生产厂家订货加工所需要的非标准箱。

习　题

1. 什么是室内供配电？
2. 室内供配电有何要求？
3. 室内配电系统方式有哪些？
4. 高层建筑供配电的特点是什么？
5. 如何进行低压断路器的选择？
6. 电能表的接线方式有哪几种？
7. 如何进行配电箱的选择与布置？

第8章 建筑电气照明

照明作为建筑物的一个重要组成部分，不仅影响着建筑物的功能，还决定了整个建筑的风格与效果。本章主要介绍电气照明的基本概念；常用电光源特点和灯具种类；建筑的照明种类和照度标准、灯具的选择及布置；照度常用计算方法和电气照明设计一般过程。通过学习要求掌握照度计算和电气照明设计。

照明是人们生活和工作不可缺少的条件，良好的照明有利于人们的身心健康，保护视力，提高劳动生产率及保证安全生产。照明又能对建筑进行装饰，发挥和表现建筑环境的美感，因此，照明已成为现代建筑中重要的组成部分之一。为更好地理解电气照明设计，必须掌握照明技术的一些基本概念。

8.1 常用的光学物理量

光是能引起视觉的辐射能，它以电磁波的形式在空间传播。光的波长一般在380～780nm范围内，不同波长的光给人的颜色感觉不同。描述光的量有两类：一类是以电磁波或光的能量作为评价基准来计量，通常称为辐射量；另一类是以人眼的视觉效果作为基准来计量，通常称为光度量。在照明技术中，常常采用后者，因为采用以视觉强度为基础的光度量较为方便。

8.1.1 光通量

光源在单位时间内，向空间辐射出的使人产生光感觉的能量称为光通量，以字母“Φ”表示，单位为流明（lm），是表征光源特性的光度量。

8.1.2 光强度

光强度简称光强，是指单位立体角内的光通量，以符号I_a表示，是表征光源发光能力大小的物理量。

$$I_a = \mathrm{d}\Phi / \mathrm{d}\omega \tag{8.1.1}$$

式中 ω——给定方向的立体角元；

Φ——在立体角元内传播的光通量，lm；

I_a——某一特定方向角度上的发光强度，cd（坎德拉）。

光强度的单位为坎德拉，单位代号为cd，它是国际单位制中的基本单位。

8.1.3 照度

被照表面单位面积上接收到的光通量称为照度，用E表示，单位为勒克斯（lx），是表征表面照明条件特征的光度量。

$$E=\Phi/S \tag{8.1.2}$$

式中 S——被照表面面积，m^2；

Φ——被照面入射的光通量，lm。

1勒克斯相当于每平方米面积上，均匀分布1lm的光通量的表面照度，所以，可以用lm/m^2为单位，是被照面的光通密度。

1lx照度量是比较小的，在这样的照度下，人们仅能勉强地辨识周围的物体，要区分细小的物体是困难的。

为对照度有一些感性认识，现举例如下：

（1）晴天的阳光直射下为10000lx，晴天室内为100～500lx，多云白天的室外为1000～10000lx。

（2）满月晴空的月光下约0.2lx。

（3）在40W白炽灯下1m远处的照度为30lx，加搪瓷罩后增加为73lx。

（4）照度为1lx，仅能辨识物体的轮廓。

（5）照度为5～10lx，看一般书籍比较困难，阅览室和办公室的照度一般要求不低于50lx。

8.2 照明质量指标

8.2.1 光源的色温与显色性

光源的发光颜色与温度有关，当温度不同时，光源发出光的颜色是不同的。因此，光源的发光颜色常用色温这一概念来表示，所谓色温是指光源发射光的颜色与黑体（能吸收全部光辐射而不反射、不透光的理想物体）在某一温度下发射的光的颜色相同时的温度，用绝对温标K表示。

光源的显色性是指光源呈现被照物体颜色的性能。评价光源显色性的方法，用显色指数表示。光源的显色指数越高，其显色性越好。一般取80～100为优，50～79为一般，当小于50为较差。

光源的色温与显色性都取决于辐射的光谱组成。不同的光源可能具有相同的色温，但其显色性却有很大差异；同样，色温有明显区别的两个光源，但其显色性可能大体相同。因此，不能从某一光源的色温作出有关显色性的任何判断。

光源的颜色宜与室内表面的配色互相协调，例如，在天然光和人工光同时使用时，可选用色温在4000～4500K之间的荧光灯和气体光源比较合适。

8.2.2 眩光

眩光是由于视野中的亮度分布或亮度范围不合适，或存在极端的对比，以致引起不舒适感觉或降低观察细部或目标的能力的视觉现象。眩光对视力的损害极大、会使人产生晕眩，甚至造成事故。眩光可分成直接眩光和反射眩光两种。直接眩光是指在观察方向上或附近存在亮的发光体所引起的眩光。反射眩光是指在观察方向上或附近由亮的发光体的镜面反射所引起的眩光。在建筑照明设计中，应注意限制各种眩光，通常采取下列措施：

（1）限制光源的亮度，降低灯具的表面亮度。如采用磨砂玻璃、漫射玻璃或格栅。

（2）局部照明的灯具应采用不透明的反射罩，且灯具的保护角（或遮光角）不小于30°；若灯具的安装高度低于工作者的水平视线时，保护角应限制在10°～30°之间。

（3）选择合适的灯具悬挂高度。

（4）采用各种玻璃水晶灯，可以大大减小眩光，而且使整个环境显得富丽豪华。

（5）1000W金属卤化物灯有紫外线防护措施时，悬挂高度可适当降低。灯具安装选用合理的距高比。

8.2.3 合理的照度和照度的均匀性

照度是决定物体明亮程度的直接指标。在一定的范围内，照度增加可使视觉能力得以提高。合适的照度有利于保护人的视力，提高劳动生产率。

照度标准是关于照明数量和质量的规定，在照明标准中主要是规定工作面上的照度。国家根据有关规定和实际情况制订了各种工作场所的最低照度值或平均照度值，称为该工作场所的照度标准。这些标准是进行照度设计的依据，GB 50034—2004《建筑照明设计标准》规定的常见民用建筑的照度标准（lx）见表8.2.1。

表8.2.1 常见民用建筑的照度标准 单位：lx

建筑类型	房间或场所	参考平面及高度	照度标准值
居住建筑	卫生间	0.75m水平面	100
	餐厅、厨房	0.75m水平面	100～150
	卧室	0.75m水平面	75～150
	起居室	0.75m水平面	100～300
公共建筑（办公室）	资料、档案室	0.75m水平面	200
	普通办公室、会议室、接待室、前台、营业厅、文件整理	0.75m水平面	300
	复印、发行室	0.75m水平面	300
	高档办公室	0.75m水平面	500
	设计室	实际工作面	500
商业建筑	一般商店营业厅、一般商店营业厅	0.75m水平面	300
	高档商店营业厅、高档超市营业厅	0.75m水平面	500
	收款台	台面	500
旅馆建筑	客房层走廊	地面	50
	客房	0.75m水平面	75～300
	西餐厅、酒吧间、咖啡厅	0.75m水平面	100
	中餐厅、休息厅、厨房、洗衣房	0.75m水平面	200
	多功能厅、门厅、总服务台	0.75m水平面	300
影剧院建筑	门厅	地面	200
	观众厅	0.75m水平面	100～200
	观众休息厅	地面	150～200
	排演厅	地面	300
	化妆室	0.75m水平面	150～500

续表

建筑类型	房间或场所	参考平面及高度	照度标准值
公用场所照明	门厅	地面	100～200
	走廊、流动区域	地面	50～100
	楼梯、平台	地面	30～75
	自动扶梯	地面	150
	卫生间、盥洗室、浴室、电梯前厅	地面	75～150
	休息室、储藏室、仓库	地面	100
	车库	地面	75～200

除了合理的照度外，为了减轻因频繁适应照度变化较大的环境而对人眼所产生的视觉疲劳，室内照度的分布应该具有一定的均匀度，照度均匀度是指工作面上的最低照度与平均照度之比值。GB 50034—2004《建筑照明设计标准》规定：室内一般照明照度均匀度不应小于0.7，而作业面邻近周围的照度均匀度不应小于0.5。房间或场所内的通道和其他非作业区域的一般照明的照度值不宜低于作业区域一般照明照度值的1/3。

8.2.4 照度的稳定性

为提高照明的稳定性，从照明供电方面考虑，可采取以下措施：

（1）照明供电线路与负荷经常变化大的电力线路分开，必要时可采用稳压措施。

（2）灯具安装注意避开工业气流或自然气流引起的摆动。吊挂长度超过1.5m的灯具宜采用管吊式。

（3）被照物体处于转动状态的场合，需避免频闪效应。

8.3 常用电光源

在照明工程中使用的各种各样电光源，按其工作原理可分为：热辐射光源，如白炽灯、卤钨灯等；气体放电发光光源，如荧光灯、高压汞灯、高压钠灯等以及其他发光光源。

8.3.1 热辐射光源

1. 白炽灯

白炽灯是最早出现的光源，它是利用电流流过钨丝形成白炽体的高温热辐射发光。白炽灯具有构造简单、使用方便，能瞬间点燃、无频闪现象、显色性能好、价格便宜等特点，但因热辐射中只有百分之几至百分之十几为可见光，故发光效率低，一般为7～19lm/W。由于钨丝存在有蒸发现象，故寿命较短，平均寿命为1000h，抗振性能低。为减少钨丝的蒸发，40W以下的灯泡为真空灯泡，40W以上则充以惰性气体。白炽灯结构如图8.3.1所示。

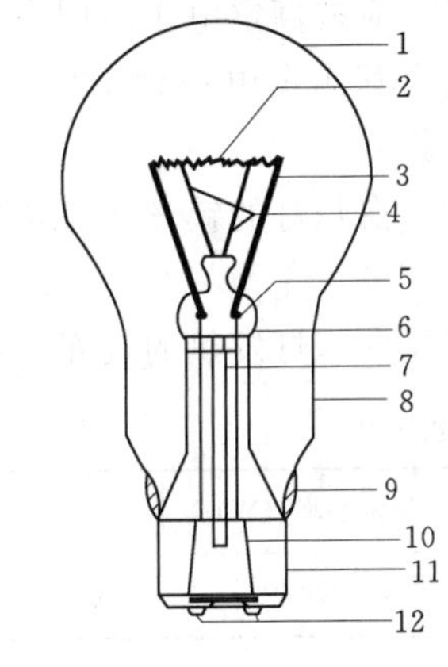

图8.3.1 白炽灯的结构
1—玻璃泡壳；2—钨丝；3—引线；4—钼丝支架；5—杜美丝；6—玻璃夹封；7—排气管；8—芯柱；9—焊泥；10—引线；11—灯头；12—焊锡触点

白炽灯用途很广，除普通白炽灯外，还有磨砂灯、漫射灯、反射灯、装饰灯、水下灯、局部照明灯。白炽灯的灯头有螺口和插口两种。普通白炽灯参数见表 8.3.1。

表 8.3.1　　普通照明灯泡型号及参数

灯泡型号	额定值		极限值		外形尺寸（mm）			平均寿命（h）
	功率（W）	光通量（lm）	功率（W）	光通量（lm）	D	螺口式灯头 L 不大于	插口式灯头 L 不大于	
PZ220－15	15	110	16.1	95	61	110	1085	1000
PZ220－25	25	220	26.5	183				
PZ220－40	40	350	42.1	301				
PZ220－60	60	630	62.9	523				
PZ220－100	100	1250	104.5	1075				
PZ220－150	150	2090	156.5	1797	81	175	—	
PZ220－200	200	2920	208.5	2570				
PZ220－300	300	4610	312.5	4057	111.5	240		
PZ220－500	500	8300	520.0	7304				
PZ220－1000	1000	18600	1040.5	16368	131.5	281		

注　1. 灯泡可按需要制成磨砂、乳白色及内涂白色的玻壳，但其光参数允许较表中值降低使用：磨砂玻壳降低 3%，内涂白色玻壳降低 15%，乳白色玻壳降低 25%。
2. 外形尺寸：D 为灯泡外径；L 为灯泡长度。

使用白炽灯的注意事项：

（1）应按额定电压使用白炽灯，因为电压的变化对白炽灯的寿命和光效影响较大。如电压高出其额定电压值 5%时，白炽灯的寿命将缩短 50%，故电源电压偏移不宜大于 ±2.5%。

（2）白炽灯的钨丝冷态电阻比热态电阻小得多，所以起燃时电流约为额定值的 6 倍以上。

（3）白炽灯发热的玻壳表面温度较高。其温度近似值见表 8.3.2。

表 8.3.2　　白炽灯玻璃壳表面温度近似值表

白炽灯额定功率（W）	15	25	40	60	100	150	200	300	500
玻壳表面温度（℃）	42	64	94	111	120	151	147.5	131	178

2. 卤钨灯

由于白炽灯的钨丝在热辐射的过程中蒸发并附着在灯泡内壁，从而使发光效率减低，寿命缩短。为减缓这一进程，人们在灯泡内充以少量的卤化物（如溴、碘），利用卤钨循环原理来提高灯的发光效率和寿命。图 8.3.2 为卤钨灯外形图及 8.3.3 卤钨灯结构图。

卤钨循环作用是从灯丝蒸发出来的钨在灯泡内与卤素反应形成挥发性的卤化钨，因为灯泡内壁温度很高而不能附着其上。通过扩散、对流，当到了高温灯丝附近又被分解成卤素和钨，钨被吸附在灯丝表面，而卤素又和蒸发出来的钨反应，如此反复使灯泡发光效率提高30%，寿命延长50%。为使卤钨灯泡内壁的卤化钨能处于气态，而不至于有钨附着在灯泡内壁上，灯泡壁的温度要比白炽灯高很多（约600kWh），相应灯泡内气压也高，为此灯泡壳必须使用耐高温的石英玻璃。

卤钨灯的光谱能量分布与白炽灯相近似，也是连续的。卤钨灯具有体积小、功率大、能瞬间点燃、可调光、无频闪效应、显色性好、发光效率高等特点，故多用于较大空间和要求高照度的场所。如电视转播照明、摄影、绘图等场所。卤钨灯的缺点是抗振性差，在使用中应注意以下几点：

（1）为保持正常的卤钨循环，故对管形灯应水平放置，水平线偏角应小于4°。

（2）不宜靠近易燃物，连接灯脚的导线宜用耐高温导线，且接触要良好。

（3）卤钨灯灯丝细长又脆，要避免受振动或撞击，也不宜作为移动式局部照明。

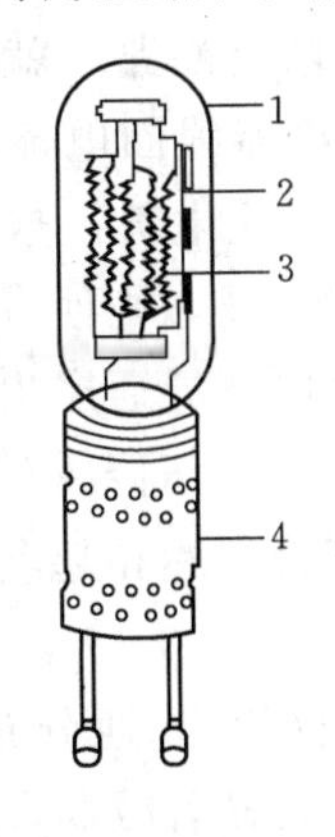

图8.3.2 卤钨灯外形图

1—石英玻璃罩；2—金属支架；3—排丝状灯丝；4—散热罩

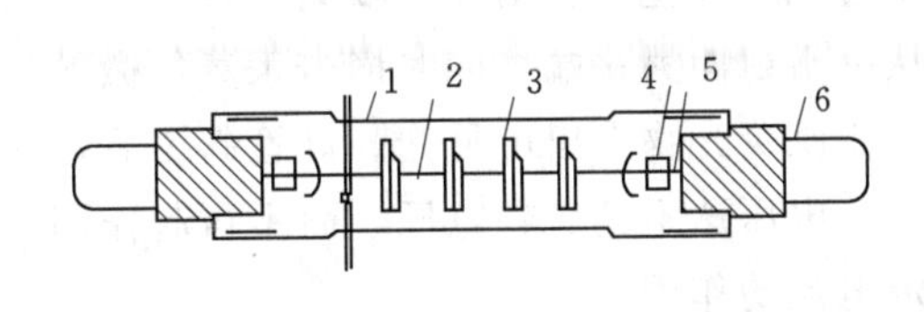

图8.3.3 卤钨灯结构

1—石英玻璃管；2—螺旋状钨丝；3—钨质支架；4—钼箔；5—导丝；6—电极

8.3.2 气体放电发光光源

1. 荧光灯

荧光灯俗称日光灯，是一种低压汞蒸气弧光放电灯。它是利用汞蒸气在外加电压的作用下产生弧光放电时发出大量的紫外线和少许的可见光，再靠紫外线激励涂覆在灯管内壁的荧光粉，从而再发出可见光来。由于荧光粉的配料不同，发出可见光的光色下不同，常见荧光灯的构造如图8.3.4所示。在真空的玻璃管体内充入一定量的稀有气体，并装入少许的汞粒，管内壁涂覆一层荧光粉。管的两端分别装有可供短时间点燃的钨丝，在荧光灯正常工作时又作为电极用。

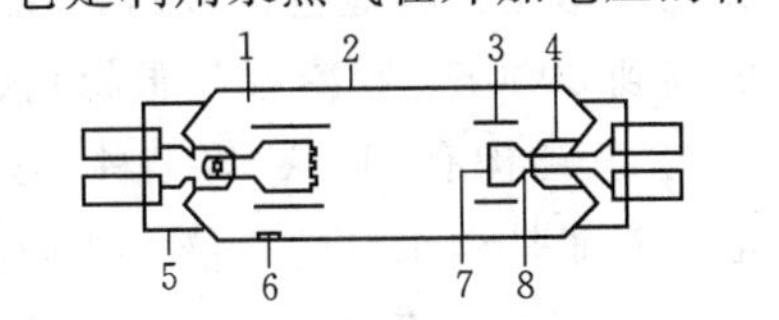

图8.3.4 荧光灯的结构

1—氩和汞蒸气；2—荧光粉涂层；3—电极屏罩；4—芯柱；5—两引线的灯帽；6—汞；7—电极；8—引线

在荧光灯工作电路中常有一个称作启辉器配件，启辉器结构如图 8.3.5 所示，其作用是能将电路自动接通1～2s 后又将电路自动断开。

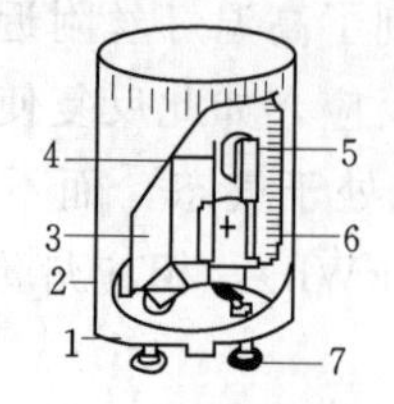

图 8.3.5 启辉器结构图

1—绝缘底座；2—外壳；3—电容器；4—静触头；5—双金属片；6—玻璃壳内充惰性气体；7—电极

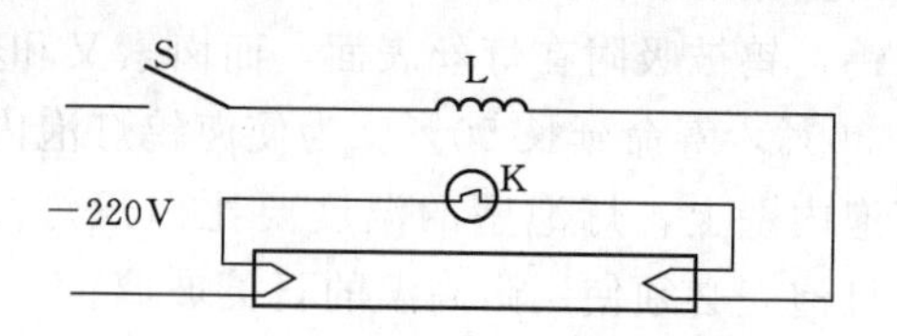

图 8.3.6 荧光灯的工作原理图

S—开关；L—镇流器；K—启辉器

荧光灯的工作原理如图 8.3.6 所示，图中 K 是启辉器，L 是镇流器（实质是一个铁芯电感线圈）。当开关 S 接通电源后，首先启辉器内产生辉光放电，致使双金属片可动电极受热伸开，使两极短接，从而有电流通过荧光灯灯丝，灯丝加热后靠涂覆在钨丝上的碱土氧化物发射电子，并使灯管内的汞气化。这时由于启辉器两极短接后辉光放电随之停止，热源消失，故在短时间（1～2s）内双金属片冷却收缩又恢复断路，就在启辉器由通路到断路的这一瞬间，由于突然断开灯丝加热电流，导致镇流器线圈电流突然减小，由 $e=-L\mathrm{d}i/\mathrm{d}t$ 式可知，在镇流器线圈两端便会感应产生很高的感应电势，这一感应电势与电源电压叠加在荧光灯管两端，瞬间使管内两极间形成很强的电场，则使灯丝发射的电子以高速从一端射向另一端，同时撞击汞蒸气微粒，促使汞蒸气电离导通产生弧光放电发出紫外线，激励荧光物发出可见光。灯管起燃后，在灯管两端就有电压降（约 100V 左右），使启辉器上电压达不到启辉电压，而不再起作用。镇流器在灯管起燃和起燃后，都起着限制和稳定电流的作用。

荧光灯具有发光效率高、寿命长、表面温度低、显色性较好、光通分布均匀等特点，应用广泛。荧光灯缺点主要有在低温环境下启动困难，而且光效显著减弱，荧光灯最佳环境温度为 20～35℃；另外，荧光灯功率因数低，约 0.5 左右，而且受电网电压影响很大，电压偏移太大，会影响光效和寿命，甚至不能启动。目前常用电子镇流器，利用电子电路取代电感线圈，可使功率因数提高到 0.9 以上，同时解决了荧光灯随交流电流的变化，而引起的频闪现象。

20 世纪 70 年代以来，荧光灯朝细管径、紧凑型方向发展。普通直管荧光灯管径为 40.5mm 和 38mm 两种。目前我国已成功地开发 T8 型 36W(26mm) 荧光灯，与普通直管荧光灯相比：其显色指数达到 85～95(T12 为 55～70)，光效提高到 971m/W，使用寿命提高到 8000h。紧凑型节能荧光灯，包括单端荧光灯和普通照明自镇流荧光灯（简称节能灯），其结构有 H、U 等多种形式，使用三基色荧光粉，显色性好；其光效是白炽灯 5～7 倍；寿命是白炽灯的 5 倍。普通直管荧光灯管参数见表 8.3.3。

2. 高强度气体放电灯（HID 灯）

（1）高压汞灯。高压汞灯分荧光高压汞灯、反射型荧光高压汞灯和自镇流荧光高压汞灯三种。反射型荧光高压汞灯玻璃壳内壁上镀有铝反射层，具有定向光反射性能，作简单的投光灯使用。自镇流荧光高压汞灯是利用自身的钨丝代作镇流器。荧光高压汞灯的构造和工作线路如图 8.3.7 所示。其工作原理是，在接通电源后，第一主电极与辅助电极间首先击穿产生辉光放电，使管内的汞蒸发，再导致第一主电极与第二主电极击穿，发生弧光放电产生紫外线，使管壁荧光物质受激励而产生大量的可见光。

表 8.3.3　　直管荧光灯管型号及参数

灯管型号	功率（W）	光通量（lm）	外形尺寸（mm）				灯头型号	平均寿命（h）
			L 最大值	L_1 最大值	L_1 最小值	D 最大值		
YZ20RR	20	775	604	589.8	586.8	40.5	G13	3000
YZ20RL		835						
YZ20RN		880						
YZ30RR	30	1295	908.8	894.6	891.6	40.5		5000
YZ30RL		1415						
YZ30RN		1465						
YZ40RR	40	2000	1213.6	1199.4	1196.4	40.5		
YZ40RL		2200						
YZ40RN		2285						

注　1. 型号中 RR 表示发光颜色为日光色（色温为 6500K）；RL 表示发光颜色为冷白色（色温为 4500K）；RN 表示发光颜色为暖白色（色温为 2900K）。
2. 灯管使用时必须配备相应的启辉器和镇流器。
3. 外形尺寸：L、L_1、D 的含义同表 8.3.1 注。

高压汞灯具有光效率高、耐振、耐热、寿命长等特点。但缺点是不能瞬间点燃，启动时间长，且显色性差。电压偏移对光通输出影响较小，但电压波动过大，如电压突然降低 50%以上时，可导致灯自动熄灭，再次启动又需 5～10s，故电压变化不宜大于 5%。

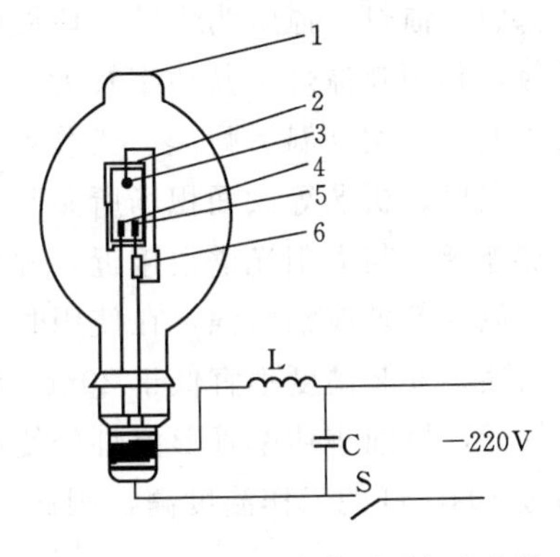

图 8.3.7　外镇流式高压汞灯的构造和工作线路图

1—外泡壳；2—放电管；3、4—主电极；5—辅助电极；6—灯丝；L—镇流器材；C—补偿电容器；S—开关

（2）高压钠灯。高压钠灯是在放电发光管内充入适量的氩或氙惰性气体，并加入足够的钠，主要以高压钠蒸气放电，其辐射光波集中在人眼较灵敏的区域内，故光效高，约为荧光高压汞灯的两倍，可达 110lm/W，且寿命长，但显色性欠佳，平均显色指数 21。电源电压的变化对高压钠灯的光电参数影响较为显著，当电压突降 5%以下时，可造成灯自行熄灭，而再次启动又需约 10～15s。环境温度的变化对高压

钠灯的影响不显著，它能在$-40°\sim100°C$范围工作。高压钠灯的构造和工作线路如图8.3.8所示。高压钠灯除光效高、寿命长以外，还具有紫外线辐射小、透雾性能好、耐振、宜用于照度要求较高的大空间照明。

(3) 金属卤化物灯。它是在荧光高压汞灯的基础上为改善光色而发展起来的新一代光源，与荧光高压汞灯类似，但在放电管中，除充有汞和氩气外，另加入能发光的以碘化物为主的金属卤化物。当放电管工作时，使金属卤化物气化，靠金属卤化物的循环作用，不断向电弧提供相应的金属蒸气，使金属原子在电弧中受激发而辐射该金属卤化物的特征光谱线。选择不同的金属卤化物品种和比例，便可制成不同光色的金属卤化物灯。金属卤化物灯的构造和工作线路如图8.3.9所示。与高压汞灯相比，其光效更高（70～100lm/W），显色性良好，平均显色指数60～90、紫外线辐射弱，但寿命较高压汞灯低。

这种灯在使用时需配用镇流器，1000W钠、铊、铟灯尚须加触发器启动。电源电压变化不但影响光效、管压、光色，而且电压变化过大时，灯会有熄灭现象，为此，电源电压不宜超过±5%。

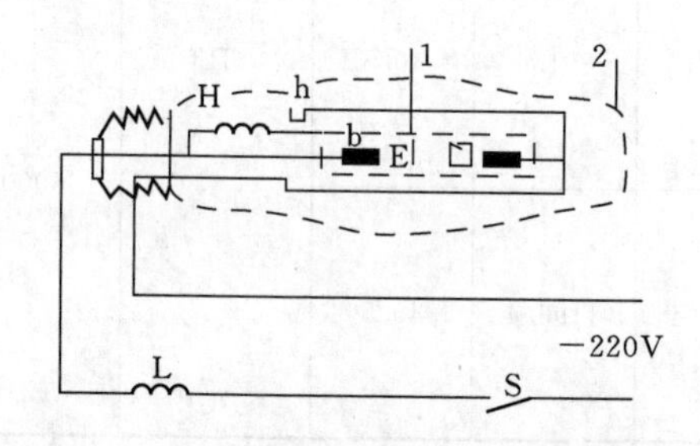

图8.3.8　高压钠灯的构造和工作线路图

S—开关；L—镇流器；H—加热线圈；b—双金属片；
E—电极；1—陶瓷放电管；2—玻璃外壳

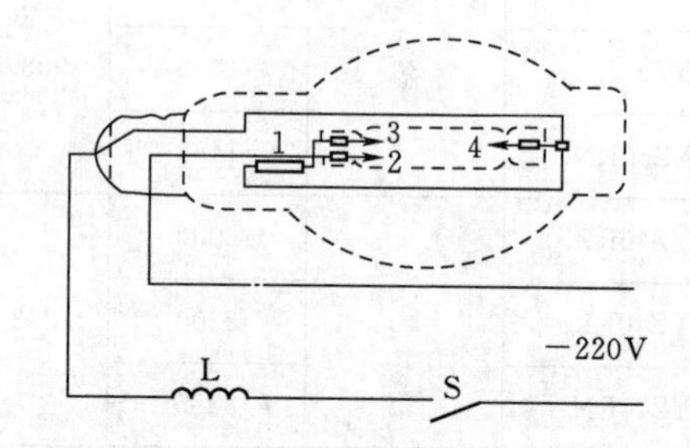

图8.3.9　金属卤化物灯构造和工作线路图

1—加热线圈；2—双金属片；3、4—主电极；
S—开关；L—镇流器

(4) 氙灯。氙灯为惰性气体放电弧光灯，其光色很好。氙灯按电弧的长短又可分为长弧氙灯和短弧氙灯，其功率较大，光色接近日光，因此有“人造小太阳”之称。高压氙灯有耐低温、耐高温、耐震、工作稳定、功率较大等特点。长弧氙灯特别适合于广场、车站、港口、机场等大面积场所照明。短弧氙灯是超高压氙气放电灯，其光谱要比长弧氙灯更加连续，与太阳光谱很接近，称为标准白色高亮度光源，显色性好。

氙灯紫外线辐射强，在使用时不要用眼睛直接注视灯管，用作一般照明时，要装设滤光玻璃，安装高度不宜低于20m。氙灯一般不用镇流器，但为提高电弧的稳定性和改善启动性能，目前小功率管形氙灯仍使用镇流器。氙灯需采用触发器启动，每次触发时间不宜超过10s，灯的工作温度高，因此，灯座及灯头引入线应耐高温。

8.3.3　LED（发光二极管）

1. LED的结构及发光原理

50年前人们已经了解半导体材料可产生光线的基本知识，第一个商用二极管产生于1960年。LED是英文light emitting diode（发光二极管）的缩写，它的基本结构是一块电致发光的半导体材料，置于一个有引线的架子上，然后四周用环氧树脂密封，起到保护内部芯线的作用，所以LED的抗震性能好。发光二极管结构如图8.3.10所示。

发光二极管的核心部分是由P型半导体和N型半导体组成的晶片，在P型半导体和N型半导体之间有一个过渡层，称为PN结。在某些半导体材料的PN结中，注入的少数载流子与多数载流子复合时会把多余的能量以光的形式释放出来，从而把电能直接转换为光能。PN结加反向电压，少数载流子难以注入，故不发光。这种利用注入式电致发光原理制作的二极管叫发光二极管，通称LED。当它处于正向工作状态时（即两端加上正向电压），电流从LED阳极流向阴极时，半导体晶体就发出从紫外到红外不同颜色的光线，光的强弱与电流有关。

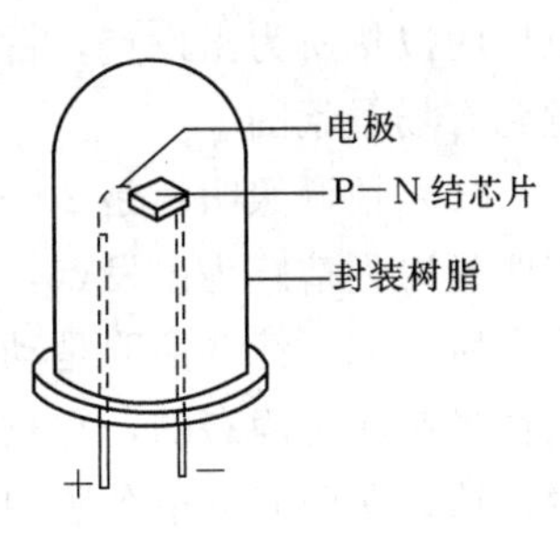

图8.3.10 发光二极管结构

LED发光的颜色由组成半导体的材料决定，磷化铝、磷化镓、磷化铟的合金可以做成红色、橙色、黄色；氮化镓和氮化铟的合金可以做成绿色、蓝色和白色。

LED灯为低电压供电，具有附件简单、结构紧凑、可控性能好、色彩丰富纯正、高亮点，防潮、防震性能好、节能环保等优点，目前在显示技术领域，标志灯和带色的装饰照明占有举足轻重的地位。

通过近几年来的实践，我们从照明光源的装饰功能和节能功能分析，认为LED（发光二极管）光源具有明显的优势。LED光源有以下主要优势：

（1）LED结构简单，属于固体光源，不需要充气，不需要玻璃外壳，也不存在气体密封等问题，而且耐冲击，耐振动，不易破碎。

（2）LED是冷光源，可控性好，响应时间快，可反复频繁亮灭，不会疲倦。

（3）LED光源的色彩纯正、丰富，胜过彩色金卤灯，还可演变任意色彩，其装饰性无与伦比。

（4）LED光源轻质结构（环氧树脂封装），体积小巧，能适应多种几何尺寸和不同的空间大小，对灯具强度和刚度的要求比其他电光源的要求低，因此适用范围广，可用于常规的景观灯，如庭院灯、步道灯、草坪灯、壁灯、建筑物轮廓灯、小型射灯、道路分道灯、地埋灯、水下灯等。

（5）LED光源精巧，柔性化好，可形成多种点、线、球、面等形状，而且通过微机智能化控制技术，控制闪变（闪烁），形成“点、线”效果；控制渐变（柔变），形成“面”效果；控制动变（跳跃），形成图案的纵向、横向动感变化效果。另外，以上三种变化还可形成球体的旋转效果，也能做到单灯控制和群灯控制。

（6）LED的能耗低，单管功率只有0.03～0.06W，且驱动电压低（1.5～3.5V），电流小（15～18mA），在形成同等照明效果的情况下，它的耗电量只有白炽灯的1/8、荧光灯的1/2，节能效果非常明显。

（7）LED光源的使用寿命长，其寿命是白炽灯的100倍、荧光灯的20～30倍，免去了频繁维修之苦。

2. LED设计理念

LED的出现打破了传统光源的设计方法与思路，目前有两种最新的设计理念。

（1）情景照明：是2008年由飞利浦提出的情景照明，以环境的需求来设计灯具。情景照明以场所为出发点，旨在营造一种漂亮、绚丽的光照环境，去烘托场景效果，使人感觉到有场景氛围。

（2）情调照明：是2009年由凯西欧提出的情调照明，以人的需求来设计灯具。情调照明是以人情感为出发点，从人的角度去创造一种意境般的光照环境。情调照明与情景照明有所不同，情调照明是动态的，可以满足人的精神需求的照明方式，使人感到有情调；而情景照明是静态的，它只能强调场景光照的需求，而不能表达人的情绪，从某种意义上说，情调照明涵盖情景照明。情调照明包含四个方面：一是环保节能；二是健康；三是智能化；四是人性化。

凯西欧公司总经理吴育林先生编著了一本“情调照明书”，是中国第一本引领LED照明设计潮流的书籍，打破了设计理论长期被国外巨头垄断的局面，使LED的应用更加容易为市场所需要。将最新的情调照明设计理念贡献出来与大家分享，借此希望更多专家学者、设计师参与讨论和提出建议。

3. LED节能灯特性

（1）高效节能：以相同亮度比较，3W的LED节能灯333小时耗1kWh，而普通60W白炽灯17h耗1kWh，普通5W节能灯200h耗1kWh。

（2）超长寿命：半导体芯片发光，无灯丝，无玻璃泡，不怕振动，不易破碎，使用寿命可达50000h（普通白炽灯使用寿命仅有1000h，普通节能灯使用寿命也只有8000h）。

（3）健康：光线健康光线中含紫外线和红外线少，产生辐射少（普通灯光线中含有紫外线和红外线）。

（4）绿色环保：不含汞和氙等有害元素，利于回收，普通灯管中含有汞和铅等元素。

（5）保护视力：直流驱动，无频闪（普通灯都是交流驱动，就必然产生频闪）。

（6）光效率高：CREE公司实验室最高光效已达260lm/W，而市面上的单颗大功率LED也已经突破100lm/W，制成的LED节能灯，由于电源效率损耗，灯罩的光通损耗，实际光效在60lm/W，而白炽灯仅为15lm/W左右，质量好的节能灯在60lm/W左右，所以总体来说，现在LED节能灯光效与节能灯持平或略优。（2011年5月数据）。

（7）安全系数高：所需电压、电流较小，安全隐患小，于矿场等危险场所。

（8）市场潜力大：低压、直流供电，电池、太阳能供电，于边远山区及野外照明等缺电、少电场所。

4. LED节能灯的特点

（1）节能。白光LED的能耗仅为白炽灯的1/10，节能灯的1/4。

（2）长寿。寿命可达10万h以上，对普通家庭照明可谓“一劳永逸”。

（3）可以工作在高速状态。节能灯如果频繁的启动或关断灯丝就会发黑很快的坏掉。

（4）固态封装，属于冷光源类型。所以它很方便运输和安装，不怕振动。

（5）LED技术正日新月异的在进步，它的发光效率正在取得惊人的突破，价格也在不断的降低。一个LED进入家庭的时代正在迅速到来。

（6）环保，没有汞的有害物质。LED灯泡的组装部件可以非常容易的拆装，不用厂家回收都可以通过其他人回收。

(7) 配光技术使LED点光源扩展为面光源，增大发光面，消除眩光，升华视觉效果，消除视觉疲劳。

(8) 透镜与灯罩一体化设计。透镜同时具备聚光与防护作用，避免了光的重复浪费，让产品更加简洁美观。

(9) 大功率LED平面集群封装，及散热器与灯座一体化设计。充分保障了LED散热要求及使用寿命，从根本上满足了LED灯具结构及造型的任意设计，极具LED灯具的鲜明特色。

(10) 节能显著。采用超高亮大功率LED光源，配合高效率电源，比传统白炽灯节电80%以上，相同功率下亮度是白炽灯的10倍。

(11) 超长寿命50000h以上，是传统钨丝灯的50倍以上。LED采用高可靠的先进封装工艺——共晶焊，充分保障LED的超长寿命。

(12) 无频闪。纯直流工作，消除了传统光源频闪引起的视觉疲劳。

(13) 绿色环保。不含铅、汞等污染元素，对环境没有任何污染。

(14) 耐冲击，抗雷力强，无紫外线（UV）和红外线（IR）辐射。无灯丝及玻璃外壳，没有传统灯管碎裂问题，对人体无伤害、无辐射。

(15) 低热电压下工作，安全可靠。表面温度≤60℃（环境温度T_a=25℃时）。

(16) 宽电压范围，全球通用。85～264VAC全电压范围恒流，保证寿命及亮度不受电压波动影响。

(17) 采用PWM恒流技术，效率高、热量低、恒流精度高。

(18) 降低线路损耗，对电网无污染。功率因数≥0.9，谐波失真≤20%，EMI符合全球指标，降低了供电线路的电能损耗和避免了对电网的高频干扰污染。

(19) 通用标准灯头，可直接替换现有卤素灯、白炽灯、荧光灯。

(20) 发光效率可高达80lm/W，多种色温可选，显色指数高，显色性好。

5. LED节能灯的必然性

LED光源是21世纪光源市场的希望，众多优点预告其未来将逐步取代传统光源，奥科委指出高亮度LED将是人类继爱迪生发明白炽灯泡之后，最伟大的发明之一，当前全球能源危机的时候，能源是一种宝贵的资源，所以节约能源是我们未来面临的问题。

LED作为一种新型的节能、环保的绿色光源产品，必然是未来发展的趋势。

8.4 灯　　具

灯具包括光源和控照器（也称灯罩或灯具），控照器的功能主要有固定光源，并对光源光通量作重新分配，使工作面得到符合要求的照度和光通量的分布，以及避免刺目的强光和美化建筑空间的作用，改善人们的视觉效果。灯具的光学特性主要有：配光曲线、光效率、保护角。

8.4.1 灯具的配光曲线

电光源配上一定的灯具后，就在各个方向上，有了确定的发光强度值。若将这些发光强度值用一定的比例尺绘制，并连成曲线，则这些曲线称配光曲线，配光曲线是衡量灯具光学特性的重要指标，是进行照度计算和决定灯具布置方案的重要依据。配光曲线可用极坐标法、直角坐标法、等光强曲线法来表示。白炽灯的极坐标式配光曲线如图 8.4.1 所示。

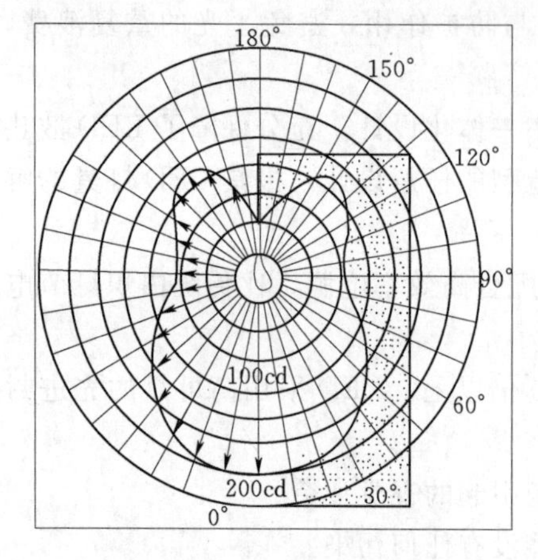

图 8.4.1 白炽灯的配光曲线

为了对各灯具的配光效果作比较，配光曲线按统一的基准，即光通量为 1000lm 来绘制，若实际的光通量为 F，则在 α 角度的发光强度 I_a 可用下式加以折算

$$I_{a(1000)}=F/(1000\times I_a) \tag{8.4.1}$$

式中 $I_{a(1000)}$——换算成光通量为 1000lm 情况下，α 角度上的发光强度；

F——灯具实际配用的光源光通量；

I_a——灯具在 α 方向上的实际光强。

8.4.2 灯具的光效率

灯具中光源所发出的光通量，总会由于材料的吸收透射而损失一些光通量，所以灯具的光效率总是小于 1 的，其值由下式表示

$$\eta=\varphi_1/\varphi_2\times 100\% \tag{8.4.2}$$

式中 φ_1——灯具发出的光通量；

φ_2——光源发出的光通量。

8.4.3 保护角

其作用是限制光源对人眼产生直接眩光，角度越大作用越大。一般灯具的保护角要求在 15°～30°之间。

8.4.4 灯具的分类

灯具的分类通常按灯具的光通量在空间上、下两半球分配的比例、灯具的结构特点、灯具的用途和灯具的固定方式进行分类，这里只介绍前两种分类方法。

1. 灯具按光通量在空间上、下两半球的分配比例分类

(1) 直射型灯具。由反光性能良好的不透明材料制成，如搪瓷、铝和镀银镜面等。这种灯具效率高，但灯的上部几乎没有光线，顶棚很暗，与明亮灯光容易形成对比眩光。又由于它的光线集中，方向性强，产生的阴影也较重。

(2) 半直射型灯具。它能将较多的光线照射到工作面上，又可使空间环境得到适当的亮度，改善房间内的亮度比。这种灯具常用半透明材料制成下面开口的式样，如玻璃菱形罩，玻璃碗型罩等。

(3) 漫射型灯具。典型的乳白玻璃球形灯属于这种灯具，它是采用漫射透光材料制成封闭式的灯罩，选型美观，光线均匀柔和，但是光的损失较多，光效较低。

(4) 半间接型灯具。这类灯具上半部用透明材料、下半部用漫射透光材料制成。由于

上半球光通量的增加，增强了室内反射光的照明效果，使光线更加均匀柔和。在使用过程中，上部很容易积尘，会影响灯具的效率。

(5) 间接型灯具。这灯灯具全部光线都由上半球发射出去，经顶棚反射到室内。因此，能最大限度地减弱阴影和眩光，光线均匀柔和，但光损失较大不经济。这种灯具适用于剧场、美术馆和医院的一般照明。

按照国际照明学会以灯具上半球和下半球反射的光通量百分比来区分配光特征，见表8.4.1。

表8.4.1　光通量在上、下空间半球分配比例

灯具类型		直射型	半直射型	漫射型	半间接型	间接型
光通量分配比例（%）	上半球	0～10	10～40	40～60	60～90	90～100
	下半球	100～90	90～60	60～40	40～10	10～8
配光示意图						

2. 按灯具结构分类

(1) 开启式灯具。光源直接与外界环境相通。

(2) 保护式灯具。具有闭合的透光罩，但灯具内部与外界能自由换气，如半圆罩天棚灯和乳白玻璃球形灯等。

(3) 防尘式灯具。灯具需密闭，内部与外界也能换气，灯具外壳与玻璃罩以螺丝连接。

(4) 密闭式灯具。灯具内部与外界不能换气。

(5) 防爆式灯具。在任何条件下，不会因灯具引起爆炸的危险，保证在有爆炸危险的建筑物环境的使用安全。

8.4.5 灯具的布置

灯具的布置就是确定灯具在房间内的空间位置，这与它的投光方向、工作面的布置、照度的均匀度，以及限制眩光和阴影都有直接关系。灯具布置是否合理关系到照明安装容量、投资费用以及维护、检修方便与安全等。灯具的布置应根据工作面的布置情况、建筑结构形式和视觉工作特点等条件来进行。灯具的布置主要有两种方式：一是均匀布置，即灯具有规律地对称排列，以使整个房间内的照度分布比较均匀；均匀布灯有正方形、矩形、菱形等方式。灯具的均匀布置如图8.4.2所示；二是选择布置，即为适应生产要求和设备布置，加强局部工作面的照度及防止在工作面出现阴影，采用灯具位置随工作表面安排而改变的方式。

室内一般照明通常采用均匀布置，均匀布置是否合理，主要取决于灯具的悬挂高度及距高比是否恰当。

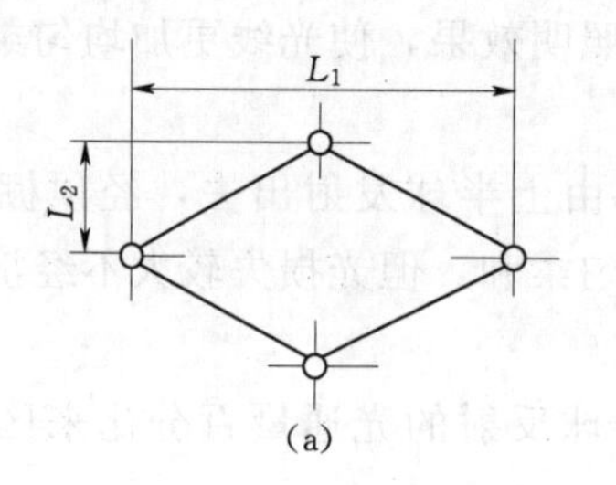

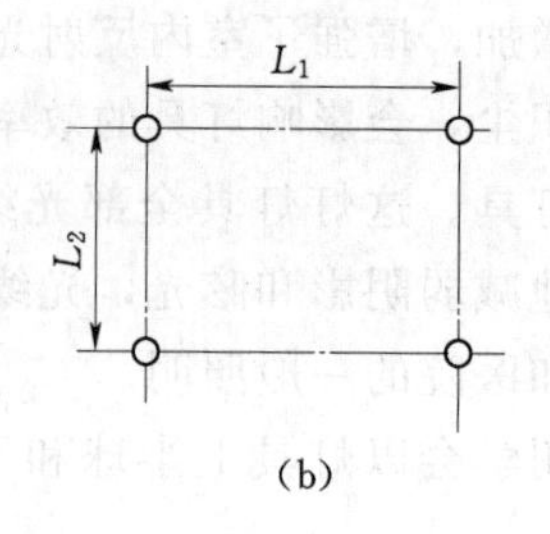

图 8.4.2 灯具的均匀布置 ($L=\sqrt{L_1 L_2}$)
(a) 菱形布置；(b) 矩形布置

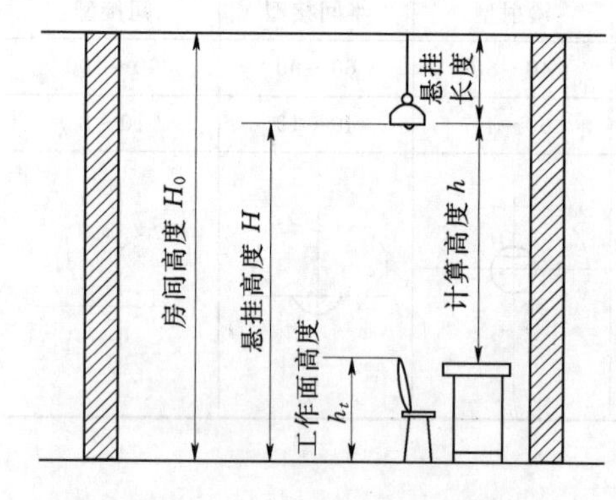

图 8.4.3 灯具的竖向布置

灯具的竖向布置如图 8.4.3 所示。灯具在竖直方向上的布置，就是要确定灯具的悬挂高度。为限制直射眩光，对灯具悬挂的最低高度也有一个限制，见表 8.4.2。对于一般层高的房间，如 2.8～3.5m，考虑灯具的检修和照明的效率，一般悬挂高度在 2.2～3.0m 之间。

为使一个房间里照度比较均匀，要求灯具布置有合理的距高比。所谓距高比是指灯具的间距 L 和计算高度 h（灯具至工作面距离）之比。距高比小，照度均匀度好，但经济性差，距高比过大，布灯则稀少，不能满足规定的照度均匀度。因此，实际距高比必须小于照明手册中规定的灯具最大允许距高比。各种灯具最有利的距离比见表 8.4.3。

表 8.4.2　房间内一般照明用灯具在地板面上的最低悬挂高度

光源种类	灯具形式	灯具保护角度	光源功率（W）	最低悬挂高度（m）
白炽灯	搪瓷反射罩	10～30	100 及以下	2.5
	镜面反射罩		150～200	3.0
			300～500	3.0
高压汞灯	搪瓷或镜面深罩型	10～30	250 及以下	5.0
荧光灯			400 及以上	6.0
碘钨灯	搪瓷反射罩	30 及以上	500	6.0
	铝抛光反射罩		1000～2000	7.0
白炽灯	乳白玻璃		100 及以下	2.0
	漫射罩		150～200	2.5
荧光灯			300～500	3.0
			40 以下	2.0

表 8.4.3　各种照明灯具最有利的距离比（L/h）

灯具形式	L/h（较佳值）	
	多行布置	单行布置
深照型灯	1.6～1.8	1.5～1.8
配照型灯	1.8～2.5	1.8～2.0
广照型灯、散照型灯、圆球型灯等	2.3～3.2	1.9～2.5
荧光灯	1.4～1.5	8.2～1.4

8.5 照明光源和灯具的选用

8.5.1 照明光源的选择

选择光源时，应在满足显色性、启动时间等要求条件下，根据光源、灯具及镇流器等的效率、寿命和价格在进行综合技术经济分析后确定。

（1）高度较低房间，如办公室、教室、会议室及仪表、电子等生产车间宜采用细管径直管荧光灯。

（2）商店营业厅宜采用细管径直管荧光灯、紧凑型荧光灯或小功率的金属卤化物灯。

（3）高度较高的工业厂房，应按照生产使用要求，采用金属卤化物灯或高压钠灯，亦可采用大功率细管径直管荧光灯。

（4）一般情况下，室内外照明不应采用普通照明白炽灯。

下列场所可采用白炽灯：

（1）只有在要求瞬时启动和连续调光的场所，使用其他光源技术经济不合理时。

（2）开关灯频繁的场所。

（3）对防止电磁干扰要求严格的场所。

（4）照度要求不高，且照明时间较短的场所或有特殊要求的场所，但额定功率不应超过 100W。

8.5.2 照明灯具的选择

在满足眩光限制和配光要求条件下，应选用效率高的灯具，其效率值不应低于国家相关标准规定，并且根据照明场所的环境条件分别选用下列灯具：

（1）在高温场所，宜采用散热性能好、耐高温的灯具。

（2）在潮湿或多尘环境，宜选用防水防尘灯具。

（3）有爆炸或火灾危险的环境，应按危险等级选择相应的照明灯具。

（4）在较大振动的场所，宜选用有防振措施的照明灯具。

（5）直接安装在可燃材料表面的灯具，应采用标有▽F标志的灯具。

（6）有装饰及特殊要求的环境，按相应要求选用灯具。

8.6 照度计算

照度计算是照明设计的主要内容之一，是正确进行照明设计的重要环节，是对照明质量作定量评价的技术指标。照度计算的目的是根据照明需要及其他已知条件，来决定照明灯具的数量以及其中电光源的容量，并据此确定照明灯具的布置方案；或者在照明灯具型式、布置及光源的容量都已确定的情况下，通过进行照度计算来定量评价实际使用场合的照明质量。

照度计算的方法通常有利用系数法、单位容量法、逐点计算法等。前两种用于计算工作面上的平均照度，后一种可计算任一倾斜工作面上的照度。本节只介绍应用较多的前两种计算法。

8.6.1 利用系数法

利用系数法是一种平均照度计算方法，是根据房屋的空间系数等因素，利用多次相互反射的理论，求得灯具的利用系数，计算出要达到平均照度值所需要的灯具数的计算方法。这种方法适用于灯具均匀布置的一般照明。

1. 计算公式

每一盏灯具内灯泡的光通量为

$$E_{av}=N\Phi K_U/Sk \tag{8.6.1}$$

最小照度值为

$$E_{\min}=N\Phi K_U/SkZ \tag{8.6.2}$$

式中 Φ——每盏灯具内光源的光通量，lm；

E_{av}——工作面上的平均照度，lx；

N——由布灯方案得出的灯具数量；

S——房间面积，m^2；

K_U——光通利用系数；

k——减光补偿系数，见表 8.6.1；

Z——最小照度系数（平均照度与最小照度之比），见表 8.6.2。

表 8.6.1 减光补偿系数 k

环境类别	房间或场所举例	照度补偿系数	灯具擦洗次数
清洁	卧室、办公室、餐厅、阅览室、教室、客房等	8.25	每年二次
一般	商店营业厅、候车室、影剧院、体育馆等	1.43	每年二次
污染严重	厨房、锻造车间等	1.67	每年三次
室外	雨篷、站台	1.54	每年二次

利用系数 K_U 是表征照明光源的光通利用程度的一个参数，用投射到工作面上的光通量（包括直射和反射到工作面上的所有光通）与全部光源发出的总光通量之比来表示。

表 8.6.2　　部分灯具的最小照度系数表

灯具类型	L/h			
	0.8	8.2	1.6	2.0
双罩型工厂灯	8.27	8.22	8.33	1.55
散照型防水防尘灯	8.20	8.15	8.25	1.5
深照型灯	8.15	1.09	8.18	1.44
乳白玻璃罩吊灯	1.00	1.00	8.18	8.18

式（8.6.2）是当要求最小照度为 E 时，每一盏灯具所应发出的光通量 Φ；如果只需保证平均照度时，则不必乘以最小照度系数 Z，一般是按照最小照度计算。

2. 计算步骤

（1）选择灯具，计算合适的计算高度，进行灯具布置。

（2）根据灯具的计算高度 h 及房间尺寸，确定室形指数 i，即

$$i=ab/h(a+b) \tag{8.6.3}$$

式中　i——室形指数；

h——计算高度，m；

a——房间长度，m；

b——房间宽度，m。

$$RCR=\frac{5h_r(a+b)}{ab} \tag{8.6.4}$$

式中　RCR——室空间比；

h_r——室空间高，即灯具的计算高度 h，m；

a——房间长度，m；

b——房间宽度，m。

（3）查墙壁、天棚与地板的反射系数，见表 8.6.3 确定各反射系数 p_q、p_d、p_t。

表 8.6.3　　墙壁、天棚及地面反射系数表（p_q、p_d、p_t）

反射面特性	反射系数（%）
白色天棚、带有窗子（有白色窗帘遮蔽）的白色墙壁	70
无窗帘遮蔽的窗子，混凝土及光亮的天棚、潮湿建筑物的白色开棚	50
有窗子的混凝土墙壁、用光亮纸糊的墙壁、木天棚、一般混凝土地面	30
带有大量暗色灰尘建筑物内的混凝土、木天棚、墙壁、砖墙及其他有色的地面	10

（4）根据所选用灯具的型号及反射系数，从灯具利用系数表中查得光通利用系数 K_U。

（5）查表 8.6.1 和表 8.6.2 确定最小照度系数 Z 值和减光补偿系数 K 值。

（6）根据规定的平均照度，按式（8.6.1）计算每盏灯具所必需的光通量。

（7）根据计算的光通量选择光源功率。

（8）根据式（8.6.2）验算实际的最小照度是否满足。

【例 8.6.1】 某实验室面积为 12m×5m，桌面高 0.8m，层高 3.8m，吸顶安装。拟采用吸顶式 2×40W 荧光灯照明，要求平均照度达到 150lx。假定天棚采用白色钙塑板吊顶，墙壁采用淡黄色涂料粉刷、地板水泥地面刷以深绿地板漆。试计算房间内的灯具数。

解：已知室内面积 $S=A\times B=12\times5=60\text{m}^2$

依题给出天棚、墙壁与地板的颜色，查表反射系数为 0.7、0.3、0.1，查表取减光补偿系数 $k=1.3$，设工作面高度为 0.8m，计算高度 $h=3.8-0.8=3\text{m}$。

则室空间系数 $i=ab/h\ (a+b)\ =12\times5/3\ (12+5)\ =1.176$。

查表 8.6.4 得 $i=1.1$ 时，$K_U=0.5$；$i=1.25$ 时，$K_U=0.53$。

用插值法计算出 $i=1.176$ 时，$K_U=0.515$。

查表 8.3.3 知荧光灯光源特性 40W 光通量 2200lm。

故每盏荧光灯的总光通量为

$$\varphi=2\times2200=4400\text{lm}$$

由 $E_{av}=N\Phi K_U/Sk$ 知 $N=E_{av}Sk/\Phi K_U=150\times60\times1.3/4400\times0.515=5.16$（盏）。

所以选 2×40W 荧光灯 6 盏。

表 8.6.4　吸顶式高效直下控照型荧光灯具利用系数（K_U）

有效顶棚反射比（%）	80				70				50				30				0
墙反射比（%）	70	50	30	10	70	50	30	10	70	50	30	10	70	50	30	10	0
地面反射比（%）	10				10				10				10				0
室形系数 RI																	
0.60	0.47	0.40	0.35	0.31	0.46	0.39	0.35	0.31	0.45	0.38	0.34	0.31	0.43	0.38	0.34	0.31	0
0.80	0.54	0.48	0.43	0.40	0.53	0.47	0.43	0.40	0.52	0.46	0.42	0.39	0.50	0.45	0.42	0.39	0.30
1.00	0.59	0.53	0.49	0.45	0.58	0.52	0.48	0.45	0.56	0.51	0.48	0.45	0.55	0.50	0.47	0.45	0.38
1.25	0.63	0.57	0.54	0.50	0.62	0.57	0.53	0.50	0.60	0.56	0.53	0.50	0.58	0.55	0.52	0.50	0.43
1.50	0.65	0.61	0.57	0.54	0.64	0.60	0.57	0.54	0.62	0.59	0.56	0.53	0.61	0.58	0.55	0.53	0.48
2.00	0.69	0.65	0.62	0.59	0.68	0.64	0.61	0.59	0.66	0.63	0.60	0.58	0.64	0.62	0.59	0.58	0.56
2.50	0.70	0.67	0.65	0.62	0.70	0.67	0.64	0.62	0.68	0.65	0.63	0.61	0.66	0.64	0.62	0.61	0.59
3.00	0.72	0.69	0.67	0.65	0.71	0.68	0.66	0.64	0.69	0.67	0.65	0.63	0.67	0.66	0.64	0.63	0.61
4.00	0.73	0.71	0.69	0.68	0.72	0.71	0.69	0.67	0.71	0.69	0.68	0.66	0.69	0.68	0.66	0.65	0.64
5.00	0.74	0.73	0.71	0.70	0.73	0.72	0.70	0.69	0.72	0.70	0.69	0.68	0.70	0.69	0.68	0.67	0.65
7.00	0.75	0.74	0.73	0.72	0.75	0.73	0.72	0.71	0.73	0.72	0.71	0.70	0.71	0.70	0.70	0.69	0.67
10.00	0.76	0.75	0.74	0.74	0.75	0.75	0.74	0.73	0.74	0.73	0.72	0.72	0.72	0.71	0.71	0.70	0.68

8.6.2 单位容量法

单位容量法是从利用系数法演变而来的，是在各种光通利用系数和光的损失等因素相对固定的条件下，得出的平均照度的简化计算方法。一般在知道房间的被照面积后，就可根据推荐的单位面积安装功率，来计算房间所需的总的电光源功率。这是一种常用的方法，它适用于设计方案或初步设计的近似计算和一般的照明计算。这对于估算照明负荷或进行简单的照明计算是很适用的，其具体方法如下。

1. 计算公式

单位容量法也叫单位安装容量法，所谓单位容量，就是每平方米照明面积的安装功率，其公式是

$$\sum P=\omega s \tag{8.6.5}$$

$$N=\sum P/P \tag{8.6.6}$$

式中 $\sum P$——总安装容量（功率），不包括镇流器的功率损耗，W；

P——每套灯具的安装容量（功率），不包括镇流器的功率损耗，W；

N——在规定照度下所需灯具数，套；

s——房间面积，一般指建筑面积，m^2；

ω——在某最低照度值时的单位面积安装容量（功率），W/m^2。

2. 计算步骤

根据建筑物不同房间和场所对照明设计的要求，首先选择照明光源和灯具；

根据所要达到的照度要求，查相应灯具的单位面积安装容量表；

将查到的值按式（8.6.5）、式（8.6.6）计算灯具数量，据此布置照明灯具数量，确定布灯方案。

【例 8.6.2】 某办公室的建筑面积为 3.3m×4.2m，拟采用 YG1－1 筒式荧光灯照明。办公桌面高 0.8m，灯具吊高 3.1m，试计算需要安装灯具的数量。

解：根据题意知：$h=3.1-0.8=2.3$m，$S=3.3\times4.2=13.86m^2$，由式（8.6.2）计算得最小照度为 75lx。由表 8.6.5 得单位面积安装功率为 $\omega=7.8W/m^2$，则

$$\sum P=\omega s=7.8\times13.86=108.11W$$

每盏灯具内安装 40W 荧光灯两支，即 $P=80W$，所以

$$N=\sum P/P=108.11/80=1.35$$

应安装 2×40W 荧光灯 2 套。

表 8.6.5 单位容量 ω 计算表

室空间比 RCR	室形指数 RⅡ	直接型配光灯具		半直接型配光灯具	均匀漫射型配光灯具	半间接型配光灯具	间接型配光灯具
		S≤0.9h	S≤1.3h				
8.33	0.60	0.4308	0.4000	0.4308	0.4308	0.6225	0.7001
		0.0897	0.0833	0.0897	0.0897	0.1292	0.1454
		5.3846	5.0000	5.3846	5.3846	7.7783	7.7506

续表

室空间比RCR	室形指数RⅡ	直接型配光灯具		半直接型配光灯具	均匀漫射型配光灯具	半间接型配光灯具	间接型配光灯具
		S≤0.9h	S≤1.3h				
6.25	0.80	0.3500	0.3111	0.3500	0.3394	0.5094	0.5600
		0.0729	0.0648	0.0729	0.0707	0.1055	0.1163
		4.3750	3.8889	4.3750	4.2424	6.3641	7.0005
5.00	1.00	0.3111	0.2732	0.2947	0.2872	0.4308	0.4868
		0.0648	0.0569	0.0614	0.0598	0.0894	0.1012
		3.8889	3.4146	3.6842	3.5897	5.3850	6.0874
4.00	1.25	0.2732	0.2383	0.2667	0.2489	0.3694	0.3996
		0.0569	0.0496	0.0556	0.0519	0.0808	0.0829
		3.4146	2.9787	3.3333	3.1111	4.8280	5.0004
3.33	1.50	0.2489	0.2196	0.2435	0.2286	0.3500	0.3694
		0.0519	0.0458	0.0507	0.0476	0.0732	0.0808
		3.1111	2.7451	3.0435	2.8571	4.3752	4.8280
2.50	2.00	0.2240	0.1965	0.2154	0.2000	0.3199	0.3500
		0.0467	0.0409	0.0449	0.0417	0.0668	0.0732
		2.8000	2.4561	2.6923	2.5000	4.0003	4.3753
2.00	2.50	0.2113	0.1836	0.2000	0.1836	0.2876	0.3113
		0.0440	0.0383	0.0417	0.0383	0.0603	0.0646
		2.6415	2.2951	2.5000	2.2951	3.5900	3.8892
1.67	3.00	0.2036	0.1750	0.1898	0.1750	0.2671	0.2951
		0.0424	0.0365	0.0395	0.0365	0.0560	0.0614
		2.5455	2.2951	2.3729	2.1875	3.3335	3.6845
1.43	3.50	0.1967	0.1698	0.1838	0.1687	0.2542	0.2800
		0.0410	0.0354	0.038 3	0.0351	0.0528	0.0582
		2.4592	2.1232	2.2976	2.1083	3.1820	3.5003
1.25	4.00	0.1898	0.1647	0.1778	0.1632	0.2434	0.2671
		0.0395	0.0343	0.0370	0.0338	0.0506	0.0560
		2.3729	2.0588	2.2222	2.0290	3.0436	3.3335
1.11	4.50	0.1883	0.1612	0.1738	0.1590	0.2386	0.2606
		0.0392	0.0336	0.0362	0.0331	0.0495	0.0544
		2.3521	2.0153	2.1717	1.9867	2.9804	3.2578
1.00	5.00	0.1867	0.1577	0.1697	0.1556	0.2337	0.2542
		0.0389	0.0329	0.0354	0.0324	0.0485	0.0528
		2.3333	1.9718	2.1212	1.9444	2.9168	3.1820

8.7 照明设计

8.7.1 照明的种类

建筑照明的种类按用途分为正常照明、事故照明、警卫照明、障碍照明、装饰照明等。

1. 正常照明

正常照明是指在正常情况下，为顺利地完成工作、保证安全和能看清周围的物体而设置的照明，称为正常照明。正常照明的方式有三种：一般照明、局部照明和混合照明。所有居住的房间和供工作、运输、人行的走道，以及室外庭院和场所等，均应设置正常照明。

2. 事故照明

在正常照明因故而熄灭后，供继续工作或人员疏散照明，称为事故照明。建筑物在下列场所应装设事故照明：

（1）影剧院、博物馆和商场等公共场所，供人员疏散的走廊、楼梯和太平门等处。

（2）高层民用建筑的疏散楼梯、消防电梯及其前室、配电室、消防控制室、消防泵房和自备发电机房，以及建筑高度超过24m的公共建筑内的疏散走道、观众厅、餐厅和商场营业厅等人员密集的场所。

（3）医院的手术室和急救室的事故照明应采用能瞬时可靠点燃的照明光源，一般采用白炽灯或卤钨灯。若事故照明作为正常照明的一部分经常点燃，而在发生事故时又不需要切换电源的情况下，也可用其他光源。当采用蓄电池作为疏散用事故照明的电源时，要求其连续供电的时间不应少于20min。事故照明的照度，不应低于工作照明总照度的10%。仅供人员疏散用的事故照明的照度，应不小于0.5lx。

3. 警卫照明

在重要的场所，如值班室、警卫室、门房等地方所设置的照明叫警卫照明。一般宜利用正常照明中能单独控制的一部分，或利用事故照明中的一部分，作为值班照明。

4. 障碍照明

在建筑物上装设的作为障碍标志用的照明，称为障碍照明。如装设在高层建筑顶端的航空障碍照明，装在水面上的航道障碍照明等。一般采用能透雾的红光灯具，有条件时宜采用闪光照明灯。

5. 彩灯和装饰照明

由于建筑规划和市容美化的要求，以及节日装饰或室内装饰的需要而设置的照明，称为彩灯照明和装饰照明。一般用功率为15W左右的彩色白炽灯作此类照明光源。

8.7.2 照明供电

照明供电一般采用单相交流220V、1500W及以上的高强度气体放电灯的电源电压宜采用380V，并应注意三相负荷平衡。照明的控制方式及开关的安装位置主要是在安全前提下根据便于使用、管理和维修的原则确定。照明配电装置应靠近供电的负荷中心。一般采用二级控制方式。各独立工作场所的室外照明，可采用就地单独控制的供电方式。

对照明电压的要求是：照明灯具端电压的允许偏移不得高于额定电压的105%，亦不宜低于额定电压的95%（应急照明和用安全特低电压供电的照明不低于额定电压的90%）。

正常照明一般可与其他电力负荷共用变压器供电，但不宜与较大冲击电力负荷共用变压器。当电压偏移或波动不能保证照明质量或光源寿命时，在技术经济合理的条件下，可采用有载调压变压器、调压器或照明专用变压器供电。

8.7.3　照明负荷计算

照明供电、配电系统是由许多用电器具和多个支路组成，负荷计算应从系统末端开始，先确定每个用电器具的容量，然后计算每条支路的计算负荷，再计算干线上的计算负荷，最后计算进户线的计算负荷。

1. 确定设备容量 P_e

对于白炽灯、卤钨灯等热辐射型电光源，其设备容量是电光源的标称功率，即

$$p_e = p_n \tag{8.7.1}$$

对于有电感镇流器的气体放电型电光源，其设备容量是电光源的标称功率和镇流器的耗损之和，即

$$p_e = p_n(1+a) \tag{8.7.2}$$

式中　p_e——照明设备容量；

p_n——电光源的标称功率；

a——电感镇流器的功率损耗系数。

气体放电型电光源的功率因数和电感镇流器的耗损系数如表8.7.1所示。

表8.7.1　气体放电灯功率因数和电感镇流器损耗系数

光源种类	额定功率（W）	功率因数 $\cos\varphi$	电感镇流器损耗系数
荧光灯	40	0.53	0.2
	30	0.42	0.26
高压汞灯	1000	0.65	0.05
	400	0.60	0.05
	250	0.56	0.11
	125	0.45	0.25
高压钠灯	250～400	0.40	0.18
低压钠灯	18～180	0.06	0.2～0.8
金属卤化物灯	1000	0.45	0.14

自镇式气体放电灯的设备容量为其标称功率；

照明线路上的插座，若没有具体设备接入时，按100W计算；

计算机较多的办公室插座，按150W计算。

2. 计算负荷 P_j

照明支线的计算负荷等于该支线上所有设备容量之和，即

$$P_{1j}=\sum P_e \tag{8.7.3}$$

照明干线的计算负荷等于该干线上所有支线的计算负荷之和，再乘以需要系数，即

$$P_{2j}=K_c\sum P_{1j} \tag{8.7.4}$$

式中 P_{1j}——支线计算负荷；

P_{2j}——干线计算负荷；

K_c——干线需要系数。

不同建筑物、不同工作场所的需要系数不同，各类民用建筑照明负荷需要系数见表8.7.2。

表8.7.2 民用建筑照明负荷需要系数

建筑物名称	需要系数（K_c）	备注
一般住宅楼 20户以下	0.6	单元式住宅，多数为每户两室，两室户内插座为6～8个，装户表
一般住宅楼 20～50户	0.5～0.6	
一般住宅楼 50～100户	0.4～0.5	
一般住宅楼 100户以上	0.4	
高级住宅楼	0.6～0.7	
单宿楼	0.7～0.8	一开间内1～2盏灯，2～3个插座
一般办公楼	0.6～0.7	一开间内2盏灯，2～3个插座
高级住宅楼	0.8～0.9	
科研楼	0.6～0.7	一开间内2盏灯，2～3个插座
发展与交流中心	0.8～0.9	
教学楼	0.6～0.7	三开间内6～11盏灯，1～2个插座
图书馆	0.8～0.9	
托儿所、幼儿园	0.85～0.9	
小型商业、服务业用房	0.75～0.85	
综合商业、服务楼	0.8～0.9	
食堂、餐厅	0.7～0.8	
高级餐厅	0.7～0.8	
一般旅馆、招待所	0.6～0.7	一开间内1盏灯，2～3个插座，集中卫生间
高级旅馆、招待所	0.35～0.45	带卫生间
旅游宾馆	0.7～0.8	单间客房4～5盏灯、4～6个插座
电影院、文化馆	0.6～0.7	
剧场	0.5～0.7	
礼堂	0.7～0.8	
体育练习馆	0.65～0.75	
体育馆	0.5～0.7	
展览馆	0.6～0.7	
门诊楼	0.65～0.75	
一般病房楼	0.5～0.6	
高级病房楼	0.9～1	
锅炉房		

3. 计算电流 I_j

线路中的计算电流应根据计算负荷求得，当照明线路上光源为一种时，可按下面公式计算电流。即

单相线路 $$I_j=\frac{P_j}{U_p\cos\varphi} \tag{8.7.5}$$

三相线路 $$I_j=\frac{P_j}{\sqrt{3}U_L\cos\varphi} \tag{8.7.6}$$

式中 P_j——计算负荷；

U_p——线路相电压；

U_L——线路线电压；

$\cos\varphi$——线路功率因数；

I_j——线路计算电流。

【例 8.7.1】 某建筑物的分配电箱及所带负荷如图 8.7.1 所示，从分配电箱引出三条支线，分别带 100W 白炽灯 15 只、13 只、14 只，带电感镇流器的 40W 荧光灯为 10 只、12 只、10 只，求干线的计算电流。

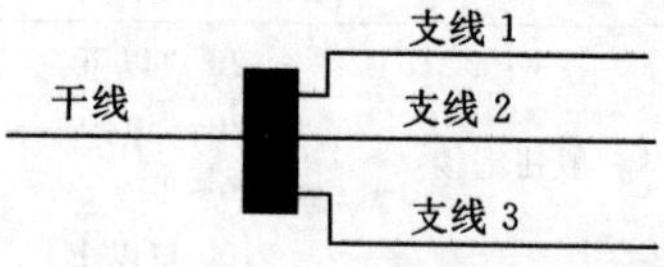

干线 支线 1 支线 2 支线 3

图 8.7.1 配电系统图

解：(1) 白炽灯：

设备容量：$P_e=P_n=100\text{W}$

支线 1 计算负荷：$P_{1j11}=\sum P_e=15\times100=1500(\text{W})$

支线 2 计算负荷：$P_{1j12}=\sum P_e=13\times100=1300(\text{W})$

支线 3 计算负荷：$P_{1j13}=\sum P_e=14\times100=1400(\text{W})$

干线有功计算负荷：$P_{2j1}=K_c\sum P_{1j1}=0.8\times(1500+1300+1400)=3360(\text{W})$

(2) 荧光灯：

设备容量：$P_e=P_n(1+a)=40\times(1+0.2)=48(\text{W})$

支线 1 计算负荷：$P_{1j21}=\sum P_e=10\times48=480(\text{W})$

支线 2 计算负荷：$P_{1j22}=\sum P_e=12\times48=576(\text{W})$

支线 3 计算负荷：$P_{1j23}=\sum P_e=10\times48=480(\text{W})$

干线有功计算负荷：$P_{2j2}=K_c\sum P_{1j2}=0.8\times(480+576+480)=1229(\text{W})$

(3) 干线总有功计算负荷：$P_{2j}=P_{2j1}+P_{2j2}=3360+1229=4589(\text{W})$

查表 8.7.1 知 40W 荧光灯功率因数为 0.53。

干线总无功计算负荷：

$$Q_{2j}=Q_{2j1}+Q_{2j2}=0+1229\times\tan(\arccos53^\circ)=1966(\text{Var})$$

干线计算电流：

$$I_j=\frac{P_{2j}}{U_P\cos\varphi^1}=\frac{4589}{220\times\frac{4589}{\sqrt{4589^2+1966^2}}}=22.7(\text{A})$$

8.8 照明设计程序及规范

电气照明设计主要是根据建筑专业提供的建筑平面、立面和剖面图及总平面图，结合用户使用要求，按照有关设计规范进行合理设计。其主要内容有：确定合理的照明种类和照明方式；选择照明光源及灯具，确定灯具的布置方案；进行照度计算和供电系统负荷计算，照明电气设备与线路的选择计算；绘制出照明系统布置图及相应的供电系统图等。照明设计的一般程序为以下几点。

8.8.1　收集照明设计的原始资料

在进行电气照明设计之前，必须收集如下一些原始（设计）资料：

（1）该建筑物的建筑平面、立面和剖面图。全面了解该建筑的建设规模、生产工艺、建筑构造和总平面布置情况。

（2）向当地供电部门调查电力系统的情况，了解该建筑供电电源的供电方式，电源的回路数，对功率因数的要求，电费收取办法，电能表如何设置，进户电源的进线方位及进户标高的要求。

（3）向建设单位及有关专业了解工艺设备平面布置图和室内用具平面布置图及建设标准。了解工程建设地点的气象、地质资料，建筑物周围的土壤类别和自然环境，防雷接地装置有无障碍。

8.8.2　照度设计

（1）设计照度的确定。根据各个房间对视觉工作的要求和室内环境的清洁状况，按设计规程的照度标准，确定各房间的照度 E 和照度补偿系数 K。

（2）确定光源和灯具布置。依据房间装修的色彩、配光和光色的要求以及环境条件等因素选择光源和灯具。从照明光线的投射方向、工作面上的照度及照度的均匀性和眩光的限制，建设投资费用、维护检修应方便和安全等因素综合考虑，合理布置灯具。

（3）照度计算。根据各房间的照度标准，经过计算，确定各个房间的灯具数量或光源的容量（瓦），或以初拟的灯具数量来验算房间的照度值。

8.8.3　照明供配电系统设计基本流程

（1）考虑整个建筑的照明供电系统，确定配电方式。

（2）划分各配电箱的供电范围，确定各配电箱的安装位置。均衡分配各支线负荷，选定线路敷设方向。

（3）计算各支线和干线的工作电流，选择导线截面、型号、穿管管径、敷设方式，并进行电流和电压损失的验算。

（4）电气设备的选择。

（5）管道汇总。

（6）向土建提交资料。

（7）绘制电气照明设计施工图。先绘制平面图，然后绘系统干线图和配电系统图，编写工程总说明，列出主要材料表。

（8）编制概、预算书。根据建设单位要求或设计委托书来决定是否编制概、预算书。

8.8.4　建筑电气工程安装要求

（1）电力电缆不应和输送甲、乙、丙类液体管道、可燃气体管道、热力管道敷设在同一管沟内。

(2) 配电线路不得穿越通风管道内腔或敷设在通风管道外壁上，穿金属管保护的配电线路可紧贴通风管道外壁敷设。

(3) 配电线路敷设在有可燃的闷顶内时，应采取穿金属管等防火保护措施；敷设在有可燃物的吊顶内时，宜采取穿金属管、采用封闭式金属线槽或难燃材料的塑料管等防火保护措施。

(4) 开关插座和照明灯具靠近可燃物时，应采用隔热、散热等防火保护措施。卤钨灯和额定功率不小于100W的白炽灯泡的吸顶灯、槽灯、嵌入式灯，其引入线应采用瓷管、矿棉等不燃材料做隔热保护。超过60W的白炽灯、卤钨灯、高压钠灯、金属卤光灯源、荧光高压汞灯（包括电感镇流器）等不应直接安装在可燃装修材料或可燃构件上。

8.8.5　照明设计规范依据

根据设计的具体的建筑形式以及建筑本身对照明的要求，在照明设计时，通常参照下列规范：

GB 50034—2004《建筑照明设计标准》。

CECS 45—1992《地下建筑照明设计标准》。

CJJ 45—2006《城市道路照明设计标准》。

JGJ 153—2007《体育场馆照明设计及检测标准（附条文说明）》。

JGJ/T 163—2008《城市夜景照明设计规范》。

JTJ 026.1—1999《公路隧道通风照明设计规范》。

GB 50016—2006《建筑设计防火规范》。

GB 50045—1995《高层民用建筑设计防火规范》。

JGJ 16—2008《民用建筑电气设计规范》。

GA 54—1993《消防应急照明灯具通用技术条件》。

GB 50098—2009《人民防空工程设计防火规范》。

习　题

1. 光的度量有哪些主要参数？它们的物理意义及单位是什么？

2. 常用照明电光源有哪些？它们的特点是什么？

3. 照明灯具主要由哪几部分构成？

4. 照明灯具按配光曲线分哪些类型？它们的光通量的分布有何不同？

5. 照明灯具的选择原则是什么？

6. 某车间长30m、宽15m、高5m，灯具安装高度距地高度为4.2m，工作在高0.75m，试计算其室形指数？

7. 某教室长11m，宽6m，高3.6m，离顶棚0.5m的高度内安装YG1—1型40W荧光灯，课桌高度为0.8m。已知为白色顶棚、白色墙壁、墙壁开有大窗子，窗帘为深蓝色，地面为浅色水磨石地面，要求课桌面上的照度为150lx，试计算安装灯具的数量？

8. 某商业营业厅的面积为30m×15m，房间净高3.5m，工作面高0.8m，天棚反射系数为70%，墙壁反射系数为55%。拟采用荧光灯吸顶安装，试计算需安装灯具的数量?

9. 有一小餐厅，室内净长8m，宽5.5m，高4.2m，拟采用六盏小花灯做照明，每盏花灯装有220V的4个25W和1个40W的白炽灯泡，其挂高为3.3m，天棚采用白色钙塑板吊顶，墙壁采用白色涂料粉刷、地板为水泥地面，试计算可达到的照度。

10. 某住宅区各建筑均采用三相四制进线，线电压为380V，各幢楼的光源容量已由单相负荷换算为三相负荷，各荧光灯具均采用电容器补偿。住宅楼4幢，每幢楼安装白炽灯的光源容量为5kW，安装荧光灯的光源容量为4.8kW；托儿所一幢，安装荧光灯的光源容量为2.8kW，安装白炽灯的光源容量为0.8kW。试确定该住宅区各幢楼的照明计算负荷及变压器低压侧的计算负荷。

第9章 建筑防雷与安全用电

建筑防雷及安全用电是一个电气安全问题，电气安全关系用户的人身安全和环境安全，涉及千家万户。本章介绍一些常见的电气安全知识，具体来说，包括雷电的基本知识、三类防雷建筑物的防雷保护措施、安全用电基本知识和电击防护措施。通过学习要求掌握常用的雷电防护和电击防护措施及特点，并了解其基本原理。建筑供配电系统进行正常运行，首先必须要保证其安全性，防雷和接地是电气安全的主要措施。故掌握建筑防雷和接地、安全用电的知识和理论非常重要。

9.1 建筑物防雷

9.1.1 过电压的种类

过电压是指在电气设备或线路上出现的超过正常工作要求并对其绝缘构成威胁的电压。

过电压按产生原因可分为内部过电压和雷电过电压。

1. 内部过电压

内部过电压是由于电力系统正常操作、事故切换、发生故障或负荷骤变时引起的过电压，可分为操作过电压、弧光接地过电压及谐振过电压。

内部过电压的能量来自于电力系统本身，经验证明，内部过电压一般不超过系统正常运行时额定相电压的3～4倍，对电力线路和电气设备绝缘的威胁不是很大。

2. 雷电过电压

雷电过电压亦称外部过电压或大气过电压，它是由于电力系统中的设备或建筑物遭受来自大气中的雷击或雷电感应而引起的过电压。

雷电是一种雷云对带不同电荷的物体进行放电的一种自然现象。雷电对电气线路、电气设备和建筑物进行放电，雷电冲击电压幅值可高达几亿伏，电流幅值可高达几十万安，因此具有极大的破坏性，必须采取相应的防雷措施。

9.1.2 雷电的形成及作用形式

1. 雷电的形成

雷电是大气中的放电现象。有关雷电形成过程的学说较多，随着高电压技术及快速摄影技术的发展，雷电现象的科学研究取得了很大进步。

常见的一种说法是：在闷热、潮湿、无风的天气里，接近地面的湿气受热上升，遇到冷空气凝成冰晶。冰晶受到上升气流的冲击而破碎分裂，气流挟带一部分带正电的小冰晶上升，形成“正雷云”，而另一部分较大的带负电的冰晶则下降，形成“负雷云”，随着电荷的积累，雷云电位逐渐升高。由于高空气流的流动，正、负雷云均在空中飘浮不定，当带不同电荷的雷云相互接近到一定程度时，就会产生强烈的放电，放电时瞬间出现耀眼的闪光和震耳的轰鸣，这种现象就叫雷电，如图 9.1.1 所示。

雷电的形成过程可以分为气流上升、电荷分离和放电三个阶段。在雷雨季节，地面上的水分受热变蒸气上升，与冷空气相遇之后凝成水滴，形成积云。云中水滴受强气流摩擦产生电荷，小水滴容易被气流带走，形成带负电的云；较大水滴形成带正电的云。由于静电感应，大地表面与云层之间、云层与云层之间会感应出异性电荷，当电场强度达到一定的值时，即发生雷云与大地或雷云与雷云之间的放电。典型的雷击发展过程如图 9.1.2 所示。

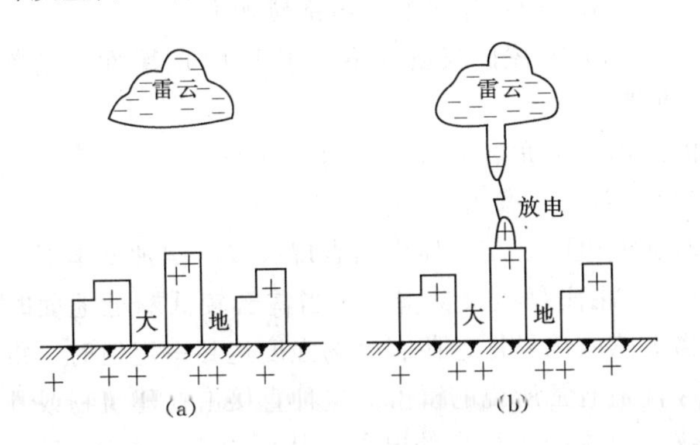

图 9.1.1　直击雷示意图

(a) 负雷云在建筑物上方时；(b) 雷云对建筑物放电

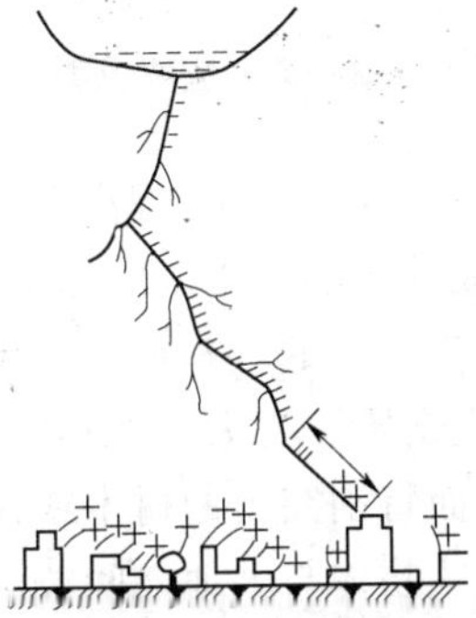

图 9.1.2　雷云对地放电示意图

据测试，对地放电的雷云大多为带负电荷。随着负雷云中负电荷的积累，其电场强度逐渐增加，当达到 25～30kV/cm 时，使附近的空气绝缘破坏，便产生雷云放电。雷云对地的放电是以下行先导放电形式进行。当这个下行先导逐渐接近地面，大约 100～300m 距离时，地面受感应而聚集异号电荷更加集中，尤其是突出物体在强电场作用下产生尖端放电，形成上行先导，并快速向雷云的下行先导方向发展，两者会合即形成雷电通道，并随之开始主放电，接着是多次余辉放电。

一般认为，当雷电先导从雷云向下发展时，它的梯级式跳跃只受到周围大气的影响，没有一定的方向和袭击目标。但其最后一个梯级式跳跃则不同，它必须在这个最后阶段选定被击对象。此时地面上可能有不止一个物体在雷云电场的作用下产生上行先导，并趋向与下行先导会合。在被保护建筑物上安装避雷针，就是让它产生最强的上行先导去与下行先导会合。最后一次梯级式跳跃的距离，其端部与被击点之间的距离，称为雷击距离。也就是说，雷电先导的发展起初是不确定的，直到先导头部电场强度足以击穿它与地面目标间的间隙时，才受到地面影响而开始定位。因此，雷击距离是一个变化的数值，它与雷电流幅值、地面物体的电荷密度有关。雷击距概念对于分析地面建筑物受雷状况是十分有用的，常用于估算避雷装置的保护范围。

2. 雷电特点及作用形式

(1) 雷电特点。雷电流是一种冲击波，雷电流幅值 I_m 的变化范围很大，一般为数十至数 kA。电流幅值一般在第一次闪击时出现，也称主放电。典型的雷电流波形如图 9.1.3 所示。雷电流一般在 1～4μs 内增长到幅值 I_m，雷电流在幅值以前的一段波形称为波头；从幅值起到雷电流衰减至$\frac{I_m}{2}$的一段波形称为波尾。雷电流的陡度 α，用雷电流波头部分增长的速率来表示，即 $\alpha=\frac{\mathrm{d}i}{\mathrm{d}t}$。据测定 α 可达 50kA/μs。雷电流是一个幅值很大，陡度很高的电流，具有很强的冲击性，其破坏性极大。

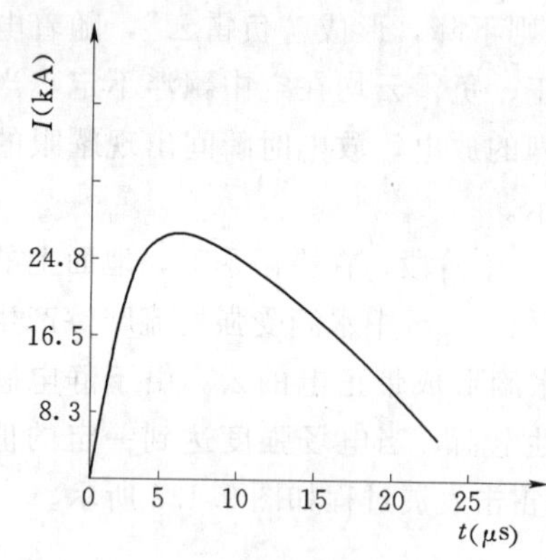

图 9.1.3 雷电流波形图

（2）雷击的选择性。建筑物遭受雷击的部分是有一定规律的，建筑物雷击部位如下：

1）平屋面或坡度不大于 1/10 的屋面。檐角、女儿墙、屋檐。

2）坡度大于 1/10 且小于 1/2 的屋面。屋角、屋脊、檐角、屋檐。

3）坡度不小于 1/2 的屋面。屋角、屋脊、檐角。

（3）雷电击的基本形式。雷云对地放电时，其破坏作用表现有以下四种基本形式。

1）直击雷。当天气炎热时，天空中往往存在大量雷云。当雷云较低飘近地面时，就在附近地面特别突出的树木或建筑物上感应出异性电荷。电场强度达到一定值时，雷云就会通过这些物体与大地之间放电，这就是通常所说的雷击。这种直接击在建筑物或其他物体上的雷电叫直击雷。直接雷击使被击物体产生很高的电位，从而引起过电压和过电流，不仅击毙人畜、烧毁或劈倒树木，破坏建筑物，甚至因而引起火灾和爆炸。

有时雷云很低，周围又没有带异性电荷的雷云，这样有可能在地面凸出物上感应出异性电荷，在雷云与大地之间形成很大的雷电场。当雷云与大地之间在某一方位的电场强度达到 25～30kV/cm 时就开始放电，这就是直击雷，见图 9.1.1。据观测，在地面上产生雷击的雷云多为负雷云。

2）感应雷。当建筑上空有雷云时，在建筑物上便会感应出相反电荷。在雷云放电后，云与大地电场消失了，但聚集在屋顶上的电荷不能立即释放，因而屋顶对地面便有相当高的感应电压，造成屋内电线、金属管道和大型金属设备放电，引起建筑物内的易爆危险品爆炸或易燃物品燃烧。这里的感应电荷主要是由于雷电流的强大电场和磁场变化产生的静电感应和电磁感应造成的，所以称为感应雷或感应过电压。

3）雷电波侵入。当输电线路或金属管路遭受直接雷击或发生感应雷，雷电波便沿着这些线路侵入室内，造成人员、电气设备和建筑物的伤害和破坏。雷电波侵入造成的事故在雷害事故中占相当大的比重，这种雷电波侵入造成的危害占雷害总数的 1/2 以上。应引起足够重视。

4）球形雷。球形雷的形成研究，还没有完整的理论。通常认为它是一个温度极高的特别明亮的眩目发光球体，直径约在 10～20cm 以上。球形雷通常在电闪后发生，以每秒几米的速度在空气中漂行，它能从烟囱、门、窗或孔洞进入建筑物内部造成破坏。

3. 雷暴日

雷电的大小与多少和气象条件有关，评价某地区雷电的活动频繁程度，一般以雷暴日为单位。在一天内只要听到雷声或者看到雷闪就算一个雷暴日。由当地气象台站统计的多年雷暴日的年平均值，称为年平均雷暴日数。年平均雷暴日不超过 15 天的地区称为少雷区，超过 40 天的地区称为多雷区。

9.1.3　雷电的危害

雷电有多方面的破坏作用，雷电的危害一般分成两种类型：一是直接破坏作用，主要表现为雷电的热效应和机械效应；二是间接破坏作用主要表现为雷电产生的静电感应和电磁感应。

1. 热效应

雷电流通过导体时，在极短时间内转换成大量热能，可造成物体燃烧，金属熔化，极易引起火灾爆炸等事故。

2. 机械效应

雷电的机械效应所产生的破坏作用主要表现为两种形式：一是雷电流流入树木或建筑构件时在它们内部产生的内压力；二是雷电流流过金属物体时产生的电动力。

雷电流的温度很高，一般在 6000～20000℃，甚至高达数万摄氏度，当它通过树木或建筑物墙壁时，被击物体内部水分受热急剧汽化，或缝隙中分解出的气体剧烈膨胀，因而在被击物体内部出现了强大的机械力，使树木或建筑物遭受破坏，甚至爆裂成碎片。

另外，载流导体之间存在着电磁力的相互作用，这种作用力称电动力。当强大的雷电流通过电气线路，电气设备时也会产生巨大的电动力使他们遭受破坏。

3. 电气效应

雷电引起的过电压，会击毁电气设备和线路的绝缘，产生闪络放电，以致开关掉闸，造成线路停电；会干扰电子设备，使系统数据丢失，造成通信、计算机、控制调节等电子系统瘫痪。绝缘损坏还可能引起短路，导致火灾或爆炸事故；防雷装置泄放巨大的雷电流时，使得其本身的电位升高，发生雷电反击；同时雷电流流入地下，可能产生跨步电压，导致电击。

4. 电磁效应

由于雷电流量值大且变化迅速，在它的周围空间就会产生强大且变化剧烈的磁场，处于这个变化磁场中的金属物体就会感应出很高的电动势，使构成闭合回路的金属物体产生感应电流，产生发热现象。此热效应可能会使设备损坏，甚至引起火灾。特别存放易燃易爆物品的建筑物将更危险。

9.1.4　防雷装置及接地

防雷装置一般由接闪器、引下线和接地装置等三个部分组成。接地装置又由接地体和接地线组成。

1. 接闪器

接闪器就是专门用来接受雷云放电的金属物体。接闪器的类型有避雷针、避雷线、避雷带、避雷网、避雷环等，都是经常用来防止直接雷击的防雷设备。

所有接闪器都必须经过引下线与接地装置相连。接闪器利用其金属特性，当雷云先导接近时，它与雷云之间的电场强度最大，因而可将雷云“诱导”到接闪器本身，并经引下线和接地装置将雷电流安全地泄放到大地中去，从而起到了保护物体免受雷击。

（1）避雷针及保护范围。避雷针主要用来保护露天发电、配电装置、建筑物和构筑物。

避雷针通常采用圆钢或焊接钢管制成，将其顶端磨尖，以利于尖端放电。为保证足够的雷电流流通量，其直径应不小于表 9.1.1 给出的数值。

表 9.1.1　避雷针接闪器最小直径　　单位：mm

直径 针型	圆　钢	钢　管
针长 1m 以下	12	20
针长 1～2m	16	25
烟囱顶上的针	20	40

避雷针对周围物体保护的有效性，常用保护范围来表示。在安装有一定高度的接闪器下面，有一个一定范围的安全区域，处在这个安全区域内的被保护的物体遭受直接雷击的概率非常小，这个安全区域叫做避雷针的保护范围。确定避雷针的保护范围至关重要。避雷针对建筑物保护范围一般用滚球法确定。

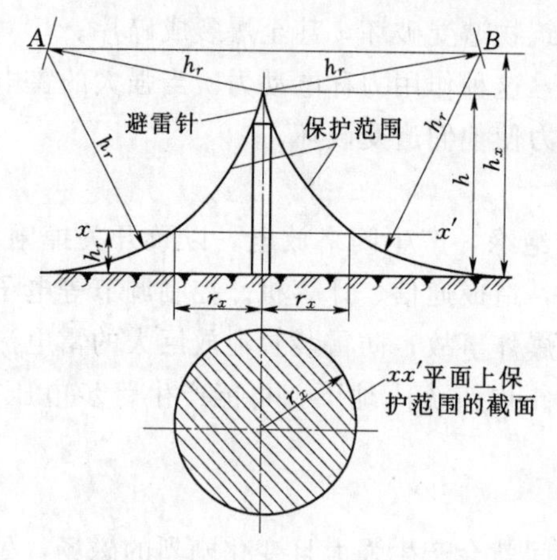

图 9.1.4　单支避雷针的保护范围

滚球法是将一个以雷击距为半径的滚球，沿需要防直接雷击的区域滚动，利用这一滚球与避雷针及地面的接触位来限定保护范围的一种方法。当避雷针高度 $h \leqslant$ 滚球半径 d_s。

a. 单支避雷针的保护范围。单支避雷针的保护范围如图 9.1.4 所示按下列方法确定，当避雷针高度 $h \leqslant h_f$ 时：

a）距地面 h_f 处作一平行于地面的平行线；

b）以避雷针的针尖为圆心、h_f 为半径，作弧线交平行线于 A、B 两点；

c）以 A、B 为圆心，h_f 为半径作弧线，该弧线与针尖相交，并与地面相切。由此弧线起到地面为止的整个锥形空间就是避雷针的保护范围。

避雷针在被保护物高度 h_x 的 xx' 平面上的保护半径 r_x 按下式计算

$$r_x = \sqrt{h(2h_r - h)} - \sqrt{h_x(2h_r - h_x)} \tag{9.1.1}$$

式中　h_r——滚球半径，由表 9.1.2 确定。

表 9.1.2　按建筑物防雷类别布置接闪器及其滚球半径　　单位：mm

建筑物防雷类别	滚球半径 h_r	避雷网网格尺寸
第一类防雷建筑	30	≦5×5 或≦6×4
第二类防雷建筑	45	≦10×10 或≦12×8
第三类防雷建筑	60	≦20×20 或≦24×16

当避雷针高度 $h>h_f$ 时，在避雷针上取高度 h_f 的一点代替避雷针的针尖作为圆心。余下作法与避雷针高度 $h\leqslant h_f$ 相同。

b. 两支避雷针的保护范围。两支等高避雷针的保护范围如图 9.1.5 所示。

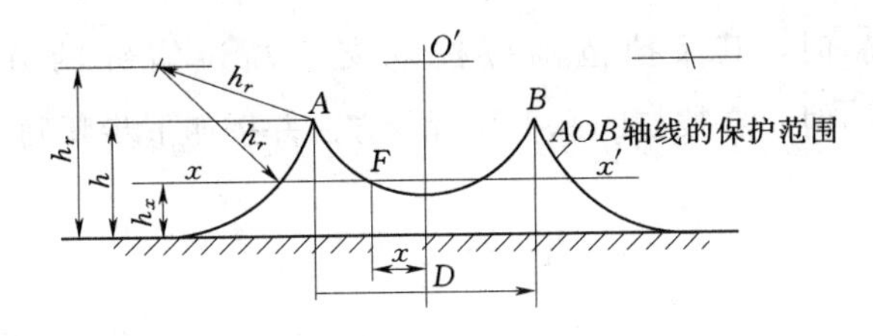

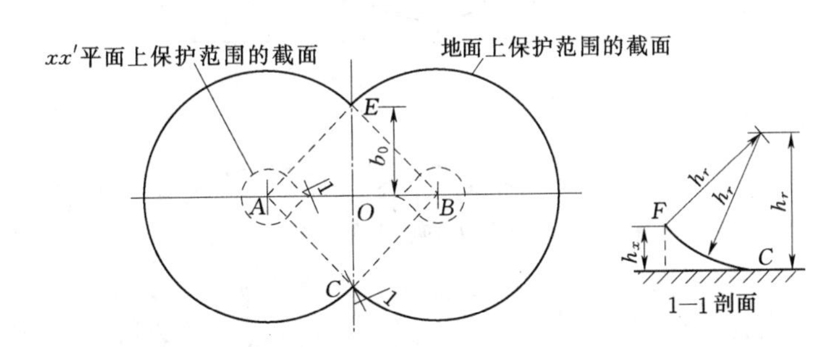

图 9.1.5　两支等高避雷针的保护范围图

在避雷针高度 $h\leqslant h_r$ 的情况下，当两只避雷针每支避雷针的距离 $D\geqslant 2\sqrt{h(2h_r-h)}$ 应各按单支避雷针保护范围计算；当 $D<2\sqrt{h(2h_r-h)}$ 时应按图 9.1.5 的方法确定：$h\leqslant h_r$。

a）每支避雷针保护范围外侧同单支避雷针一样计算。

b）两支避雷针之间 C、E 两点位于两针间的垂直平分线上。在地面每侧的最小保护宽 b_0 为

$$b_0=\sqrt{2(2h_r-h)-\left(\frac{D}{2}\right)^2} \tag{9.1.2}$$

在 AOB 轴线上，距中心线任一距离 x 处，在保护范围上边线上的保护高度 h_x 为

$$h_x=h_r-\sqrt{(h_r-h)^2+\left(\frac{D}{2}\right)^2-x^2} \tag{9.1.3}$$

该保护范围上边线是以中心线距地面 h_r 的一点 O' 为圆心，以 $\sqrt{(h_r-h)^2+\left(\frac{D}{2}\right)^2}$ 为半径所作的圆弧 AB。

c）两针间 $AEBC$ 内的保护范围。ACO、BCO、BEO、AEO 部分的保护范围确立方法相同，以 ACO 保护范围为例，在任一保护高度 h_x 和 C 点所处的垂直平面上以 h_r 作为假想避雷针，按单支避雷针的方法逐点确定。如图 9.1.5 所示中 1－1 剖面图。

d）确立 xx' 平面上保护范围。以单支避雷针的保护半径 r_x 为半径，以 AB 为圆心作弧线与四边形 $AEBC$ 相交。同样以单支避雷针的（r_0-r_x）为半径，以 E、C 为圆心作弧线与上述弧线相接，如图 9.1.5 所示中的粗虚线。

两支不等高避雷针的保护范围的计算，在 h_1 和 h_2 分别小于或等于 h_r 的情况下，当

$D \geqslant \sqrt{h_1(2h_r-h_1)}+\sqrt{h_2(2h_r-h_2)}$时，避雷针的保护范围计算应按单支避雷针保护范围所规定的方法确定。

c. 四支等高避雷针的保护范围。矩形布置的四支等高避雷针高度 $h \leqslant h_r$，$D_3 \geqslant 2\sqrt{h(2h_r-h)}$时，其保护范围应按双支等高避雷针的方法确定；在 $h \leqslant h_r$，$D_3 < 2\sqrt{h(2h_r-h)}$时，应按如图 9.1.6 所示方法并按如下步骤确定保护范围：

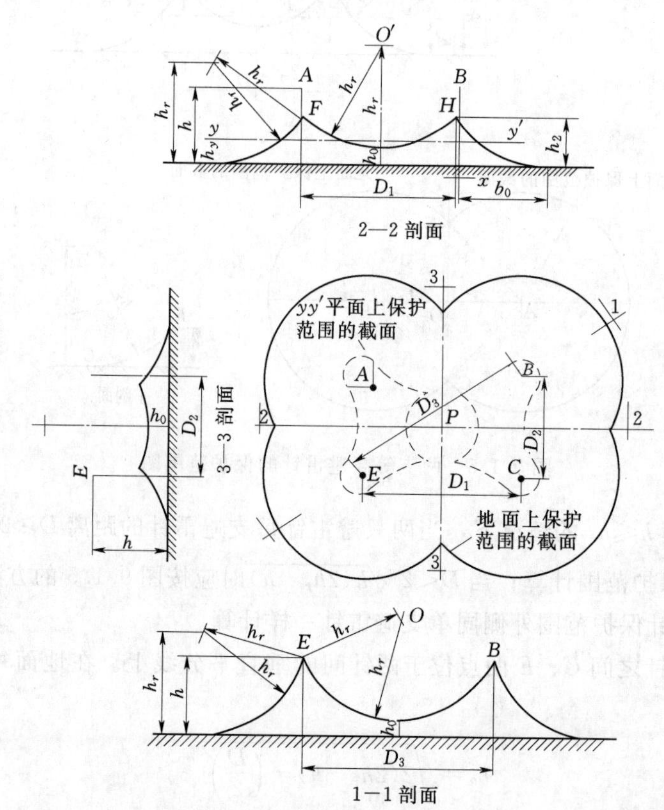

图 9.1.6　四支等高避雷针的保护范围

a）四支避雷针的外侧各按双支避雷针的方法确定。

b）B，E 避雷针连线上的保护范围（见图 9.1.6 的 1—1 剖面图），外侧部分按单支避雷针的方法确定。两针间的保护范围按以下方法确定：以 B、E 两避雷针针尖为圆心，h_r 为半径作弧相交于 O 点，以 O 点为圆心，h_r 为半径作圆弧，与针尖相连的这段圆弧即为针尖保护范围。保护范围最低点的高度 h_0 为

$$h_0=\sqrt{h_r^2-\left(\frac{D_3}{2}\right)^2}+h-h_r \tag{9.1.4}$$

c）图 9.1.6 的 2—2 剖面图的保护范围按以下方法确定：以 P 点的垂直线上距地面高度为 h_r+h_0 的 O 点为圆心，h_r 为半径作圆弧与 B、C 和 A、E 双支避雷针所作出在该剖面图的外侧保护范围延长圆弧相交于 F、H 点。F、H 点的位置及高度可按下式确定

$$(h_r-h_x)^2=h_r^2-(b_0+x)^2 \tag{9.1.5}$$

$$(h_r+h_0-h_x)^2=h_r^2-\left(\frac{D_1}{2}-x\right)^2 \tag{9.1.6}$$

d）图 9.1.6 的 3—3 剖面保护范围的方法与步骤 C 相同。

e）确定四支等高避雷针中间在 h_0 至 h 高度的 yy' 平面上保护范围截面的方法：以 P 点为圆心，$\sqrt{2h_r(h_y-h_0)-(h_y-h_0)^2}$ 为半径作圆或圆弧，与各双支避雷针在外侧所作的保护范围截面组成该保护范围截面。见图 9.1.6 中虚线。

对于比较大的保护范围，采用单支避雷针，由于保护范围并不随避雷针的高度成正比增大，所以将大大增大避雷针的高度，以至安装困难，投资增大，在这种情况下，采用双支避雷针或多支避雷针比较经济。

当避雷针高度大于滚球半径 d_s。在避雷针上取高度为 d_s 的一点，代替避雷针针尖作为圆心，其余的作图步骤与 h 不大于滚球半径 d_s 时的情况同。用上述计算公式时，h 用 d_s 代替。据此可知，当 $h>d_s$ 时，避雷针的保护范围不再增大，并在其高出滚球半径 $h-d_s$ 部分，将会遭受侧面雷击。

（2）避雷线。避雷线是由悬挂在架空线上的水平导线、接地引下线和接地体组成的。水平导线起接闪器的作用。它对电力线路等较长的保护物最为适用。

避雷线一般采用截面积不小于 35mm² 的镀锌钢绞线，架设在长距离高压供电线路或变电站构筑物上，以保护架空电力线路免受直接雷击。由于避雷线是架空敷设的而且接地，所以避雷线又叫架空地线。避雷线的作用原理与避雷针相同。

单根避雷线的保护范围为：当避雷线高度 $h\geqslant 2h_f$ 时，无保护范围。

当避雷线的高度 $h<2h_f$ 时，保护范围如图 9.1.7 所示，保护范围应按下法确定：

1）距地面 h_f 处作一平行于地面的平行线。

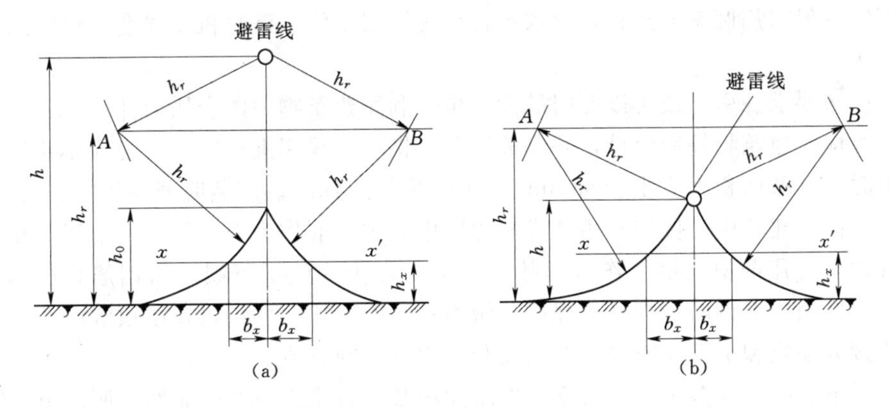

图 9.1.7　单根避雷线的保护范围

（a）当 $2h_r>h>h_r$ 时；（b）当 $h<h_r$ 时

2）以避雷线为圆心，h_f 为半径作弧线交于平行线的 A、B 两点。

3）以 A、B 为圆心，h_f 为半径作弧线，这两条弧线相交或相切，并与地面相切。这两条弧线与地面围成的空间就是避雷线的保护范围。

当 $h_f<h<2h_f$ 时，保护范围最高点的高度 h_0 按下式计算：

$$h_0=2h_f-h \tag{9.1.7}$$

避雷线在 h_x 高度的 xx' 平面上的保护宽度 b_x 按下式计算

$$b_x=\sqrt{h(2h_r-h)}-\sqrt{h_x(2h_r-h_x)} \tag{9.1.8}$$

式中 h——避雷线的高度；

h_x——保护物的高度。

注意：确定架空避雷线的高度时，应考虑弧垂。在无法确定弧垂的情况下，等高支柱间的档距小于 120m 时，其避雷线中点的弧垂宜选用 2m；档距为 120～150m 时宜选用 3m。

关于两根等高避雷线的保护范围，可参看有关国标或相关设计手册。

(3) 避雷带和避雷网。避雷带和避雷网主要适用于建筑物。避雷带通常是沿着建筑物易受雷击的部位，如屋脊、屋檐、屋角等处装设的带形导体。

避雷网是将建筑物屋面上纵横敷设的避雷带组成网格，其网格尺寸大小按有关规范确定，对于防雷等级不同的建筑物，其要求也不同，见表 9.1.2。

避雷带和避雷网可以采用圆钢或扁钢，但应优先采用圆钢。圆钢直径不得小于 8mm，扁钢厚度不小于 4mm，截面积不得小于 $48mm^2$。避雷带和避雷网的安装方法有明装和暗装。避雷带和避雷网一般无须计算保护范围。

(4) 避雷环。避雷环用圆钢或扁钢制作。防雷设计规范规定高度超过一定范围的钢筋混凝土结构、钢结构建筑物，应设均压环防侧击雷。当建筑物全部为钢筋混凝土结构，可利用结构圈梁钢筋与柱内引下线钢筋焊接做为均压环。没有结合柱和圈梁的建筑物，应每三层在建筑物外墙内敷一圈 ϕ12mm 镀锌钢做为均压环，并与防雷装置所有的引下线连接。

2. 引下线

引下线是连接接闪器与接地装置的金属导体。其作用是构成雷电能量向大地泄放的通道。引下线一般采用圆钢或扁钢，要求镀锌处理。引下线应满足机械强度、耐腐蚀和热稳定性的要求。

(1) 一般要求。引下线可以专门敷设，也可利用建筑物内的金属构件。

引下线应沿建筑物外墙敷设，并经最短路径接地。采用圆钢时，直径应不小于 8mm，采用扁钢时，其截面积不应小于 $48mm^2$，厚度不小于 4mm。暗装时截面积应放大一级。

在我国高层建筑中，优先利用柱或剪力墙中的主钢筋作为引下线。当钢筋直径为不小于 16mm 时，应用两根主钢筋作（绑扎或焊接）做为一组引下线。当钢筋直径为 10mm 及以上时，应用四根钢筋（绑扎或焊接）做为一组引下线。建筑物在屋顶敷设的避雷网和防侧击的接闪环应和引下线连成一体，以利于雷电流的分流。

防雷引下线的数量多少影响到反击电压大小及雷电流引下的可靠性，所以引下线及其布置应按不同防雷等级确定，一般不得少于两根。

为了便于测量接地电阻和检查引下线与接地装置的连接情况，人工敷设的引下线宜在引下线距地面 0.3～1.8m 之间位置设置断接卡子。当利用混凝土内钢筋、钢柱作为自然引下线并同时采用基础接地时，不设断接卡。但利用钢筋作引下线时应在室内或室外的适当地点设置若干连接板，该连接板可供测量、接人工接地体和作等电位连接用。

(2) 引下线施工要求。明敷的引下线应镀锌，焊接处应涂防腐漆。地面上约 1.7m 至地下 0.3m 的一段引下线，应有保护措施，防止受机械损伤和人身接触。

引下线施工不得直角转弯，与雨水管相距接近时可以焊接在一起。

高层建筑的引下线应该与金属门窗电气连通，当采用两根主筋时，其焊接长度应不小于直径的 6 倍。

引下线是防雷装置极重要的组成部分，必须可靠敷设，以保证防雷效果。

3. 接地装置

无论是工作接地还是保护接地，都是经过接地装置与大地连接的。接地装置包括接地体和接地线两部分，它是防雷装置的重要组成部分。接地装置的主要作用是向大地均匀地泄放电流，使防雷装置对地电压不至于过高。

（1）接地体。接地体是人为埋入地下与土壤直接接触的金属导体；接地线是连接接地体或接地体与引下线的金属导线。

接地体一般分为自然接地体和人工接地体。自然接地体是指兼作接地用的直接与大地接触的各种金属体，例如利用建筑物基础内的钢筋构成的接地系统。有条件时应首先利用自然接地体。因为它具有接地电阻较小，稳定可靠，减少材料和安装维护费用优点。

人工接地体专门作为接地用的接地体，安装时需要配合土建施工进行，在基础开挖时，也同时挖好接地沟，并将人工接地体按设计要求埋设好。

有时自然接地体安装完毕并经测量后，接地电阻不能满足要求时，需要增加敷设人工接地体来减小接地电阻值。

人工接地体按其敷设方式分为垂直接地体和水平接地体两种。垂直接地体一般为垂直埋入地下的角钢、圆钢、钢管等。水平接地体一般为水平敷设的扁钢、圆钢等。

1）垂直接地体。垂直接地体多使用镀锌角钢和镀锌钢管，一般应按设计所提数量及规格进行加工。镀锌角钢一般可选用 40mm×40mm×5mm 或 50mm×50mm×5mm 两种规格，其长度一般为 2.5m。镀锌钢管一般直径为 50mm，壁厚不小于 3.5mm。垂直接地体打入地下的部分应加工成尖形，其形状如图 9.1.8 所示。

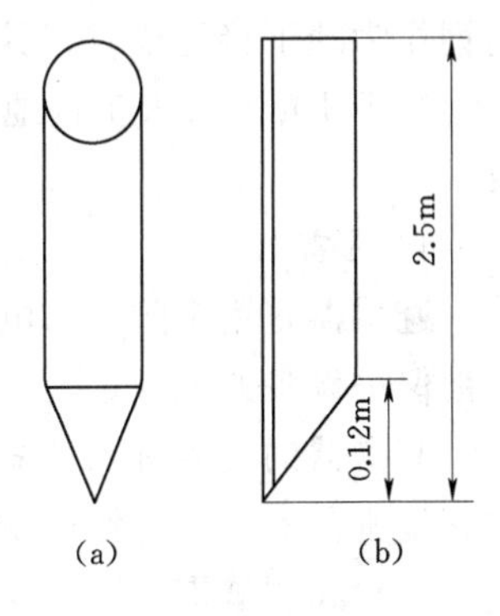

图 9.1.8 垂直接地体端部处理图

(a) 钢管；(b) 角钢

接地装置需埋于地表层以下，一般深度不应小于 0.6m。为减少邻接地体的屏蔽作用，垂直接地体之间的间距不宜小于接地体长度的 2 倍，并应保证接地体与地面的垂直度。

接地体与接地体之间的连接一般采用镀锌扁钢。扁钢应立放，这样既便于焊接又可减小流散电阻。

2）水平接地体。水平接地体是将镀锌扁钢或镀锌圆钢水平敷设于土壤中，水平接地体可采用 40mm×4mm 的扁钢或直径为 16mm 的圆钢。水平接地体埋深为不小于 0.6m。水平接地体一般有三种形式：即水平接地体、绕建筑物四周的闭合环式接地体以及延长外引接地体。普通水平接地体埋设方式如图 9.1.9 所示。

普通水平接地体如果有多根水平接地体平行埋设，其间距应符合设计规定，当无设计规定时不宜小于 5m。围绕建筑物四周的环式接地体见图 9.1.10。当受地方限制或建筑物附近的土壤电阻率高时，可外引接地装置，将接地体延伸到电阻率小的地方去，但要考虑到接地体的有效长度范围限制，否则不利于雷电流的泄散。

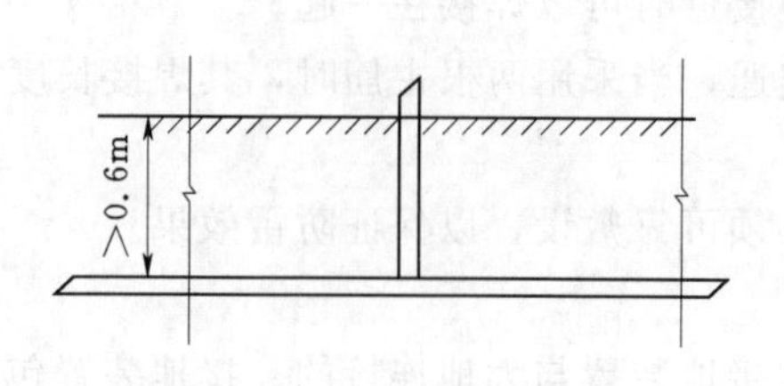

图 9.1.9 普通水平接地体

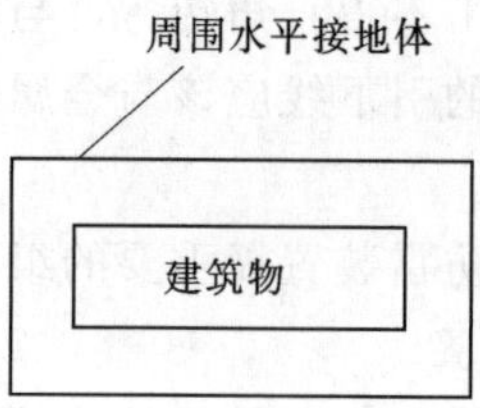

周围水平接地体

建筑物

图 9.1.10 建筑物四周环式接地体

(2) 接地线。接地线是连接接地体和引下线或电气设备接地部分的金属导体，它可分为自然接地线和人工接地线两种类型。

自然接地线可利用建筑物的金属结构，如梁、柱、桩等混凝土结构内的钢筋等，利用自然接地线必须符合下列要求：

1) 应保证全长管路有可靠的电气通路。

2) 利用电气配线钢管作接地线时管壁厚度不应小于 3.5mm。

3) 用螺栓或铆钉连接的部位必须焊接跨接线。

4) 利用串联金属构件作接地线时，其构件之间应以截面积不小于 $100mm^2$ 的钢材焊接。

5) 不得用蛇皮管、管道保温层的金属外皮或金属网作接地线。

人工接地线材料一般采用扁钢和圆钢，但移动式电气设备、采用钢质导线在安装上有困难的电气设备可采用有色金属作为人工接地线，绝对禁止使用裸铝导线作接地线。采用扁钢作为地下接地线时，其截面积不应小于 25mm×4mm，采用圆钢作接地线时，其直径不应小于 10mm。人工接地线不仅要有一定机械强度，而且接地线截面应满足热稳定的要求。

4. 避雷器

避雷器是用来防止雷电产生的过电压波沿线路侵入变配电所或其他建筑物内，以免危及被保护设备的绝缘。

避雷器的类型有阀型避雷器、排气式避雷器、金属氧化物避雷器、保护间隙。这里介绍阀型避雷器、氧化锌避雷器和保护间隙。

(1) 阀型避雷器。阀型避雷器由火花间隙和阀片组成，装在密封的瓷套管内。火花间隙是用铜片冲制而成，每对为一个间隙，中间用云母片（垫圈式）隔开，其厚度约为 0.5～1mm。在正常工作电压下，火花间隙不会被击穿从而隔断工频电流，但在雷电过电压时，火花间隙被击穿放电。阀片是用碳化硅制成的，具有非线性特征。在正常工作电压下，阀片电阻值较高，起到绝缘作用，而在雷电过电压下电阻值较小。当火花间隙击穿后，阀片能使雷电流泄放到大地中去。而当雷电压消失后，阀片又呈现较大电阻，使火花间隙恢复绝缘，切断工频续流，保证线路恢复正常运行。必须注意：雷电流流过阀片时要形成电压降（称为残压），加在被保护电力设备上，残压不能超过设备绝缘允许的耐压值，否则会使设备绝缘击穿。

图 9.1.11 (a) 和 (b) 分别为 FS4—10 型和 FS—0.38 型阀型避雷器外形结构图。

(2) 氧化锌避雷器。氧化锌避雷器是目前最先进的过电压保护设备。在结构上由基本元件、绝缘底座构成，基本元件内部由氧化锌电阻片串联而成。电阻片的形状有圆饼形状，也有环状。其工作原理与阀型避雷器基本相似，由于氧化锌非线性电阻片具有极高的电阻而呈绝缘状态，有十分优良的非线性特性。在正常工作电压下，仅有几百微安的电流通过，因而无需采用串联的放电间隙，使其结构先进合理。

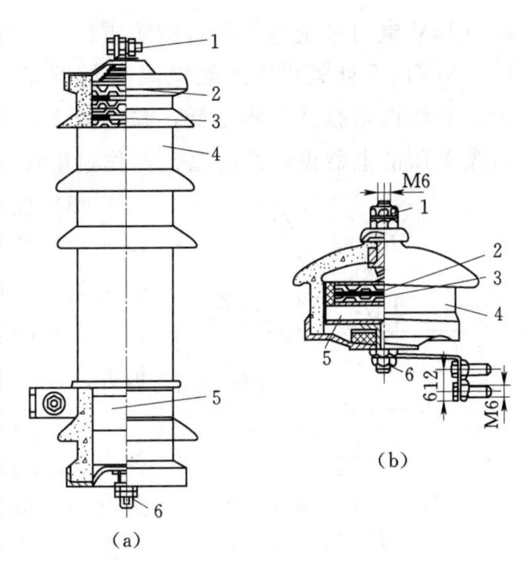

图 9.1.11　高低压阀型避雷器外形结构

(a) TS4—10 型；(b) FS—0.38 型

1—上接线端；2—火花间隙；3—云母片垫圈；4—瓷套管；5—阀片；6—下接线端

氧化锌避雷器主要有普通型（基本型）、有机外套氧化锌避雷器、整体式合成绝缘氧化锌避雷器、压敏电阻氧化锌避雷器四种类型。图 9.1.12 (a)、(b)、(c) 给出了基本型（Y5W—10/27 型）、有机外套型（HY5WS (2) 型）、整体式合成绝缘（ZHY5W 型）氧化锌避雷器的外形图。

有机外套氧化锌避雷器有无间隙和有间隙两种，由于这种避雷器具有保护特性好、通流能力强，且体积小、重量轻、不易破损、密封性好、耐污能力强等优点，前者广泛应用于变压器、电机、开关、母线等电力设备的防雷，后者主要用于 6～10kV 中性点非直接接地配电系统的变压器、电缆头等交流配电设备的防雷。

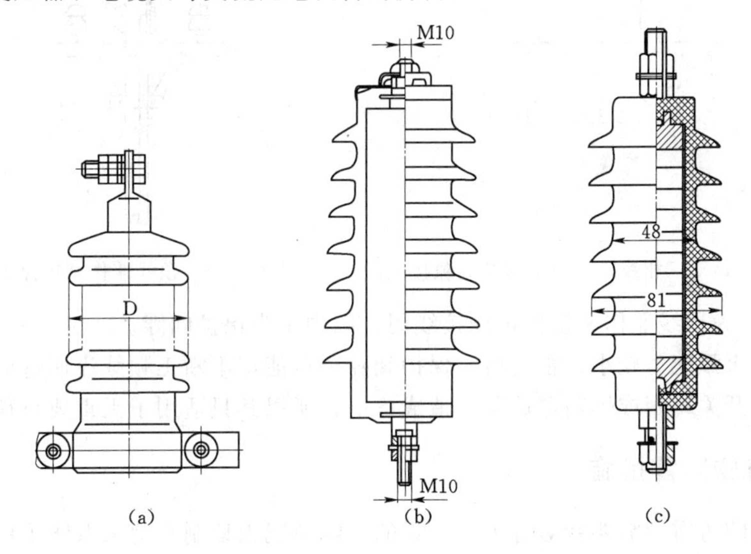

图 9.1.12　三种氧化锌避雷器外形结构

(a) Y5W—10/27 型；(b) HY5WS (2) 型；(c) ZHY5W 型

整体式合成绝缘氧化锌避雷器是整体模压式无间隙避雷器，该型产品采用少量的硅橡胶作为合成绝缘材料，采用整体模压成型技术。其主要特点是，防爆防污、耐磨抗振能力强、体积小、重量轻，还可以采用悬挂绝缘子的方式，省去了绝缘子。因此，主要用于

3～10kV 电力系统电气设备的防雷。

MYD 系列氧化锌压敏电阻避雷器是一种新型半导体陶瓷产品，其特点是通流容量大、非线性系数高、残压低，漏电流小、无续流、响应时间快。可应用于几伏到几万伏交直流电压的电器设备的防雷、操作过电压，对各种过电压具有良好的抑制作用。

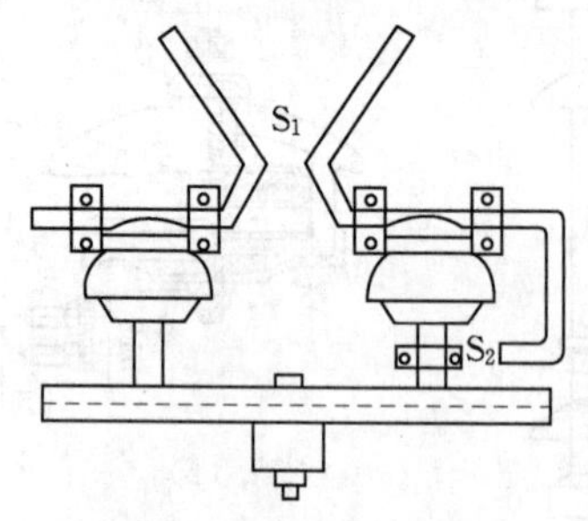

图 9.1.13　角形保护间隙结构图

(3) 保护间隙。与被保护物绝缘并联的空气火花间隙叫保护间隙（又叫空气间隙）。按结构形式可分为棒形、球形和角形三种。目前，3～35kV 线路广泛应用的是角形间隙。角形间隙由两根 ϕ10～12mm 的镀锌圆钢弯成羊角形电极并固定在瓷瓶上，见图 9.1.13。

正常情况下，间隙对地是绝缘的。当线路遭到雷击时，就会在线路上产生一个正常绝缘所不能承受的高电压，使角形间隙被击穿，将大量雷电流泄入大地。角形间隙击穿时会产生电弧，因空气受热上升，电弧转移到间隙上方，拉长而熄灭，使线路绝缘子或其他电气设备的绝缘不致发生闪络，从而起到保护作用。因主间隙暴露在空气中，容易被外物（如鸟、鼠、虫、树枝）短接，所以对本身没有辅助间隙的保护间隙，一般在其接地引线中串联一个辅助间隙，这样，即使主间隙被外物短接，也不致造成接地或短路，见图 9.1.14。

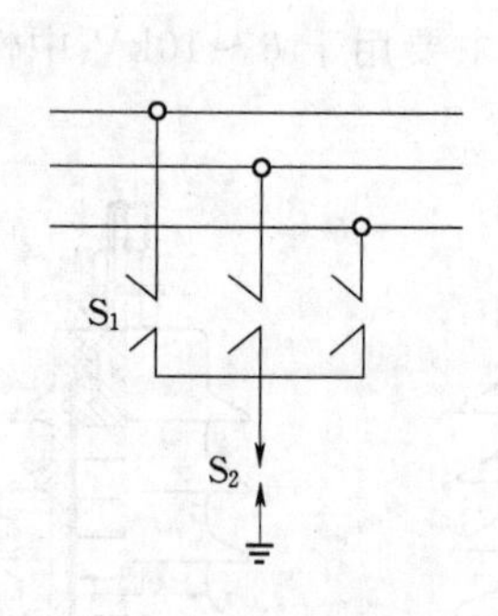

图 9.1.14　三相线路上角形保护间隙接线图

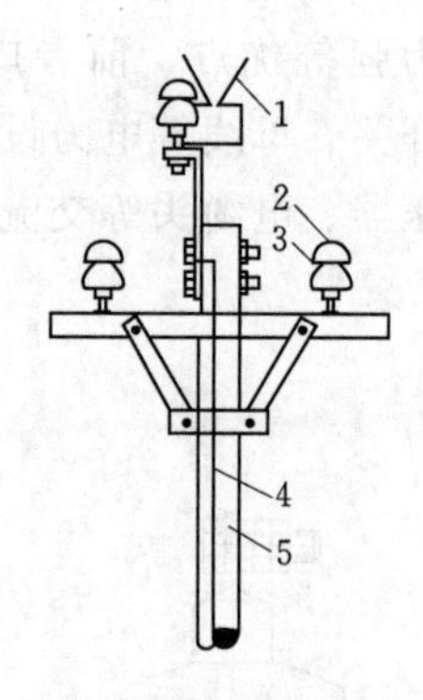

图 9.1.15　顶线兼作避雷保护线

图 9.1.15 为顶线兼作避雷保护线接线图，图中 1 为保护间隙。

保护间隙灭弧能力较小，雷击后，保护间隙很可能切不断工频续流而造成接地短路故障，引起线路开关跳闸或熔断器熔断，造成停电，所以其只适用于无重要负荷的线路上。

9.1.5　建筑物防雷措施

对建筑物的防雷，需要针对各种建筑物的实际情况因地制宜地采取防雷保护措施，才能达到既经济又能有效地防止或减小雷击的目的。GB 50057 把建筑物的防雷进行分类，并规定了相对应的防雷措施。

1. 建筑物的防雷分类

根据建筑物的重要性、使用性质、受雷击可能性的大小和一旦发生雷击事故可能造成的后果进行分类，按防雷要求分为三类，各类防雷建筑的具体划分方法，在国标 GB

50057—1997 中有明确规定。

(1) 第一类防雷建筑物。一类防雷建筑物对防雷装置的要求最高。

凡制造、使用或贮有炸药、火药、起爆药、火工业品等大量爆炸物质的建筑物，因火花而引起爆炸，会造成巨大破坏和人身伤亡的。

(2) 第二类防雷建筑物。国家级重点文物保护建筑物、会堂、办公建筑物、大型展览和博览建筑物、大型火车站、国宾馆、国家级档案馆、大型城市的重要给水泵房等特别重要的建筑物。

制造、使用或贮存爆炸物质的建筑物，且电火花不易引起爆炸或不致造成巨大破坏和人身伤亡的。

(3) 第三类防雷建筑物。省级重点文物保护的建筑物及省级档案馆。

预计雷击次数大于或等于 0.012 次/a，且小于或等于 0.06 次/a 的省级办公建筑物及其他重要或人员密集的公共建筑物。

预计雷击次数大于或等于 0.06 次/a，且小于或等于 0.3 次/a 的住宅、办公楼等一般性的民用建筑物。

平均雷暴日大于 15d/a 的地区，高度在 20m 及以上的烟囱、水塔等孤立的高耸建筑物。

2. 建筑物防雷保护措施

建筑物防雷措施.

1) 防直击雷：第一、第二类建筑物装设独立避雷针或架空避雷线（网），使被保护的建筑物及风帽、放散管等突出屋面的物体均处于接闪器的保护范围内。

第三类建筑物宜采用装设在建筑物上的避雷针或避雷带或其混合的接闪器；引下线不应少于两根；建筑物宜利用钢筋混凝土屋面板、梁、柱和基础钢筋作为接闪器、引下线和接地装置。砖烟囱、钢筋混凝土烟囱，宜在烟囱上装设避雷针或避雷环保护。这类建筑物为防止直击雷可在建筑物最易遭受雷击的部位装设避雷带或避雷针，进行重点防护。若为钢筋混凝土屋面，则可利用其钢筋作为防雷装置；为防止过电压沿线侵入，可在进户线上安装保护间隙或将其绝缘子铁脚接地。

2) 防感应雷：对非金属屋面应敷设避雷网，室内一切金属管道和设备，均应良好接地并且不得有开口环路，以防止感应过电压。

3) 防雷电侵入波：低压线路采用全电缆直接埋地敷设；架空线路采用电缆入户，电缆金属外皮与电气设备接地相连；对低压架空进出线，在进出处装设避雷器。架空金属管道、埋地或地沟内的金属管道，在进出建筑物处，应与防雷接地装置相连。

经观测和研究发现，建筑物容易遭受雷击的部位与屋顶的坡度有关：

1) 平屋顶或坡度不大于 1/10 的屋顶，易受雷击的部位为檐角、女儿墙、屋檐，分别见图 9.1.16 (a)、(b)。

2) 坡度大于 1/10 而小于 1/2 的屋顶，易受雷击的部位为屋角、屋脊、檐角、屋檐，见图 9.1.16 (c)。

3) 坡度大于或等于 1/2 的屋顶，易受雷击的部位为屋角、屋脊、檐角，见图 9.1.16 (d)。

各类防雷建筑物的防雷装置的技术要求对比见表 9.1.3。

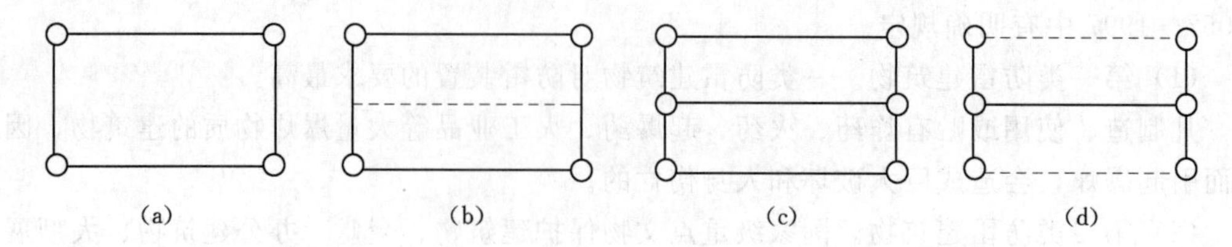

图 9.1.16　建筑物容易遭受雷击的部位与屋顶的坡度关系

(a) 坡度为0；(b) 坡度≤1/10；(c) 1/10<坡度<1/2；(d) 坡度≥1/2

表 9.1.3　　各类防雷建筑物的防雷装置的技术要求对比

防雷措施特点 \ 防雷类别	一　类	二　类	三　类
防直击雷	应装设独立避雷针或架空避雷线（网），使保护物体均处于接闪器的保护范围之内； 当建筑物太高或其他原因难以装设独立避雷针、架空避雷线（网）时可采用装设在建筑物上的避雷网或避雷针或混合组成的接闪器进行直接雷防护。网格尺寸≤5×5(m) 或≤6×4(m)	宜采用装设在建筑物上的避雷网（带）或避雷针或混合组成的接闪器进行直接雷防护。避雷网的网格尺寸≤10m×10m 或≤12m×8m	宜采用装设在建筑物上的避雷网（带）或避雷针或混合组成的接闪器进行直接雷防护。避雷网网格尺寸≤20m×20m 或≤24m×16m
防雷电感应	1. 建筑物的设备、管道、构架、电缆金属外皮、钢屋架和钢窗等较大金属物以及突出屋面的放散管和风管等金属物，均应接到防雷电感应的接地装置上； 2. 平行敷设的管道、构架和电缆金属外皮等长金属物，其净距小于100mm时应采用金属跨接，跨接点的间距不应大于30m。长金属物连接处应用金属线跨接	1. 建筑物内的设备、管道、构架、等主要金属物，应就近接到接地装置上，可不另设接地装置； 2. 平行敷设的管道、构架和电缆金属外皮等长金属物应符合一类防雷建筑物要求，但长金属物连接处可不跨接	
防雷电入侵波	1. 低压线路宜全线用电缆直接埋地敷设，入户端应将电缆的金属外皮、钢管接到防雷电感应的接地装置上； 2. 架空金属管道，在进出建筑物处亦应与防雷电感应的接地装置相连。距离建筑物100m内的管道，应每隔25m左右接地一次； 埋地的或地沟内的金属管道，在进出建筑物处亦应与防雷电感应的接地装置相连	1. 当低压线路采用全线用电缆直接埋地敷设时，入户端应将电金属外皮、金属线槽与防雷的接地装置相连； 2. 平均雷暴日小于30d/a地区的建筑物，可采用低压架空线入户； 3. 架空和直接埋地的金属管道在进出建筑物处应就近与防雷接地装置相连	1. 电缆进出线，就在进出端将电缆的金属外皮、钢管和电气设备的保护接地相连； 2. 架空线进出线，应在进出处装设避雷器，避雷器应与绝缘子铁脚、金具连接并接入电气设备的保护接地装置上； 3. 架空金属管道在进出建筑物处应就近与防雷接地装置相连或独自接地

续表

防雷措施特点＼防雷类别	一　类	二　类	三　类
防侧击雷	1. 从 30m 起每隔不大于 6m 沿建筑物四周设环形避雷带，并与引下线相连； 2. 30m 及以上外墙上的栏杆、门窗等较大的金属物与防雷装置连接	1. 高度超过 45m 建筑物应采取防侧击雷及等电位的保护措施； 2. 并将 45m 及以上外墙上的栏杆、门窗等较大的金属物与防雷装置连接	1. 高度超过 60m 建筑物应采取防侧击雷及等电位的保护措施； 2. 并将 60m 及以上外墙上的栏杆、门窗等较大的金属物与防雷装置连接
引下线间距	≤12m	≤18m	≤25m

9.2 安　全　用　电

随着电能应用的不断拓展，以电能为介质的各种电气设备广泛进入企业、社会和家庭生活中，与此同时，使用电气所带来的不安全事故也不断发生。为了实现电气安全，对电网本身的安全进行保护的同时，更要重视用电的安全问题。电气安全包括人身安全和设备安全两个方面。人身安全是指电气从业人员或其他人员的安全；设备安全是指包括电气设备及其所拖动的机械设备的安全。因此，学习安全用电基本知识，掌握常规触电防护技术，这是保证用电安全的有效途径。

9.2.1　电气危害的种类

电气危害有两个方面：一方面是对系统自身的危害，如短路、过电压、绝缘老化等；另一方面是对用电设备、环境和人员的危害，如触电、电气火灾、电压异常升高造成用电设备损坏等，其中尤以触电和电气火灾危害最为严重。触电它可直接导致人员伤残、死亡，或引发坠落等二次事故致人伤亡。电气火灾是近 20 年来在我国迅速蔓延的一种电气灾害，我国电气火灾在火灾总数中所占的比例已达 30%左右。另外，在有些场合，静电产生的危害也不能忽视，它是电气火灾的原因之一，对电子设备的危害也很大。

触电事故可分为“电击”与“电伤”两类。电击是指电流通过人体内部，破坏人的心脏、呼吸系统与神经系统，重则危及生命；电伤是指由电流的热效应、化学效应或机械效应对人体造成的伤害，它可伤及人体内部，甚至骨骼，还会在人体体表留下诸如电流印、电纹等触电伤痕。

9.2.2　电对人体的危害因素

电危及人体生命安全的直接因素是电流，而不是电压，而且电流对人体的电击伤害的严重程度与通过人体的电流大小、频率、持续时间、流经途径和人体的健康情况有关。现对其主要因素分述如下。

1. 电流的大小

通过人体的电流越大，人体的生理反应亦越大。人体对电流的反应虽然因人而异，但相差不甚大，可视作大体相同。根据人体反应，可将电流划为三级：

(1) 感知电流。引起人感觉的最小电流，称感知阈。感觉轻微颤抖刺痛，可以自己摆脱电源，此时大致为工频交流电 1mA。感知阈与电流的持续时间长短无关。

(2) 摆脱电流。通过人体的电流逐渐增大，人体反应增大，感到强烈刺痛、肌肉收缩。但是由于人的理智还是可以摆脱带电体的，此时的电流称为摆脱电流。当通过人体的电流大于摆脱阈时，受电击者自救的可能性就小。摆脱阈主要取决于接触面积，电极形状和尺寸及个人的生理特点，因此不同的人摆脱电流也不同。摆脱阈一般取 10mA。

(3) 致命电流。当通过人体的电流能引起心室颤动或呼吸窒息而死亡，称为致命电流。人体心脏在正常情况下，是有节奏地收缩与扩张的。这样，可以把新鲜血液送到全身。当通过人体的电流达到一定数量时，心脏的正常工作受到破坏。每分钟数十次变为每分钟数百次以上的细微颤动，称为心室颤动。心脏在细微颤动时，不能再压送血液，血液循环终止。若在短时间内不摆脱电源，不设法恢复心脏的正常工作，将会死亡。

引起心室颤动与人体通过的电流大小有关，还与电流持续时间有关。一般认为 30mA 以下是安全电流。

2. 人体电阻抗和安全电压

人体的电阻抗主要由皮肤阻抗和人体内阻抗组成，且电阻抗的大小与触电电流通过的途径有关。皮肤阻抗可视为由半绝缘层和许多小的导电体（毛孔）构成，为容性阻抗，当接触电压小于 50V 时，其阻值相对较大，当接触电压超过 50V 时，皮肤阻抗值将大大降低，以至于完全被击穿后阻抗可忽略不计。人体内阻抗则由人体脂肪、骨骼、神经、肌肉等组织及器官所构成，大部分为阻性的，不同的电流通路有不同的内阻抗。据测量，人体表皮 0.05～0.2mm 厚的角质层电阻抗最大，约为 1000～10000Ω，其次是脂肪、骨骼、神经、肌肉等。但是，若皮肤潮湿、出汗、有损伤或带有导电性粉尘，人体电阻抗会下降到 800～1000Ω。所以在考虑电气安全问题时，人体的电阻抗只能按 800～1000Ω 计算。

安全电压是指人体不戴任何防护设备时，触及带电体不受电击或电伤。人体触电的本质是电流通过人体产生了有害效应，然而触电的形式通常都是人体的两部分同时触及了带电体，而且这两个带电体之间存在着电位差。因此，在电击防护措施中，要将流过人体的电流限制在无危险范围内，即在形式上将人体能触及的电压限制在安全的范围内。国家标准制定了安全电压系列，称为安全电压等级或额定值，这些额定值指的是交流有效值，分别为：42V、36V、24V、12V、6V 等几种。对于容易触电及有触电危险的场所，应按表 9.2.1 的规定采用相应的安全电压。

表 9.2.1　　安全电压

安全电压（交流有效值）(V)		选用举例
额定值	空载上限值	
42	50	在有触电危险的场所使用的手持式电动工具等
36	43	在矿井、多导电粉尘等场所使用的行灯等
24	29	工作空间狭窄，操作容易大面积接触带电体，如在锅炉、金属容器内
12	15	人体可能经常触及的带电体设备
6	8	

注　某些重负载的电气设备，对上表列出的额定值虽然符合规定，但空载时电压都很高，若超过空载上限值仍不能认为安全。

要注意安全电压指的是一定环境下的相对安全，并非是确保无电击的危险。对于安全电压的选用，一般可参考下列数值：隧道、人防工程手持灯具和局部照明应采用36V安全电压；潮湿和易触及带电体的场所的照明，电源电压应不大于24V；特别潮湿的场所、导电良好的地面、锅炉或金属容器内使用的照明灯具应采用12V。

3. 触电时间

人的心脏在每一收缩扩张周期中间，约有0.1～0.2s称为易损伤期。当电流在这一瞬间通过时，引起心室颤动的可能性最大，危险性也最大。

人体触电，当通过电流的时间越长，能量积累增加，引起心室颤动所需的电流也就越小；触电时间愈长，愈易造成心室颤动，生命危险性就愈大。据统计，触电1min后开始急救，90%有良好的效果。

4. 电流途径

电流途径从人体的左手到右手、左手到脚，右手到脚等，其中电流经左手到脚的流通是最不利的一种情况，因为这一通道的电流最易损伤心脏。电流通过心脏，会引起心室颤动，通过神经中枢会引起中枢神经失调。这些都会直接导致死亡，电流通过脊髓，还会导致半身瘫痪。

5. 电流频率

电流频率不同，对人体伤害也不同。据测试，15～100Hz的交流电流对人体的伤害最严重。由于人体皮肤的阻抗是容性的，所以与频率成反比，随着频率增加，交流电的感知、摆脱阈值都会增大。虽然频率增大，对人体伤害程度有所减轻，但高频高压还是有致命的危险的。

6. 人体状况

人体不同，对电流的敏感程度也不一样，一般地说，儿童较成年人敏感，女性较男性敏感。患有心脏病者，触电后的死亡可能性就更大。

9.2.3 触电方式

按照人体触及带电体的方式和电流通过人体的途径，触电可分为以下三种情况。

1. 单相触电

单相触电是指人体在地面或其他接地导体上，人体某一部分触及一相带电体的触电事故。大部分触电事故都是单相触电事故。单相触电的危险程度与电网运行方式有关。图9.2.1为电源中性点接地运行方式时，单相的触电电流途径。图9.2.2为中性点不接地的单相触电情况。一般情况下，接地电网里的单相触电比不接地电网里的危险性大。

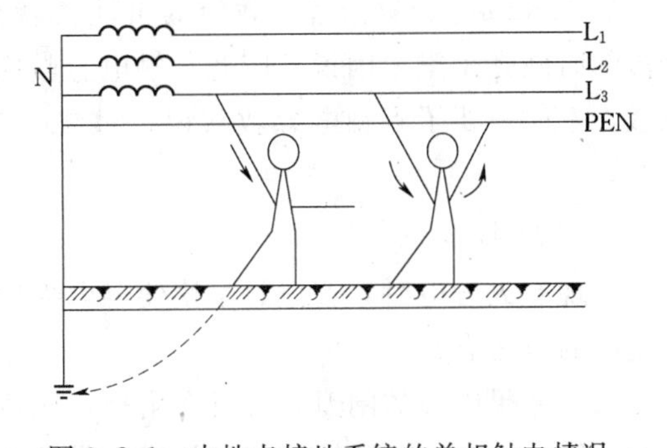

图9.2.1　中性点接地系统的单相触电情况

2. 两相触电

两相触电是指人体两处同时触及两相带电体的触电事故。其危险性一般是比较大的。

3. 跨步电压触电

当带电体接地有电流流入地下时，电流在接地点周围土壤中产生电压降。人在接地点周围，两脚之间出现的电压即跨步电压。由此引起的触电事故叫跨步电压触电，见图9.2.3。高压故障接地处，或有大电流流过的接地装置附近都可能出现较高的跨步电压。离接地点越近、两脚距离越大，跨步电压值就越大。一般10m以外就没有危险。

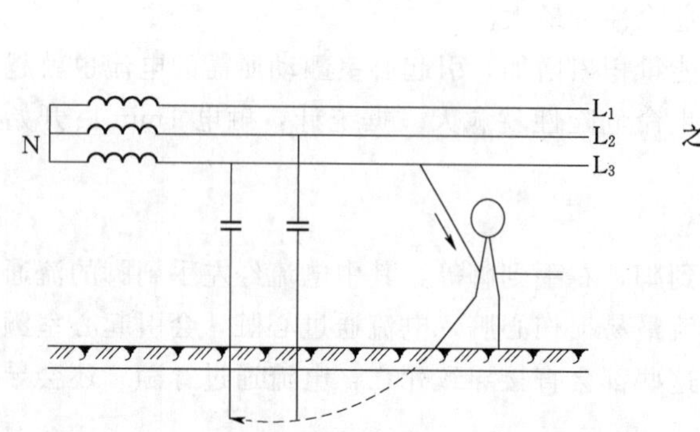

图9.2.2　中性点不接地系统的单相触电情况

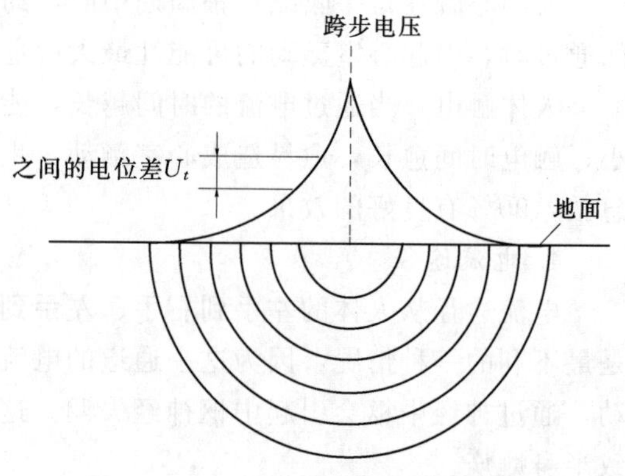

图9.2.3　跨步电压示意图

9.2.4　触电的防护

（1）直接触电防护。这是指对直接接触正常带电部分的防护，例如对带电体加隔离栅栏或加保护罩，使用绝缘物等。

（2）间接触电防护。这是指对故障时可带危险电压而正常时不带电的外露可导电部分（如金属外壳、框架等）的防护，例如将正常不带电的外露可导电部分接地，并装设接地故障保护装置，故障时可自动切断电源。

9.2.5　触电急救

现场急救对抢救触电者是非常重要的，因为人触电后不一定立即死亡，而往往是“假死”状态，如现场抢救及时，方法得当，呈“假死”状态的人就可以获救。据国外资料记载，触电后1min开始救治者，90%有良好效果；触电后6min救治者，10%有良好效果；触电后12min开始救治者，救活的可能性就很小。这个统计资料虽不完全准确，但说明抢救的时间是个重要因素。因此，触电急救应争分夺秒不能等待医务人员。为了做到及时急救，平时就要了解触电急救常识，对与电气设备有关的人员还应进行必要的触电急救训练。

1. 解脱电源

发现有人触电时，首先是尽快使触电人脱离电源，这是实施其他急救措施的前提。解脱电源的方法有：

（1）如果电源的闸刀开关就在附近，应迅速拉开开关。一般的电灯开关、拉线开关只控制单线，而且不一定控制的是相线（俗称火线），所以拉开这种开关并不保险，还应该拉开闸刀开关。

(2) 如闸刀开关距离触电地点很远，则应迅速用绝缘良好的电工钳或有干燥木把的利器（如刀、斧、掀等）把电线砍断（砍断后，有电的一头应妥善处理，防止又有人触电），或用干燥的木棒、竹竿、木条等物迅速将电线拨离触电者。拔线时应特别注意安全、能拨的不要挑，以防电线甩在别人身上，见图 9.2.4。

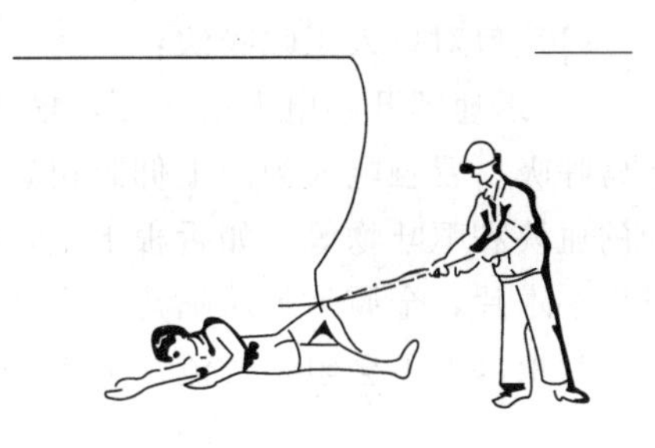

图 9.2.4　解脱电源示意图

(3) 若现场附近无任何合适的绝缘物可利用，而触电人的衣服又是干的，则救护人员可用包有干燥毛巾或衣服的一只手去拉触电者的衣服，使其脱离电源。若救护人员未穿鞋或穿湿鞋，则不宜采用这样办法抢救。

以上抢救办法不适用于高压触电情况，遇有高压触电应及时通知有关部门拉掉高压电源开关。

2. 对症救治

当触电人脱离了电源以后，应迅速根据具体情况作对症救治，同时向医务部门呼救。

(1) 如果触电人的伤害情况并不严重，神志还清醒，只是有些心慌，四肢发麻、全身无力或虽曾一度昏迷，但未失去知觉，只要使之就地安静休息 1～2h，不要走动，并做仔细观察，见图 9.2.5。

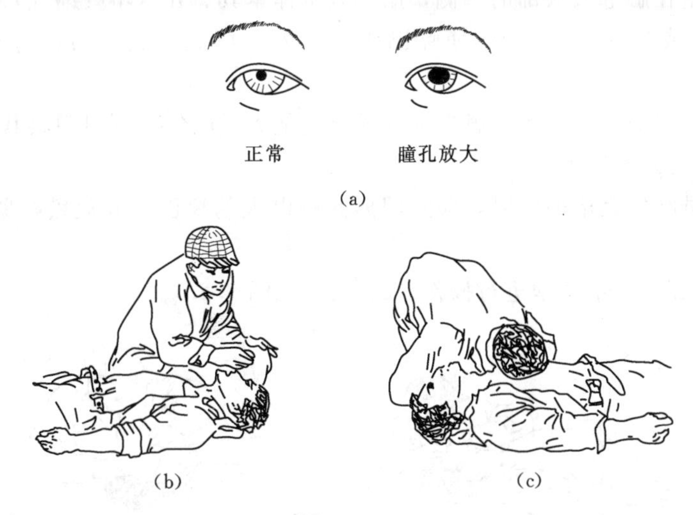

图 9.2.5

(a) 检查瞳孔示意图；(b) 检查呼吸示意图；(c) 检查心跳示意图

(2) 如果触电人的伤害情况较严重，无知觉、无呼吸，但心脏有跳动（头部触电的人易出现这种症状），应采用口对口人工呼吸法抢救。如有呼吸，但心脏停止跳动，则应采用人工胸外心脏挤压法抢救。

(3) 如果触电人的伤害情况很严重，心跳和呼吸都已停止，则需同时进行口对口人工呼吸和人工胸外心脏挤压。如现场仅有一人抢救时，可交替使用这两种办法，先进行口对口吹气两次，再做心脏挤压 15 次，如此循环连续操作。

3. 人工呼吸法和人工胸外心脏挤压法

(1) 口对口人工呼吸法：

1) 迅速解开触电人的衣领，松开上身的紧身衣、围巾等，使胸部能自由扩张，以免妨碍呼吸。置触电人为向上仰卧位置，将颈部放直，把头侧向一边掰开嘴巴，清除其口腔中的血块和呕吐物等。如舌根下陷，应把它拉出来，使呼吸道畅通。如触电者牙关紧闭，可用小木片，金属片等从嘴角伸人牙缝慢慢撬开，然后使其头部尽量后仰，鼻孔朝天，这样，舌根部就不会阻塞气流。见图 9.2.6。

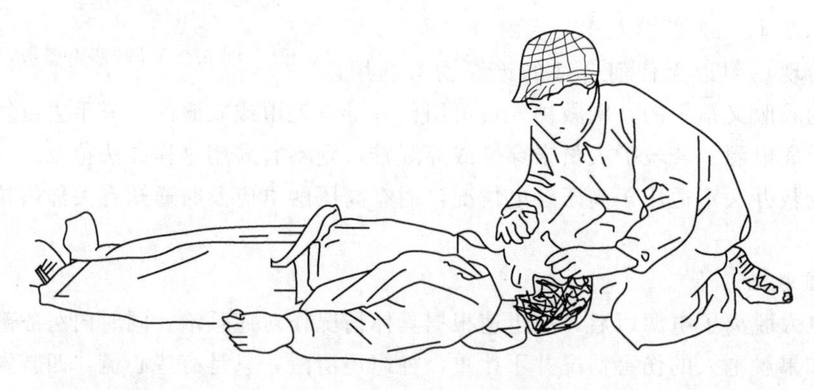

图 9.2.6 触电者平卧姿势

2) 救护人站在触电人头部的一侧，用一只手捏紧其鼻孔（不要漏气）；另一只手将其下颈拉向前方（或托住其后颈），使嘴巴张开（嘴上可盖一块纱布或薄布），准备接受吹气。

3) 救护人作深吸气后，紧贴触电人的嘴巴向他大量吹气，同时观察其胸部是否膨胀。以决定吹气是否有效和适度。

4) 救护人员吹气完毕换气时，应立即离开触电人的嘴巴，并放松捏紧的鼻子，让他自动呼气。

按照以上步骤连续不断地进行操作，5s/次。见图 9.2.7。

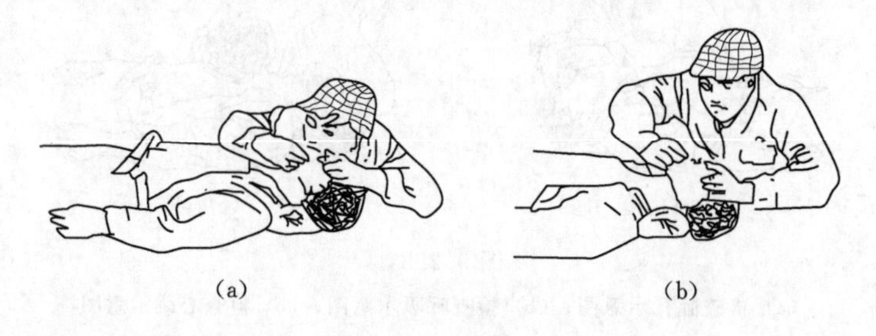

(a) (b)

图 9.2.7

(a) 急救者吹气方法；(b) 触电者呼气姿态

(2) 人工胸外心脏挤压法：

1) 使触电人仰卧，松开衣服，清除口内杂物。触电人后背着地处应是硬地或木板。

2) 救护人位于触电人的一边，最好是跨骑在其胯骨（腰部下面腹部两侧的骨）部，两手相叠，将掌根放在触电人胸骨下 1/3 的部位，即把中指尖放在其颈部凹陷的下边缘，即“当胸一手掌、中指对凹膛”，手掌的根部就是正确的压点。

3）找到正确的压点后，自上而下均衡地用力向脊柱方向挤压，压出心脏里的血液。对成年人的胸骨可压下3～4cm。

4）挤压后，掌根要突然放松（但手掌不要离开胸壁），使触电人胸部自动恢复原状，心脏扩张后血液又回到心脏里来。

按以上步骤连续不断地进行操作，1次/s。挤压时定位必须准确，压力要适当，不可用力过大过猛，以免挤压出胃中的食物，堵塞气管，影响呼吸，或造成肋骨折断、气血胸和内脏损伤等。但也不能用力过小，而达不到挤压的作用。见图9.2.8。

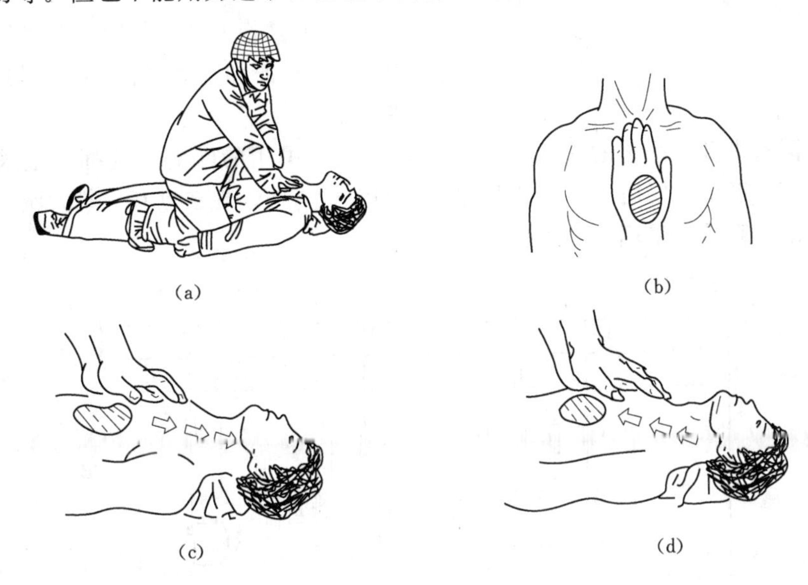

图9.2.8

(a) 急救者跪跨位置；(b) 急救者压胸的手掌位置；(c) 挤压方法示意；(d) 突然放松示意

触电急救应尽可能就地进行，只有在条件不允许时，才可把触电人抬到可靠的地方进行急救。在运送医院途中，抢救工作也不要停止，直到医生宣布可以停止时为止。

抢救过程中不要轻易注射强心针（肾上腺素），只有当确定心脏已停止跳动时才可使用。

9.3 供电系统保护接地形式及电击防护措施

低压配电系统是电力系统的末端，分布广泛，几乎遍及建筑的每一角落，平常使用最多的是380/220V的低压配电系统。从安全用电等方面考虑，低压配电系统有三种保护接地形式，IT系统、TT系统、TN系统。TN系统又分为TN—S系统、TN—C系统、TN—C—S系统三种形式。

9.3.1 供电系统保护接地形式

1. IT系统

IT系统就是电源中性点不接地、用电设备外壳直接接地的系统，如图9.3.1所示。

IT系统中，连接设备外壳可导电部分和接地体的导线，就是PE线。

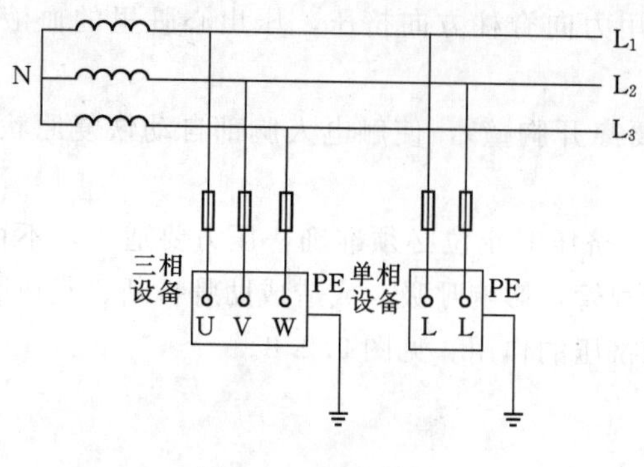

图 9.3.1　IT 接地

2. TT 系统

TT系统就是电源中性点直接接地、用电设备外壳也直接接地的系统，如图 9.3.2 所示。通常将电源中性点的接地叫做工作接地，而设备外壳接地叫做保护接地。TT系统中，这两个接地必须是相互独立的。设备接地可以是每一设备都有各自独立的接地装置，也可以若干设备共用一个接地装置，图中单相设备和单相插座就是共用接地装置的。

在有些国家中TT系统的应用十分广泛，工业与民用的配电系统都大量采用TT系统。在我国TT系统主要用于城市公共配电网和农村电网，现在也有一些大城市如我国上海等在住宅配电系统中采用TT系统。

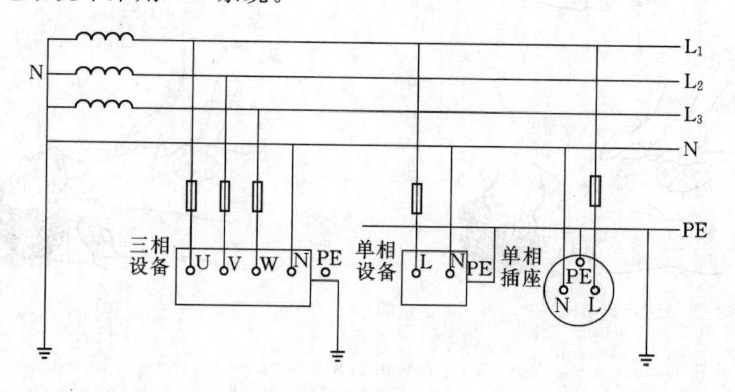

图 9.3.2　TT 系统接地

3. TN 系统

TN系统即电源中性点直接接地、设备外壳等可导电部分与电源中性点有直接电气连接的系统，它有三种形式，分述如下。

(1) TN—S系统。TN—S系统如图 9.3.3 所示。图中中性线N与TT系统相同，在电源中性点工作接地，而用电设备外壳等可导电部分通过专门设置的保护线PE连接到电源中性点上。在这种系统中，中性线和保护线是分开的，这就是TN—S中“S”的含义。TN—S系统的最大特征是N线与PE线在系统中性点分开后，不能再有任何电气连接。TN—S系统是我国现在应用最为广泛的一种系统。

(2) TN—C系统。TN—C系统如图 9.3.4 所示，它将PE线和N线的功能综合起来，由一根称为保护中性线PEN，同时承担保护和中性线两者的功能。在用电设备处，PEN线既连接到负荷中性点上，又连接到设备外壳等可导电部分。TN—C现在已很少采用，尤其是在民用配电中已基本上不允许采用TN—C系统。

(3) TN—C—S系统。TN—C—S系统是TN—C系统和TN—S系统的结合形式，如图 9.3.5 所示。TN—C—S系统中，从电源出来的那一段采用TN—C系统只起电能的传

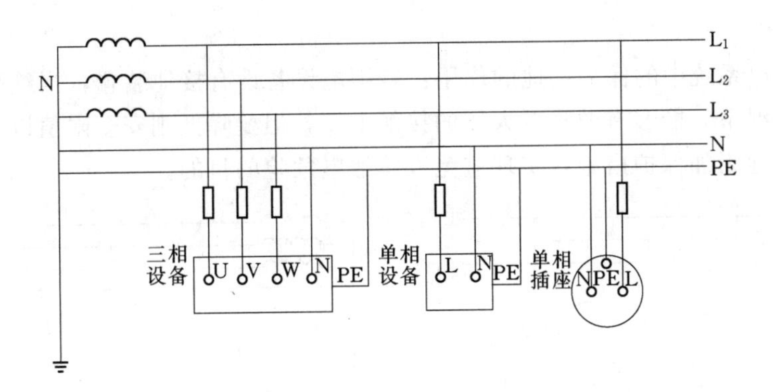

图 9.3.3　TN—S 系统接地

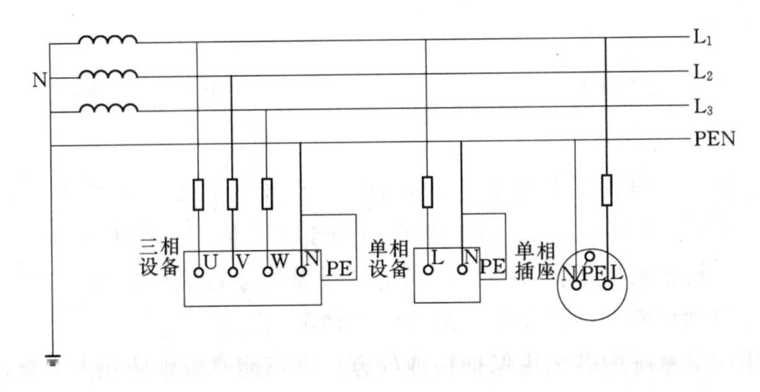

图 9.3.4　TN—C 系统接地

输作用，到用电负荷附近某一点处，将 PEN 线分开成单独的 N 线和 PE 线，从这一点开始，系统相当于 TN—S 系统。TN—C—S 系统也是现在应用比较广泛的一种系统。这里采用了重复接地技术。

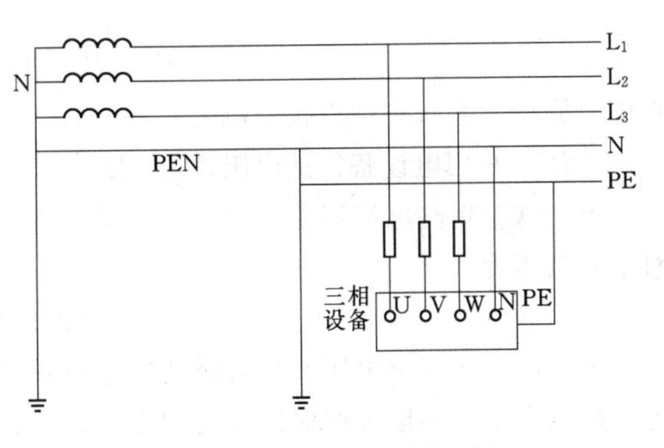

图 9.3.5　TN—C—S 系统接地

9.3.2　电击防护措施

为降低因绝缘破坏而遭到电击的危险，对于以上不同的低压配电系统型式，电气设备常采用保护接地、保护接零、重复接地等不同的安全措施。

1. 保护接地

保护接地是将与电气设备带电部分相绝缘的金属外壳或架构通过接地装置同大地连接起来，见图 9.3.6。保护接地常用在 IT 低压配电系统和 TT 低压配电系统的型式中。在 IT 中性点不接地的配电系统中保护接地的作用：若用电设备设有接地装置，当绝缘破坏外壳带电时，接地短路电流将同时沿着接地装置和人体两条通路流过。流过每一条通路的电流值将与其电阻的大小成反比。通常人体的电阻（1000Ω 以上）比接地体电阻大几百倍以上，所以当接地装置电阻很小时，流经人体的电流几乎等于零，因而，人体触电的危险大大降低。

在TT配电系统中的保护接地的作用：若用电设备设有接地装置，当绝缘破坏外壳带电时，多数情况下，能够有效降低人体的接触电压，但要降低到安全限值以下有困难，因此需要增加其他附加保护措施，实现避免人体触电危险的目的。

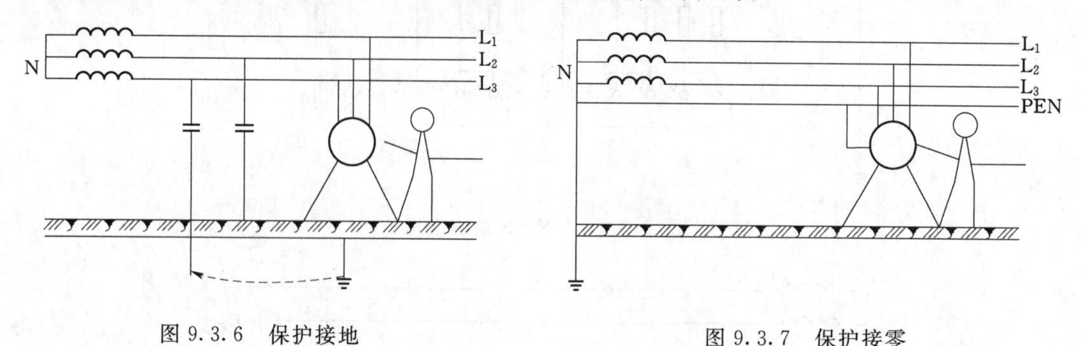

图 9.3.6 保护接地

图 9.3.7 保护接零

2. 保护接零

保护接零是把电气设备正常时不带电的金属导体部分，如金属机壳，同电网的PEN线或PE线连接起来。见图 9.3.7。保护接零适用于TN低压配电系统型式。在中性点接地的供电系统中，设备采用保护接零时，当电气设备发生碰壳短路时，即形成单相短路，使保护设备能迅速动作断开故障设备，减少了人体触电危险。

在TN低压配电系统中若采用保护接地的方法则不能有效地防止人身触电事故，见图 9.3.8。此时一相碰壳引起的短路电流为

$$I_d=\frac{U_P}{R_0+R_e}=\frac{220}{4+4}=27.5\text{A}$$

式中 R_0——系统中性点接地电阻，取4Ω；

R_e——用电设备接地电阻，取4Ω。

由于这个短路电流不是很大，通常无法使保护设备动作切断电源，所以此时设备外壳对地的电压为

$$U_d=I_dR_e=27.5\times4=110\text{V}$$

该电压大于安全电压，当人触及带电的外壳时是十分危险的。因此，在低压中性点接地的配电系统中不能采用保护接地的方法，而必须采用接零保护，见图 9.3.8。

在采用保护接零方法时，注意要适当选择PE导线的截面，尽量降低PE线的阻抗，从而降低接触电压。同时要注意在TT和TN低压配电系统中不得混用保护接地和保护接零的方法。

3. 重复接地

将电源中性接地点以外的其他点一次或多次接地，称为重复接地，见图 9.3.9。重复接地是为了保护导体在故障时尽量接近大地电位。重复接地时，当系统中发生碰壳或接地短路时，一是可以降低PEN线的对地电压；二是当PEN线发生断线时，可以降低断线后产生的故障电压；在照明回路中，也可避免因零线断线所带来的三相电压不平衡而造成电气设备的损坏。

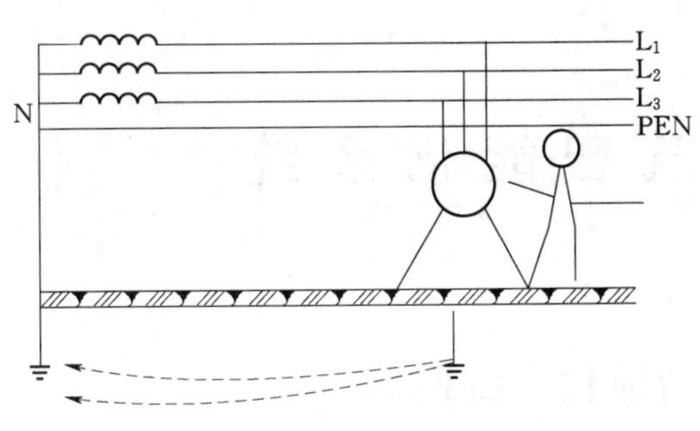

图 9.3.8　不能采用保护接地情况

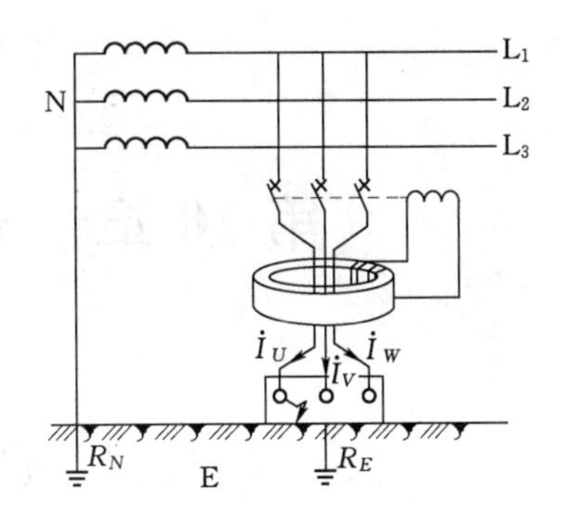

图 9.3.9　漏电保护器工作原理

4. 漏电保护器

以上分析的电击防护措施是从降低接触电压方面进行考虑的。但实际上这些措施往往还不够完善，需要采用其他保护措施作为补充。例如，采用漏电保护器、过电流保护电器和等电位联结等补充措施。

漏电保护器的作用：人体触及带电导体时，有一部分泄漏电流通过人体，这时系统中若配有漏电保护器，漏电保护器就能检测到泄漏电流，并在人受伤害之前，快速切断电源，从而达到保护目的。漏电保护器的工作原理见图 9.3.9。主要检测元件是零序电流互感器，它将测到的泄漏电流与预定的基准值比较，如大于预定值，便借助于脱扣线圈使脱扣器动作，切断电源回路。

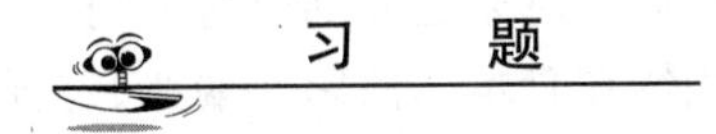

习　题

9.1　什么是过电压？过电压按产生原因按照产生的原因分为哪些？

9.2　什么是雷击距？雷击距大小与哪些因素有关？

9.3　雷电危害主要体现在哪些方面？

9.4　什么是滚球法？接闪器的保护范围如何确定？建筑物防雷等级与滚球半径有何关系，为什么？

9.5　引下线数量与什么有关？

9.6　自然接地体与人工接地体的区别？

9.7　为什么垂直接地体之间要保持一定的距离？

9.8　水平接地体有哪三种形式？

9.9　什么是电击、电伤？

9.10　什么是跨步电压触电？

9.11　什么是保护接地？什么是保护接零？什么情况下采用保护接地？什么情况下采用保护接零？

9.12　重复接地的功能是什么？

9.13　同一供电系统中，为什么不能同时采取保护接零和保护接地？

第10章　建筑智能化系统

10.1　建筑智能化系统概念

建筑智能化系统，过去通常称弱电系统，利用现代通信技术、信息技术、计算机网络技术、监控技术、控制技术与建筑艺术有机结合，通过对建筑和建筑设备的自动检测与优化控制、信息资源的优化管理和对使用者的信息服务及其与建筑的优化结合，实现对建筑物的智能控制与管理，以满足用户对建筑物的监控、管理和信息共享的需求，所获得的投资合理、适合信息社会要求发展需要的现代化新型建筑，从而使智能建筑具有安全、舒适、高效和环保的特点，达到投资合理、适应信息社会需要的目标。向人们提供一个安全、高效、舒适、便利的综合服务环境。物业公司可以利用智能化网络，对大厦内的空调、供配电、照明、给排水、消防、保安、交通等进行高效程序化的综合管理，同时为用户建立宽带信息服务平台，提供“零距离”的方便快捷服务。随着全球社会信息化与经济国际化的深入发展，特别是国内外正加速建设“信息高速公路”的今天，智能化建筑的建设已成为一个迅速成长的新兴产业，越来越受到政府部门和企业的重视。

建筑智能化起源于美国，相继在日本、法国、瑞典、英国、泰国、新加坡、中国蓬勃兴起，因此国外在智能化建筑管理方面已积累了丰富的经验。我国智能化建筑起步较晚，物业管理行业向来被认为是技术含量较低的服务性行业，如何适应智能化建筑发展的需要，如何面对加入WTO后，国外物业管理企业进军国内，在智能化建筑管理方面带来的冲击，是摆在我们面前的重要课题。

建筑智能化通常具有五大主要特征，简称“四化”和“一个中心”，即楼宇自动化(Building Automation，缩写BA)；通信自动化（Communication Automation，缩写CA)；办公自动化（Office Automation，缩写OA)；市线综合化（General Connection，缩写GC)；系统集成中心（System Integrated Center，缩写SIC)。前“三化”就是所谓的“3A”建筑，目前有些开发商为了宣传概念，提出防火自动化（Fire Automation，缩写FA)，以及管理自动化（Maintenance Automation，缩写MA)，变成了5A，有的甚至出现“6A”或更多的提法，国际上通常把FA纳入BA，MA纳入OA，只采用“3A”的提法，其实这样更能理解“建筑智能化”的内涵。

10.2　建筑智能化系统工程

GB 50339—2003《智能建筑工程质量验收规范》对其质量控制、系统检测和竣工验收做出了具体规定。依据GB 50339—2003规定，智能建筑分部工程分为通信网络系统、信息网络系统、建筑设备监控系统、火灾自动报警及消防联动系统、安全防范系统、综合布线系统、智能化系统集成、电源与接地、环境和住宅（小区）智能化等10个子分部工程；子分部工程又分为若干分项工程（子系统）。根据设计和需要，实际的建筑智能化系统可为其中的1个或者多个分项工程和系统集成。

10.3 建筑智能化系统——子分部工程

10.3.1 通信网络系统

通信网络系统（Communication Network System，缩写CNS）是在建筑或建筑群内传输语音、数据、图像且与外部网络（如公用电话网、综合业务数字网、因特网、数据通信网络和卫星通信网等）相连接的系统，主要包括通信系统、卫星数字电视及有线电视系统、公共广播及紧急广播系统等各子系统及相关设施，其中通信系统包括电话交换系统、会议电视系统及接入网设备。

10.3.2 信息网络系统

信息网络系统（Information Network System，缩写INS）是应用计算机技术、通信技术、多媒体技术、信息安全技术和行为科学等，由相关设备构成，用以实现信息传递、信息处理、信息共享，并在此基础上开展各种业务的系统，主要包括计算机网络、应用软件及网络安全等。

10.3.3 建筑设备监控系统

建筑设备监控系统（Building Automation System，缩写BAS），过去通常称楼宇自动化系统，是将建筑或建筑群内的空调与通风、变配电、公共照明、给排水、热源与热交换、冷冻与冷却、电梯等设备或系统集中监视、控制和管理而构成的综合系统，其监控范围为空调与通风系统、变配电系统、公共照明系统、给排水系统、热源和热交换系统、冷冻和冷却水系统、电梯和自动扶梯系统等各子系统。

10.3.4 火灾自动报警及消防联动系统

火灾报警系统，一般由火灾探测器、区域报警器和集中报警器组成，当火灾报警系统根据工程的要求同各种灭火设施和通信装置联动，形成中心控制系统，即由自动报警、自动灭火、安全疏散诱导、系统过程显示、消防档案管理等组成一个完整的消防控制系统时，被称为火灾自动报警及消防联动系统（Fire Alarm System，缩写FAS），主要包括火灾和可燃气体探测系统，火灾报警控制系统，消防联动系统等各子系统及相关设施。

10.3.5 安全防范系统

安全防范系统（Safety Automation System，缩写SAS）是以维护公共安全、预防刑事犯罪和灾害事故为目的，运用电子信息技术、计算机网络技术、系统集成技术和各种现代安全防范技术构成的入侵报警系统、视频监控系统、出入口控制系统等，或这些系统组合或集成的电子系统或网络，主要包括入侵报警系统、视频监控系统、出入口控制系统、停车库管理系统、巡更系统等。

10.3.6 综合布线系统

综合布线系统（Premises Distributed System，缩写 PDS）是建筑或建筑群内部及其与外部的传输网络。它使建筑或建筑群内部的语音、数据和图像通信网络设备、信息网络交换设备和建筑设备自动化系统等相连，也使建筑或建筑群内通信网络与外部通信网络相连。

10.3.7 智能化系统集成

智能化系统集成（Intelligent System Integrated，缩写 ISI）一般指在建筑设备监控系统、火灾自动报警和消防联动系统、安全防范系统等的基础上，实现建筑管理系统（SMS）的集成，以满足建筑监控功能、管理功能和信息共享的需求。通过对建筑和建筑设备的自动检测与优化控制、信息资源的优化管理，为使用者提供最佳的信息服务，使智能建筑适应信息社会的需要，并具有安全、舒适、高效和经济的特点。

10.3.8 电源与接地

智能化系统的供电电源包括正常供电设备和独立设置的稳流稳压电源、不间断电源装置（UPS）、蓄电池组合充电设备。智能化系统必须采取等电位连接与接地保护措施。

10.3.9 环境

智能化系统的环境，主要包括空间环境、室内空调环境、视觉照明环境、室内噪声及室内电磁环境。一般对智能建筑内计算机房、通信控制室、监控室及重要办公区域环境作要求。

10.3.10 住宅（小区）智能化

住宅小区智能化（Community Intelligent，缩写 CI）是将建筑技术与现代计算机技术、信息与网络技术、自动控制技术相结合，使住宅小区具备安全防范系统、火灾自动报警和消防联动系统、信息网络系统、物业管理系统等，集管理、信息和服务于一体，以向住户提供安全、节能、高效、舒适、便利的人居环境。住宅（小区）智能化应包括火灾自动报警和消防联动系统、安全防范系统、通信网络系统、信息网络系统、设备监控与管理系统、家庭控制器、综合布线系统、电源和接地、环境、室外设备和管网等。

10.4 火灾自动报警系统

火灾自动报警系统是人们为了早期发现通报火灾，并及时采取有效措施，控制和扑灭火灾，而设置在建筑物中或其他场所的一种自动消防设施，是人们同火灾作斗争的有力工具。

10.4.1　系统的组成

火灾自动报警系统是由触发器件、火灾报警装置、火灾警报装置以及具有其他辅助功能的装置组成的火灾报警系统，如图10.4.1所示。它能够在火灾初期，将燃烧产生的烟雾、热量和光辐射等物理量，通过感温、感烟和感光等火灾探测器变成电信号，传输到火灾报警控制器，并同时显示出火灾发生的部位，记录火灾发生的时间。一般火灾自动报警系统和自动喷水灭火系统、室内消火栓系统、防排烟系统、通风系统、空调系统、防火门、防火卷帘、挡烟垂壁等相关设备联动，自动或手动发出指令、启动相应的装置。

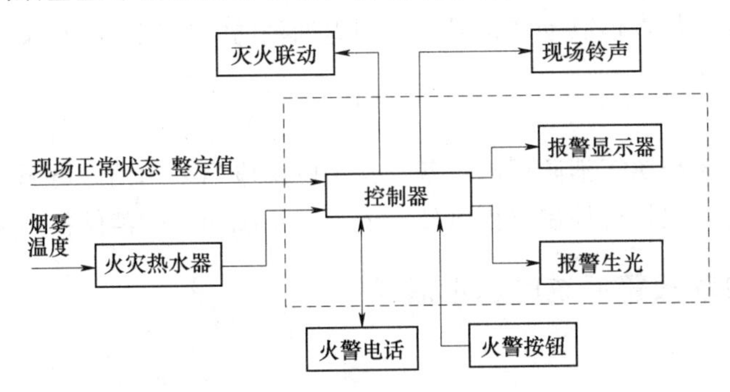

图10.4.1　火灾自动报警系统工作原理图

1. 触发器件

在火灾自动报警系统中，自动或手动产生火灾报警信号的器件称为触发器件，主要包括火灾探测器和手动火灾报警按钮。火灾探测器是能对火灾参数（如烟、温度、火焰辐射、气体浓度等）响应，并自动产生火灾报警信号的器件。按响应火灾参数的不同，火灾探测器分成感温火灾探测器、感烟火灾探测器、感光火灾探测器、可燃气体探测器和复合火灾探测器五种基本类型。不同类型的火灾探测器适用于不同类型的火灾和不同的场所。手动火灾报警按钮是手动方式产生火灾报警信号、启动火灾自动报警系统的器件，也是火灾自动报警系统中不可缺少的组成部分之一。

2. 火灾报警装置

在火灾自动报警系统中，用以接收、显示和传递火灾报警信号，并能发出控制信号和具有其他辅助功能的控制指示设备称为火灾报警装置。火灾报警控制器就是其中最基本的一种。火灾报警控制器担负着为火灾探测器提供稳定的工作电源；监视探测器及系统自身的工作状态；接收、转换、处理火灾探测器输出的报警信号；进行声光报警；指示报警的具体部位及时间；同时执行相应辅助控制等诸多任务。是火灾报警系统中的核心组成部分。

在火灾报警装置中，还有一些如中断器、区域显示器、火灾显示等功能不完整的报警装置，它们可视为火灾报警控制器的演变或补充。在特定条件下应用，与火灾报警控制器同属火灾报警装置。

3. 火灾警报装置

在火灾自动报警系统中，用以发出区别于环境声、光的火灾警报信号的装置称为火灾警报装置。它以声、光音响方式向报警区域发出火灾警报信号，以警示人们采取安全疏散、灭火救灾措施。

4. 消防控制设备

在火灾自动报警系统中，当接收到火灾报警后，能自动或手动启动相关消防设备并显示其状态的设备，称为消防控制设备。主要包括火灾报警控制器，自动灭火系统的控制装置，室内消火栓系统的控制装置，防烟排烟系统及空调通风系统的控制装置，常开防火门，防火卷帘的控制装置，电梯回降控制装置，以及火灾应急广播、火灾警报装置、消防通信设备、火灾应急照明与疏散指示标志的控制装置等控制装置中的部分或全部。消防控制设备一般设置在消防控制中心，以便于实行集中统一控制。也有的消防控制设备设置在被控消防设备所在现场，但其动作信号则必须返回消防控制室，实行集中与分散相结合的控制方式。

5. 电源

火灾自动报警系统属于消防用电设备，其主电源应当采用消防电源，备用电采用蓄电池。系统电源除为火灾报警控制器供电外，还为与系统相关的消防控制设备等供电。

10.4.2　火灾自动报警系统的基本形式

1. 基本形式

根据现行国家标准《火灾自动报警系统设计规范》（GB 50016—98）规定，火灾自动报系统的基本形式有三种，即区域报警系统、集中报警系统和控制中心报警系统。

(1) 由区域火灾报警控制器和火灾探测器等组成，或由火灾的控制器和火灾探测器等组成，功能简单的火灾自动报警系统称为区域报警系统，适用于较小范围的保护。

(2) 由集中火灾报警控制器、区域火灾报警控制器和火灾探测器等组成，或由火灾报警控制器、区域显示器和火灾探测器等组成，功能较复杂的火灾自动报警系统统称为集中报警系统，适用于较大范围内多个区域的保护。

(3) 由消防控制室的消防控制设备、集中火灾报警控制器、区域火灾报警控制器和火灾探测器等组成，或由消防控制室的消防控制设备、火灾报警控制器、区域显示器和火灾探测器等组成，功能复杂的火灾自动报警系统称为控制中心报警系统。系统的容量较大，消防设施控制功能较全，适用于大型建筑的保护。

2. 报警区域与探测区域

火灾自动报警系统的保护对象形式多样，功能各异，规模不等。为了便于早期探测、早期报警，方便日常的维护管理，在安装的火灾自动报警系统中，人们一般都将其保护空间划分为若干个报警区域。每个报警区域又划分了若干个探测区域。这样这可以在火灾时，能够迅速、准确地确定着火部位，便于有关人员采取有效措施。

所谓报警区域就是人们在设计中将火灾自动报警系统的警戒范围按防火分区或楼层划分的部分空间，是设置区域火灾报警控制器的基本单元。一个报警区域可以由一个防火分区或同楼层相邻几个防火分区组成，但同一个防火分区不能在两个不同的报警区域内；同一报警区域也不能保护不同楼层的几个不同的防火分区。

探测区域就是将报警区域按照探测火灾的部位划分的单元，是火灾探测器部位编号的基本单元。一般一个探测区域对应系统中具有一个独立的部位编号。

10.4.3 火灾自动报警系统设计

火灾自动报警系统探测火灾隐患，肩负安全防范重任，是智能建筑中建筑设备自动化系统（CBS）的重要组成部分。智能建筑中的火灾自动报警系统设计首先必须符合GB 50116—98《火灾自动报警系统设计规范》的要求，同时也要适应智能建筑的特点，合理选配产品，做到安全适用、技术先进、经济合理。

火灾自动报警系统一般分三种形式设计：区域火灾自动报警系统，集中火灾自动报警系统和控制中心报警系统。就智能建筑的基本特点，控制中心报警系统是最适用的方式。智能建筑中火灾自动报警系统的设计要点是：根据被保护对象发生火灾时燃烧的特点确定火灾类型；根据所需防护面积部位；按照火灾探测器的总数和其他报警装置（如手报）数量确定火灾报警控制器的总容量；按划分的报警区域设置区域报警控制器；根据消防设备确定联动控制方式；按防火灭火要求确定报警和联动的逻辑关系；最后还要考虑火灾自动报警系统与智能建筑"3AS"（建设设备自动化系统、通信自动化系统、办公自动化系统）的适应性。

由于火灾自动报警系统的特殊地位，使得它在布线安装方面有别于智能建筑中其他控制系统。对线缆的选型和布线方式：一要满足自动报警装置自身的技术条件，如其报警传输线大多数要求采用双绞线等；二要满足一定的机械强度；三要采取穿管保护、暗敷或阻燃措施；四要与其他低压系统电缆竖井分开布设；五要使其传输网络不与其他传输网络共用。从智能建筑的概念讲，火灾自动报警系统及其联动控制应当属于建筑设备自动化系统（ABS）范畴，目前火灾自动报警系统库存特殊的管理要求，其报警线、联动线、通信线基本自成体系，与智能建筑中综合布线系统有相当差异，但就智能建筑的发展和火灾自动报警系统日趋成熟，两者在应用上的结合将越来越密切。关键在于智能建筑中设计选配火灾自动报警系统时，一定要考虑两者在连接界面上的适配性。使它们在安装使用、运行以最好的方式结合起来。

10.5 电视系统

电视系统是建筑弱电系统中应用最普遍的系统。电视系统（Cable Television），缩写CATV，是由早期的共用天线电视系统（Community Antenna Television）发展而来，其组成功能图如图10.5.1所示。CATV系统是20世纪40年代出现的一种电视接收系统，它是多台电视接收机共用一套天线的设备。开始时是以共用一组接收天线的系统传送，后来发展到以闭路形式或以有线传输方法传送各种电视信号，尤其是扩宽到卫星直播电视节目的接收、微波中继、录像和摄像、自办节目等，使CATV系统合成信息社会综合信息网的组成部分。公共天线将接收来的电视信号先经过适当处理（例如：放大、混合、频道变换等），然后由专用部件将信号合理地分配给各电视接收机。由于系统各部件之间采用了大量的同轴电缆作为信号传输线，因而CATV系统又叫电缆电视系统，也就是目前城市正在发展的有线电视。由于通信技术的迅速发展，CATV系统不但能接收电视塔发射的电视节目，还可能通过卫星地面站接收卫星传播的电视节目。有了CATV系统，电视图像就不会因高山或高层建筑的遮挡或反射，出现重影或雪花干扰。人们不但可以看好电视节目，还可以利用这套设备自己播放节目（如电视教学）以及从事传真通讯和各种信息的传递工作。由于电视接收机的普及和高层建筑的增多，CATV系统已成为人们生活中不可缺少的服务设施。

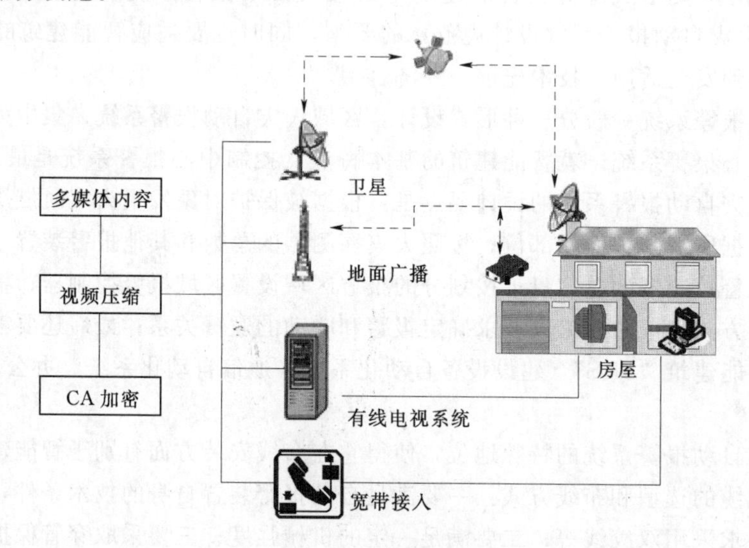

图10.5.1　电视系统组成图

10.5.1　数字电视

作为已经在全国范围内开展的信息服务，数字电视融合了计算机、多媒体、通信网络等技术。数字化革命是一场全世界范围的新技术革命。电视技术的数字化是电视产业发展的必然趋势，也是电视网络化的前提和必要条件，它与传统的模拟电视技术相比产生了质的飞跃。数字电视是一个从节目摄制、编辑、发射、传输到信号接收、处理、显示完全数字化的电视系统，它的图像清晰度是现有电视的两倍，所包含的信息量大约是模拟电视的5倍。越来越多的国家正在试运行数字电视系统，我国也已实行了分步骤、循序渐进的数字电视发展战略。

数字电视是将传统的模拟电视信号经过量化和编码转换成二进制数的数字信号，然后进行各种功能的处理、传输、存储和记录，也可以用计算机进行处理、监测和控制。由于全部采用数字技术，数字电视系统能获得比模拟设备更好的性能，并实现模拟技术所不能达到的新功能。总体讲，数字电视与传统的模拟电视相比有以下四大技术优势。

1. 信号质量高，抗干扰能力强

模拟电视信号的失真和干扰在传播和处理过程中存在积累现象，经过长距离传输或多次复制后，信号质量会迅速下降；而数字信号在传输的过程中有很强的纠错功能，其失真和干扰不会产生积累，经过远距离传输和多次处理后，信号仍能保持其原有的特性。所以，数字电视在接收端看到的图像质量和声音质量几乎与电视台发送的质量一致，而且几乎可以无限扩大其信号覆盖面。

2. 传输效率高，多功能复用

传统的模拟电视使用6～8M的带宽只能传输一套模拟电视节目，而数字电视采用了先进的图像压缩编码技术，使用同样的带宽可以传送6～8套电视节目，用户可选择的节目更加丰富。同时，节目的大容量低廉传输和广泛的收视将使网络运营费用大大降低。使用数字技术还可以实现多功能复用，所谓多功能复用就是使用数字电视系统传送各种数据信息，如电子出版物等。也可以传送多路立体声，数字电视可以提供5+1声道的环绕立体声，与传统的单声道模拟电视相比，无疑大幅度提高了伴音质量。

3. 便于网络化，双向交互性

由于采用了数字技术，数字电视系统使电视广播与计算机网络的融合成为可能，也便于使用计算机网络应用环境传输数字电视信号，并实现电视节目资源共享。目前数字电视的标准已经考虑了可交互性。交互式业务是利用回传通道，实现用户与电视中心和有线电视前端的交互操作。数字电视的这一特性将传统的一点对多点的“广播”扩展为点对点交互系统，视频点播（VOD）是交互业务的典型例子。通过开通交互式业务，用户可以变被动收看为主动地、准交互地（本地交互）或交互地收看。用户可以获得更多的针对性的信息和游戏娱乐节目：如各种付费节目、电影点播、歌曲点播、新闻选取、在线教育、电视购物、数字电视游戏、居家银行及互联网浏览等新颖服务。

4. 容易实现加密/解密和加扰/解扰技术，便于开展收费业务

由于数字信号的易操作性，在前端对信号加密和加扰都比较容易实现。在此基础上建立的条件接收系统是数字电视的技术保障系统，条件接收系统可以更好地为每个用户提供有偿电视服务，并对用户实行有效的控制和管理，防止未经授权或欠费用户收看收费节目，从而确保运营商的商业利益。

10.5.2 数字电视发展概况

从1994年开播卫星数字电视，到1998年底开播地面数字电视广播，数字电视实现了全面启动。到1999年底，全球约有2500万台卫星数字电视机顶盒，700万台有线网数字机顶盒和40万台地面数字电视机顶盒和接收机，主要分布于欧洲地区、美国和日本。由于客观情况、标准、制式等不同，各国的数字电视发展状况也不尽相同，其中美国、欧洲地区、日本的数字电视发展比较迅速。

国家科学技术委员会于1989年成立了HDTV软科学研究专家组，1995年中央电视台引进美国卫星数字电视设备，开始了我国SDTV的传输。1999年国庆完成了数字转播试验，这成为了我国数字电视发展历史上的里程碑。2002年我国正式播出有线数字电视；2005年全国省级以上电视台基本实现采、编、播全数字化，全国（包括各省）的上星节目停止模拟传输，全部采用卫星数字电视，全国正式播出地面数字电视；到2008年北京奥运将通过HDTV向全世界转播；预计到2015年我国广播电视全面实现数字化。

10.5.3 数字电视系统工作原理

数字电视系统是从节目制作到传输，再到接收播放整体数字化的系统。一套完整的数字电视系统由三个部分组成：数字电视前端系统、传输网络和用户终端系统。其中，前端

系统包括硬件平台和用户管理系统两大部分，具体包括前端硬件产品数字卫星接收机、MPEG－2编码器、TS复用器、码流分配卡、QAM调制器、节目压缩卡等。传输网络根据不同的实现手段包括卫星、CABLE网、地面发射等。用户终端系统由机顶盒STB(Set－Top－Box）和普通的模拟电视机组成。数字电视系统的主要工作过程是，数字卫星接收机将卫星接收下来的或节目制作中心制作的数字电视节目通过数字电视前端系统进行处理，包括编码、加密和多路复用等。然后通过数字电视管理系统对节目流进行加密加扰等管理控制，再利用传输网络发送到用户端，数字用户利用用户终端系统收看数字电视节目。

10.5.4　数字机顶盒介绍

数字机顶盒STB（Set－Top－Box）是一种与电视机连接的网络终端设备，用于将数字电视信号转换成模拟信号的变换设备，通过对数字化压缩的图像声音信号进行解码还原，产生模拟视频和声音信号，以提供给观众高质量的电视节目。数字机顶盒按其主要功能不同可分为卫星数字机顶盒、卫星综合接收解码器IRD（Integrated Receive Decoder)、数字地面机顶盒以及有线电视数字机顶盒。

从硬件组成上看，其基本结构一般组成为数字电视广播接收前端、MPEG解码、视音频和图形处理器、电缆调制解调器、高性能处理器内核、存储器以及各种接口电路。数字电视广播接收前端包括调谐器和QAM解调器，该部分可以从射频信号中解调出MPEG传输流；MPEG解码部分包括解复用、解扰引擎和MPEG解压缩，其输出为MPEG视音频基本流以及数据净荷。视音频和图形处理部分完成视音频的模拟编码以及图形处理功能。电缆调制解调模块由一个双向调谐器、下行QAM解调器、上行QPSK/QAM调制器和媒体访问控制（MAC）模块组成，该部分实现电缆调制解调的所有功能。CPU与存储器模块用来存储和运行软件系统，并对各个模块进行控制。接口电路则提供了丰富的外部接口，包括通用串行接口USB、高速串行接口、以太网接口、RS232、视音频接口等。

数字机顶盒的基本功能是接收和解码数字电视广播。此外，围绕数字视频、数字信息与交互式应用三大核心功能还能开发多种增值业务，包括如下几点：

（1）电子节目指南EPG（Electronic Program Guide)：它为用户提供一种容易使用、界面友好、快速访问所需节目的方式，用户可以通过EPG看到一个或多个频道甚至所有频道上近期将播放的电视节目。

（2）高速数据广播：它能为用户提供股市行情、票务信息、电子报纸、热门网站等各种信息。

（3）软件在线升级：它是数据广播的应用之一，数据广播服务器按DVB（Digital Video Broadcasting）数据广播标准将升级软件广播下来，数字机顶盒能识别该软件的版本号，在版本不同时接收该软件以对保存在存储器中的软件进行更新。

（4）因特网接入和电子邮件：数字机顶盒可通过内置的电缆调制解调器方便地实现因特网接入功能，并通过机顶盒内置的浏览器上网，发送电子邮件，也可提供各种接口与PC相连。

（5）条件接收：条件接收系统的核心是加扰和加密，这是交互式电视收费运营机制的保证，通过建立一种有偿服务体系，为交互式电视产业的发展奠定良性循环的经济基础。

数字电视的技术优势无论是对于消费者还是对于相关厂商，甚至对整个电子产业和广播行业都意味着一场重大的变革。对于电视机生产厂家、电视台、电视制作中心和传播媒体而言，数字电视的出现所带来的即是一种挑战又是一种机遇。它将极大地开发电视市场扩容的潜力，并可通过其交互式特点的应用推动相关的各种行业的发展。

10.6 电话系统

电话是人们都很熟悉的通信工具，它使用方便，已成为人们工作、学习和生活中不可缺少的亲密伙伴。在现代智能建筑中，可视电话得到了广泛应用。

10.6.1 可视电话的组成

可视电话是在通话的同时能看到对方图像的一种通信方式。可视电话设备是由电话机、摄像设备、电视接收显示设备及控制器组成的。可视电话的话机和普通电话机一样是用来通话的；摄像设备的功能是摄取本方用户的图像传送给对方；电视接收显示设备，其作用是接收对方的图像信号并在荧光屏上显示对方的图像。

10.6.2 可视电话原理

一部可视电话设备可以像一部普通电话机一样接入公用电话网使用。可视电话根据图像显示的不同，分为静态图像可视电话和动态图像可视电话。静态图像可视电话在荧光屏上显示的图像是静止的，图像信号和话音信号利用现有的模拟电话系统交替传送，即传送图像时不能通话；传送一帧用户的半身静止图像需 5～10s。动态图像可视电话显示的图像是活动的，用户可以看到对方的微笑或说话的形象。动态图像可视电话的图像信号因包含的信息量大，所占的频带宽，不能直接在用户线上传输，需要把原有的图像信号数字化，变为数字图像信号，而后还必须采用频带压缩技术，对数字图像信号进行“压缩”，使之所占的频带变窄，这样才可在用户线上传输。动态图像可视电话的信号因是数字信号，所以要在数字网中进行传输。可视电话还可以加入录像设备，就像录音电话一样，把图像录制下来，以便保留。

10.6.3 电话系统联网报警

随着人类社会的进步和科学技术的迅猛发展，人类开始迈入以数字化和网络化为平台的智能化社会，开始出现了诸如智能化家庭、智能化小区、智能化大厦、智能化城市等具有不同智能程度的工作环境和生活环境，并且呈现出高速发展的趋势。其中，国内正在兴起的智能小区建设热潮，正是反映和适应了国际社会信息化和智能化的发展要求，也是 21 世纪的住宅新概念。智能小区正是建筑艺术、生活理念与信息技术、电子技术等现代高科技的完美结合。随着房地产行业的充分发展，市场竞争越来越激烈，以及人们对住宅要求层次的提高，高增值型、高利润、高享受的智能小区已成为 21 世纪房地产商投资的主导方向，并且也将成为人们购房的主要热点。

新的住宅概念不断向前发展，并不断地推动房产商随之向前；与此同时，住宅智能化生产厂商和系统集成商开发多种新的产品，包括基于宽带网和城市局域网系统下的各种新的产品，基于物业和报警，以及和社会服务在内紧密联系的相关产品，又进一步提高了住宅的科技含量和舒适度。家庭电话联网报警系统就是家庭智能化的一部分。

电话联网报警管理系统完成对报警自动监控，报警信息自动对110报警中心、物业管理中心及用户进行报警的系统。它主要由报警探头，家庭报警控制器，电话拨号控制器，电话，管理中心控制器五个部分组成。在报警探头检测到报警信息的时候，将信息传递给家庭报警控制器。家庭报警控制器按照一定的顺序将报警信息（声音信息，数据信息）自动转到用户指定的管理中心，物业中心和报警电话上。管理中心控制器在接收到家庭报警控制器传递的信息后，将信息转解码，给出报警家庭所在的位置，报警类型，当前报警状态以及相关住户、派出所、保安等相关信息。并在地图上显示出来。提示出现警况，需要对警况进行马上处理。

电话系统联网报警要求如下。

1. 与硬件集成性

报警控制器可以连接多种报警探头，包括四防设备、红外报警探头、玻璃破碎探头、门磁探头、求助设备等，可以和多种设备实现完美链接。

2. 灵活的操作性

用户可以使用无线方式布防、撤防，可以定义多种不可撤防防区，比如瓦斯防区，烟感防区等。用户可以设置延时布防、延时报警等。管理中心管理软件能够对客户信息进行自定义，在产生报警信息的时候能够快速方便地显示报警住户在地图上的位置，并且显示该住户的所有相关信息。对报警信息的灵活方便地查询，能够对各种报警信息进行分类、处理。

3. 符合国际标准

系统中小区事务管理和物业公司信息管理的规范化的管理符合ISO 9001标准。

10.7 有线广播系统

10.7.1 有线广播系统概述

人类已进入21世纪，现代科技的力量打破了传统的时空界限，借助网络和飞速发展的信息技术，人们可足不出户而纵览全球。电子商务、远程教育、家庭网上办公、网上购物、网上旅游聊天、社区智能系统管理以超乎想象的速度改变了人类的生产、生活方式，更深刻地影响到人类的思维模式和生存状态。

社区信息传播作为的一种重要工具，经历了几十年的历史，随着科学技术的发展，从电子管到集成电路，从留声机到CD，经过了数次革命，但其设备技术水平及档次参差不齐，在实际使用及工作中存在着不少缺陷。特别是近年来建设部提出在全国创建现代化文明社区目标以来，全国房地产商按照建设“具有中国特色文化底蕴的现代化文明社区”总体要求，正积极地创建与现代科学技术和教育技术相融合的现代化文明社区。随着我国教育信息化建设步伐加快，互联网、多媒体等前沿高新技术应用到了教育实践中，使传统教育方式方法发生了根本的改变。原来的有线广播系统显然不能与高速发展的现代教育技术系统相呼应，远远不能满足现代教育发展的需要。

随着我国网络信息化建设浪潮的推进及“建设现代化文明社区”工程的全面实施，近几年来，闭路电视、宽带网络、计算机多媒体及互联网在社区被广泛应用，并逐步走进社区文化与管理。这就为开发性能更高，功能更强，使用更方便的新一代数字化智能广播成为可能。

随着智能建筑及智能化小区在我国的推及发展，防盗报警、ISDN宽带技术、楼宇自控、楼宇对讲等高新技术在智能化小区得到了广泛应用和普及，并为人们的生活提供了很多便利。

新型的智能楼宇系统的设计包括数据信息交换系统、语音信息交换系统、广播系统和消防系统等多种技术的综合应用。数据和语音信息交换系统应用了较为成熟的综合布线技术，采用了ANSI/TIA/EIA568国际标准，有较强的通用性和可管理性。

与传统方式相比，采用基于网络传输的广播系统具有以下特点：

(1) 以太网在传输音频信号的同时，还可同时传输控制信号，从而对系统的分组模式和重复信息、文本信息、邮件信息等进行智能化管理。如在大厦的火警广播时，为实现人群的分批疏散，应采用分层告示。传统的广播系统一般采用多组总线分别对各层进行控制的模式，增加了布线的复杂性和安装成本，而且只能实现固定分组，灵活性较差。如果采用智能化网络音频设备则可通过控制信号实现动态分组广播或单点广播，提高了系统的灵活性。对于重复信息、文本信息、邮件信息的处理则可通过计算机直接播发而不需要人工干预。

(2) 安装、维护便捷。基于网络传输的广播系统作为一种网络终端设备，可方便地嵌入到原有的网络系统中，从而省却线缆敷设和传输设备的安装，使安装便捷；另外，由于系统采用双向传输模式，可方便地定位故障设备的位置，使维护简便。

(3) 以太网系统的综合布线技术、传输模式和传输协议均有可遵循的国际标准，从而保证了系统的可靠性、灵活性、兼容性和可扩展性。

(4) 低成本。目前局域网和广域网都基于以太网构建，以太网设备大量应用于生产和生活，价格很低。将其引入到广播系统，则很多原有的网络设备可直接使用，不存在兼容问题，使广播系统的造价大为降低。

基于网络传输的广播系统可方便地应用于已建成的以太网系统中，可采用成熟的综合布线技术和网络传输设备，便于扩展和管理，智能性较强，能动态分组或单点广播，是一种新型的智能有线广播系统。

10.7.2 社区智能广播技术方案

社区智能广播技术方案分为如下内容：

(1) 信号源部分。采用数字硬盘多路自动播放系统（包括主机和多路播放软件）来实现广播音源的数字化和管理的简洁化为社区广播的智能化开辟独到的蹊径。

(2) 控制部分。实现全自动定时播放、自动开关机、自动分区分组播放，特别适合社区广播智能化、自动化的发展需求，能让每个区在同一时间播放不同的音乐，并且实现自动化。

(3) 传输部分。直接把信号跟有线电视信号混在一块儿往下传输，不用重新布线，省却布线和维护带来的麻烦。广播及控制信号与有线电视信号在不同信道传输互不干扰。

(4) 终端接收部分。终端接收采用高品质的室内外音箱、草坪音箱等作为音频接收终端，使在人们茶余饭后在假山凉亭闲坐、在崎岖的盘石道散步时听到幽雅婉转的轻音乐。在注意到音质音色的同时注意到周围的环境塑造，采用室外造型音箱来塑造美好的环境。使住户在欣赏美妙音乐的时候，看到巧夺天工的造型音箱，真正做到耳目一新。

(5) 网络信息化方面。在信息化网络化高度发达的今天，网络成为传输信息的快捷工具，广播主机可以与网络连接。

(6) 扩展和兼容方面。采用最新配置使系统具有良好的开放性和灵活的可扩展性，在系统分配网络可增设信号出口，根据具体的情况任意添加音箱。播控主机与互联网联网，可共享网络音频资源，远程控制与中国远程教育信息平台联网后，可实现网络音源等在线播放。

10.8 楼宇对讲系统中防盗报警系统

在智能化系统建设中，最为普及并与居民生活紧密相关的应该是楼宇对讲系统和家庭防盗报警及紧急求助系统。在早期的智能小区建设中，由于楼宇对讲系统和防盗报警系统的生产厂家都较为独立，系统也没有考虑太多的集成，基本上都采用的是多个厂家的产品，而目前市面上多种带报警功能的楼宇对讲系统已经面世。

10.8.1 典型报警系统联网方式介绍

目前市面上报警系统有采用电话线、总线、网络、电力线、专线、无线等多种方式联网的系统。目前，应用面最广的联网方式有电话线联网方式和总线制联网方式。

1. 电话线联网方式

家庭中的报警主机与管理中心之间通过普通电话线路进行联网。这种联网方式在早期的智能小区中应用较多，目前国外的厂家例如ADEMCO、FBI、DSC等都采用这种方式。其优点是适合分布式报警要求，金融银行、别墅采用较多；无须布线；由于采用普通电话线路联网，与管理中心无须布线，适合老小区改造；带语音通信报警功能；可以拨打手机、电话进行语音通信报警。其缺点：容量小，报警速度慢。由于报警中心也采用电话线路，在多家报警同时会出现通信堵塞现象；通信费用高，由于采用电话线路通信，每次与报警中心通信都要付一次电话费。

电话线联网报警系统比较适合分散型报警的要求，具有语音通信、无须布线功能是其特色，尤其适合老小区报警改造。但是在具有一定规模的新建小区中通信速度慢、容量小、造价高、费用高是影响起推广使用的缺点，同时与对讲系统联网方式不同，也导致无法与对讲系统进行有效的结合使用。

2. 总线制联网方式

家庭中的报警主机与管理中心之间通过专门数据线路进行联网，每个报警主机都有对立的地址码，通过地址码来识别警情。这种联网方式在智能小区中应用较多，目前国内专业总线制报警主机、楼宇对讲报警主机都采用这种联网方式。其优点是：通信速度快、容量大，采用RS485总线方式，在波特率仅为2400情况下，上报一条警情信息仅为0.1～0.3s，中心基本不占线，适合大容量小区使用；双向通信方式；采用总线制不仅报警器可以上报，中心还可以迅速下载信息；费用低，由于小区采用自己的通信线路，报警通信是不需要费用的，可以降低住户的负担；集成性能好，由于大多数智能化系统都采用总线制通信方式，便于与其他系统进行集成，降低工程费用；增强中心通信控制功能；成本低，总线制报警系统省去了电话线报警系统中的拨号模块，成本下降很多，便于普及。缺点是：工程施工要求高，对于线路铺设、总线隔离有较高的技术要求；没有语音通信功能，只适合联网使用，不适合住户独家独户使用，缺乏有效的报警通知用户手段；不适合长距离报警用户，一般报警器与中心通信距离不能超过1200m。

总线制联网报警系统具有速度快、容量大、成本低的突出优点，又由于可以和楼宇对讲系统统一布线，非常适合在新建的尤其是大中型小区中使用，是一种家庭普及型产品。

10.8.2 楼宇对讲报警系统设计要点

目前市面上有多种带报警功能的楼宇对讲系统，专业报警系统在普通居民中得到认可，是智能化领域多年来推广的成果。楼宇对讲报警系统设计，要充分考虑到不同的使用对象、不同的使用环境，在技术设计上要吸收专业报警器的许多重要功能，才能保证报警系统在民用大量的使用。

1. 可靠的通信保障

楼宇对讲报警模块接收到报警信号必须可靠的上报管理中心，不能出现误报、尤其是漏报状况，确保报警成功。必须建立中心报警信息确认机制，管理中心接收到报警信息后，应对报警主机下发确认信号，表示中心已接收，而楼宇对讲报警主机在没有收到确认信号时，应重发；报警信息与楼宇对讲通信信息共用数据线路与管理中心联网，复杂的线路问题、通信冲突（报警与楼宇对讲信息）都有可能导致报警信息出错，必须对通信信息采用校验（例如CRC、校验和等），管理中心对信息进行校验，错误重发；报警信息采用主动发送模式，发送之前对通信线路进行侦听，避免出现数据追尾现象，确保一次通信成功。

2. 丰富的通信协议

好的报警主机必须拥有丰富科学的通信协议，一个只能报警才通信的主机离实用要求还有很大的距离。例如目前国际流行的Ademco4＋2、Ademco Contact Id报警通信协议就制定的比较完善、科学。但是在民用场合，很多通信内容可以省去，但以下几条具有特别的意义。

（1）主机撤布防功能。住户对楼宇对讲报警器撤布防时，报警器应该将状态上报给管理中心记录，有特别的意义。住户使用报警器可能会产生纠纷，例如当他人为原因没有对系统布防而外出，导致财物损失时，可能会误告报警系统失灵，要求索赔，这时管理中心可以查询该用户撤布防记录进行确认，这种案例在现实中出现过多起；管理中心还可以及时对重要用户主机状态进行监控，甚至还可以由管理中心替住户主动撤布防。

（2）自检功能。报警系统属于“不怕一万，就怕万一”的产品，在正常使用中看不出在工作，但是在出现警情时候，要确保报警成功。住户很难认为知道报警器是否正常，报警器设计应有自我检查功能，并将自检结果定时上报给管理中心，接受管理中心监控，出现故障立即维护。

（3）中心主动布防功能。当住户外出忘记布防怎么办？管理中心在授权的情况下，可以发送指令替住户主机进行布防，避免出现不必要的损失、减少住户的麻烦。

10.9 安全防范系统

安全防范系统的全称为公共安全防范系统，是以保护人身财产安全、信息与通信安全，达到损失预防与犯罪预防目的。

1. 防盗报警系统

防盗报警系统是通过安装在防护现场的各种入侵探测器对所保护的区域进行人员活动的探测（入侵），一旦发现有入侵行为将产生报警信息，以达到防盗的目的。

2. 电视监控系统

电视监控系统是以图像监视为手段，对现场图像进行实时监视与录像。监视监控系统可以让保安人员直观地掌握现场情况，并能够通过录像回放进行分析。早期电视监控系统是应用电视系统的重要组成部分，也是安防系统的重要组成部分。当前电视监控系统已经与防盗报警系统有机地结合到一起，形成一个更为可靠的监控系统。

3. 出入口控制系统

出入口控制系统又称门禁系统，门禁系统是对智能住宅重要通道进行管理，其组成图如图10.9.1所示。门禁系统可以控制人员的出入，还可以控制人员在楼内及敏感区域的行为。在楼门口、电梯等处安装控制装置，例如：读卡器、指纹读取器、密码键盘等。住户要想进入，必须有卡或输入正确的密码，或按专用手指才能获准通过。门禁系统可有效管理门的开启与关闭，保证授权人员自由出入，限制未授权人员进入。停车场管理系统实际上也属于出入口控制系统。

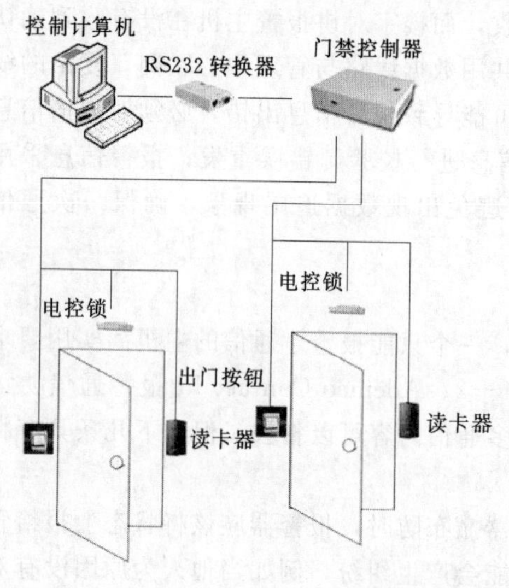

图10.9.1　门禁系统组成图

4. 楼宇保安对讲系统

楼宇保安对讲系统为访客与室内人员提供双向通话或可视通话、遥控开锁以及报警功能。

5. 电子巡更系统

巡更系统是管理者考察巡更者是否在指定时间按巡更路线到达指定地点的一种手段。巡更系统帮助管理者了解巡更人员的表现，而且管理人员可通过软件随时更改巡逻路线，以配合不同场合的需要。巡更系统分为有线和无线两种。

无线巡更系统由信息纽扣、巡更手持记录器、下载器、电脑及其管理软件等组成。信息纽扣安装在现场，如各住宅楼门口附近、车库、主要道路旁等处；巡更手持记录器由巡更人员值勤时随身携带；下载器是连接手持记录器和电脑进行信息交流的部件，它设置在电脑房。无线巡更系统具有安装简单，不需要专用电脑，而且，系统扩容、修改、管理非常方便。

有线巡更系统是巡更人员在规定的巡更路线上，按指定的时间和地点向管理电脑发回信号以表示正常，如果在指定的时间内，信号没有发到管理电脑，或不按规定的次序出现信号，系统将认为是异常。这样，巡更人员出现问题或危险会很快被发觉。

6. 可视对讲系统

可视对讲系统分为传统模拟可视对讲系统和数字网络对讲系统，其组成如图10.9.2所示。

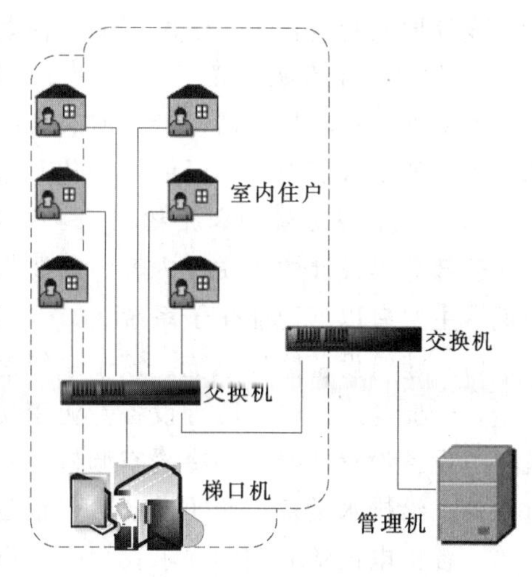

图10.9.2 可视对讲系统组成

传统模拟可视对讲系统是由管理中心、可视室外主机、可视室内分机电源等部分构成。可实现三方通话，楼宇对讲、图像监看、综合报警、开启门锁、报警记忆、中心综合管理。系统采用RS485布线传输方式，根据不同要求，可外接门磁、红外、烟感、瓦斯探头及连接电脑中心，工作站及“110”报警中心，实行社区智能化管理。

数字网络对讲系统采用网络信号传输，除具备以上模拟可视对讲系统的所有功能以外，还具备免费通过网络拨打可视电话（VIOP）、拨打PSTN电话（即普通电话）、带有安防报警、收发E-mail、获取天气预报、小区信息公告等信息发布、多媒体广告的增值业务等功能。

7. 周边防范系统

周边防范围栏报警系统主要监视建筑物周边情况，防止非法入侵，是防盗报警系统的第一道防线，也是非常重要的一道防线。

周边防范传感器能够在入侵者一进入防区时就立刻发觉，并且在其接近被保护人和被保护财物之前发出警报。一个有效的户外安全系统可以通过降低盗窃风险，减少破坏和人员伤害作为设备投入的回报。

总之，安防监控系统是智能化住宅小区的重要组成部分，其监控系统对小区重点区域采取实时监控、层层设防，让业主生活在无形防盗网之中，既安全又具人性化，使智能住宅小区具备了全方位的安全保障。

10.10 建筑智能化系统总体方案设计简述

随着计算机技术、网络技术与建筑业的结合，智能建筑与智能住宅小区工程项目迅速发展。建筑智能化正被越来越多的建设单位所接受。目前，智能化设计主要分两个阶段，总体方案设计和施工图设计。

总体方案主要由以下几部分组成。

1. 工程概况

叙述本工程区位；建筑总面积、总高度；属民用建筑级别；工程意义；建筑平面功能、用途等。

2. 设计依据

设计依据包括国家现行规范、标准、行业标准；建设单位、主管部门有关文件及具体意见与要求；设计单位建筑等各工种提供的技术资料或文本。

3. 设计原则

设计原则智能化子系统配置的总体要求及目标。

4. 智能化子系统配置

列出本工程项目所需设计的所有智能化子系统名称，这要根据不同性质的工程、建设单位不同的要求而设置不同的智能化子系统。

5. 智能化子系统内容介绍

这部分是设计的实质性内容，需要根据不同的子系统作详细介绍。以一个高层综合楼为例，主要有以下智能化子系统。

(1) 建筑设备监控系统。该子系统是十分重要的，占全部智能化子系统设计的 1/3 工作量，还要与水、电、暖等设备专业密切配合。其主要描述内容有：设计原则；本工程建筑机电设备设置情况，如冷暖空调机组；热源锅炉（热水器）；油系统；通风设备；变配电设备；给排水设备；照明设备，包括公共照明、室外照明、泛光照明等；电梯、自动扶梯等；各机电设备的控制要求；分类列出各机电设备监控点数表，并介绍选用监控系统厂商、品牌及系统情况、产品性能的简单介绍。

(2) 通信网络系统。主要内容有语音信息点设置原则；各楼层不同功能用房的信息点设置一览表（可与计算机信息点同表）；机房设置；机房设备选择虚拟交换机、程控交换机等；接入网。如果不与计算机网络系统同走综合布线系统，则要叙述垂直管线采用通信电缆，水平布线采用四芯通信线等，每楼层设置电话分线箱；管线敷设方式，垂直管线走弱电竖井，水平管线走吊顶。部分工程还有无线通信系统等。

(3) 计算机网络系统。主要内容有计算机信息点设置原则；各楼层不同功能用房的信息点设置一览表（可与语音信息点同表）；机房设置；计算机网络中心机房主网络交换机和楼层网络交换机设置；系统厂商、品牌及系统情况、产品性能的简单介绍。部分政府办公大楼要组建外网、内网，有的业务部门要组建小型局域网。

(4) 结构化综合布线系统。从严格意义上讲，该系统并非智能化子系统，而仅是通信网络系统和计算机网络系统的物理支撑。有的方案设计将该系统取代通信网络系统和计算机网络系统。在目前的高层建筑中，特别是办公楼，布线系统是十分重要的。一般按工作区、水平布线、垂直布线、楼层设备间、中心机房等几部分组成，有的工程还有各建筑单体之间的建筑群子系统。目前，常用超 5 类布线，采用超 5 类的线缆和信息插座，部分工程采用 6 类线缆和模块呈上升趋势。垂直干线采用光纤，进户线一般采用 6 芯单模光纤。

常见1000M到建筑单体，100M到楼层或桌面。

（5）闭路电视监控及防盗报警系统。这是属于安全防范体系的两个互相关联的子系统，需列出本工程监控点、防盗点的设置一览表，还要介绍选用主要设备的厂商、品牌、功能。目前，监控一般采用硬盘录像技术。部分工程要求监控摄像与灯光照明联动。

（6）卫星电视接收及有线电视系统。该系统一般采用860MHz双向邻频传输系统。对于住宅一般采用集中式分配分支器系统，原串接分支方式基本不用。要列出电视终端配置一览表，对主要设备厂商、品牌、产品情况作简单介绍。

（7）公共广播系统。一般该系统与消防紧急广播系统兼容，要说明与消防紧急系统的切换方式。扬声器设置如不完全相同则要作补充，部分场所要增设音量调节开关。如无消防紧急广播系统的工程则要配置扬声器，对主要设备厂商、品牌、产品作简单介绍。

（8）停车场管理系统。大型公共建筑设置地下层停车场的建筑工程需要设置该系统。在汽车通道出入口设置管理室，安装系统主机，方案中要对选用产品品牌、性能作简单介绍。

（9）会议系统。一般办公楼具有各种规模、各种用途的会议室、报告厅均需设置该系统。由于建设单位要求档次不同，投资不同，选用会议系统内容也不同。主要有会议扩声、投影、摄像系统，会议视频系统，还有会议表决系统、发言系统及多语种同声传译系统等。要根据不同建筑，不同会议室（报告厅）作不同描述。主要要有系统功能、产品性能等介绍。

（10）大屏幕显示系统及触摸式多媒体信息查询系统。公建项目的办公、商场等一般设置上述两系统，该系统设置于门厅、大堂等公共场所，对公众起广告、引导功能。大屏幕显示装置附近需设置小控制室，留足电源功率，一般1m^{2}大概1kW。方案中要对设施功能作简单介绍。

（11）其他系统。根据不同建筑物，尚有综合楼宇对讲系统，电子巡更系统，一卡通门禁、考勤、消费系统等。如有商场，则还有POS系统。均要逐一对系统功能、配置、主要设备产品性能作简单介绍。

6. 其他

总体方案中还要涉及各智能化子系统机房设置，管线敷设，电源、防雷、接地等内容。

（1）机房设置。介绍本工程中共有几个机房，其名称、主要功能、设置场所等。一般工程主要有计算机网络中心及电话总机房；BAS中央控制室、消控监控中心（含广播室）、有线电视机房、卫星电视机房等。

（2）管线敷设。介绍主要智能化子系统的垂直管线与水平管线的敷设路由，及建筑物外部进线的方位及敷设方式。

（3）电源。提出对各个弱电机房的电源要求，如双回路末端切换，配置UPS不间断电源装置等。一般除电视机房外，其他弱电机房均需采用双回路供电，计算机网络中心及电话总机房，消控监控中心等要配置UPS电源。

（4）防雷。智能化系统防雷包含两部分：一是其电源防雷；二是信息系统防雷。分别配置电源避雷器和信号避雷器。

（5）接地。接地也包括两部分内容：一是弱电机房的接地，采用一根不小于 $25m^2$ 的铜芯导线（或电缆）作为专用接地线；二是弱电竖井（兼楼层设备间）接地干线的设置，一般采用－25×4 铜排。两者均要设置接地端子箱。

7. 对工程设计中需要说明的问题及建议

对于一个建筑工程项目智能化系统总体方案设计是十分重要的。它基本上确定了工程项目智能化系统的档次及完整程度。当然总体方案设计前，智能化系统设计师要与建设单位有关人员密切合作，对系统配置进行探讨，根据建设单位的实际需求、投资、管理等情况确定系统的规模，以使总体方案切实可行，为今后施工图设计，集成承包商深化设计打下良好的基础。

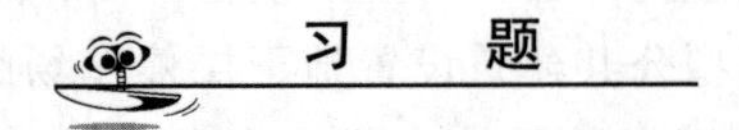

习　题

1. 什么是智能建筑？
2. 什么是建筑 3A 系统？
3. 什么是综合布线？包括哪些范围？
4. 建筑智能化系统—子分部工程包含哪些？
5. 火灾自动报警系统由哪些部分组成及基本形式？
6. 什么是数字电视？数字电视与传统的模拟电视相比技术优势有哪些？
7. 什么是安全防范系统？包括哪些子系统？
8. 建筑智能化系统总体方案设计内容有哪些？

第 11 章　建 筑 电 气 施 工 图

本章介绍建筑电气施工图的组成、设计、阅读基本方法，能进行建筑电气施工图的一般设计和阅读。

11.1　建筑电气工程施工图设计

11.1.1　设计的概念及基本要求

1. 设计的概念

建筑电气设计的任务是根据人们生产生活的要求，设计出一个质量良好、使用安全、方便、经济、可靠的建筑供配电系统。在建筑工程的实际设计中，需要讲究设计的可操作性、延续性和整体协调性。设计要密切结合我国的国情，积极、稳妥地采用新技术；推广运用安全可靠、节约能源、经济实用的新产品、新材料；正确掌握设计标准，提高社会效益和经济效益。设计图纸要清晰，设计文件要准确，各专业要密切配合和相互协调。

2. 设计的基本要求

建筑电气设计工作是整个建筑工程设计的一部分，有着与建筑、结构、给排水、采暖动力多个专业和电气专业内部的配合，在各个设计阶段，都要互提资料、互有要求，要密切配合，才能防止各个专业的矛盾和碰车，保证工程的设计、施工质量。

整个设计的过程都必须贯彻国家有关工程设计的政策和法令，并符合现行的国家标准和设计规范。对某些行业、部门和地区的设计任务，还应遵循该行业、部门和地区的有关规程和特殊规定。在设计工程中尽量采用国家统一的标准图和标准图例、符号。

设计是一个构思表达，再构思表达、反复推敲、不断深入发展和进行评价的过程。基本上可以概括为博览、创意、构思、表达等几个阶段。博览是博览群书，直接和间接地学习各方面的知识。通过听讲、看书、参观访问、观摩等各种方式，对各种建筑物及建筑物中的各种设备、技术规格和空间尺度要心中有数。

接到设计任务后，就要有创意。只有书本知识是不够的，生活体验和设计经验往往也非常重要。在创意中要善于找出问题、揭示矛盾、分析研究、解决疑难。创意就是对具体问题提出解决的思路。创意可能是模糊的，但它对以后的设计至关重要，好的创意才能发展下去，而创意不当就会步履维艰。

好的创意不等于好的设计，因为设计中的矛盾是错综复杂的，一开始矛盾没有展开，而是随着思维的发展而逐步展开，并在展开的过程中逐一对这些问题寻找理想的解决方案。这一过程就是构思发展过程，这个过程中很重要的就是思维的表达。

思维产生于人的头脑，是个瞬时的火花，这种印象产生后必须抓紧时间记录。好记性不如烂笔头，设计是构思的过程。思维借助语言完成，建筑工程设计语言就是图样或模型。因此，将自己的设计构思表达成为图样，是设计人员的基本功。

设计过程从一开始到深入下去，各阶段思维的广度、深度都不同，表达方式、工具也可能是多样化的。表达方式和工具要适应思维的速度，推动思维发展成熟。

设计图幅尺寸：图样的幅面一般分为六种，从 A0～A5 号，各种图号的尺寸见表 11.1.1。

表 11.1.1　　图　幅　尺　寸　　单位：mm

图样幅面代号	A0	A1	A2	A3	A4	A5
宽×长（$B\times L$）	841×1189	594×841	420×594	297×420	210×297	148×210
边宽（c）	10			5		
装订侧边宽（a）	2					

注　A0～A2 号图样一般不加宽，其他号图样在必要时按 $L/8$ 的倍数适当加长。

11.1.2　设计的程序

一般在投资咨询单位完成了项目可行性研究，业主确定了投资方案后，开始进行建筑电气的专业设计的。分为方案设计、初步设计、施工图设计三个阶段。

（1）方案设计阶段。建筑电气方案设计文件编制深度原则：应满足编制初步设计文件的需要；宜因地制宜正确选用国家、行业和地方建筑标准设计；对于一般工业建筑（房屋部分）工程设计，设计文件编制深度上应符合有关行业标准的规定。

（2）初步设计阶段。建筑电气初步设计文件编制深度原则：应满足编制施工图设计文件的需要。当设计合同对设计文件编制深度另有要求时，设计文件编制深度应同时满足设计合同的要求。

（3）施工图设计阶段。建筑电气施工图设计文件编制深度原则：施工图设计文件，应满足设备材料采购、非标准设备制作和施工的需要。对于将项目分别发包给几个设计单位或实施设计分包的情况，设计文件相互关联出的深度应当满足各承包或分包单位设计的需要。设计施工图内容：图样目录；施工设计说明；设计图样主要设备表；计算书（供内部使用及存档）。

11.1.3　服务的对象

设计是为甲方（业主）的功能需要服务的，也是为施工单位的施工需要服务的。在满足国家有关规定的前提下，设计人员应树立服务意识、树立合作观念、树立敬业精神。对建筑电气专业的设计人员而言，妥善处理与各个专业之间的关系是十分重要的事情，在协调上所用的时间甚至可能超过设计的时间。

11.1.4　设计内容分类

设计内容包括高、低压配电系统、电力配电系统、电气照明配电系统、防雷接地系统和智能建筑系统的设计等。设计的内容通过施工图来表达。

现代建筑趋于多元化的风格，高度大、面积大、功能复杂，电气设计内容也日趋复杂，项目繁多。建筑电气设计从狭义上仅指民用建筑中的电气设计，从广义上讲应该包括工业建筑、构筑物和道路、广场等户外工程。

传统建筑电气设计只包括供电和照明，将其设计的内容形容为强电和弱电。将供电、照明、防雷归类在强电，而其余部分，如电话、电视、消防和楼宇自控等内容统统归于弱电。这种分类以电压的高低为依据，强调了电气设计中所增加的消防、电信和自控内容与传统电气设计内容完全不同，容易理解，所以很快被人们所接受。

但在建筑电气中强电和弱电系统相互交叉，没有明确的界限。例如：动力设备的二次控制回路，其电压可能很低；而消防回路中的联动也与照明、动力系统密不可分；人防设计、保安设计等功能性设计，其内容不仅仅是弱电信号的报警，也包含有动力、照明的连锁反应。又如防雷接地，强弱电都有要求，而且多数情况下是共用一组接地装置。根据国家注册电气工程师考试大纲，将电气工程师分为输配电和供配电两个专业。建筑电气设计的内容应与后者相适应，它既包括强电的内容也包括弱电的内容。所以，从理论说建筑电气设计是电学科多专业的综合。

11.1.5　建筑电气施工图设计的主要图样

(1) 图样目录。先列出新绘制的图样，后列出本工程选用的标准图，最后列出重复使用图。

(2) 设计说明。施工设计以图样为主，设计说明为辅。主要说明那些在图样上不易表达的或可以用文字统一说明的问题。如工程的土建概况；工程的设计范围，工程的类别，级别（防火，防雷，防爆及负荷级别）；电源概况；导线，照明器，开关及插座选型；电器保安措施；自编图形符号；施工安装要求和注意事项等。

(3) 施工图样。施工图样主要有平面图，立面图，剖面图，系统图和安装详图等。电气平面图按楼层或车间分别描绘。图形符号按国家标准绘制，自编图形符号应在说明中注明。在平面图上用实线描绘出建筑平面、室内设备、用具的轮廓，并注明各房间的名称。平面图应表示出所有用电设备的位置；用规定的文字标注出以上各种电器的安装方式、安装高度、设备容量及型号；用规定的文字标注线路的型号、截面、敷设方式、根数及敷设高度等。在平面图上还可以加注该图的施工说明和简要的材料表。对复杂的工程应绘出局部平、剖面图。

系统图用单线绘制，图中主要描述各配电柜之间的关系，及配电柜内部的关系与设备型号、容量。在系统图中还可以表示配电线路，配电干线和支线应用规定的文字标明导线的型号、截面、根数、敷设方式（如穿管敷设，还要标明穿管管材和管径）。对各支路应标出其回路编号、用电设备名称、设备容量及计算电流。

安装详图多采用国家标准图集，地区性通用图集，各设计单位自编的图集作为选用的依据。仅对个别非标准的工程项目，才进行安装详图设计，且一定要结合现场情况，结合设备，构件尺寸详细绘制。

(4) 计算书是设计、选择设备的依据，经校审签字后，由设计单位作为技术文件归档，不外发。

（5）主要设备材料表及工程量统计是根据施工图编制的，并作为施工图设计文件提供给建设单位。

11.1.6　建筑电气施工图设计的内容

（1）供电系统。建筑供电主要是解决建筑物内用电设备的电源问题，包括变配电所的设置，线路计算，设备选择等。

供电设计：包括供电电源的电压、来源、距离和可靠度；目前供电系统和远景发展情况；用电负荷的性质，总设备容量和计算负荷；变配电所的数量、容量、位置和主接线；无功功率的补偿容量和补偿前后的功率因数；设备容量和备用电源供电的方式；继电保护的配置，整定和计量仪表的配置。

1）电力负荷的计算。电力负荷是供电设计的依据参数。计算准确与否，对合理选择设备，安全可靠与经济运行，均起着决定的作用。负荷计算的具体方法有：需要系数方法，单位负荷法等。

2）短路电流计算。计算各种故障情况，以确定各类开关电器的整定值，延时时间。

3）变配电所设计。根据建筑特点，确定变配电所设计是建筑供电的重点。其设计的主要内容有：变配电所的负荷计算；无功功率补偿计算；变配电室的位置选择；确定电力变压器的台数和额定容量的计算，选择主线方案；开关容量的选择和短路电流的计算；二次回路方案的确定和继电保护的选择与整定；防雷保护及接地装置的设计；变配电所内的照明设计；编制供电设计说明书；编写电气设备和材料清单；绘制配电室供电平面图；二次回路图及其他施工图。

4）低压配电线路设计。确定各区域总配电箱、分箱的位置，根据线路允许电压降等因素确定干线的走向，管材型号和规格、导线截面等。低压配电系统的接线、主要设备选择、导线及敷设方式的选择、低压系统接地方式选择等。

5）电气设备选择。现代建筑要求电气设备防火、防潮、防爆、防污染、节能及小型化。主要有电源设备、高低压开关柜、电力变压器、电缆电线、母线槽、开关电器、照明灯具、电信产品、消防安防产品、楼宇自控产品等。

6）继电控制与保护。没有十全十美的系统，没有100%可靠的设备，对于各种突发的意外情况，对关键点进行保护，是电力系统工程师的职责之一。

（2）照明系统。电气照明设计包括设计说明、光源选择、照度计算、灯具造型、灯具布置、安装方式、眩光控制、调光控制、线路截面、敷设方法和设备材料表等。

（3）防雷及接地。防雷设计包括：防雷类别和采取的防雷措施（包括防侧击雷、防击电磁脉冲、防高电位引入），接地装置形式，接地极材料要求、敷设要求、接地电阻值要求。强弱电接地系统和等电位连接系统。

（4）智能建筑系统。

1）防火。建筑防火设计包括：火灾自动报警系统、通信和消防联动控制系统等。涉及到水专业的喷淋泵、消防泵；暖通专业的防排烟系统；建筑专业的防火分区及防火卷帘（门）的布置。

2）防盗。防盗设计包括：闭路监视系统、巡更系统、传呼系统、车库管理系统等。

3）电视。电视系统设计包括：应合理确定电视的信号源及电视机输入端的电平范围。视频同轴电缆、高频插接件、线路放大器、分配器、分支器的选择等。

4）电话。电话设计包括电话设备的容量、站址的选定、供电方式、线路敷设方式、分配方式、主要设备选择、接地要求等。

5）广播。建筑的音响广播设计包括公众广播、客房音响、高级宴会厅的独立音响、舞厅音响等。公众音响平时播放背景音乐，发生火灾时，兼作应急广播用。

6）计算机网络系统。计算机网络设备的出现是随着信息工业的发展而出现在建筑物中的新事物。信息时代的到来，使我们的工作、学习和生活更加便利和多元化。

7）电脑管理系统。电脑管理系统是指对建筑物中人流、物流进行现代化的电脑管理，如车库管理、饭店管理等子系统。

8）楼宇自控。自动控制与调节：包括根据工艺要求而采取的自动、手动、远程控制、连锁等要求；集中控制和分散控制的原则；信号装置、各类仪表和控制设备的选择等。楼宇自控是智能建筑的基本要求，也是建筑物功能发展的时代产物。

11.1.7　设计的资料收集

设计人员在接受设计任务时，需要收集的原始资料如下：

(1) 全面了解建设规模、生产工艺、建筑结构和总平面布置情况。

(2) 向当地供电部门调查电力系统的情况，了解本工程供电方式，供电的电压等级，对功率因数的要求，电费收取办法。

(3) 建筑物的土建平面图、立面图、剖面图。了解建筑结构状况，如各层的标高、各房间的用途、顶棚、门窗及楼梯间等情况，以便考虑供电的方案，线路的走向、敷设方式等。

(4) 向建设单位及其他专业取得工艺设备和室内设施布置图，以了解生产车间工艺设备的确切位置。

(5) 电源进户线的进线方位、标高，进户装置的形式，以统筹考虑对建筑物外观的影响与供电安全的问题。

(6) 了解其他专业的要求。现代建筑物的设计是由建筑、水、电、暖通、电信等专业密切配合产生的。按建筑的格局进行布置，同时不能影响结构的安全。建筑设备的管道很多（如给排水管道、暖通管道、电信线路管道等），在进行设计前，应事先与其他专业联系，并约定各类管道的敷设部位，以避免各自完成图样后再发生矛盾。

(7) 了解工程建设地点的气象、地质资料，以供防雷和接地装置设计之用。

原始资料的收集视工程的具体情况及工程的规模大小来收集有关的部分，最好能在着手设计前全部收集齐备，必要时可以在设计过程中继续收集。

11.2　建筑电气工程施工图的识读

电气工程图是建筑电气工程领域的工程技术语言，是用来阐述电气系统的工作原理、描述产品的构成和功能、提供安装和使用信息的重要工具和手段。电气工程设计人员根据电器动作原理或安装配线要求，将所需要的电源、负载及各种电气设备，按照国家规定的画法和符号画在图样上，并标注一些必要的能够说明这些电气设备和电气元件名称、用途、作用以及安装要求的文字符号，构成完整的电气工程图样。电气工程施工、设备运行维护技术人员则按照工程图样进行安装、调试、维修和检查电气设备等工作。

11.2.1　电气识图的基本知识

要掌握电气工程图的识图及分析方法，首先应掌握识图的基本知识；了解电气工程图的种类、特点及在工程中的作用、了解国家有关工程施工的政策和法令、现行的国家标准和施工规范；了解各种电气图形符号以及识图的基本方法和步骤等。并在此基础上将对图样中难以读懂、标识错误的部分一一记录，待设计图样会审（交底）时向设计人员提出，并协商后得出设计人员认可的结论。

（1）注意标题栏的完整性。一张图样的完整图面是由边框线、标题栏、会签栏、设计单位设计证号专用章和注册电气工程师出图章。用以确定图样的名称、专业图号、张次和有关人员签字框等内容的栏目称为标题栏，又可叫做图标。图标一般放在图样的右下脚，仅靠图样边框线，其内容可能因设计单位的不同而有所不同，大致包括：图样的名称、比例、图号、设计单位、设计人、制图人、专业负责人、工程负责人、审核人及完成日期等；会签栏是设计院内部各专业图纸会审时的签字栏；设计单位设计证号专用章体现设计院的资质等级，设计图样无此章为无效图样；电气专业工程设计的主要设计文件，由注册电气工程师签字盖章后生效，对本设计图样负设计责任。

（2）建筑电气施工图一般由图样目录、设计说明、材料表和图样组成。按照工程图样的性质和功能，又可以分为系统图、平面图、电路原理图、接线图、设备布置图、大样图等多种形式。

电气工程图中常用的线条有以下几种：

1）粗实线表示主回路，电气施工图的干线、支线、电缆线、架空线等。

2）细实线表示控制回路或一般线路。电气施工图的底图（即建筑平面图）。

3）长虚线表示事故照明线路，短虚线表示钢索或屏蔽。

4）点划线表示控制和信号线路。

按图样的复杂程度，可以将图线分清主次，区分粗、中、细，主要图线粗些，次要图线细些。此外，建筑电气专业常用的线型还有电话线、接地母线、电视天线、避雷线等多种特殊形式，必要时，可在线条旁边标注相关符号或文字，以便区分不同的线路。

（3）比例。电气工程图中需按比例绘制的图一般是用于电气设备安装及线路敷设的施工平面图。一般情况下，照明或动力平面布置图以 1∶100 的比例绘制为宜。但根据视图需要，也可以 1∶50 或 1∶200 的比例来绘制。大样图可以适当放大比例。电气系统图、原理图及接线控制图可不按比例绘制。

（4）标高。考虑到电气设备安装或线路敷设的方便，在电气平面图中，电气设备和线路安装、敷设位置高度以该层地平面为基准，一般称为敷设标高。

11.2.2　识图的基本步骤

阅读建筑电气工程图，除应了解建筑电气工程图的特点外，还应按照一定的顺序进行阅读，这样才能比较迅速全面地读懂图样，以完全实现读图的意图和目的。

(1) 阅读图样说明书。图样说明书（一般作为整套图样的首页）包括图样目录、技术说明、元件明细表和施工说明书等。识图时，首先看图样说明书，弄清楚设计内容和施工要求，这些内容有助于了解图样的大体情况和抓住识图重点。

(2) 阅读系统图。阅读图样说明后，就要读系统图，从而了解整个系统或子系统的概况，即它们的基本组成、相互关系及其主要特征，为进一步理解系统或子系统的工作原理打下基础。

(3) 阅读电路图。为进一步理解系统和子系统的工作原理，需仔细阅读电路图。电路图是电气图的核心，内容丰富，阅读难度大。对于复杂的电路图，应先阅读相关的逻辑图和功能图。

看电路时，首先要分清主（一次）电路和辅助（二次）电路、交流电路和直流电路。其次按照先看主电路，后看辅助电路的顺序读图。分析主电路时，通常从电气设备开始，经控制元件，顺次向电源看。阅读辅电路时，先找到电源，再顺次看各条回路，分析各回路元件的工作情况及其对主电路的控制关系。

通过分析主电路，要弄明白用电设备是怎样取得电源的，电源经过哪些元件和电器设备，分配到哪些用电系统等。通过分析辅助电路，要搞清它的回路构成、各元件间的关系、控制关系以及在什么条件下回路构成通路或断路，以理解元件的工作情况。

(4) 阅读平面布置图和剖面图。看平面布置图时，先了解建筑物平面概况，然后看电气主要设备的位置布置情况，结合建筑剖面图进一步搞清楚设备的空间布置，对于安装接线的整体计划和具体施工是十分必要的。

总之，阅读图样的顺序没有统一的规定，读者可以根据需要自己灵活掌握，并应有所侧重。通常一张图样需要反复阅读多遍。通过大量的读图实践，形成各自看图的习惯。为了更好地利用图样指导施工，使之安装质量符合要求，阅读图样时，还应配合阅读有关设计、施工、验收规范、质量检验评定标准以及全国通用电气装置安装标准图集，以详细了解安装技术要求及具体安装方法等。

11.2.3　常用电气工程图例

图例即图形及文字符号。电气图中的图形、符号、文字都有统一的国家标准。目前，建筑电气图样应用的是新的国家标准 GB 4728.7—2000《电气图用图形符号》和 GB 5465.2—1996《电气设备用图形符号》。建筑电气工程图样中常用的图例和说明，如附录 1 所示。

11.3　建筑电气工程施工图实例

某住宅建筑电气施工图如图 11.3.1～图 11.3.12 所示。

说明：

1. 设计依据

JGJ/T－16－92《民用建筑电气设计规范》及国家有关设计规范和图集。

2. 设计范围

低压配电，照明，防雷接地。

3. 供配电系统

（1）本工程采用380/220V电源供电。

（2）进户处零线须重复接地，设专用PE线，接地电阻不大于1Ω。

（3）电气安全采用TN－C－S接地保护系统，并与防雷保护共用接地装置，插座接地孔应与接地线可靠连接，等电位连接安装按照97SD567国标施工。

（4）设计容量见系统图。

（5）低压配电干线选用铜芯聚氯乙烯绝缘电缆（VJV）穿钢管埋地或沿墙敷设，支干线、支线选用铜芯电线（BV）穿PVC管沿建筑物墙、地面、顶板暗敷设。

（6）导线除图中有标注外，户内导线主线和插座线为BV－4，灯线为BV－2.5。穿管管径为：BV（2×2.5）PVC15、BV（3×2.5）PVC20、BV（4×2.5）PVC25、BV（5×2.5）PVC25。空调插座线为：BV－6。

（7）各照明配电箱安装高度中心距地1.8m，厨房、卫生间插座安装高度底边距1.5m，空调插座安装高度距地1.8m，其余插座安装高度距地0.3m，开关安装高度距地1.3m。

（8）厨房、卫生间采用密闭型防水防潮插座和开关。

（9）插座按100W/个计。空调插座按2.5kW计。

4. 防雷与接地

（1）屋面防雷采用避雷带防雷，用ϕ12mm的镀锌圆钢制作，突出屋面的金属构筑物应与避雷带可靠连接，不同标高的避雷带也要可靠连接。

（2）利用柱内不小于ϕ14mm的主筋作引下线，柱内主筋应为焊接。

（3）利用基础、地梁内的钢筋作接地装置，钢筋为焊接，在引下线距地1.5m处设接地电阻测试点，实测接地冲击电阻小于10Ω，若不满足，应增设引下线与人工接地装置。

5. 未尽事宜按国家有关规范执行。

材料表：

序号	图例	名称	型号	单位	数量	备注
24		空调插座	250V 20A	套	12	
23		多用插座	250V 10A	套	142	
22		双控开关	250V 10A	套	4	
21		三位开关	250V 10A	套	12	
20		二位开关	250V 10A	套	26	
19		一位开关	250V 10A	套	52	
18		声光开关	250V 3A	套	6	
17		花灯	5×25W	套	12	
16		客厅灯	5×25W	套	12	
15		白炽灯	PZ 1×100W	套	52	
14		吸顶灯	1×60W	套	6	
13		防水防尘灯	1×60W	套	28	
12		M3 电能表箱	PN4C	套	2	
11		M2 照明配电箱	PN8C	套	12	
10		电能表箱		套	1	
9	——	阻燃硬塑料管	PVC15	m		
8	——	阻燃硬塑料管	PVC20	m		
7	——	阻燃硬塑料管	PVC32	m		
6	——	铜芯聚氯乙烯绝缘线	BV－2.5	m		
5	——	铜芯聚氯乙烯绝缘线	BV－4	m		
4	——	铜芯聚氯乙烯绝缘线	BV－6	m		
3	——	铜芯聚氯乙烯绝缘线	BV－10	m		
2	——	铜芯聚氯乙烯绝缘电缆	VJV	m		进户线
1		低压进户装置	三相五线	副	1	

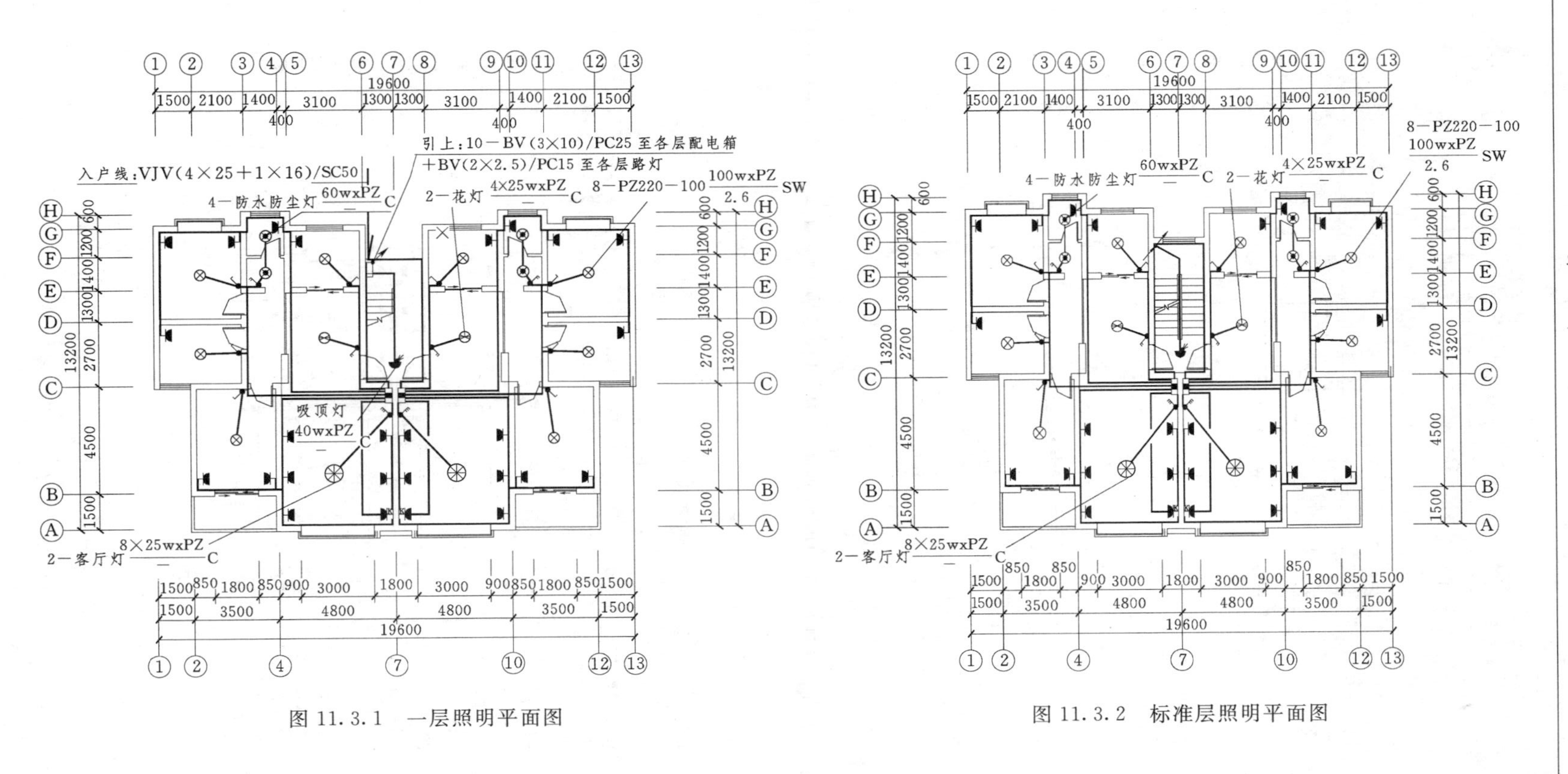

图 11.3.1 一层照明平面图

图 11.3.2 标准层照明平面图

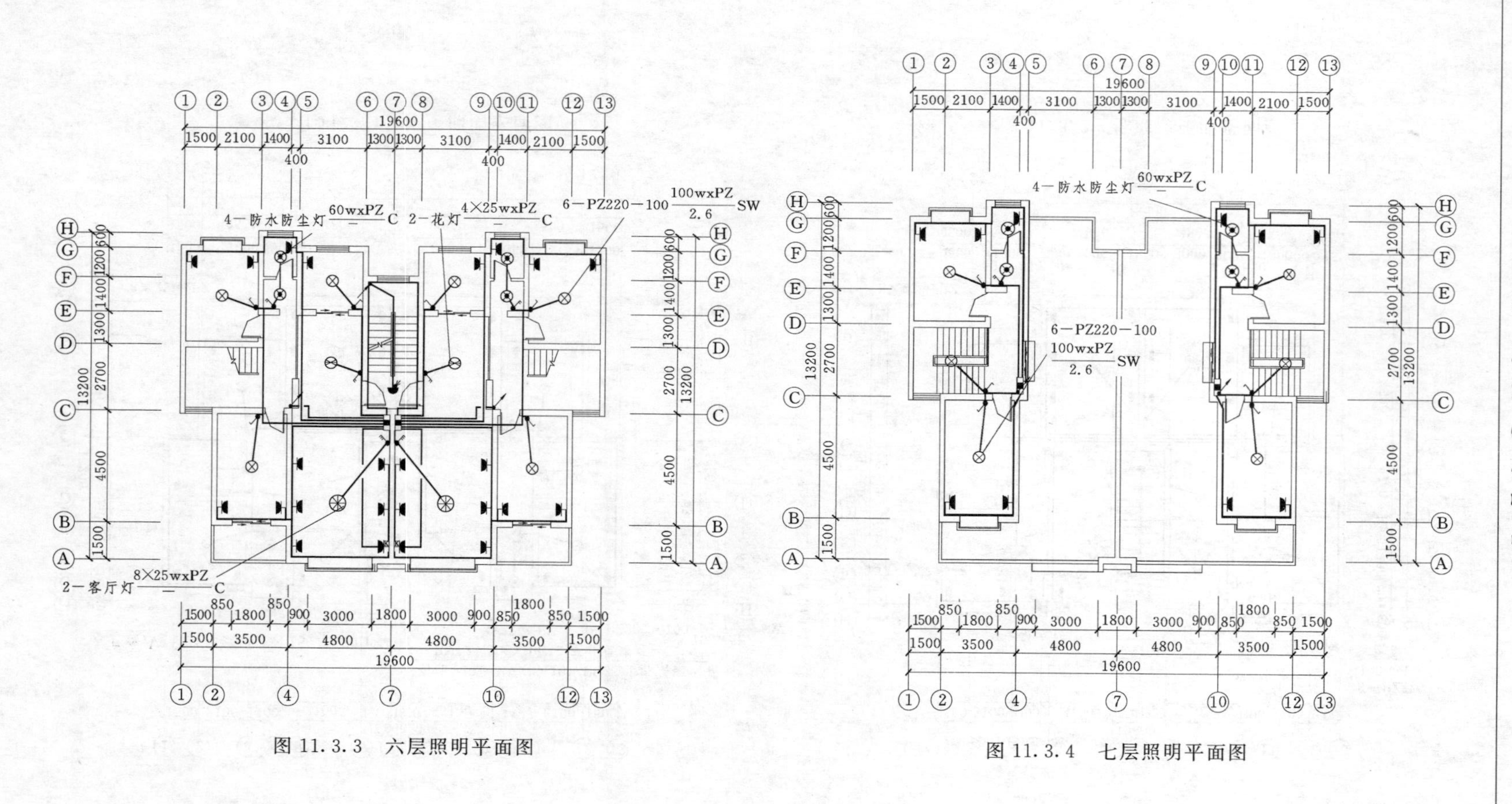

图 11.3.3　六层照明平面图

图 11.3.4　七层照明平面图

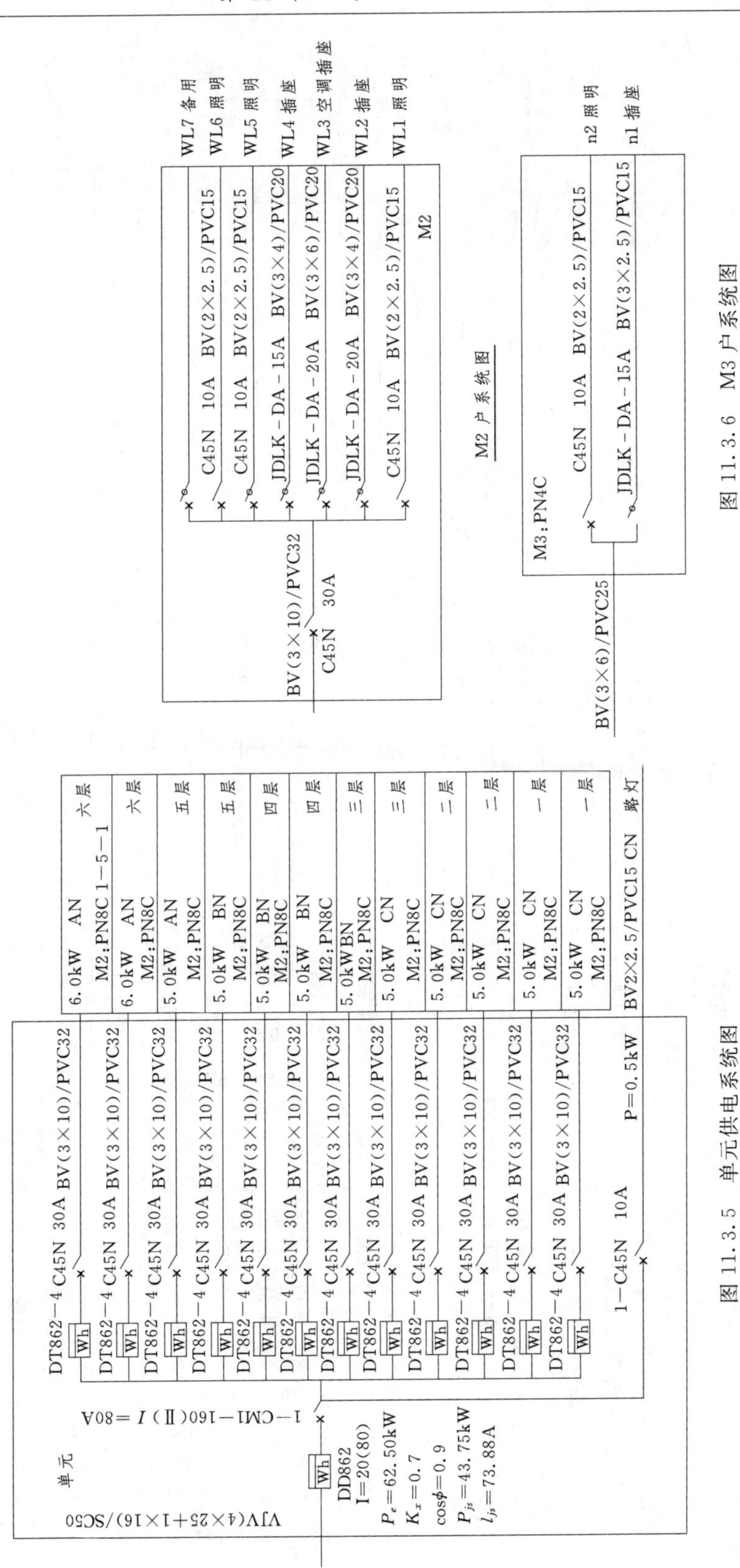

图 11.3.5 单元供电系统图

图 11.3.6 M3 户系统图

说明：

一、电话系统

1. 电话电缆由室外弱电井穿管埋地或沿墙引入一层与二层楼梯间的电话分线箱，经二次配线后引至各个用户点。

2. 电话干线与次干线电缆选用 HYV 型，穿 PVC 管埋地或沿墙敷设，支线选用 RVS－2×0.5 型穿PVC管沿建筑物墙地面、顶板暗敷设。

3. 电话分线箱暗装，底边距地 1.8m，电话插座底边距地 0.3m，每户预留 2 对电话线。

二、电视系统

1. 有线电视电缆或光缆由室外弱电井引至一层与二层楼梯间的电视前端箱，再分配到各用户分网。

2. 前端箱暗装，顶边距顶板 0.3m，层分支、分配器箱暗装顶边距顶板 0.3m，电视插座底边距地 0.3m。

3. 二单元电视、电话平面图与一单元同。

三、其他

1. 电话线与电力线平行最小间距为0.15m，交越间距为0.05m。

2. 未注明的作法均按《建筑电气通用图集》及有关规范规定执行。

材料表：

序号	图例	名称	型号	单位	备注
16		阻燃型 PVC 管	$\phi25$、$\phi20$、$\phi15$	m	
15		电话线	RVS	m	
14		电话电缆	HYV	m	
13		同轴电缆	SYV—75—5	m	
12		同轴电缆	SYV—75—9	m	
11		同轴电缆	SYV—75—12	m	
10		接线盒		个	
9		二分支器		个	
8		三分支器		个	
7		四分配器		个	
6	VP	分支分配器箱		个	
5	VH	放大器前端箱		个	
4		用户电视插座		个	
3		用户电话插座		个	
2		电话接线箱	ST0—10	个	
1		电话接线箱	ST0—50	个	

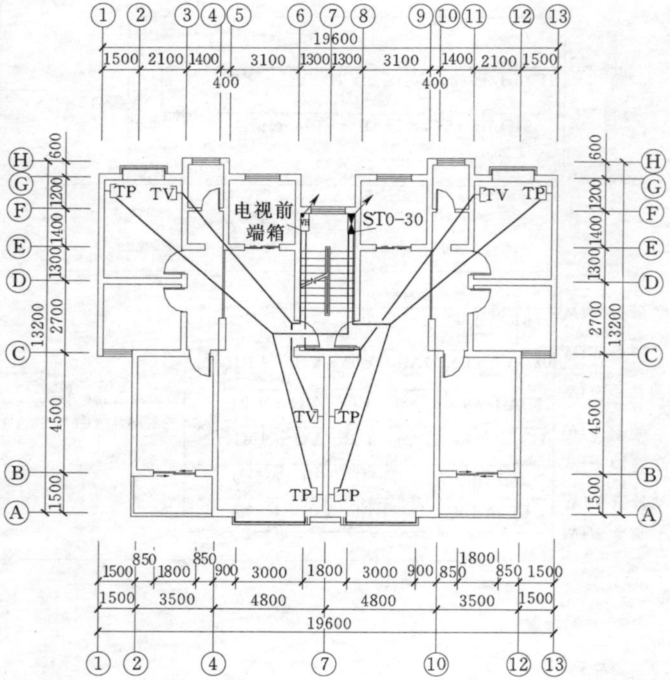

图 11.3.7 标准层电视电话平面图

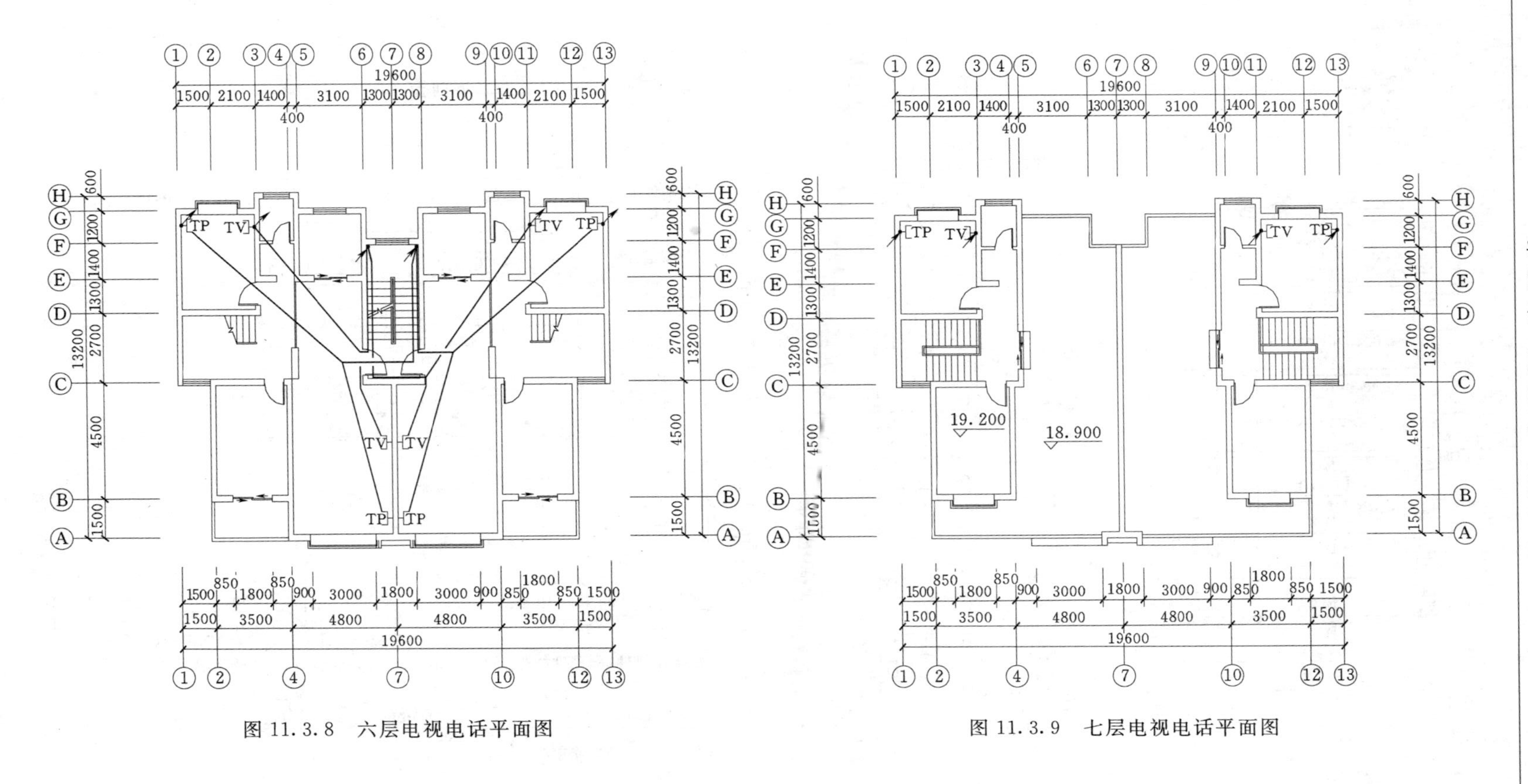

图 11.3.8　六层电视电话平面图

图 11.3.9　七层电视电话平面图

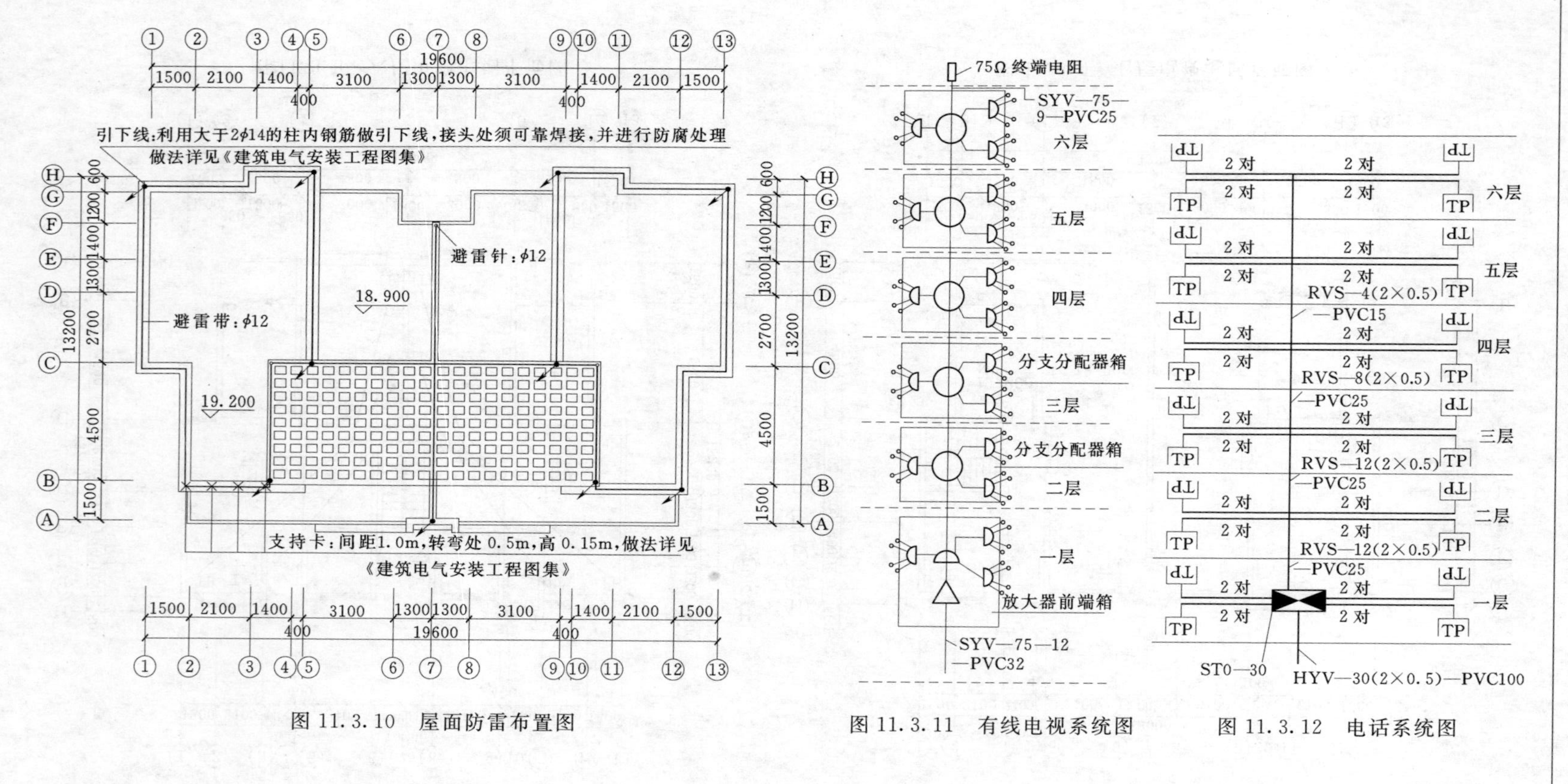

图 11.3.10 屋面防雷布置图

图 11.3.11 有线电视系统图

图 11.3.12 电话系统图

习　题

1. 建筑电气设计的概念及基本要求是什么？
2. 建筑电气设计应遵循哪些程序？
3. 建筑电气施工图设计的主要图样有哪些？
4. 建筑电气施工图设计的主要内容有哪些？
5. 如何进行建筑电气工程施工图的识读？

附　　录

附录 1　常用电气图例符号

附录 1.1　常用电气照明图例符号

图形符号	名　　称	说　　明
	变电所	
	室外箱式变电所	
	杆上变电所	
	屏、台、箱、柜的一般符号	配电室及进线用开关柜
	多种电源配电箱（盘）	
	电力配电箱（盘）	
	照明配电箱（盘）	
	电源切换箱（盘）	
	事故照明配电箱（盘）	
	组合开关箱	
	电铃操作盘	
	吹风机操作盘	
I　—	配电盘编号	
M	交流电动机	
	按钮盒	
	立柱式按钮箱	
	风扇一般符号	
	暖风机或冷风机	

续表

图形符号	名　称	说　明
	轴流风扇	
	风扇电阻开关	
	电铃	
	号志箱	
	交流电钟	
	明装单相二级插座	
	明装单相三极插座（带接地）	
	明装单相四级插座（带接地）	
	暗装单相二级插座	
	明装单相三极插座（带接地）	
	明装单相四级插座（带接地）	
	暗装单相二级防脱锁紧型插座	
	暗装单相三极防脱锁紧型插座（带接地）	
	暗装三相四极防脱锁紧型插座（带接地）	
	安装 T 形插座	
	暗装调光开关	
	金属地面出线盒	
	防水拉线开关（单相二线）	
	拉线开关（单极二线）	
	拉线双控开关（单极三线）	
	吊线灯附装拉线开关	250V－3A（立轮式），开关绘制方向表示拉线开关的安装方向
	明装单极开关（单极二线）	
	暗装单极开关（单极二线）	
	明装双控开关（单极三线）	

续表

图形符号	名　　称	说　　明
	暗装双控开关（单极三线）	
	暗装按钮式定时开关	
	暗装拉线式定时开关	
	暗装拉线式多控开关	
	暗装按钮式多控开关	
	电铃开关	
	天棚灯座（裸灯头）	
	墙上灯座（裸灯头）	
	各灯具一般符号	
F ××	非定型特制灯具	
	荧光灯列（带状排列荧光灯）	
	单管荧光灯	
	双管荧光灯	
	三管荧光灯	
	荧光灯花灯组合	
	防爆型光灯	
	投光灯	
	电源引入线	除注明外，架空引入时，高度与一层顶板同
	一般电杆	
	带照明灯具的电杆	
	带照明灯具的电杆及投照方向	
	拉线的一般符号	
	带撑杆的电杆	

续表

图形符号	名 称	说 明
	带高桩拉线的电杆	
	交流配电线路	铝芯导线时为2根 铜芯导线时为2根
	交流配电线路	铝芯导线时为3根 铜芯导线时为3根
4	交流配电线路	铝芯导线时为4根 铜芯导线时为4根
5	交流配电线路	铝芯导线时为5根 铜芯导线时为5根
6	交流配电线路	铝芯导线时为6根 铜芯导线时为6根
①	支路编号	
	电缆穿管（钢管、非金属管）保护	
	中途穿线盒或分线盒	
	伸缩缝穿线盒	
	电缆人孔	
	电缆手孔	
向上配线 向下配线 垂直通过配线	管线引向符号	引上，引下，由上引来，由下引来，引上并引下，由上引来再引下，由下引来再引上
	电缆桥架 封闭式母线引向符号 线槽	引上，引下，由上引来，由下引来，引上并引下，由上引来再引下，由下引来再引上
	避雷线	
	避雷针	
	双极带熔断器开关	除注明外，均为HK1型单相胶壳闸
	三极带熔断器开关	除注明外，均为HK1型三相胶壳闸
	双极带熔断器开关	除注明外，均为HH3或HH4型单相铁壳开关
	三极带熔断器开关	除注明外，均为HH3或HH4型三相铁壳开关
	双极三相转换开关	除注明外，均为两电流切换开关

续表

图形符号	名　　称	说　　明
	三相低压断路器	
	跌落式熔断器	除注明外，均为 RW3－10 型户外跌落式熔断器 除注明外，均为 RW4－10 型户外跌落式熔断器
	熔断器式隔离开关	除注明外，均为 HR3 型熔断器式隔离开关
	熔断器	除注明外，均为 RC1A 瓷插式熔断器
(A)　(V)	指示式电流表、电压表	除注明外，为 1T1－A 型交流电流表 除注明外，为 1T1－V 型交流电压表
Wh	有功电能表	除注明外，均由供电部门备料安装（虚线时为表位）
varh	无功电能表	除注明外，均由供电部门备料安装（虚线时为表位）
AK	安培表的换相开关	
VK	伏特表的换相开关	
——F——	电话线路 末端线路，简化标注时，只注明电话对数	RVB（2×0.2） 1 对：1（2×0.2） 2 对：2（2×0.2） 3 对：3（2×0.2） 4 对：4（2×0.2） 5 对：5（2×0.2） SC15、PC15、TC20、FEC15、（KRG）20
——S——	广播线路	
——V——	电视线路	
	壁龛电话交接箱	
	室内电话分线盒	
	扬声器	
	广播分线箱（盘）	
(100)	设计照度	表示 100Lx
±0.000	安装或敷设高度（米）	自室内该处地面算起
▽±0.000	安装或敷设高度（米）	自室外该处地面算起

续表

图形符号	名 称	说 明
	消防专用按钮	SFAN－1 型
	实验室用暗装塑料插销组板	
	实验室用暗装插销组板	
A/B	实验室插销组板、箱编号	圈内数字：A 为分盘号；B 为设计选定插销组板或箱的排列方案
	实验室明装接地端子板	右下角数字表示安装接地端子的节数，由设计选定
	实验室暗装接地端子箱	
	接地接线柱板	采用 633 型 100A 接线柱组合

附录 1.2　导线或电缆敷设方式的标注符号

序号	中 文 名 称	旧代号	新代号
1	暗敷	A	C
2	明敷	M	E
3	铝皮线卡	QD	AL
4	电缆桥架		CT
5	金属软管		F
6	厚壁钢管（水煤气管）		RC
7	穿焊接钢管敷设	G	SC
8	穿电线管敷设	DG	TC
9	穿硬聚氯乙烯管敷设	VG	PC
10	穿阻燃半硬聚氯乙烯管敷设		FPC
11	绝缘子或瓷柱敷设	CP	K
12	塑料线槽敷设	CB	PR
13	钢线槽敷设	S	SR
14	金属线槽敷设		MR
15	电缆桥架敷设		CT
16	瓷夹板敷设	CP	PL
17	塑料夹敷设	CJ	PCL
18	穿蛇皮管敷设	VJ	CP
19	塑料阻燃管	SPG	PVC

附录1.3　导线敷设部位的标注

序号	名　称	旧代号	新代号
1	沿钢索敷设	S	SR
2	沿屋架或跨屋架敷设	LM	BE
3	沿柱或跨柱敷设	ZM	CLE
4	沿墙面敷设	QM	WE
5	在能进入的吊顶内敷设	PNM	ACE
6	沿天棚面或顶板面敷设	PM	CE
7	暗敷设在梁内	LA	BC
8	暗敷设在柱内	ZA	CLC
9	暗敷设在墙内	QA	WC
10	暗敷设在墙面或地板内	DA	FC
11	暗敷设在屋面或顶板内	PA	CC
12	暗敷设在不能进入的吊顶内	PNA	ACC

附录1.4　灯具安装方式及其代号

序号	名　称	旧代号	新代号
1	线吊式	X	CP
2	固定线吊式	X1	CP1
3	防水线吊式	X2	CP2
4	吊线器式	X3	CP3
5	链吊式	L	Ch
6	管吊式	G	P
7	壁装式	B	W
8	吸顶式或直附式	D	S
9	嵌入式（成人不可进入的顶棚）	R	R
10	顶棚内安装（成人可进入的顶棚）	DR	CR
11	墙壁内安装	BR	WR
12	台上安装	T	T
13	支架上安装	J	SP
14	柱上安装	Z	CL
15	座装	ZH	HM

附录2 建筑电气部分常用技术数据

附录2.1 10kV级S9和SC9系列电力变压器的主要技术数据

附录2.1.1 10kV级S9系列油浸式铜线电力变压器的主要技术数据

型号	额定容量（kVA）	额定电压（kV）		联结组标号	损耗（W）		空载电流（%）	阻抗电压（%）
		一次	二次		空载	负载		
S9－30/10（6）	30	11，10.5，10，6.3，6	0.4	Yyn0	130	600	2.1	4
S9－50/10（6）	50	11，10.5，10，6.3，6	0.4	Yyn0	170	870	2.0	4
				Dyn11	175	870	4.5	4
S9－63/10（6）	63	11，10.5，10，6.3，6	0.4	Yyn0	200	1040	1.9	4
				Dyn11	210	1030	4.5	4
S9－80/10（6）	80	11，10.5，10，6.3，6	0.4	Yyn0	240	1250	1.8	4
				Dyn11	250	1240	4.5	4
S9－100/10（6）	100	11，10.5，10，6.3，6	0.4	Yyn0	290	1500	1.6	4
				Dyn11	300	1470	4.0	4
S9－125/10（6）	125	11，10.5，10，6.3，6	0.4	Yyn0	340	1800	1.5	4
				Dyn11	360	1720	4.0	4
S9－160/10（6）	160	11，10.5，10，6.3，6	0.4	Yyn0	400	2200	1.4	4
				Dyn11	430	2100	3.5	4
S9－200/10（6）	200	11，10.5，10，6.3，6	0.4	Yyn0	480	2600	1.3	4
				Dyn11	500	2500	3.5	4
S9－250/10（6）	250	11，10.5，10，6.3，6	0.4	Yyn0	560	3050	1.2	4
				Dyn11	600	2900	3.0	4
S9－315/10（6）	315	11，10.5，10，6.3，6	0.4	Yyn0	670	3650	1.1	4
				Dyn11	720	3450	3.0	4
S9－400/10（6）	400	11，10.5，10，6.3，6	0.4	Yyn0	800	4300	1.0	4
				Dyn11	870	4200	3.0	4
S9－500/10（6）	500	11，10.5，10，6.3，6	0.4	Yyn0	960	5100	1.0	4
				Dyn11	1030	4950	3.0	4
		11，10.5，10	6.3	Yd11	1030	4950	1.5	4.5

续表

型号	额定容量（kVA）	额定电压（kV）		联结组标号	损耗（W）		空载电流（%）	阻抗电压（%）
		一次	二次		空载	负载		
S9－630/10（6）	630	11，10.5，10，6.3，6	0.4	Yyn0	1200	6200	0.9	4.5
				Dyn11	1300	5800	3.0	5
		11，10.5，10	6.3	Yd11	1200	6200	1.5	1.5
S9－800/10（6）	800	11，10.5，10，6.3，6	0.4	Yyn0	1400	7500	0.8	4.5
				Dyn11	1400	7500	2.5	5
		11，10.5，10	6.3	Yd11	1400	7500	1.4	5.5
S9－1000/10（6）	1000	11，10.5，10，6.3，6	0.4	Yyn0	1700	10300	0.7	4.5
				Dyn11	1700	9200	1.7	5
		11，10.5，10	6.3	Yd11	1700	9200	1.4	5.5
S9－1250/10（6）	1250	11，10.5，10，6.3，6	0.4	Yyn0	1950	12000	0.6	4.5
				Dyn11	2000	11000	2.5	5
		11，10.5，10	6.3	Yd11	1950	12000	1.3	5.5
S9－1600/10（6）	1600	11，10.5，10，6.3，6	0.4	Yyn0	2400	14500	0.6	4.5
				Dyn11	2400	14000	2.5	6
		11，10.5，10	6.3	Yd11	2400	14500	1.3	5.5
S9－2000/10（6）	2000	11，10.5，10，6.3，6	0.4	Yyn0	3000	18000	0.8	6
				Dyn11	3000	18000	0.8	6
		11，10.5，10	6.3	Yd11	3000	18000	1.2	6
S9－2500/10（6）	2500	11，10.5，10，6.3，6	0.4	Yyn0	3500	25000	0.8	6
				Dyn11	3500	25000	0.8	6
		11，10.5，10	6.3	Yd11	3500	19000	1.2	5.5
S9－3150/10（6）	3150	11，10.5，10	6.3	Yd11	4100	23000	1.0	5.5
S9－4000/10（6）	4000	11，10.5，10	6.3	Yd11	5000	26000	1.0	5.5
S9－5000/10（6）	5000	11，10.5，10	6.3	Yd11	6000	30000	0.9	5.5
S9－6300/10（6）	6300	11，10.5，10	6.3	Yd11	7000	35000	0.9	5.5

附录 2.1.2　10kV 级 SC9 系列树脂浇筑干式铜线电力变压器的主要技术数据

型号	额定容量(kVA)	额定电压(kV)		联结组标号	损耗(W)		空载电流(%)	阻抗电压(%)
		一次	二次		空载	负载		
S9—200/10	200	10	0.4	Yyn0	480	2670	1.2	4
S9—250/10	250				550	2910	1.2	4
S9—315/10	315				650	3200	1.2	4
S9—400/10	400				750	3690	1.0	4
S9—500/10	500				900	4500	1.0	4
S9—630/10	630				1100	5420	0.9	4
S9—630/10	630				1050	5500	0.9	6
S9—800/10	800				1200	6430	0.9	6
S9—1000/10	1000				1400	7510	0.8	6
S9—1250/10	1250				1650	8960	0.8	6
S9—1600/10	1600				1980	10850	0.7	6
S9—2000/10	2000				2380	13360	0.6	6
S9—2500/10	2500				2850	15880	0.6	6

附录 2.2　用电设备组的需要系数、二项式系数及功率因数值

用电设备组名称	需要系数 K_d	二项式系数		最大容量设备台数 x[①]	cosφ	tanφ
		b	c			
小批生产的金属冷加工机床电动机	0.16～0.2	0.14	0.4	5	0.5	1.73
大批生产的金属冷加工机床电动机	0.18～0.25	0.14	0.5	5	0.5	1.73
小批生产的金属热加工机床电动机	0.25～0.3	0.24	0.4	5	0.6	1.33
大批生产的金属热加工机床电动机	0.3～0.35	0.26	0.5	5	0.65	1.17
通风机、水泵、空压机及电动发电机组电动机	0.7～0.8	0.65	0.25	5	0.8	0.75
非连锁的连续运输机械及铸造车间整砂机械	0.5～0.6	0.4	0.4	5	0.75	0.88
连锁的连续运输机械及铸造车间整砂机械	0.65～0.7	0.6	0.2	5	0.75	0.88
锅炉房和机加、机修、装配等类车间的吊车（ε=25%）	0.1～0.15	0.06	0.2	3	0.5	1.73
铸造车间的吊车（ε=25%）	0.15～0.25	0.09	0.3	3	0.5	1.73
自动连续装料的电阻炉设备	0.75～0.8	0.7	0.3	2	0.95	0.33
实验室用的小型电热设备（电阻炉干燥箱等）	0.7	0.7	0	—	1.0	0
工频感应电炉（未带无功补偿装置）	0.8	—	—	—	0.35	2.68

续表

用电设备组名称	需要系数 K_d	二项式系数		最大容量设备台数 x①	$\cos\varphi$	$\tan\varphi$
		b	c			
高频感应电炉（未带无功补偿装置）	0.8	—	—	—	0.6	1.33
电弧熔炉	0.9	—	—	—	0.87	0.57
点焊机、缝焊机	0.35	—	—	—	0.6	1.33
对焊机、铆钉加热机	0.35	—	—	—	0.7	1.02
自动弧焊变压器	0.5	—	—	—	0.4	2.29
单头手动弧焊变压器	0.35	—	—	—	0.35	2.68
多头手动弧焊变压器	0.4	—	—	—	0.35	2.68
单头弧焊电动发电机组	0.35	—	—	—	0.6	1.33
多头弧焊电动发电机组	0.7	—	—	—	0.75	0.88
生产厂房及办公室、阅览室、实验室照明②	0.8～0.1	—	—	—	1.0	0
变配电所、仓库照明②	0.5～0.7	—	—	—	1.0	0
宿舍（生活区）照明②	0.6～0.8	—	—	—	1.0	0
室外照明、应急照明②	1	—	—	—	1.0	0

① 如果用电设备组的设备总台数 $n<2x$ 时，则最大容量设备台数取 $x=n/2$，且按“四舍五入”修约规则取整。

② 这里的 $\cos\varphi$ 和 $\tan\varphi$ 值均为白炽灯照明数据。如为荧光灯照明，则 $\cos\varphi=0.9$，$\tan\varphi=0.48$；如为高压汞灯、钠灯，则 $\cos\varphi=0.5$，$\tan\varphi=1.73$。

附录 2.3　部分企业的全厂需要系数、功率因数及年最大有功负荷利用小时参考值

工厂类别	需要系数 K_d	功率因数 $\cos\varphi$	年最大有功负荷利用小时 T_{max}
汽轮机制造厂	0.38	0.88	5000
锅炉制造厂	0.27	0.73	4500
柴油机制造厂	0.32	0.74	4500
重型机械制造厂	0.35	0.79	3700
重型机床制造厂	0.32	0.71	3700
机床制造厂	0.2	0.65	3200
石油机械制造厂	0.45	0.78	3500
量具刃具制造厂	0.26	0.60	3800
工具制造厂	0.34	0.65	3800
电机制造厂	0.33	0.65	3000
电器开关制造厂	0.35	0.75	3400
导线电缆制造厂	0.35	0.73	3500
仪器仪表制造厂	0.37	0.81	3500
滚珠轴承制造厂	0.28	0.70	5800

附录 2.4　部分工业产品的单位耗电量参考值

序号	工业部门及产品名称	产品单位	单位产品耗电量（kWh/产品单位）
1	机械工业		
1.1	重型机床	t	1600
1.2	工作母机	t	1000
1.3	机车	辆	15000～60000
1.4	车厢	辆	1500～15000
1.5	汽车	t	1500～2500
1.6	拖拉机	辆	5000～8000
1.7	联合收割机	台	800～2200
1.8	复式打谷机	台	600
1.9	自行车	辆	25
1.10	电动机	kW	14
1.11	变压器	kVA	2.5
1.12	静电电容器	kvar	3
1.13	电气用瓷绝缘子	t	300～800
1.14	电能表	只	7
1.15	量具刃具	t	6300～8500
1.16	生铁铸件	t	300
1.17	锻件	t	30～80
1.18	人造金刚石	t	2500
1.19	有色金属制造	t	600～1000
2	有色冶金工业		
2.1	铝	t	19000～20000
2.2	黑铜	t	1000
2.3	精炼铜	t	450
2.4	镁	t	25000
2.5	矾土	t	300～600
2.6	锌块	t	4000
2.7	镍电介质	t	4000
2.8	火镍	t	6000～8000
2.9	采掘铜矿	t	25～40
2.10	加工铜矿	t	35～40
2.11	石墨电极	t	5000～7000

续表

序号	工业部门及产品名称	产品单位	单位产品耗电量（kWh/产品单位）
3	黑色冶金工业		
3.1	马丁炉钢	t	10～17
3.2	碳素钢	t	600～1100
3.3	轧制钢材	t	15～150
3.4	钢管	t	40～200
3.5	生铁	t	40～60
3.6	铁矿石	t	12～17
3.7	烧结矿	t	10～16
3.8	焦炭	t	20
3.9	45%的硅铁合金	t	5000
3.10	55%的硅铁合金	t	5500
3.11	70%的硅铬合金	t	8500
3.12	铁铬合金	t	2000～4000
3.13	铁锰合金	t	2000～3000
4	燃料探采工业		
4.1	勘测钻探	m（钻进）	5～30
4.2	开采钻探	m（钻进）	100～150
4.3	透平钻探	m（钻进）	200～250
4.4	用压缩机开采石油	t	90～110
4.5	开采深处石油	t	10～35
4.6	精炼石油	t	5～50
4.7	无烟煤	t	16～17
4.8	褐煤	t	10～12
5	建筑与建材工业		
5.1	大批建造时不同钢筋含量的钢筋混凝土	m^3	9.5～15
5.2	挡土墙用的钢筋混凝土	m^3	5.5～8
5.3	空心结构的钢筋混凝土	m^3	7～8.5
5.4	冲洗砂质土壤，水压为50m时	m^3 被冲洗土壤	3～5
5.5	冲洗砂质黏土，水压为50m时	m^3 被冲洗土壤	4～9
5.6	木结构	m^3 木材	17
5.7	安装金属（铆接结构的）结构	t	140
5.8	用排锯锯木材	m^3 成材	9～18
5.9	机械加工细致的木制品	m^3 木材	85
5.10	水泥	t	40～120
5.11	玻璃	t	60～150

续表

序号	工业部门及产品名称	产品单位	单位产品耗电量 (kWh/产品单位)
6	轻工、化工和食品工业		
6.1	纱纺	t	40
6.2	棉织物	一百万纬纱	50～80
6.3	漂白品	t	130～320
6.4	着色品	t	235
6.5	毛织物	t	3000
6.6	橡胶鞋	一千双	750
6.7	靴鞋	一千双	400
6.8	普通纸	t	400～800
6.9	木浆	t	1000
6.10	纤维（煮沸）	t	60～250
6.11	灰色硬纸	t	100
6.12	上等纸板	t	1400
6.13	硝酸	t	50～500
6.14	硫酸	t	70～120
6.15	硫酸（塔式制法）	t	40～70
6.16	氨	t	300～2300
6.17	酚	t	400～600
6.18	电石	t	3000～3500
6.19	橡胶制品	t	250～400
6.20	中等压力的压缩空气	m^3	0.1
6.21	氧	m^3	2～2.5
6.22	面粉（磨粉）	t	20～60

附录 2.5　部分企业年最大有功负荷利用小时 T_m 参考值

序号	工厂类别	年最大有功负荷利用小时数
1	电机制造厂	3000
2	机床制造厂	3200
3	电气开关制造厂	3400
4	导线电缆制造厂	3500
6	仪器仪表制造厂	3500
7	石油机械制造厂	3500

续表

序号	工厂类别	年最大有功负荷利用小时数
8	重型机械制造厂	3700
9	量具刃具制造厂	3800
10	工具制造厂	3800
11	锅炉制造厂	4500
12	柴油机制造厂	4500
13	汽轮机制造厂	5000
14	滚珠轴承制造厂	5800

附录 2.6　照明装置单位面积耗电量参考值

单位：W/m²

序号	建筑物名称	单位面积耗电量
1	机械加工车间	7～10
2	机修电修	7.5～9
3	木工	10～12
4	铸工	8～10
5	锻压	7～9
6	热处理	10～13
7	表面处理	9～11
8	焊接	7～10
9	装配	8～11
10	元件、仪表、装配实验厂房	10～13
11	生产准备厂房	8～11
12	工厂中央实验室	9～12
13	计量室	10～13
14	冷冻站	8～10
15	乙炔站	8～11
16	氧气站、煤气站	8～10
17	空气压缩站、水泵房	6～9
18	锅炉房	7～9
19	材料库	4～7
20	变、配电所	8～12
21	工厂办公室	10～15
22	家属宿舍（不含电炊用具）	10～15

续表

序号	建筑物名称	单位面积耗电量
23	单身宿舍	8～10
24	设计室、绘图室	12～18
25	资料室	10～15
26	食堂、餐厅	10～13
27	医院	9～12
28	学校	12～15
29	托儿所、幼儿园	9～12
30	俱乐部	10～13
31	商店	12～15
32	浴室、更衣室、厕所	6～8

附录2.7　照明负荷密度

建筑类别	场所名称	负荷密度		
		负荷类别	设计（VA/m²）	计算（VA/m²）
办公建筑	办公室	照明	35	20
		插座	40	30
	大会议室	照明	50	40
		插座	40	25
	中小会议室	照明	30	20
		插座	20	15
	多功能厅	照明	35	25
		插座	50	40
	展览厅	照明	50	40
		插座	40	25
	阅览室	照明	25	20
		插座	15	10
	中央文件室	照明	25	20
		插座	20	10
	计算机房	照明	25	20
		插座	40	30
	培训室	照明	25	20
		插座	40	30
	休息室	照明	25	20
		插座	10	5

续表

建筑类别	场所名称	负荷密度		
		负荷类别	设计（VA/m²）	计算（VA/m²）
办公建筑	接待室	照明	25	20
		插座	20	10
	复印室	照明	25	20
		插座	40	30
	文娱室（台球、乒乓球、桥牌等）	照明	35	30
		插座	10	5
	健身房	照明	30	20
		插座	20	10
	美容室	照明	500	400
		插座	200	100
	咖啡室	照明	40	30
		插座	30	20
	餐厅	照明	40	30
		插座	30	20
	厨房	照明	40	30
		插座	30	15
	更衣室	照明、插座	15	15
	医务室	照明	40	30
		插座	30	20
	播音室	照明	40	30
		插座	50	40
	大门厅	照明	40	35
		插座	40	30
	中庭	照明	50	40
		插座	20	10
	走廊	照明、插座	15	10
	楼梯间	照明	10	10
	库房	照明	25	20
		插座	10	5
	卫生间	照明	20	15
	停车库	照明、插座	10	5
	自行车库	照明、插座	5	5
	洗衣房	照明	25	20
		插座	40	30

续表

建筑类别	场所名称	负荷密度		
		负荷类别	设计（VA/m²）	计算（VA/m²）
医疗建筑	手术室	照明	100	
		插座	60	
	病房	照明	32	
		插座	30	
		插座	35	
	X光室	照明	42	
		插座	30	
	新生儿室	照明	40	
		插座	30	
	康复室	照明	40	
		插座	30	
	处理室	照明	50	
		插座	40	
	药房	照明	50	
		插座	40	
	餐厅	照明	20	
		插座	15	
	厨房	照明	130	
		插座	65	
	洗衣房	照明	42	
		插座	30	

附录2.8 变压器容量密度参考值

建筑类别	容量密度（VA/m²）
住宅建筑	30～40
公寓	50～70
旅馆	60～100
办公	80～120
商业	一般：60～120
	大中型：100～200
体育	60～100

续表

建筑类别	容量密度（VA/m²）
剧场	80～120
医疗	60～100
教学	大专院校：40～60
	中小学校：20～30
展览	100～120
演播室	600～800W/m²
汽车停车库	10W/m²

附录2.9 部分电容器的主要技术数据

型号	额定容量（kvar）	额定电容（μF）	型号	额定容量（kvar）	额定电容（μF）
BCMJ0.4—4—3	4	80	BGMJ0.4—3.3—3	3.3	66
BCMJ0.4—5—3	5	100	BGMJ0.4—5—3	5	99
BCMJ0.4—8—3	8	160	BGMJ0.4—10—3	10	198
BCMJ0.4—10—3	10	200	BGMJ0.4—12—3	12	230
BCMJ0.4—15—3	15	300	BGMJ0.4—15—3	15	298
BCMJ0.4—20—3	20	400	BGMJ0.4—20—3	20	398
BCMJ0.4—25—3	25	500	BGMJ0.4—25—3	25	498
BCMJ0.4—30—3	30	600	BGMJ0.4—30—3	30	598
BCMJ0.4—40—3	40	800	BWF0.4—14—1/3	14	279
BCMJ0.4—50—3	50	1000	BWF0.4—16—1/3	16	318
BKMJ0.4—6—1/3	6	120	BWF0.4—20—1/3	20	398
BKMJ0.4—7.5—1/3	7.5	150	BWF0.4—25—1/3	25	498
BKMJ0.4—9—1/3	9	180	BWF0.4—75—1/3	75	1500
BKMJ0.4—12—1/3	12	240	BWF10.5—16—1	16	0.462
BKMJ0.4—15—1/3	15	300	BWF10.5—25—1	25	0.722
BKMJ0.4—20—1/3	20	400	BWF10.5—30—1	30	0.866
BKMJ0.4—25—1/3	25	500	BWF10.5—40—1	40	1.155
BKMJ0.4—30—1/3	30	600	BWF10.5—50—1	50	1.44
BKMJ0.4—40—1/3	40	800	BWF10.5—100—1	100	2.89

注 1. 额定频率为50Hz。

2. 型号末“1/3”表示有单相和三相两种。

附录 2.10　三相矩形母线单位长度每相阻抗值

母线尺寸（mm）	65℃时单位长度电阻（mΩ/m）		下列相间几何均距时的感抗（mΩ）			
	铜	铝	100mm	150mm	200mm	300mm
25×3	0.268	0.475	0.179	0.200	0.225	0.244
30×3	0.223	0.394	0.163	0.189	0.206	0.235
30×4	0.167	0.296	0.163	0.189	0.206	0.235
40×4	0.125	0.222	0.145	0.170	0.189	0.214
40×5	0.100	0.177	0.145	0.170	0.189	0.214
50×5	0.08	0.142	0.137	0.157	0.18	0.20
50×6	0.067	0.118	0.137	0.157	0.18	0.20
60×6	0.056	0.099	0.120	0.145	0.163	0.189
60×8	0.042	0.074	0.120	0.145	0.163	0.189
80×8	0.031	0.055	0.102	0.126	0.145	0.170
80×10	0.025	0.045	0.102	0.126	0.145	0.170
100×10	0.020	0.036	0.09	0.113	0.133	0.157
2（60×8）	0.021	0.037	0.12	0.145	0.163	0.189
2（80×8）	0.016	0.028	—	0.126	0.145	0.170
2（80×10）	0.013	0.022	—	0.126	0.145	0.170
2（100×10）	0.010	0.018	—	—	0.133	0.157

附录 2.11　电流互感器一次线圈阻抗值

单位：mΩ

变流比＼型号	LQG0.5		LQC－1		LQC－3	
	电抗	电阻	电抗	电阻	电抗	电阻
5/5	600	4300	—	—	—	—
7.5/5	266	2130	300	480	130	120
10/5	150	1200	170	270	75	70
15/5	66.7	532	75	120	33	30
20/5	37.5	300	42	67	19	17
30/5	16.6	133	20	30	8.2	8
40/5	9.4	75	11	17	4.8	4.2
50/5	6	48	7	11	3	2.8
75/5	2.66	21.3	3	4.8	1.3	1.2
100/5	1.5	12	1.7	2.7	0.75	0.7
150/5	0.667	5.32	0.75	1.2	0.33	0.3
200/5	0.575	3	0.42	0.67	0.19	0.17

续表

型号 变流比	LQG0.5		LQC－1		LQC－3	
	电抗	电阻	电抗	电阻	电抗	电阻
300/5	0.166	1.33	0.2	0.3	0.88	0.08
400/5	0.125	1.03	0.11	0.17	0.05	0.04
500/5	—	—	0.05	0.07	0.02	0.02
600/5	0.04	0.3	—	—	—	—
750/5	0.04	0.3	—	—	—	—

附录2.12　低压断路器过电流脱扣线圈阻抗值

单位：mΩ

线圈额定电流（A）	50	70	100	140	200	400	600
电阻（65℃）时	5.5	2.35	1.30	0.74	0.36	0.15	0.12
电抗	2.7	1.30	0.86	0.55	0.28	0.10	0.094

附录2.13　导体在正常和短路时的最高允许温度及热稳定系数

导体种类及材料			最高允许温度℃		热稳定系数 C $A\cdot\sqrt{s}\cdot mm^{-2}$
			正常 θ_L	短路 θ_k	
母线	铜		70	300	171
	铜（接触面有锡层时）		85	200	164
	铝		70	200	87
油浸纸绝缘电缆	铜芯	1～3kV	80	250	148
		6kV	65	220	145
		10kV	60	220	148
	铝芯	1～3kV	80	200	84
		6kV	65	200	90
		10kV	60	200	92
橡皮绝缘导线和电缆		铜芯	65	150	112
		铝芯	65	150	74
聚氯乙烯绝缘导线和电缆		铜芯	65	130	100
		铝芯	65	130	140
交联聚乙烯绝缘电缆		铜芯	80	230	65
		铝芯	80	200	84
有中间接头的电缆（不包括聚氯乙烯绝缘电缆）		铜芯	—	150	—
		铝芯	—	150	—

附录 2.14　三相线路导线和电缆单位长度每相阻抗值

附录 2.14.1　三相线路导线和电缆单位长度每相电阻值

类别			导线（线芯）截面积（mm²）													
			2.5	4	6	10	16	25	35	50	70	95	120	150	185	240
导线类型		导线温度	每相电阻（Ω/km）													
LJ		50	—	—	—	—	2.07	1.33	0.96	0.66	0.48	0.36	0.28	0.23	0.18	0.14
LGJ		50	—	—	—	—	—	—	0.89	0.68	0.48	0.35	0.29	0.24	0.18	0.15
绝缘导线	铜芯	50	8.40	5.20	3.48	2.05	1.26	0.81	0.58	0.40	0.29	0.22	0.17	0.14	0.11	0.09
		60	8.70	5.38	3.61	361.48	1.30	0.84	0.60	0.41	0.30	0.23	0.18	0.14	0.12	0.09
		65	8.72	5.43	3.62	3.61	1.37	0.88	0.63	0.44	0.32	0.24	0.19	0.15	0.13	0.10
	铝芯	50	13.3	8.25	5.53	3.62	2.08	1.31	0.94	0.65	0.47	0.35	0.28	0.22	0.18	0.14
		60	13.8	8.55	5.73	5.53	2.16	1.36	0.97	0.67	0.49	0.36	0.29	0.23	0.19	0.14
		65	14.6	9.15	6.10	5.73	2.29	1.48	1.06	0.75	0.53	0.39	0.31	0.25	0.20	0.15
电力电缆	铜芯	55	—	—	—	—	1.31	0.84	0.60	0.42	0.30	0.22	0.17	0.14	0.12	0.09
		60	8.54	5.34	3.56	2.13	1.33	0.85	0.61	0.43	0.31	0.23	0.18	0.14	0.12	0.09
		75	8.98	5.61	3.75	3.25	1.40	0.90	0.64	0.45	0.32	0.24	0.19	0.15	0.12	0.10
		80	—	—	—	—	1.43	0.91	0.65	0.46	0.33	0.24	0.19	0.15	0.13	0.10
	铝芯	55	—	—	—	—	2.21	1.41	1.01	0.71	0.51	0.37	0.29	0.24	0.20	0.15
		60	14.38	8.99	6.00	3.60	2.25	1.44	2.03	0.72	0.51	0.38	0.30	0.24	0.20	0.16
		75	15.13	9.45	6.31	3.78	2.36	1.51	1.08	0.76	0.54	0.40	0.31	0.25	0.21	0.16
		80	—	—	—	—	2.40	1.54	1.10	0.77	0.56	0.41	0.32	0.26	0.21	0.17

附录 2.14.2　三相线路导线和电缆单位长度每相电抗值

类别		导线（线芯）截面积（mm²）													
		2.5	4	6	10	16	35	35	50	70	95	120	150	185	240
导线类型	线距（mm）	每相电抗（Ω/km）													
LJ	600	—	—	—	—	0.36	0.35	0.34	0.33	0.32	0.31	0.30	0.29	0.28	0.28
	800	—	—	—	—	0.38	0.37	0.36	0.35	0.34	0.33	0.32	0.31	0.30	0.30
	1000	—	—	—	—	0.40	0.38	0.37	0.36	0.35	0.34	0.33	0.32	0.31	0.31
	1250	—	—	—	—	0.41	0.40	0.39	0.37	0.36	0.35	0.34	0.34	0.33	0.32
LGJ	1500	—	—	—	—	—	—	0.39	0.38	0.37	0.35	0.35	0.34	0.33	0.33
	2000	—	—	—	—	—	—	0.40	0.39	0.38	0.37	0.37	0.36	0.35	0.34
	2500	—	—	—	—	—	—	0.41	0.41	0.40	0.39	0.38	0.37	0.37	0.36
	3000	—	—	—	—	—	—	0.43	0.42	0.41	0.40	0.39	0.39	0.38	0.37

续表

类别			导线（线芯）截面积（mm^2）													
			2.5	4	6	10	16	35	35	50	70	95	120	150	185	240
导线类型	线距（mm）		每相电抗（Ω/km）													
绝缘导线	明敷	100	0.327	0.312	0.300	0.280	0.265	0.251	0.241	0.229	0.219	0.206	0.199	0.191	0.184	0.178
		150	0.353	0.338	0.325	0.306	0.290	0.277	0.266	0.251	0.242	0.231	0.223	0.216	0.209	0.200
	穿管敷设		0.127	0.119	0.112	0.108	0.102	0.099	0.095	0.091	0.087	0.085	0.083	0.082	0.081	0.080
低压绝缘电力电缆		1kV	0.098	0.091	0.087	0.081	0.077	0.067	0.065	0.063	0.062	0.062	0.062	0.062	0.062	0.062
		6kV	—	—	—	—	0.099	0.088	0.083	0.079	0.076	0.074	0.072	0.071	0.070	0.069
		10kV	—	—	—	—	0.110	0.098	0.092	0.087	0.083	0.080	0.078	0.077	0.075	0.075
塑料电力电缆		1kV	0.100	0.093	0.091	0.087	0.082	0.075	0.073	0.071	0.070	0.070	0.070	0.070	0.070	0.070
		6kV	—	—	—	—	0.124	0.111	0.105	0.099	0.093	0.089	0.087	0.083	0.082	0.080
		10kV	—	—	—	—	0.133	0.120	0.113	0.107	0.101	0.096	0.095	0.093	0.090	0.087

附录3　常用导线、电缆型号与用途

型　号	名　称	用　途
铜、铝母线		
TMY（TMR）	硬（软）铜母线	适用于作电机、电气、配电设备及其他电工用的铜母线
LMY（LMR）	硬（软）铝母线	适用于作电机、电气、配电设备及其他电工用的铝母线
TRJ	裸铜软绞线	供移动式电气设备作连接线用
铝绞线及钢芯铝绞线		
LJ	铝绞线	适用于架空电力输配导线路并可生产各型号钢芯铝绞线的防腐导线
LGJ	钢芯铝绞线	
LGJQ	轻型钢芯铝绞线	
LGJJ	加强型钢芯铝绞线	
橡皮绝缘导线		
BLXF（BXF）	铝（铜）芯氯丁橡皮线	固定敷设，尤其适用于户外
BLX（BX）	铝（铜）橡皮线	固定敷设
BXR	铜芯橡皮软线	室内安装，要求导线较柔软时使用
注　该系列导线用于交流500V及以下或直流1000V及以下的电器设备和照明装置配线。		
塑料绝缘导线		
BV	铜芯聚氯乙烯绝缘导线	用于交流500V及以下或直流1000V及以下的电器设备及电气线路，可明敷、暗敷、护套线可以直接埋地
BLV	铝芯聚氯乙烯绝缘导线	
BVV	铜芯聚氯乙烯绝缘聚氯乙烯护套导线	
BLVV	铝芯聚氯乙烯绝缘聚氯乙烯护套导线	
BVR	铜芯聚氯乙烯软导线	同BV型，安装要求柔软时用
BV105	铜芯耐热105℃聚氯乙烯绝缘导线	同BV型，用于高温场所
BLV105	铝芯耐热105℃聚氯乙烯绝缘导线	同BV—105型
注　0.5mm² 以下的BV及BV105型小截面导线，只适用于交流250V及以下或直流500V及以下的设备内部接线。		
聚氯乙烯绝缘软线		
RV	铜芯聚氯乙烯绝缘软线	供交流250V及以下各种移动电器接线，适用于各种交、直流移动电器、电子仪器、电信设备及自动化装置接线
RVB	铜芯聚氯乙烯绝缘平型软线	
RVS	铜芯聚氯乙烯绝缘绞型软线	
RVV	铜芯聚氯乙烯绝缘聚氯乙烯护套软线	额定电压500V及以下
RV105	铜芯耐热聚氯乙烯软线	供高温场所用

续表

型 号	名 称	用 途
聚氯乙烯绝缘屏蔽导线		
BVP	聚氯乙烯绝缘屏蔽导线	适用于交流250V及以下的电器、仪表、电信、电子设备及自动化装置屏蔽线路用
RVP	聚氯乙烯绝缘屏蔽软线	
BVVP	聚氯乙烯绝缘聚氯乙烯护套屏蔽导线	
RVVP	聚氯乙烯绝缘聚氯乙烯护套屏蔽软线	
BVP105	耐热105℃聚氯乙烯绝缘屏蔽导线	
RVP105	耐热105℃聚氯乙烯绝缘屏蔽软线	
油浸纸绝缘铅套电力电缆		
ZQ (D) ZLQ (D)	铜芯黏性（不滴流）纸绝缘裸铅套电力电缆 铝芯黏性（不滴流）纸绝缘裸铅套电力电缆	敷设在室内、沟道中及管子内，对电缆应没有机械损伤，且对铅护层有中性环境
ZQ $(D)_{02}$ ZLQ $(D)_{02}$	铜芯黏性（不滴流）纸绝缘铅套聚乙烯护套电力电缆 铝芯黏性（不滴流）纸绝缘铅套聚乙烯护套电力电缆	敷设在室内，沟道中及管子内，对电缆应没有机械损伤，且对护层有中性环境
ZQ $(D)_{20}$ ZLQ $(D)_{20}$	铜芯黏性（不滴流）纸绝缘铅套裸钢带铠装电力电缆 铝芯黏性（不滴流）纸绝缘铅套裸钢带铠装电力电缆	敷设在室内，沟道及管子内，能承受机械损伤，但不能承受大的拉力
ZQ $(D)_{32}$ ZLQ $(D)_{32}$	铜芯黏性（不滴流）纸绝缘铅套细钢丝铠装聚氯乙烯套电力电缆 铝芯黏性（不滴流）纸绝缘铅套细钢丝铠装聚氯乙烯套电力电缆	敷设在土壤中，能承受机械损伤，并能承受相当的拉力
ZQ $(D)_{33}$ ZLQ $(D)_{33}$	铜芯黏性（不滴流）纸绝缘铅套细钢丝铠装聚乙烯套电力电缆 铝芯黏性（不滴流）纸绝缘铅套细钢丝铠装聚乙烯套电力电缆	敷设在室内及矿井中，能承受机械损伤，并能承受相当的拉力
ZQ $(D)_{41}$ ZLQ $(D)_{41}$	铜芯黏性（不滴流）纸绝缘铅套粗钢丝铠装纤维外被电力电缆 铝芯黏性（不滴流）纸绝缘铅套粗钢丝铠装纤维外被电力电缆	敷设在水中，能承受较大的拉力
ZQF $(D)_{22}$ ZLQF $(D)_{22}$	铜芯黏性（不滴流）纸绝缘分相铅套钢带铠装聚（氯）乙烯护套电力电缆 铝芯黏性（不滴流）纸绝缘分相铅套钢带铠装聚（氯）乙烯护套电力电缆	敷设在土壤中，能承受机械损伤，但不能承受大的拉力
ZQF $(D)_{41}$ ZLQF $(D)_{41}$	铜芯黏性（不滴流）纸绝缘分相铅套粗钢丝铠装纤维外被电力电缆 铝芯黏性（不滴流）纸绝缘分相铅套粗钢丝铠装纤维外被电力电缆	敷设在水中，能承受较大的拉力

续表

型 号	名 称	用 途
油浸纸绝缘铅套电力电缆		
ZQ（D)$_{22}$	铜芯黏性（不滴流）纸绝缘铅套钢带铠装聚氯乙烯护套电力电缆	敷设在对钢带严重腐蚀的环境中
ZLQ（D)$_{22}$	铝芯黏性（不滴流）纸绝缘铅套钢带铠装聚氯乙烯护套电力电缆	敷设在对钢带严重腐蚀的环境中
ZQ（D)$_{23}$	铜芯黏性（不滴流）纸绝缘铅套钢带铠装聚乙烯护套电力电缆	敷设在对钢丝严重腐蚀的环境中
ZLQ（D)$_{23}$	铝芯黏性（不滴流）纸绝缘铅套钢带铠装聚乙烯护套电力电缆	敷设在对钢丝严重腐蚀的环境中
橡皮绝缘和塑料绝缘控制电缆		
KYV	铜芯聚乙烯绝缘聚氯乙烯护套控制电缆	敷设在室内，电缆沟中，管道内及地下
KVV	铜芯聚氯乙烯绝缘聚氯乙烯护套控制电缆	敷设在室内，电缆沟中，管道内及地下
KXV	铜芯橡皮绝缘聚氯乙烯护套控制电缆	敷设在室内，电缆沟中，管道内及地下
KXF	铜芯橡皮绝缘氯丁护套控制电缆	敷设在室内，电缆沟中，管道内及地下
KYVD	铜芯聚乙烯绝缘耐寒塑料护套控制电缆	敷设柱室内，电缆沟中，管道内及地下
KXVD	铜芯橡皮绝缘耐寒塑料护套控制电缆	敷设在室内，电缆沟中，管道内及地下
KXHF	铜芯橡皮绝缘非燃性橡套控制电缆	敷设在宅内，电缆沟中，管道内及地下
KYV$_{22}$	铜芯聚乙烯绝缘聚氯乙烯护套双层钢带铠装控制电缆	敷设在室内，电缆沟中，管道内及地下，能承受较大的机械外力作用
KVV$_{22}$	铜芯聚氯乙烯绝缘聚氯乙烯护套双层钢带铠装控制电缆	敷设在室内，电缆沟中，管道内及地下，能承受较大的机械外力作用
KXV$_{22}$	铜芯橡皮绝缘聚氯乙烯护套内钢带铠装控制电缆	敷设在室内，电缆沟中，管道内及地下，能承受较大的机械外力作用

VLV、VV系列聚氯乙烯绝缘聚氯乙烯护套电力电缆

型号		名 称	用 途
铝芯	铜芯		
VLV	VV	聚氯乙烯绝缘聚氯乙烯护套电力电缆	敷设在室内、隧道内及管道中，不能承受机械外力作用
VLV$_{22}$	VV$_{22}$	聚氯乙烯绝缘聚氯乙烯护套内钢带铠装电力电缆	敷设在地下，能承受机械外力作用，但不能承受大的拉力
VLV$_{30}$	VV$_{30}$	聚氯乙烯绝缘聚氯乙烯护套裸细钢丝铠装电力电缆	敷设在室内，矿井中，能承受机械外力作用，并能承受相当的拉力
VLV$_{32}$	VV$_{32}$	聚氯乙烯绝缘聚氯乙烯护套内细钢丝铠装电力电缆	敷设在水中，能承受相当的拉力
VLV$_{40}$	VV$_{40}$	聚氯乙烯绝缘聚氯乙烯护套裸粗钢丝铠装电力电缆	敷设在室内，矿井中，能承受机械外力作用，并能承受较大的拉力
VLV$_{42}$	VV$_{42}$	聚氯乙烯绝缘聚氯乙烯护套内粗钢丝铠装电力电缆	敷设在水中，能承受较大的拉力

续表

VLV、VV系列聚氯乙烯绝缘聚氯乙烯护套电力电缆			
型号		名称	用途
铝芯	铜芯		
YJLV、YJV系列交联聚氯乙烯绝缘聚氯乙烯护套电力电缆			
YJLV	YJV	交联聚乙烯绝缘聚氯乙烯护套电力电缆	敷设在室内，沟道中及管子内，也可埋设在土壤中，不能承受机械外力作用，但可经受一定的敷设牵引力
YJLVF	YJVF	交联聚乙烯绝缘分相聚氯乙烯护套电力电缆	同YJV、YJLV型
$YJLV_{22}$	YJV_{22}	交联聚乙烯绝缘聚氯乙烯护套内钢带铠装电力电缆	敷设在土壤中，能承受机械外力作用，但不能承受大的拉力
$YJLV_{30}$	YJV_{30}	交联聚乙烯绝缘聚氯乙烯护套裸细钢丝铠装电力电缆	敷设在室内，隧道内及矿井中，能承受机械外力作用，并能承受相当的拉力
$VJLV_{32}$	YJV_{32}	交联聚乙烯绝缘聚氯乙烯护套内细钢丝铠装电力电缆	敷设在水中或具有高差较大的土壤中，电缆能承受相当的拉力
$VJLV_{40}$	YJV_{40}	交联聚乙烯绝缘聚氯乙烯护套裸粗钢丝铠装电力电缆	敷设在室内，隧道内及矿井中，能承受机械外力作用，并能承受较大的拉力
$YJLV_{42}$	YJV_{42}	交联聚乙烯绝缘聚氯乙烯护套内粗钢丝铠装电力电缆	敷设在水中，能承受较大的拉力
XLV、XV系列橡皮绝缘聚氯乙烯护套电力电缆			
XLV	XV	橡皮绝缘聚氯乙烯护套电力电缆	敷设在室内，电缆沟，管道中，不能承受机械外力作用
XLV_{22}	XV_{22}	橡皮绝缘聚氯乙烯护套内钢带铠装电力电缆	敷设在地下，电缆能承受机械外力作用，不能承受大的拉力

附录4　常用导线和电缆安全载流量

附录4.1　橡皮绝缘导线明敷的载流量（A）　$\theta=65℃$

截面积（mm²）	BLX、BLXF铝芯				BX、BXF铜芯			
	25℃	30℃	35℃	40℃	25℃	30℃	35℃	40℃
1					21	19	18	16
1.5					27	25	23	21
2.5	27	25	23	21	35	32	30	27
4	35	32	30	27	45	42	38	35
6	45	42	38	35	58	54	50	45
10	65	60	56	51	85	79	73	67
16	85	79	73	67	110	102	95	87
25	110	102	95	87	145	135	125	114
35	138	129	119	109	180	168	155	142
50	175	163	151	138	230	215	198	181
70	220	206	190	174	285	266	246	225
95	265	247	229	209	345	322	298	272
120	310	289	268	245	400	374	346	316
150	360	336	311	284	470	439	406	371
185	420	392	363	332	540	504	467	427
240	510	476	441	403	660	617	570	522

注　θ表示线芯允许长期工作温度，其他温度表示敷设处环境温度。

附录4.2　橡皮绝缘导线穿钢管敷设的载流量（A）　$\theta=65℃$

截面积（mm²）		二根单芯				管径(mm)		三根单芯				管径(mm)		四根单芯				管径(mm)	
		25℃	30℃	35℃	40℃	G	DG	25℃	30℃	35℃	40℃	G	DG	25℃	30℃	35℃	40℃	G	DG
BLX BLXF 铝芯	2.5	21	19	18	16	15	20	19	17	16	15	15	20	16	14	13	12	20	25
	4	28	26	24	22	20	25	25	23	21	19	20	25	23	21	19	18	20	25
	6	37	34	32	29	20	25	34	31	29	26	20	25	30	28	25	23	20	25
	10	52	48	44	41	25	32	46	43	39	36	25	32	40	37	34	31	25	32
	16	66	61	57	52	25	32	59	55	51	46	32	32	52	48	44	41	32	40
	25	86	80	74	68	32	40	76	71	65	60	32	40	68	63	58	53	40	(50)
	35	106	99	91	83	32	40	94	87	81	74	32	(50)	83	77	71	65	40	(50)

续表

截面积(mm²)		二根单芯				管径(mm)		三根单芯				管径(mm)		四根单芯				管径(mm)	
		25℃	30℃	35℃	40℃	G	DG	25℃	30℃	35℃	40℃	G	DG	25℃	30℃	35℃	40℃	G	DG
BLX BLXF 铝芯	50	133	124	115	105	40	(50)	118	110	102	93	50	(50)	105	98	90	83	50	
	70	165	154	142	130	50	(50)	150	140	129	118	50	(50)	133	124	115	105	70	
	95	200	187	173	158	70		180	168	155	142	70		160	149	138	126	70	
	120	230	215	198	181	70		210	196	181	166	70		190	177	164	150	70	
	150	260	243	224	205	70		240	224	207	189	70		220	205	190	174	80	
	185	295	275	255	233	80		270	252	233	213	80		250	233	216	197	80	
BX BXF 铜芯	1.0	15	14	12	11	15	20	14	13	12	11	15	20	12	11	10	9	15	20
	1.5	20	18	17	15	15	20	18	16	15	14	15	20	17	15	14	13	20	25
	2.5	28	26	24	22	15	20	25	23	21	19	15	20	23	21	19	18	20	25
	4	37	34	32	29	20	25	33	30	28	26	20	25	30	28	25	23	20	25
	6	49	45	42	38	20	25	43	40	37	34	20	25	39	36	33	30	20	25
	10	68	63	58	53	25	32	60	56	51	47	25	32	53	49	45	41	25	32
	16	86	80	74	68	25	32	77	71	66	60	32	32	69	64	59	54	32	40
	25	113	105	97	89	32	40	100	93	86	79	32	40	90	84	77	71	40	(50)
	35	140	130	121	110	32	40	122	114	105	96	32	(50)	110	102	95	87	40	(50)
	50	175	163	151	138	40	(50)	154	143	133	121	50	(50)	137	128	118	108	50	
	70	215	201	185	170	50	(50)	193	180	166	152	50	(50)	173	161	149	1 36	70	
	95	260	243	224	205	70		235	219	203	185	70		210	196	181	166	70	
	120	300	280	259	237	70		270	252	233	213	70		245	229	211	193	70	
	150	340	317	294	268	70		310	289	268	245	70		280	261	242	221	80	
	185	385	359	333	304	80		355	331	307	280	80		320	299	276	253	80	

注　1. 表中代号 G 为焊接钢管（又称水煤气钢管），管径指内径；DG 为导线管，管径指外径，下同。

2. 括号中管径为 50mm 的导线管一般不用，因为管壁太薄，弯管时容易破裂，下同。

附录 4.3　橡皮绝缘导线穿硬塑料管敷设的载流量（A）　$\theta=65℃$

截面积(mm²)		二根单芯				管径(mm)	三根单芯				管径(mm)	四根单芯				管径(mm)
		25℃	30℃	35℃	40℃		25℃	30℃	35℃	40℃		25℃	30℃	35℃	40℃	
BLX BLXF 铝芯	2.5	19	17	16	15	15	17	15	14	13	15	15	14	12	11	20
	4	25	23	21	19	20	23	21	19	18	20	20	18	17	15	20
	6	33	30	28	26	20	29	27	25	22	20	26	24	22	20	25
	10	44	41	38	34	25	40	37	34	31	25	35	32	30	27	32
	16	58	54	50	45	32	52	48	44	41	32	46	43	39	36	32
	25	77	71	66	60	32	68	63	58	53	32	60	56	51	47	40

续表

截面积(mm²)		二根单芯				管径(mm)	三根单芯				管径(mm)	四根单芯				管径(mm)
		25℃	30℃	35℃	40℃		25℃	30℃	35℃	40℃		25℃	30℃	35℃	40℃	
BLX BLXF 铝芯	35	95	88	82	75	40	84	78	72	66	40	74	69	64	58	40
	50	120	112	103	94	40	108	100	93	85	50	95	88	82	75	50
	70	153	143	132	121	50	135	126	116	106	50	120	112	103	94	50
	95	184	172	159	145	50	165	154	142	130	65	150	140	129	118	65
	120	210	196	181	166	65	190	177	164	150	65	170	158	147	134	80
	150	250	233	216	197	65	227	212	196	179	65	205	191	177	162	80
	185	282	263	243	223	80	255	238	220	201	80	232	216	200	183	100
BX BXF 铜芯	1.0	13	12	11	10	15	12	11	10	9	15	11	10	9	8	15
	1.5	17	15	14	13	15	16	14	13	12	15	14	13	12	11	20
	2.5	25	23	21	19	15	22	20	19	17	15	20	18	17	15	20
	4	33	30	28	26	20	30	28	25	23	20	26	24	22	20	20
	6	43	40	37	34	20	38	35	32	30	20	34	31	29	26	25
	10	59	55	51	46	25	52	48	44	41	25	46	43	39	36	32
	16	76	71	65	60	32	68	63	58	53	32	60	56	51	47	32
	25	100	93	86	79	32	90	84	77	71	32	80	74	69	63	40
	35	125	116	108	98	40	110	102	95	87	40	98	91	84	77	40
	50	160	149	138	126	40	140	130	121	110	50	123	115	106	97	50
	70	195	182	168	154	50	175	163	151	138	50	155	144	134	122	50
	95	240	224	207	189	50	215	201	185	170	65	195	182	168	154	65
	120	278	259	240	219	65	250	233	216	197	65	227	212	196	179	80
	150	320	299	276	253	65	290	271	250	229	65	265	247	229	209	80
	185	360	336	311	284	80	330	308	285	261	80	300	280	259	237	100

注 硬塑料管规格根据 HG2－63－65 并采用轻型管，管径指内径。

附录 4.4 氯乙烯绝缘导线明敷的载流量（A）$\theta=65℃$

截面积(mm²)	BLV 铝芯				BV、BVR 铜芯			
	25℃	30℃	35℃	40℃	25℃	30℃	35℃	40℃
1.0					19	17	16	15
1.5	18	16	15	14	24	22	20	18
2.5	25	23	21	19	32	29	27	25
4	32	29	27	25	42	39	36	33
6	42	39	36	33	55	51	47	43
10	59	55	51	46	75	70	64	59

续表

截面积(mm²)	BLV 铝芯				BV、BVR 铜芯			
	25℃	30℃	35℃	40℃	25℃	30℃	35℃	40℃
16	80	74	69	63	105	98	90	83
25	105	98	90	83	138	129	119	109
35	130	121	112	102	170	158	147	134
50	165	154	142	130	215	201	185	170
70	205	191	177	162	265	247	229	209
95	250	233	216	197	325	303	281	251
120	285	266	246	225	375	350	324	296
150	325	303	281	257	430	402	371	340
185	380	355	328	300	490	458	423	387

附录4.5　聚氯乙烯绝缘导线穿钢管敷设的载流量（A）　$\theta=65℃$

截面积(mm²)		二根单芯				管径(mm)		三根单芯				管径(mm)		四根单芯				管径(mm)	
		25℃	30℃	35℃	40℃	ST	DG	25℃	30℃	35℃	40℃	G	DG	25℃	30℃	35℃	40℃	G	DG
BLV铝芯	2.5	20	18	17	15	15	15	18	16	15	14	15	15	15	14	12	11	15	15
	4	27	25	23	21	15	15	24	22	20	18	15	15	22	20	19	17	15	20
	6	35	32	30	27	15	20	32	29	27	25	15	20	28	26	24	22	20	25
	10	49	45	42	38	20	25	44	41	38	34	20	25	38	35	32	30	25	25
	16	63	58	54	49	25	25	56	52	48	44	25	32	50	46	43	39	25	32
	25	80	74	69	63	25	32	70	65	60	55	32	32	65	60	50	51	32	40
	35	100	93	86	79	32	40	90	84	77	71	40	40	80	74	69	63	32	(50)
	50	125	116	108	98	32	50	110	102	95	87	50	(50)	100	93	86	79	50	(50)
	70	155	144	134	122	50	50	143	133	123	113	50	(50)	127	118	109	100	50	
	95	190	177	164	150	50	(50)	170	158	147	134	50		152	142	131	120	70	
	120	220	205	190	174	50	(50)	195	182	168	154	70		172	160	148	136	70	
	150	250	233	216	197	70	(50)	225	210	194	177	70		200	187	173	158	70	
	185	285	266	246	225	70		255	238	220	201	70		230	215	198	181	80	
BV铜芯	1.0	14	13	12	11	15	15	13	12	11	10	15	15	11	10	9	8	15	15
	1.5	19	17	16	15	15	15	17	15	14	13	15	15	16	14	13	12	15	15
	2.5	26	24	22	20	15	15	24	22	20	18	15	15	22	20	19	17	15	15
	4	35	32	30	27	15	15	31	28	26	24	15	15	28	26	24	22	15	20
	6	47	43	40	37	15	20	41	38	35	32	15	20	37	34	32	29	20	25
	10	65	60	56	51	20	25	57	53	49	45	20	25	50	46	43	39	25	25
	16	82	76	70	64	25	25	73	68	63	57	25	32	65	60	56	51	25	32

续表

截面积(mm²)		二根单芯				管径(mm)		三根单芯				管径(mm)		四根单芯				管径(mm)	
		25℃	30℃	35℃	40℃	ST	DG	25℃	30℃	35℃	40℃	G	DG	25℃	30℃	35℃	40℃	G	DG
BV铜芯	25	107	100	92	84	25	32	95	88	82	75	32	32	85	79	73	67	32	40
	35	133	124	115	105	32	40	115	107	99	90	32	40	105	98	90	83	32	(50)
	50	165	154	142	130	32	(50)	146	136	126	115	40	(50)	130	121	112	102	50	(50)
	70	205	191	177	162	50	(50)	183	171	158	144	50	(50)	165	154	142	130	50	
	95	250	233	216	197	50	(50)	225	210	194	177	50		200	187	173	158	70	
	120	290	271	250	229	50	(50)	260	243	224	205	50		230	215	198	181	70	
	150	330	308	285	261	70	(50)	300	280	259	237	70		265	247	229	209	70	
	185	380	355	328	300	70		340	317	294	268	70		300	280	259	237	80	

附录4.6　聚氯乙烯绝缘导线穿硬塑料管敷设的载流量（A）　$\theta=65℃$

截面(mm²)		二根单芯				管径(mm)	三根单芯				管径(mm)	四根单芯				管径(mm)
		25℃	30℃	35℃	40℃		25℃	30℃	35℃	40℃		25℃	30℃	35℃	40℃	
BLV铝芯	2.5	18	16	15	14	15	16	14	13	12	15	14	13	12	11	20
	4	24	22	20	18	20	22	20	19	17	20	19	17	16	15	20
	6	31	28	26	24	20	27	25	23	21	20	25	23	21	19	25
	10	42	39	36	33	25	38	35	32	30	25	33	30	28	26	32
	16	55	51	47	43	32	49	45	42	38	32	44	41	38	34	32
	25	73	68	63	57	32	65	60	56	51	40	57	53	49	45	40
	35	90	84	77	71	40	80	74	69	63	40	70	65	60	55	50
	50	114	106	98	90	50	102	95	88	80	50	90	34	77	71	63
	70	145	135	126	114	50	130	121	112	102	50	115	107	99	90	63
BV铜芯	1.0	12	11	10	9	15	11	10	9	8	15	10	9	8	7	15
	1.5	16	14	13	12	15	15	14	12	11	15	13	12	11	10	15
	2.5	24	22	20	18	15	21	19	18	16	15	19	17	16	15	20
	4	31	28	26	24	20	28	26	24	22	20	25	23	21	18	20
	6	41	38	35	32	20	36	33	31	28	20	32	29	27	25	25
	10	56	52	48	44	25	49	45	42	38	25	44	41	38	34	32
	16	72	67	62	56	32	65	60	56	51	32	57	53	49	45	32
	25	95	88	82	75	32	85	79	73	67	40	75	70	64	59	40
	35	120	112	103	94	40	105	98	90	83	40	93	86	80	73	50
	50	150	140	129	118	50	132	123	114	104	50	117	109	101	92	63

续表

截面积 (mm²)		二根单芯				管径 (mm)	三根单芯				管径 (mm)	四根单芯				管径 (mm)
		25℃	30℃	35℃	40℃		25℃	30℃	35℃	40℃		25℃	30℃	35℃	40℃	
BV 铜芯	25	95	88	82	75	32	85	79	73	67	40	75	70	64	59	40
	35	120	112	103	94	40	105	98	90	83	40	93	86	80	73	50
	50	150	140	129	118	50	132	123	114	104	50	117	109	101	92	63
	70	185	172	160	146	50	167	156	144	130	50	148	138	128	117	63
	95	230	215	198	181	63	205	191	177	162	63	185	172	160	146	75
	120	270	252	233	213	63	240	224	207	189	63	215	201	185	172	75
	150	305	285	263	241	75	275	257	237	217	75	250	233	216	197	75
	185	355	331	307	280	75	310	289	268	245	75	280	261	242	221	90

注　硬塑料管规格根据 HG2－63－65，并采用轻型管，管径指内径。

附录 4.7　塑料绝缘软线、塑料护套线、明敷的载流量（A）　$\theta=65℃$

截面积 (mm²)		单芯				二芯				三芯			
		25℃	30℃	35℃	40℃	25℃	30℃	35℃	40℃	25℃	30℃	35℃	40℃
BLVV 铝芯	2.5	25	23	21	19	20	18	17	15	16	14	13	12
	4	34	31	29	26	26	24	22	20	22	20	19	17
	6	43	40	37	34	33	30	28	26	25	23	21	19
	10	59	55	51	46	51	47	44	40	40	37	34	31
RV RVV RVB RVS BVV 铜芯	0.12	5	4.5	4	3.5	4	3.5	3	3	3	2.5	2.5	2
	0.2	7	6.5	6	5.5	5.5	5	4.5	4	4	3.5	3	3
	0.3	9	8	7.5	7	7	6.5	6	5.5	5	4.5	4	3.5
	0.4	11	10	9.5	8.5	8.5	7.5	7	6.5	6	5.5	5	4.5
	0.5	12.5	11.5	10.5	9.5	9.5	8.5	8	7.5	7	6.5	6	5.5
	0.75	16	14.5	13.5	12.5	12.5	11.5	10.5	9.5	9	8	7.5	7
	1.0	19	17	16	15	15	14	12	11	11	10	9	8
	1.5	24	22	21	18	19	17	16	15	14	13	12	11
	2.0	28	26	24	22	22	20	19	17	17	15	14	13
	2.5	32	29	27	25	26	24	22	20	20	18	17	16
	4	42	39	36	33	36	33	31	28	26	24	22	20
	6	55	51	47	43	47	43	40	37	32	29	27	25
	10	75	70	64	59	65	60	56	51	52	48	44	41

附录 4.8　BV－105 型耐热聚氯乙烯绝缘铜芯导线的载流量（A）　θ＝105℃

截面积（mm²）	明敷				二根穿管				管径		三根穿管				管径		四根穿管				管径	
	50℃	55℃	60℃	65℃	50℃	55℃	60℃	65℃	G	DG	50℃	55℃	60℃	65℃	G	DG	50℃	55℃	60℃	65℃	G	DG
1.5	25	23	22	21	19	18	17	16	15	15	17	16	15	14	15	15	16	15	14	12	15	15
2.5	34	32	30	28	27	25	24	23	15	15	25	23	22	21	15	15	23	21	20	19	15	15
4	47	44	42	40	39	37	35	33	15	15	34	32	30	28	15	15	31	29	28	26	15	20
6	60	57	54	51	51	48	46	43	15	20	44	41	39	37	15	20	40	38	36	34	20	25
10	89	84	80	75	76	72	68	64	20	25	67	63	60	57	20	25	59	56	53	50	25	25
16	123	117	111	104	95	90	85	81	25	25	85	81	76	72	25	32	75	71	67	63	25	32
25	165	157	149	140	127	121	114	108	25	32	113	107	102	96	32	32	101	96	91	86	32	40
35	205	191	185	174	160	152	144	136	32	40	138	131	124	117	32	40	126	120	113	107	32	(50)
50	264	251	238	225	202	192	182	172	32	(50)	179	170	161	152	40	(50)	159	151	143	135	50	(50)
70	310	295	280	264	240	228	217	204	50	(50)	213	203	192	181	50	(50)	193	184	174	164	50	
95	380	362	343	324	292	278	264	249	50		262	249	236	223	50		233	222	210	198	70	
120	448	427	405	382	347	331	314	296	50		311	296	281	265	50		275	261	248	234	70	
150	519	494	469	442	399	380	360	340	70		362	345	327	308	70		320	305	289	272	70	

注　1. 本导线的聚氯乙烯绝缘中添加了耐热增塑剂，线芯允许工作温度可达 105℃，适用于高温场所。导线实际允许工作温度还取决于导线与导线及导线与电器接头的允许工作温度。当接头允许温度为 95℃时，表中数据应乘以 0.92，85℃时应乘以 0.84。

2. BLV－105 型铝芯耐热线的载流量可按表中数据乘以 0.78。

3. 本表中载流量数据系经计算得出，仅供使用参考。

附录 4.9　油浸纸绝缘裸铅套电力电缆在空气中敷设的载流量（A）　θ＝25℃

主线芯数×截面积（mm²）	中性线芯截面（mm²）	铝芯			铜芯		
		1～3kV θ＝80℃	6kV θ＝65℃	10kV θ＝60℃	1～3kV θ＝80℃	6kV θ＝65℃	10kV θ＝60℃
3×2.5		22			28		
3×4	2.5	28			37		
3×6	4	35			46		
3×10	6	48	43		60	55	
3×16	6	65	55	50	80	70	65
3×25	10	85	75	70	110	95	90
3×35	10	100	90	85	130	115	110

续表

主线芯数×截面积 (mm²)	中性线芯截面 (mm²)	铝芯			铜芯		
		1～3kV θ=80℃	6kV θ=65℃	10kV θ=60℃	1～3kV θ=80℃	6kV θ=65℃	10kV θ=60℃
3×50	16	130	115	105	165	150	135
3×70	25	160	135	130	205	175	170
3×95	35	195	170	160	255	220	210
3×120	35	225	195	185	295	255	240
3×150	50	265	225	210	345	295	275
3×185	50	300	260	245	390	340	320
3×240		350	310	285	450	400	370

注　1. 本表数据亦适用于不滴流及滴干纸绝缘电力电缆。

2. 表中为三芯电缆载流量，1kV 级四芯电缆可借用三芯电缆的载流量值。

附录 4.10　油浸纸绝缘纤维外被及铠装电力电缆在空气中敷设的载流量（A）

主线芯数×截面积 (mm²)		1～3kV θ=80℃				6kV θ=65℃				10kV θ=60℃				10kV 分相铅包 θ=60℃
		25℃	30℃	35℃	40℃	25℃	30℃	35℃	40℃	25℃	30℃	35℃	40℃	25℃
铝芯	3×2.5	24	22	21	20									
	3×4	32	30	28	27									
	3×6	40	38	36	34									
	3×10	55	52	49	46	48	44	41	37					
	3×16	70	66	63	59	60	56	51	47	60	55	50	45	
	3×25	95	90	85	81	85	79	73	67	80	74	67	60	88
	3×35	115	109	104	98	100	93	86	79	95	87	80	71	100
	3×50	145	138	131	123	125	116	108	98	120	111	101	90	130
	3×70	180	171	162	153	155	144	134	122	145	134	122	109	159
	3×95	220	209	199	187	190	177	164	150	180	166	152	136	194
	3×120	255	243	230	217	220	205	190	174	205	189	173	154	213
	3×150	300	286	271	255	255	238	220	201	235	217	198	177	236
	3×185	345	329	312	294	295	275	255	233	270	250	228	204	
	3×240	410	391	371	349	345	322	298	272	320	296	270	241	
铜芯	3×2.5	30	28	27	25									
	3×4	40	38	36	34									
	3×6	52	49	47	44									
	3×10	70	66	63	59	60	56	51	47					

续表

主线芯数×截面积（mm^2）		1～3kV　θ=80℃				6kV　θ=65℃				10kV　θ=60℃				10kV分相铅包 θ=60℃
		25℃	30℃	35℃	40℃	25℃	30℃	35℃	40℃	25℃	30℃	35℃	40℃	25℃
铜芯	3×16	95	90	85	81	80	74	69	63	75	69	63	56	
	3×25	125	119	113	106	110	102	95	87	100	92	84	75	112
	3×35	155	147	140	132	135	126	116	106	125	115	105	94	136
	3×50	190	181	171	162	165	154	142	130	155	143	130	117	171
	3×70	235	224	212	202	200	187	173	158	190	170	160	143	206
	3×95	285	271	257	243	245	229	211	193	230	212	194	173	248
	3×120	335	319	303	285	285	266	246	225	265	245	223	200	282
	3×150	390	372	352	333	330	308	285	261	305	282	257	230	312
	3×185	450	429	407	383	380	355	328	300	355	328	299	268	
	3×240	500	505	479	452	450	420	389	355	420	388	354	317	

注　1. 本表数据亦适用于不滴流及滴干纸绝缘电力电缆。

2. 表中为三芯电缆载流量，1kV级四芯电缆可借用三芯电缆的载流量值。

附录4.11　油浸纸绝缘电力电缆直埋地敷设的载流量（A）　P=80℃·cm/W

主线芯数×截面积（mm^2）		1～3kV θ=80℃			6kV θ=65℃			10kV θ=60℃			35kV θ=60℃
		20℃	25℃	30℃	20℃	25℃	30℃	20℃	25℃	30℃	25℃
铝芯	3×2.5	29	28	26							
	3×4	38	37	35							
	3×6	47	46	43							
	3×10	62	60	57	58	55	51				
	3×16	83	80	76	74	70	65	69	65	60	
	3×25	109	105	100	100	95	88	96	90	83	80
	3×35	135	130	124	116	110	102	112	105	97	90
	3×50	166	160	152	141	135	126	139	130	120	115
	3×70	197	190	181	173	165	154	160	150	138	135
	3×95	239	230	219	217	205	191	197	185	171	165
	3×120	275	265	252	241	230	215	230	215	199	185
	3×150	312	300	286	273	260	243	262	245	226	210
	3×185	353	340	324	309	295	275	294	275	254	230
	3×240	416	400	381	362	345	322	347	325	300	

续表

主线芯数×截面积（mm²）		1～3kV θ=80℃			6kV θ=65℃			10kV θ=60℃			35kV θ=60℃
		20℃	25℃	30℃	20℃	25℃	30℃	20℃	25℃	30℃	25℃
铜芯	3×2.5	38	37	35							
	3×4	48	47	44							
	3×6	62	60	57							
	3×10	83	80	76	74	70	65				
	3×16	109	105	100	95	90	84	90	85	78	
	3×25	145	140	133	127	120	112	123	115	106	105
	3×35	176	170	162	153	145	135	144	135	125	115
	3×50	213	205	195	190	180	168	181	170	157	150
	3×70	260	250	238	227	215	201	219	205	189	180
	3×95	312	300	286	275	260	243	262	245	226	210
	3×120	358	345	329	318	300	280	294	275	254	240
	3×150	405	390	372	360	340	317	337	315	291	275
	3×185	462	445	424	403	380	355	385	360	333	300
	3×240	530	510	486	477	450	420	449	420	388	

注　1. 本表数据亦适用于不滴流及滴干纸绝缘电力电缆。

2. 表中为三芯电缆载流量，1kV级四芯电缆可借用三芯电缆的载流量值。

附录4.12　油浸纸绝缘电力电缆在水中敷设的载流量（A）　θ=15℃

主线芯截面积（mm²）		1kV θ=80℃		三芯电缆			20kV θ=50℃		35kV θ=50℃	
		单芯	四芯	≤3kV θ=80℃	6kV θ=80℃	10kV θ=80℃	中性点接地	中性点不接地	中性点接地	中性点不接地
铝芯	16				105	90				
	25		150	160	130	115				
	35		175	190	160	140				
	50		220	235	195	175				
	70		270	290	240	210				
	95		315	340	290	260				
	120		360	390	330	305				
	150			435	385	345				
	185			475	420	390				
	240			550	480	450				

续表

主线芯截面积（mm^2）		1kV $\theta=80℃$		三芯电缆			20kV $\theta=50℃$		35kV $\theta=50℃$	
		单芯	四芯	≤3kV $\theta=80℃$	6kV $\theta=80℃$	10kV $\theta=80℃$	中性点接地	中性点不接地	中性点接地	中性点不接地
铜芯	16				135	120				
	25		195	210	170	150	125	120		
	35	350	230	250	205	180	150	145		
	50	460	285	305	255	220	190	180		
	70	570	350	375	310	275	240	225	225	210
	95	675	410	440	375	340	290	275	275	255
	120	775	470	505	430	395	340	315	325	
	150	880		565	500	450	375	350	380	
	185	990		615	545	510	430	390		
	240	1140		715	625	585				

附录 4.13　聚氯乙烯绝缘电力电缆在空气中敷设的载流量（A）　$\theta=65℃$

主线芯截面积（mm^2）		中性线截面积（mm^2）	1kV（四芯）				6kV（三芯）			
			25℃	30℃	35℃	40℃	25℃	30℃	35℃	40℃
铝芯	4	2.5	23	21	19	18				
	6	4	30	28	25	23				
	10	6	40	37	34	31	43	40	37	34
	16	6	54	50	46	42	56	52	48	44
	25	10	73	68	63	57	73	68	63	57
	35	10	92	86	79	72	90	84	77	71
	50	16	115	107	99	90	114	106	98	90
	70	25	141	131	121	111	143	133	123	113
	95	35	174	162	150	137	168	157	145	132
	120	35	201	187	173	158	194	181	167	153
	150	50	231	215	199	182	223	208	192	176
	185	50	266	248	230	210	256	239	221	202
	240						301	281	260	238
铜芯	4	2.5	30	28	25	23				
	6	4	39	36	33	30				
	10	6	52	48	44	41	56	52	48	44

续表

主线芯截面积 (mm²)		中性线截面积 (mm²)	1kV（四芯）				6kV（三芯）			
			25℃	30℃	35℃	40℃	25℃	30℃	35℃	40℃
铜芯	16	6	70	67	60	55	73	68	63	57
	25	10	94	87	81	74	95	88	82	75
	35	10	119	111	102	94	118	110	96	93
	50	16	149	139	128	117	148	138	128	117
	70	25	184	172	159	145	181	169	156	143
	95	35	226	211	195	178	218	203	188	172
	120	35	260	243	224	205	251	234	217	198
	150	50	301	281	260	238	290	271	250	229
	185	50	345	322	298	272	333	311	288	263
	240						391	365	339	309

附录 4.14　聚氯乙烯绝缘电力电缆直埋地敷设的载流量（A）　$\theta=65℃$　$P=80℃\cdot cm/W$

主线芯截面积 (mm²)		中性线截面积 (mm²)	1kV（四芯）			6kV（三芯）		
			20℃	25℃	30℃	20℃	25℃	30℃
铝芯	4	2.5	31	29	27			
	6	4	39	37	35			
	10	6	53	50	47	52	49	46
	16	6	69	65	61	67	63	59
	25	10	90	85	79	86	81	76
	35	10	116	110	103	108	102	95
	50	16	143	135	126	134	127	119
	70	25	172	162	152	163	154	145
	95	35	207	196	184	193	182	171
	120	35	236	223	208	221	209	196
	150	50	266	252	236	228	237	202
	185	50	300	284	265	286	270	252
	240					332	313	292
铜芯	4	2.5	39	37	36			
	6	4	51	48	45			
	10	6	68	64	60	67	63	59
	16	6	90	85	79	87	82	77
	25	10	118	111	104	111	106	98

续表

主线芯截面积（mm^2）		中性线截面积（mm^2）	1kV　（四芯）			6kV　（三芯）		
			20℃	25℃	30℃	20℃	25℃	30℃
铜芯	35	10	152	143	134	141	133	125
	50	16	185	175	164	175	166	155
	70	25	224	211	198	212	200	188
	95	35	270	254	238	252	237	222
	120	35	308	290	272	287	271	253
	150	50	346	327	306	328	310	290
	185	50	390	369	346	369	348	325
	240					431	406	380

附录 4.15　橡皮绝缘电力电缆载流量（A）

$\theta=65℃$　$\theta=25℃$

主线芯数×截面积（mm^2）	中性线芯截面积（mm^2）	空 气 中 敷 设		直埋地 $P=80℃\cdot cm/W$	
		铝芯	铜芯	铝芯	铜芯
		XLV	XV	XLV22	XV22
3×1.5	1.5		18		24
3×2.5	注 2	19	24		32
3×4	2.5	25	32	33	41
3×6	4	32	40	41	52
3×10	6	45	57	56	71
3×16	6	59	76	72	93
3×25	10	79	101	94	120
3×35	10	97	124	113	145
3×50	16	124	158	140	178
3×70	25	150	191	168	213
3×95	35	184	234	200	255
3×120	35	212	269	225	286
3×150	50	245	311	257	326
3×185	50	284	359	289	365

注　1. 表中数据为三芯电缆的载流量值，四芯电缆载流量可借用三芯电缆的载流量值。

2. 主线芯为 2.5mm^2 的铝芯电缆，其中性线截面仍为 2.5mm^2，主线芯为 2.5mm^2 的铜芯电缆，其中性线截面为 1.5mm^2。

附录 4.16　交联聚乙烯绝缘电力电缆在空气中敷设的载流量（A）

主线芯数×截面积（mm^2）	铝芯					铜芯				
	6～10kV θ=90℃				35kV 单芯 θ=80℃	6～10kV θ=90℃				35kV 单芯 θ=80℃
	25℃	30℃	35℃	40℃	25℃	25℃	30℃	35℃	40℃	25℃
3×16	99	94	90	86		127	122	116	111	
3×25	128	123	117	112		166	159	152	145	
3×35	154	147	141	135		200	192	184	175	
3×50	188	180	172	165	216	243	233	223	213	272
3×70	229	220	210	201	259	294	282	270	258	332
3×95	274	263	252	240	310	351	337	322	308	395
3×120	317	304	291	278	355	407	391	374	357	453
3×150	364	349	334	319	405	467	448	429	410	516
3×185	413	396	379	363	458	530	509	487	465	583
3×240	482	463	443	423	538	616	591	566	541	682

附录 4.17　交联聚乙烯绝缘电力电缆直埋地敷设载流量（A）　P=80℃・cm/W

主线芯数×截面积（mm^2）	铝芯				铜芯			
	6～10kV θ=90℃			35kV 单芯 θ=80℃	6～10kV θ=90℃			35kV 单芯 θ=80℃
	20℃	25℃	30℃	25℃	20℃	25℃	30℃	25℃
3×16	99	96	92		127	123	118	
3×25	126	122	117		162	167	150	
3×35	150	145	139		194	187	179	
3×50	183	177	170	174	235	227	218	223
3×70	220	212	203	212	281	271	260	268
3×95	259	250	240	246	333	321	308	316
3×120	295	285	273	281	377	364	349	359
3×150	334	322	309	317	427	412	395	404
3×185	374	361	346	354	480	463	444	449
3×240	430	415	398	409	549	529	508	518

附录 4.18 LJ 型裸铝绞线和 LGJ 钢芯铝绞线的载流量（A） $\theta=70℃$

截面积（mm^2）	LJ 型								LGJ 型			
	室内				室外				室外			
	25℃	30℃	35℃	40℃	25℃	30℃	35℃	40℃	25℃	30℃	35℃	40℃
10	55	52	48	45	75	70	66	61				
16	80	75	70	65	100	99	92	85	105	98	92	85
25	110	103	97	89	135	127	119	109	135	127	119	109
35	135	127	119	109	170	160	150	138	170	159	149	137
50	170	160	150	138	215	202	189	174	220	207	193	178
70	215	202	189	174	265	249	233	215	275	259	228	222
95	260	244	229	211	325	305	286	247	335	315	295	272
120	310	292	273	251	375	352	330	304	380	357	335	307
150	370	348	326	300	440	414	387	356	445	418	391	360
185	425	400	374	344	500	470	440	405	515	484	453	416
240					610	574	536	494	610	574	536	494
300					680	640	597	550	700	658	615	566

附录 4.19 TRJ 型裸铜软绞线的载流量（A） $\theta=70℃$

截面积（mm^2）	室内				截面积（mm^2）	室内			
	25℃	30℃	35℃	40℃		25℃	30℃	35℃	40℃
10	77	72	67	62	120	441	415	388	359
16	101	95	88	82	150	494	465	435	402
25	152	143	133	124	185	606	570	533	494
35	188	177	165	153	240	709	666	624	577
50	232	218	204	189	300	850	800	748	692
70	315	296	277	256	400	1045	981	920	850
95	371	349	326	302	500	1215	1142	1070	990

注 1. 本表为计算数据，供使用参考。

2. 当本型导线应用在电弧炼钢炉上时，因受热辐射较大，一般按电流密度 1.5A/mm^2 选择截面。

附录 4.20　单片母线的载流量（A）　$\theta=70℃$

母线尺寸 宽×高 （mm）	铝								铜							
	交　流				直　流				交　流				直　流			
	25℃	30℃	35℃	40℃	25℃	30℃	35℃	40℃	25℃	30℃	35℃	40℃	25℃	30℃	35℃	40℃
15×3	165	155	145	134	165	155	145	134	210	197	185	170	210	197	185	170
20×3	215	202	189	174	215	202	189	174	275	258	242	223	275	258	242	223
25×3	265	249	233	215	265	249	233	215	340	320	299	276	340	320	299	276
30×4	365	343	321	296	370	348	326	300	475	446	418	385	475	446	418	385
40×4	480	451	422	389	480	451	422	389	625	587	550	506	625	587	550	506
40×5	540	507	475	438	545	512	480	446	700	659	615	567	705	664	620	571
50×5	665	625	585	539	670	630	590	543	860	809	756	697	870	818	765	705
50×6	740	695	651	600	745	700	655	604	955	898	840	774	960	902	845	778
60×6	870	818	765	705	880	827	775	713	1125	1056	990	912	1145	1079	1010	928
80×6	1150	1080	1010	932	1170	1100	1030	950	1480	1390	1300	1200	1510	1420	1330	1225
100×6	1425	1340	1255	1155	1455	1368	1280	1180	1810	1700	1590	1470	1875	1760	1650	1520
60×8	1025	965	902	831	1040	977	915	844	1320	1240	1160	1070	1345	1265	1185	1090
80×8	1320	1240	1160	1070	1355	1274	1192	1100	1690	1590	1490	1370	1755	1650	1545	1420
100×8	1625	1530	1430	1315	1690	1590	1488	1370	2080	1955	1830	1685	2180	2050	1920	1770
120×8	1900	1785	1670	1540	2040	1918	1795	1655	2400	2255	2110	1945	2600	2415	2290	2105
60×10	1155	1085	1016	936	1180	1110	1040	956	1475	1388	1300	1195	1525	1432	1340	1235
80×10	1480	1390	1300	1200	1540	1450	1355	1250	1900	1786	1670	1540	1990	1870	1750	1610
100×10	1820	1710	1600	1475	1910	1795	1680	1550	2310	2170	2030	1870	2470	2320	2175	2000
120×10	2070	1945	1820	1680	2300	2160	2020	1865	2650	2490	2330	2150	2950	2710	2595	2390

注　本表中系母线立放的数据。当母线平放且宽度≤60mm 时，表中数据应乘以 0.95，>60mm 时应乘以 0.92。

附录 4.21　2～3 片组合涂漆母线的载流量（A）　$\theta=70℃$

母线尺寸 宽×高 （mm）	铝				铜			
	交流		直流		交流		直流	
	2 片	3 片	2 片	3 片	2 片	3 片	2 片	3 片
40×4			855				1090	
40×5			965				1250	
50×5			1180				1525	
50×6			1315				1700	
60×6	1350	1720	1555	1940	1740	2240	1990	2495

续表

母线尺寸 宽×高 (mm)	铝				铜			
	交流		直流		交流		直流	
	2 片	3 片	2 片	3 片	2 片	3 片	2 片	3 片
80×6	1630	2100	2055	2460	2110	2720	2630	3220
100×6	1935	2500	2515	3040	2470	3170	3245	3940
60×8	1680	2180	1840	2330	2160	2790	2485	3020
80×8	2040	2620	2400	2975	2620	3370	3095	3850
100×8	2390	3050	2945	3620	3060	3930	3810	4690
120×8	2650	3380	3350	4250	3400	4340	4400	5600
60×10	2010	2650	2110	2720	2560	3300	2725	3530
80×10	2410	3100	2735	3440	3100	3990	3510	4450
100×10	2860	3650	3350	4160	3610	4650	4325	5385
120×10	3200	4100	3900	4860	4100	5200	5000	6250

注　本表系母线立放的数据，母线间距等于厚度。

附录 4.22　多片组合涂漆母线的载流量（A）　$\theta = 70℃$

母线尺寸 宽×高（mm）		交　流					直　流				
		4 片	5 片	6 片	7 片	8 片	4 片	5 片	6 片	7 片	8 片
铝	100×10	4150	4989	5604	6029	6656	5650	7040	8313	9584	10854
	120×10	4650	5749	5771	7118	7681	6500	8290	9770	11259	12735
铜	100×10	5300	5852	6454	7086	7608	7250	8970	10591	12211	13830
	120×10	5900	6615	7433	7954	8482	8350	10540	12423	14316	16193

注　本表数据为计算数据，供参考。计算条件为母线立放，间距 10mm，母线采用焊接连接。若为螺栓连接则表中数据应乘以 0.95。

附录 4.23　型材的安全载流量

名称	号数	尺寸 （宽×宽×厚）(mm)	截面 (mm^2)	载流量（A）		质量 (kg/km)
				交流	直流	
等边角钢	2.5	25×25×3	143	150	220	1.123
	3	30×30×4	227	185	305	1.780
	3.6	36×36×4	275	210	335	2.162
	4	40×40×4	308	250	410	2.419
	4.5	45×45×5	429	296		3.369
	5	50×50×5	480	315	565	3.769
	6.3	63×63×6	728	395		5.720
	7.5	75×75×8	1150	520	1085	9.024

续表

名称	号数	尺寸 （宽×宽×厚）（mm）	截 面 （mm^2）	载流量（A）		质 量 （kg/km）
				交流	直流	
轻型钢轨	7	65×54×25	1070	410		8.42
	11	80.5×66×32	1431	510		11.20
	15	91×76×37	1880	595		14.72
	18	90×80×40	2307	700		18.06
	24	107×90×50	3124	750		24.95
普通槽轨	5	50×37×4.5	693	370	735	5.44
	8	80×43×5	1024	485	1045	8.04
	10	100×48×5.3	1274	580	1275	10.00
	14	140×58×6	1851	810	1780	14.53

附录 4.24　扁钢的安全载流量

扁钢尺寸 （宽×厚）（mm）	截面 （mm^2）	载流量（A）		重量 （kg/m）
		交流	直流	
20×3	60	65	100	0.47
25×3	75	80	120	0.59
30×3	00	94	140	0.71
40×3	120	125	190	0.94
50×3	150	155	230	1.18
63×3	189	185	280	1.48
70×3	210	215	320	1.65
75×3	225	230	345	1.77
80×3	240	245	365	1.88
90×3	270	275	410	2.12
100×3	300	305	460	2.36
20×4	80	70	115	0.63
25×4	100	85	140	0.79
30×4	120	100	165	0.94
40×4	160	130	220	1.26
50×4	200	165	270	1.57
63×4	252	195	325	1.97
70×4	280	225	375	2.20
80×4	320	260	430	2.51
90×4	360	290	480	2.83
100×4	400	325	535	3.14
25×5	125	95	170	0.98
30×5	150	115	200	1.18
40×5	200	145	265	1.57

续表

扁钢尺寸（宽×厚）(mm)	截面（mm^2）	载流量（A）		重量（kg/m）
		交流	直流	
50×5	250	180	325	1.96
63×5	315	215	390	2.48
80×5	400	280	510	3.14
100×5	500	350	640	3.93
63×6.3	397	210		3.12
80×6.3	504	275		3.96
80×8	640	290		5.02
100×10	1000	390		7.85

注　本表系扁钢立放是数据。当平放且宽度不大于 636mm 时，表中数据应乘以 0.95，宽度大于 63mm 时应乘以 0.92

附录4.25　管材的安全载流量

铝管			钢管				钢管						
内径/外径（mm）	截面（mm^2）	载流量（A）	内径/外径（mm）	截面（mm^2）	载流量（A）	质量（kg/m）	公称直径		外径（mm）	截面（mm^2）	载流量（A）		质量（kg/m）
							mm	in			交流	直流	
13/16	68	295	12/15	64	340	0.566	8	1/4	13.5	79	75	138	0.62
17/20	87	345	14/18	101	460	0.894	10	3/8	17	105	90	178	0.82
18/22	126	425	16/20	113	505	1.006	15	1/2	21.3	160	118	246	1.25
27/30	134	500	18/22	126	555	1.118	20	3/4	26.8	207	145	305	1.63
26/30	176	575	20/24	138	600	1.23	25	1	33.5	309	180	427	2.42
25/30	216	640	22/26	151	650	1.341	32	$1\frac{1}{4}$	42.3	398	220	540	3.13
36/40	239	765	25/30	216	830	1.922	40	$1\frac{1}{2}$	48	489	255	644	3.84
35/40	295	850	29/34	247	925	2.201	50	2	60	621	320	745	4.88
40/45	344	935	35/40	295	1100	2.62	70	$2\frac{1}{2}$	75.5	845	390	995	6.64
45/50	373	1040	40/45	334	1200	2.969	80	3	88.5	1061	455	1230	8.34
50/55	412	1545	45/50	373	1330	3.318	100	4	114	1370	670		1.085
54/60	537	1340	49/55	400	1580	4.359					(770)		
64/70	632	1145	53/60	621	1860	5.526	125	5	140	1910	800		15.04
74/80	726	1770	62/70	829	2295	7.377					(890)		
72/80	955	2035	72/80	955	2610	8.498	150	6	2260	2260	900		17.81
75/85	1256	2400	75/85	1257	3070	11.18					(1000)		
90/95	527	1925	90/95	727	2460	6.462							
90/100	1492	2840	93/100	1061	3060	9.438							

注　括号里数字为有纵向切口钢管之载流量

附录 4.26　实心圆材的安全载流量

直径 (mm)	截面积 (mm²)	圆铝载流量 (A)		圆铜载流量 (A)		圆钢载流量 (A)		直径 (mm)	截面积 (mm²)	圆铝载流量 (A)		圆铜载流量 (A)		圆钢载流量 (A)	
		交流	直流	交流	直流	交流	直流			交流	直流	交流	直流	交流	直流
6	28	120		155		25	34	22	380	740	745	955	965	140	333
7	39	150		195				25	491	885	900	1140	1165		
8	50	180		235		45	80	26	504					150	422
10	79	245		320		60	108	27	573	980	1000	1270	1290		
12	113	320		415		70	140	28	616	1025	1050	1325	1360		
14	154	390		505		80	174	30	707	1120	1155	1450	1490	170	520
15	177	435		565				35	961	1370	1450	1770	1865		
16	201	475		610	615	95	212	38	1134	1510	1620	1960	2100		
18	255	560		720	725	110	250	40	1257	1610	1750	2080	2260		
19	284	605	610	780	785			42	1385	1700	1870	2200	2430		
20	314	650	655	835	840	125	209	45	1590	1850	2060	2380	2670		
21	346	695	700	900	905										

附录 5　全国主要城市年平均雷暴日数统计表

地　　名	雷暴日数 (d/a)	地　　名	雷暴日数 (d/a)	地　　名	雷暴日数 (d/a)
1. 北京市	36.3	长春市	35.2	合肥市	30.1
2. 天津市	29.3	吉林市	40.5	蚌埠市	31.4
3. 上海市	28.4	四平市	33.7	安庆市	44.3
4. 重庆市	36.0	通化市	36.7	芜湖市	34.6
5. 河北省		图们市	23.8	阜阳市	31.9
石家庄市	31.2	10. 黑龙江省		14. 福建省	
保定市	30.7	哈尔滨市	27.7	福州市	53.0
邢台市	30.2	大庆市	31.9	厦门市	47.4
唐山市	32.7	伊春市	35.4	漳州市	60.5
秦皇岛市	34.7	齐齐哈尔市	27.7	三明市	67.5
6. 山西省		佳木斯市	32.2	龙岩市	74.1
太原市	34.5	吉林市	40.5	15. 江西省	
大同市	42.3	四平市	33.7	南昌市	56.4
阳泉市	40.0	通化市	36.7	九江市	45.7
长治市	33.7	11. 江苏省		赣州市	67.2
临汾市	31.1	南京市	32.6	上饶市	65.0
7. 内蒙古自治区		常州市	35.7	新余市	59.4
呼和浩特市	36.1	苏州市	28.1	16. 山东省	
包头市	34.7	南通市	35.6	济南市	25.4
海拉尔市	30.1	徐州市	29.4	青岛市	20.8
赤峰市	32.4	连云港市	29.6	烟台市	23.2
8. 辽宁省		12. 浙江省		济宁市	29.1
沈阳市	26.9	杭州市	37.6	潍坊市	28.4
大连市	19.2	宁波市	40.0	17. 河南省	
鞍山市	26.9	温州市	51.0	郑州市	21.4
本溪市	33.7	丽水市	60.5	洛阳市	24.8
锦州市	28.8	衢州市	57.6	三门峡市	24.3
9. 吉林省		13. 安徽省		信阳市	28.8

续表

地　　名	雷暴日数(d/a)	地　　名	雷暴日数(d/a)	地　　名	雷暴日数(d/a)
安阳市	28.6	成都市	34.0	26. 陕西省	
18. 湖北省		自贡市	37.6	西安市	15.6
武汉市	34.2	攀枝花市	66.3	宝鸡市	19.7
宜昌市	44.6	西昌市	73.2	汉中市	31.4
十堰市	18.8	绵阳市	34.9	安康市	32.3
施恩市	49.7	内江市	40.6	延安市	30.5
黄石市	50.4	达州市	37.1	27. 甘肃省	
19. 湖南省		乐山市	42.9	兰州市	23.6
长沙市	46.6	康定	52.1	酒泉市	19.6
衡阳市	55.1	23. 贵州省		天水市	
大庸市	48.3	贵阳市	49.4	金昌市	31.7
邵阳市	57.0	遵义市	53.3	28. 青海省	2.3
郴州市	61.5	凯里市	59.4	西宁市	19.3
20. 广东省		六盘水市	68.0	格尔木市	
广州市	76.1	兴义市	77.4	德令哈市	18.3
深圳市	73.9	24. 云南省		29. 宁夏回族自治区	24.0
湛江市	94.6	昆明市	63.4	银川市	31.0
茂名市	94.4	东川市	52.4	石嘴山市	
汕头市	52.6	个旧市	50.2	固原县	9.3
珠海市	64.2	景洪	120.8	30. 新疆维吾尔自治区	
韶关市	77.9	大理市	49.8	乌鲁木齐市	
21. 广西壮族自治区		丽江	75.8	克拉玛依市	31.3
南宁市	84.6	河口	108	伊宁市	27.2
柳州市	67.3	25. 西藏自治区		库尔勒市	21.6
桂林市	78.2	拉萨市	68.9	31. 海南省	
梧州市	93.5	日喀则市	78.8	海口市	104.3
北海市	83.1	那曲县	85.2	三亚市	69.9
22. 四川省		昌都县	57.1	琼中	115.5

附录6 接地相关数据

附录6.1 部分电力装置要求的工作接地电阻值

序号	电力装置名称	接地的电力装置特点		接地电阻值
1	1kV以上大电流接地系统	仅用于该系统的接地装置		$R_d \leqslant \frac{2000\text{V}}{I_k^{(1)}}$ 当 $I_k^{(1)} > 4000\text{A}$ 时 $R_d \leqslant 0.5\Omega$
2	1kV以上小电流接地系统	仅用于该系统的接地装置		$R_d \leqslant \frac{250\text{V}}{I_{co}}$ 且 $R_d \leqslant 10\Omega$
3		与1kV以下系统共用的接地装置		$R_d \leqslant \frac{120\text{V}}{I_{co}}$ 且 $R_d \leqslant 10\Omega$
4	1kV以下系统	与总容量在100kVA以上的发电机或变压器相联的接地装置		$R_d \leqslant 10\Omega$
5		上述（序号4）装置的重复接地		$R_d \leqslant 10\Omega$
6		与总容量在100kVA及以下的发电机或变压器相联的接地装置		$R_d \leqslant 10\Omega$
7		上述（序号6）装置的重复接地		$R_d \leqslant 30\Omega$
8	避雷装置	变配电所装设的避雷器	与序号4装置共用	$R_d \leqslant 4\Omega$
9			与序号6装置共用	$R_d \leqslant 10\Omega$
10		线路上装设的避雷器或保护间隙	与电机无电气联系	$R_d \leqslant 10\Omega$
11			与电机有电气联系	$R_d \leqslant 5\Omega$
12		独立避雷针和避雷线		$R_d \leqslant 10\Omega$
13	防雷建筑物	第一类防雷建筑物		$R_d \leqslant 10\Omega$
14		第二类防雷建筑物		$R_d \leqslant 10\Omega$
15		第三类防雷建筑物		$R_{ch} \leqslant 30\Omega$

注 R_d 为工频接地电阻；R_{ch} 为冲击接地电阻；$I_k^{(1)}$ 为流经接地装置的单相短路电流有效值；I_{co} 为单相接地电容电流有效值。

附录6.2 不同性质土壤电阻率参考值

土壤名称	电阻率（Ω·m）	土壤名称	电阻率（Ω·m）
砂、砂砾	1000	黏土	60
多石土壤	400	黑土、田园土、陶土	50
含砂黏土、砂土	300	捣碎的木炭	40
黄土	200	泥炭、泥灰岩、沼泽地	20
砂质黏土、可耕地	100	陶黏土	10

附录 6.3 垂直管形接地体的利用系数值

1. 敷设成一排时（不计入连接扁钢的影响）

管间距离与管子长度之比 a/l	管子根数 n	利用系数 η_d	管间距离与管子长度之比 a/l	管子根数 n	利用系数 η_d
1	2	0.84～0.87	1	5	0.67～0.72
2		0.90～0.92	2		0.79～0.83
3		0.93～0.95	3		0.85～0.88
1	3	0.76～0.80	1	10	0.56～0.62
2		0.85～0.88	2		0.72～0.77
3		0.90～0.92	3		0.79～0.83

2. 敷设成环形时（不计入连接扁钢的影响）

管间距离与管子长度之比 a/l	管子根数 n	利用系数 η_d	管间距离与管子长度之比 a/l	管子根数 n	利用系数 η_d
1	4	0.66～0.72	1	20	0.44～0.50
2		0.76～0.80	2		0.61～0.66
3		0.84～0.86	3		0.68～0.73
1	6	0.58～0.65	1	30	0.41～0.47
2		0.71～0.75	2		0.58～0.63
3		0.78～0.82	3		0.66～0.71
1	10	0.52～0.58	1	40	0.38～0.44
2		0.66～0.71	2		0.56～0.61
3		0.74～0.78	3		0.64～0.69

参 考 文 献

[1] 黄民德．建筑电气技术基础（第二版）[M]．天津：天津大学出版社，2006.
[2] 范同顺．建筑配电与照明 [M]．北京：高等教育出版社，2004.
[3] 俞丽华．电气照明（第四版）[M]．上海：同济大学出版社，2010.
[4] 中国建筑学会建筑电气分会．建筑照明．北京：中国建筑工业出版社，2004.
[5] 郭建林．建筑电气设计计算手册（第二分册 电气照明系统）[M]．北京：中国电力出版社，2011.
[6] 颜伟中．电工学（土建类 第二版）[M]．北京：高等教育出版社，2010.
[7] 秦曾煌．电工学（第二版）[M]．北京：高等教育出版社，2010.
[8] 李英姿．建筑供电 [M]．北京：中国电力出版社，2003.
[9] 张风江．建筑供配电工程 [M]．北京：中国电力出版社，2005.
[10] 方潜生．建筑电气 [M]．北京：中国建筑工业出版社，2010.
[11] 邢江勇．建筑电气技术 [M]．北京：科学出版社，2005.
[12] 张一尘．高电压技术 [M]．北京：中国电力出版社，2007.